汤叉山
沈家湾
西蒿坪
S307
松柏镇
洋水
松柏镇
神农架林区
阳日镇
马桥镇
阳日镇
田家山
牛栏坪
宋洛乡
双河寨
新华
新华镇
梨花坪
S252
榛子镇
三溪河
平水
花镇
擂鼓台
U0302290
南阳镇

省道　　区乡道　　县界　　河流　保护区边界　林区边界

神农架植物志

第四卷

邓 涛　张代贵　孙 航　主编

中国林业出版社

内容简介

本志书较为全面和深入地反映了湖北神农架植物资源及其多样性、生态分布与分类地位。全书共分四卷，记载了神农架原生、归化及栽培的维管束植物208科1219属3767种（含种下等级）。其中，石松类2科4属27种，真蕨类植物25科71属306种，裸子植物7科27属43种，被子植物174科1117属3391种。第一卷包括石松类、真蕨类、裸子植物和被子植物睡莲至莎草科共919种，第二卷从禾本科至桑科共964种，第三卷自荨麻科到茜草科976种，第四卷含龙胆科至伞形科共908种。本志书记载了新发表的产于神农架的新属1个和新种5个，湖北省新记录科1个、新记录属17个和新记录种52个，补充和订正了一些物种的形态描述。为方便广大读者使用，本志书采纳最新的分子系统学研究成果进行系统排列，除介绍了科、属、种的中文名和学名外，还对物种的形态特征、具体分布及生态环境进行了描述，并列出了科内属、种的检索表，此外，对大部分物种均附上了重要形态特征的彩色图片，引证了主要标本信息。

本志书可供从事植物学的工作者，生物系、地理系的师生，生物多样性与自然保护的科研人员，政府有关决策部门的工作者，以及对植物感兴趣的大众读者参考。

图书在版编目（CIP）数据

神农架植物志. 第四卷 / 邓涛, 张代贵, 孙航主编.
-- 北京 : 中国林业出版社, 2017.5
ISBN 978-7-5038-9018-5

Ⅰ.①神… Ⅱ.①邓… ②张… ③孙… Ⅲ.①神农架—植物志 Ⅳ.①Q948.526.3

中国版本图书馆CIP数据核字（2017）第111902号

中国林业出版社·生态保护出版中心

策划编辑：肖　静
责任编辑：肖　静

出版　中国林业出版社（100009　北京西城区德内大街刘海胡同7号）
　　　　http://lycb.forestry.gov.cn　电话：（010)83143577
发行　中国林业出版社
印刷　北京中科印刷有限公司
版次　2017年12月第1版
印次　2017年12月第1次
开本　889mm×1194mm　1/16
印张　37.5
字数　1100千字
定价　390.00元

《神农架植物志》
编辑委员会

序 一

　　神农架位于湖北西部边陲，为大巴山系的东延余脉，是我国西南高山向华中低山的过渡区域。境内最高峰为神农顶（3105.2m），为华中最高峰，区内平均海拔1700m，有"华中屋脊"之称。神农架重峦叠嶂，沟壑纵横，河谷深切，山坡陡峻，最低海拔仅480m。独特的地理过渡带区位塑造了其丰富的植物多样性、高度特有性、多样性的地带性植被类型和生物进化进程，在全球具有独特性，素有"绿色宝库"之称。因此，近一个世纪以来备受中外学者的青睐。

　　神农架是中国北亚热带植被和物种保存较好的地区，孕育着丰富的植物区系成分，是川东—鄂西特有现象中心的核心区，也是中国—日本植物区系的一个关键地区和典型代表地区，一直以来深深地吸引着我。但是，直到1975年5月，我才第一次来到神农架，亲睹神农架植物，2004年再度拜访，使我对神农架植被和植物多样性有深刻的直观感受，得知邓涛博士、张代贵教授、孙航研究员等历时数年不辞辛苦、目标如一地坚持于神农架植物野外调查和标本采集，并在调查植物区系的同时开展了植物分类学、分子系统学和生物地理学等研究，获得了新信息，有了新收获。

　　《神农架植物志》（共四卷）的问世，提供了该地区有客观依据的植物目录和相关的资料。越来越多的研究证明，植物物种中蕴藏着丰富的科学信息，而有些信息还未为我们所知。神农架由于海拔高差大，山体陡峭，形成了适合多种植物生存的环境，加之地理上处于横断山向东、秦岭向南的过渡地带，因而形成既有古老的、也有新近分化的植物，多样性特点突出，像类似荨麻科征镒麻属（*Zhengyia*）这样的新植物或许不是个例。希望年轻的科研工作者们，继续在该地区做些深入的扩展和追索。我相信只要持之以恒，定会获得新的丰硕成果。

《神农架植物志》记载的是一个具有特点的自然地理区的丰富植物。该志具有若干特色：①在多年艰苦野外调查、考察和采集标本，并鉴定标本的基础上完成，不仅内容丰富，而且具有权威性；②形态描述简明、扼要，并配有检索表；③大部分物种都有彩色照片，其中多数有形态细部插图，这提高了本志的科学性，也便于分类鉴定。对于这样一部既有丰富内容，又有表述特色的植物志，我欣然作序。

中国植物学会名誉理事长

中国科学院院士

2017年8月11日

序 二

　　神农架是全球中纬度地区唯一保存较为完好的原始林区，是中国第四纪冰川时代的"诺亚方舟"，是三峡库区、南水北调中线工程的绿色屏障和水源涵养地，是全球生物多样性保护永久示范基地。近年来，林区党委、政府秉承"保护第一、科学规划、合理开发、永续利用"的方针，持续强化主动保护、系统保护、科学保护，使神农架成为中国首个获得联合国教科文组织人与生物圈保护区、世界地质公园、世界遗产三大保护制度共同录入的"三冠王"名录遗产地，以及全国10个国家公园体制试点区域之一，彰显了独特魅力和生态价值。神农架人就像保护眼睛一样保护生态环境，像对待生命一样对待生态环境，精心呵护这片人类共有的家园，谱写了人与自然和谐共处的壮丽篇章。

　　《神农架植物志》是中国科学院昆明植物研究所、神农架国家级自然保护区管理局与吉首大学等科研院所和高校组成的数十位科研人员，历经近十年，对神农架进行了百余次野外考察、标本采集鉴定和植物分类学研究的成果，厘清了神农架植物物种家底，是反映神农架植物多样性的"户口簿"，为基础科学研究、生物多样性保护、生态文明建设和生物资源挖掘利用及可持续发展提供了必需的重要科学基础，是神农架国家公园体制试点的重要成果之一，集中展现了神农架地区自然资源综合考察的阶段性成果。《神农架植物志》的完成与出版，是神农架林区加强国家生物多样性保护领域的科研交流与合作，依靠科技创新支撑神农架地区生物多样性保护的重要典范，可喜可贺。

习近平总书记在党的十九大报告中指出，人与自然是生命共同体，人类必须尊重自然、顺应自然、保护自然……生态文明建设功在当代、利在千秋。我们要牢固树立社会主义生态文明观，推动形成人与自然和谐发展现代化建设新格局，为保护生态环境作出我们这代人的努力。《神农架植物志》必将进一步提升广大群众对植物尤其是保护植物和濒危植物的科学认知，自觉投身到植物保护和生态文明建设中，也将成为广大群众进一步了解神农架的重要窗口，提升神农架知名度、满意度和影响力的新品牌。神农架林区党委、政府将努力践行绿色发展理念，坚守保护第一责任，引领生态文明示范，探索生态文明建设新模式，培育绿色发展新动能，开辟绿色惠民新路径，将神农架打造成为生态文明建设的教育课堂、人与自然和谐共生的示范基地。

中共神农架林区党委书记　周森锋

2017年9月1日

前　言

　　神农架位于湖北省西部的巴东、兴山和房县3县交界处，地理范围介于31°15′~31°57′N、109°56′~110°58′E之间。神农架林区现辖6镇2乡，即松柏镇、阳日镇、木鱼镇、红坪镇、新华镇、九湖镇，以及宋洛乡和下谷坪乡。区内最高海拔3105.2m（神农顶），最低海拔398m（下谷坪乡的石柱河），平均海拔1700m，84%的地区海拔在1200m以上，有"华中屋脊"之称，是湖北省境内长江与汉水之间的第一级分水岭。神农架处于亚热带气候向温带气候过渡区域，属于北亚热带季风气候区。随着海拔的升高，形成低山、中山、亚高山3个气候带，立体气候十分明显。该区年均气温12.2 ℃，无霜期220d左右，年降水量在800~2500mm。区域内土壤类型丰富，其中海拔1500m以下为黄棕壤带，1500~2200m为山地棕壤带，2200m以上为山地灰棕壤带。神农架属于大巴山脉，其地质构造属于新华夏构造体系第三隆起带，受中生代燕山运动和新生代喜马拉雅造山运动影响显著；境内重峦叠嶂，地势崎岖，地貌具有山高、坡陡、谷深等特点。

　　神农架是中国乃至全球生物多样性的热点地区之一，植物多样性丰富，广受国内外专家学者的高度关注和重视。早在1888年和1900年亨利（Henry）和威尔逊（Wilson）就分别考察过神农架，采集了大量植物标本，拍摄照片数百幅。我国许多植物学者先后在神农架

开展了植物调查和标本采集工作，例如，陈焕镛、钱崇澍、秦仁昌、陈嵘、周鹤昌、胡启明、陈封怀、应俊生等，积累了大量的标本和资料，发现了多个新分类群，丰富了神农架植物资源本底资料。尤其是1976～1978年由中国科学院武汉植物研究所牵头开展的"神农架植物考察"及1980年8～9月由中美两国植物学家开展的"中美联合神农架植物考察"两次大型考察累计采集植物标本万余号，发表了《鄂西神农架地区的植被与植物区系》《神农架植物》《湖北西部植物考察报告》等重要论著，夯实了神农架植物区系和多样性研究的基础。但是，由于神农架幅员广阔，地形地貌复杂，生境类型多样，物种繁多，历次调查深度和广度、时间和线路以及调查对象等诸多因素差异，导致本底资源数量相差较大，调查仍不全面、不系统，尚有大量种类遗漏或分布点记载不全面，一定程度上制约了该区植物多样性保护和资源开发利用。

摸清植物资源家底，探明物种种类与分布是研究植物多样性保护和开发利用的源泉和基础。自2005年以来，在神农架国家级自然保护区管理局（现神农架国家公园管理局）的支持下，由张代贵老师带领的神农架植物调查项目组就开始了神农架植物调查。2006—2008年，项目组主要进行局部与短期考察。2011—2014年，项目组承担了神农架地区本底资源调查（高等植物专题）和全国第四次中药资源调查等项目，区域上采取"分层次、有侧重、点线面"三原则，多次深入无人区和以往采集薄弱地带采集植物标本。时间上，全年采集分为4个阶段，即早春、盛花期、盛果期、初冬期，特别注重以往采集非常容易忽视的早春和初冬两个时间段；技术上，结合现代GIS技术标记其分布和生态环境，对神农架地区高等植物的种类组成和空间分布进行了较为系统、全面的调查研究。共采集植物标本37163份（所有标本保存于吉首大学植物标本馆和中国科学院昆明植物研究所标本馆）；拍摄植物原色照片120000余张；采集和保存种质资源（包括种子和DNA）2000余种、16700份。同时，我们查阅了国内外植物标本馆以及CVH、NSII等数字标本平台上来自于神农架的标本，收集整理了涉及神农架植物区系和分类的志书和相关调研文献。在此基础上，通过大量的标本和照片鉴定、特征描述、DNA条形码等研究分析后编撰成书。

《神农架植物志》共分为四卷，记载了神农架（以神农架林区为主，辐射神农架山系范围内的房县、巴东、兴山、巫山、巫溪、竹溪等县）的维管束植物（蕨类植物、裸子植物和被子植物）共208科1219属3767种，包括原生、归化及栽培植物。其中，石松类2科4属27种，真蕨类植物25科71属306种，裸子植物7科27属43种，被子植物174科1117属3391种。第一卷包括石松类、真蕨类、裸子植物和被子植物睡莲至莎草科共919种，第二卷从禾本科至桑科共964种，第三卷从荨麻科到茜草科共976种，第四卷从龙胆科至伞形科共

908种。神农架新发表的产于神农架的新属1个，即征镒麻属*Zhengyia*，是神农架迄今唯一的特有属，以及孙航通泉草*Mazus sunhangii*等5个新记录种，同时还对数个疑似新分类群的主要特征作了描述；收载了湖北省新记录科1个、新记录属17个和新记录种52个，丰富和补充了湖北乃至中国植物多样性基本数据；发现并补充描述了飞蛾藤属种（旋花科）具有极为发达的膨大块茎，订正了以往对狭叶通泉草（通泉草科）的茎干的错误描述并补充了其花、果的形态描述。为方便广大读者使用，我们尽量采纳最新的分子系统学研究成果进行系统排列。例如，石松和真蕨类植物科的概念及排列参考张宪春（2015）系统排列，裸子植物和种子植物科的概念及排列分别参考克氏系统和APGⅣ系统，但部分类群略有改进。除列举科、属、种的中文名和学名外，我们还简要描述了种的形态特征和具体分布点，所有科下属、种都做了检索表，90%以上的种类附有一幅以上生境、植株及重要形态特征的彩色图片。此外，我们尽最大努力给每一个物种及其分布引证标本信息，但由于时间和资料积累有限，仍有少部分物种未能引证。

该项工作先后得到了国家十二五科技支撑计划"神农架金丝猴生境保护与恢复关键技术研究与示范课题"和"神农架金丝猴保育生物学湖北省重点实验室开放性基金""环境保护部南京环境科学研究所生物多样性保护专项""国家基本药物所需中药原料资源调查和检测项目"、湖北省财政专项"神农架本底资源综合调查项目"、国家自然科学基金重大项目"中国—喜马拉雅植物区系成分的复杂性及其形成机制"、国家重点研发计划重点专项项目"西南高山峡谷地区生物多样性保护与恢复技术"、国家自然科学基金项目"世界通泉草属（通泉草科）的分类修订"、中国科学院西部青年学者项目等的资助，以及中国科学院东亚植物多样性与生物地理学重点实验室、武陵山区植物多样性保护与利用湖南省高校重点实验室等单位的大力支持和帮助。

在本书的编撰过程中，得到美国哈佛大学标本馆David E. Boufford博士在标本采集和鉴定工作中给予的帮助，他还欣然执笔为本书作了后记。毛茛科（Ranunculaceae）和十字花科（Brassicaceae）植物的鉴定分别得到了中国科学院华南植物园杨亲二研究员和昆明植物研究所乐霁培博士的指导；中国科学院昆明植物研究所张良博士审校了石松类和真蕨类植物部分的书稿，还有其他一些类群也得到了相关专家、学者的指导和鉴定帮助。此外，神农架国家公园管理局彩旗、阴峪河、下谷、东溪、坪堑、九冲等管理站和神农架卫生与计划生育委员会陈庸新及吉首大学徐亮、刘云娇、周建军等同学在野外工作中给予了协助；中南林业科技大学喻勋林教授、中国科学院植物研究所刘冰博士、庐山植物园梁同军博士等在图片收集与鉴定工作中给予了极大的支持；中国科学院昆明植物研究所Sergey

Volis、孙露、张永增、张小霜、乐霁培、陈洪梁、李彦波、张建文、林楠等在文稿审校中提供了帮助；中国科学院武汉植物园李建强研究员和武汉大学汪小凡教授对此书的编写提供了宝贵的建议；中国科学院植物研究所、昆明植物研究所和武汉植物园等植物标本馆协助完成标本查阅和数据支撑工作。在本书出版之际，借此机会向所有为本项目实施提供支持、指导和帮助的单位和个人致以诚挚的感谢。

神农架不仅有着世界同类生境中最为丰富的植物多样性，还是很多特有、珍稀、濒危和孑遗植物的避难所，而且还有许多重要的经济植物或有巨大的挖掘前景的遗传资源。一方面，我们希望本书成为大家了解和研究神农架植物多样性保护和资源开发利用的基础资料；另一方面，我们对神农架植物多样性的研究仍然是初步的，即便我们开展了为期2个月的无人区调查，但仍有不少区域可能还是处女地，有待深入的调查和研究，因此，希望本书能起到抛砖引玉的作用。同时，由于本书编写时间较短，编著者的业务水平有限，疏漏和错误在所难免，欢迎批评指正。

邓　涛　张代贵　孙　航

2017年9月28日

目　录

目录

3

170. 五福花科 | Adoxaceae

171. 忍冬科 | Caprifoliaceae

172. 鞘柄木科｜Toricelliaceae

173. 海桐花科｜Pittosporaceae

174. 五加科｜Araliaceae

175. 伞形科｜Apiaceae

143. 龙胆科 | Gentianaceae

一年生或多年生草本。茎直立或斜升，稀缠绕。单叶，对生，全缘，基部合生，筒状抱茎，无托叶。聚伞花序或复聚伞花序；花两性，辐射对称；花萼筒状、钟状或辐状；花冠裂片在花蕾期右向旋转排列；子房上位，1室，柱头全缘或2裂，子房基部或花冠具腺体或腺窝。蒴果2瓣裂，稀浆果状不裂。

80属700种。我国产20属419种，湖北产8属33种，神农架产8属32种。

分属检索表

1. 茎缠绕。
 2. 花冠裂片间无褶，花4数·······························1. 翼萼蔓属Pterygocalyx
 2. 花冠裂片间具褶，花5数·······························2. 双蝴蝶属Tripterospermum
1. 茎直立或斜升。
 3. 腺体轮生于子房基部·······························3. 龙胆属Gentiana
 3. 腺体生于花冠筒或裂片，或无腺体。
  4. 花冠管基部有小腺体。
   5. 花蕾稍压扁，花萼裂片2长2短·······················4. 扁蕾属Gentianopsis
   5. 花蕾非压扁，花萼裂片整齐·······················5. 喉花草属Comastoma
  4. 花冠管基部有腺洼、花距或流苏。
   6. 无花柱·······································6. 肋柱花属Lomatogonium
   6. 花柱明显。
    7. 花冠裂片基部有1~2腺洼或流苏···················7. 獐牙菜属Swertia
    7. 花冠裂片基部有1花距···························8. 花锚属Halenia

1. 翼萼蔓属Pterygocalyx Maximowicz

草质缠绕藤本。单叶对生，叶全缘，叶脉1~3条，具短叶柄。花单生或成聚伞花序；花萼钟形，4裂，萼筒具4枚宽翅；花冠筒状，4裂，裂片间无褶；雄蕊4枚，着生于花冠筒上，与裂片互生；雌蕊具柄，子房1室，胚珠多数。蒴果2瓣开裂。种子多数，盘状，具翅。

单种属。神农架有产。

翼萼蔓 | Pterygocalyx volubilis Maximowicz   图143-1

特征同属的描述。

产于神农架木鱼（老君山，zdg 7763），生于海拔2200m的山坡草地或林缘。全草入药。

图143-1 翼萼蔓

2. 双蝴蝶属Tripterospermum Blume

多年生缠绕草本，稀为直立草本。茎圆柱形。叶对生。聚伞花序或花腋生及顶生。花5数；萼筒钟形，脉5条凸起成翅，稀无翅；花冠钟形或筒状钟形，裂片间具褶；雄蕊生于冠筒，不整齐，顶端向一侧弯曲，花丝线形；子房1室，胚珠多数，腺体成环状花盘。浆果或蒴果2瓣裂。种子多数，三棱形，无翅，或扁平具盘状宽翅。

25种。我国产19种，湖北产5种，神农架产3种。

> **分种检索表**
>
> 1．浆果；种子三棱形，无翅·······························1．峨眉双蝴蝶T. cordatum
> 1．蒴果；种子扁平，具宽翅。
>   2．叶革质；萼筒具翅，裂片与萼筒等长·······················2．新疆双蝴蝶T. filicaule
>   2．叶膜质；萼筒无翅，裂片长为萼筒1/2以内·················3．湖北双蝴蝶T. discoideum

1. 峨眉双蝴蝶 │ Tripterospermum cordatum (C. Marquand) Harry Smith
图143-2

多年生缠绕草本。具根茎，根细，黄褐色。茎螺旋状扭转。叶心形、卵形或卵状披针形，先端渐尖或急尖，常具短尾，基部心形或圆形，边缘膜质，细波状，叶脉3~5条。花单生或成对着生于叶腋；花萼钟形，萼筒明显具翅。浆果紫红色。花果期8~12月。

产于神农架宋洛、阳日，生于海拔1200m的山坡密林下。全草入药。

图143-2　峨眉双蝴蝶

2. 新疆双蝴蝶 | **Tripterospermum filicaule** (Hemsley) Harry Smith　图143-3

多年生缠绕草本。具根茎，根细，黄褐色。叶革质，基生叶通常2对，紧贴地面，密集呈双蝴蝶状，卵形、倒卵形或椭圆形，先端急尖或呈圆形，基部圆形，近无柄或具极短的叶柄；茎生叶通常卵状披针形，少为卵形，向上部变小呈披针形。具多花，2～4朵呈聚伞花序；花萼钟形，具狭翅或无翅；花冠蓝紫色。蒴果内藏或先端外露。花果期10～12月。

神农架各地均产（木鱼南天门，zdg 7337；板壁岩，zdg 7421），生于海拔1200～1800m的山坡林下。全草入药。

图143-3　新疆双蝴蝶

3. 湖北双蝴蝶 | **Tripterospermum discoideum** (C. Marquand) Harry Smith　图143-4

多年生草本。茎缠绕。叶膜质，卵状披针形或卵形，基部近圆形或近心形，全缘。单花腋生，呈聚伞花序；花萼钟形，无翅或具狭翅；花冠淡紫色或蓝色，钟形；雄蕊着生于冠筒的下半部，花药椭圆形；子房矩圆形。蒴果淡褐色，长椭圆形。种子棕褐色，圆形。花果期8～10月。

图143-4　湖北双蝴蝶

神农架各地均产（官门山，zdg 7617），生于海拔1000～1800m的山坡林下。全草入药。

3. 龙胆属 Gentiana Linnaeus

一年生或多年生草本。茎四棱形，直立、斜生或铺散。叶对生。复聚伞花序，稀单生；花两性；花萼筒状或钟形，浅裂，萼筒内具萼内膜；花冠筒状、漏斗形或钟形，常浅裂；裂片间具褶，裂片在花蕾期右向旋卷；雄蕊生于冠筒，与裂片互生，花丝基部稍宽向冠筒下延成翅；子房1室，花柱较短或丝状。蒴果2裂。

360种。我国产248种，湖北产19种，神农架产13种。

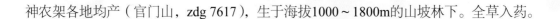

分种检索表

```
1. 多年生草本，具略肉质的根。
    2. 植株无匍匐枝；叶线状披针形至线形 ················· 1. 条叶龙胆 G. manshurica
    2. 植株有匍匐枝；叶椭圆形或卵状椭圆形 ··············· 2. 中国龙胆 G. chinensis
1. 一年生草本，稀为多年生，具细瘦的木质主根。
    3. 蒴果长而窄；基生叶小，茎生叶愈向茎上部愈大。
        4. 果实无翅 ··································· 3. 红花龙胆 G. rhodantha
        4. 果实先端有宽翅，两侧有狭翅 ··············· 4. 陕南龙胆 G. piasezkii
    3. 蒴果短而宽；基生叶发达，茎生叶近等大。
        5. 花萼裂片常极狭窄，丝状或丝状锥形。
            6. 花冠的褶下部片状，上部流苏状，稀齿形；叶及花萼均密被细乳突。
                7. 花冠的褶流苏状或呈不整齐条裂状。
                    8. 流苏或条状裂片先端渐尖，绝不膨大 ··········· 5. 流苏龙胆 G. panthaica
                    8. 流苏棍棒状，先端膨大 ··············· 6. 少叶龙胆 G. oligophylla
                7. 花冠的褶不呈流苏状，边缘具不整齐齿牙 ············· 7. 多枝龙胆 G. myrioclada
            6. 花冠的褶卵形，不具流苏，全缘或具细齿；叶及花萼光滑。
                9. 茎直立，基部单一，中上部有少数分枝，主茎明显 ···8. 深红龙胆 G. rubicunda
                9. 茎铺散，从基部起有多数分枝，主茎不明显 ···9. 母草叶龙胆 G. vandellioides
        5. 花萼裂片较宽，三角形、卵形或披针形。
            10. 茎从基部多分枝，似丛生状，主茎不明显，枝上部再作二歧分枝，铺散或斜升。
                11. 茎生叶对折，线形，叶柄的连合部分愈向上部愈长。
                    12. 叶及花萼裂片革质，灰绿色，具软骨质边缘 ················
                    ···························· 10. 钻叶龙胆 G. haynaldii
                    12. 叶及花萼裂片草质，深绿色，具膜质边缘 ················
                    ···························· 11. 大颈龙胆 G. macrauchena
                11. 茎生叶非线形，叶柄的连合部分愈向上部愈短 ···12. 鳞叶龙胆 G. squarrosa
            10. 茎直立，上部多分枝，主茎明显 ················· 13. 灰绿龙胆 G. yokusai
```

1. 条叶龙胆 | Gentiana manshurica Kitagawa　图143-5

多年生草本。具粗壮、略肉质的须根。枝下部叶淡紫红色，鳞片形，中、上部叶近革质，无柄，卵形或卵状披针形，愈向茎上部叶愈小，先端急尖，基部心形或圆形，边缘微外卷，叶脉3～5条。花多数，簇生于枝顶和叶腋，无花梗，每朵花下具2枚苞片；苞片披针形或线状披针形；花冠蓝紫色，花冠裂片先端有尾尖，全缘。蒴果内藏，宽椭圆形。花果期5～11月。

产于神农架新华，生于海拔700～1000m的山坡草地。全草入药。

2. 中国龙胆 | Gentiana chinensis Kusnezow

多年生草本。高5～15cm。叶疏离，椭圆形或卵状椭圆形，长6～15mm，宽3～7mm，先端钝圆，基部钝，边缘具乳突；花萼筒膜质，黄绿色，筒形；花冠蓝色，筒形。蒴果内藏或仅先端外露，狭椭圆形或卵状椭圆形，先端渐尖，基部钝。种子小。黄褐色，有光泽，宽矩圆形，表面具蜂窝状网隙。花果期7～10月。

产于神农架各地，生于海拔2500m的山坡草丛。

3. 红花龙胆 | Gentiana rhodantha Franchet　图143-6

多年生草本。根黄色。茎直立或生于石上及坎上的下垂。基生叶呈莲座状，椭圆形、倒卵形或卵形，先端急尖，基部楔形；茎生叶宽卵形或卵状三角形，先端渐尖或急尖，基部圆形或心形，边缘浅波状，叶脉3～5条，叶柄基部连合成短筒抱茎。花单生于茎顶，无花梗；花冠淡红色，先端具细长流苏。蒴果内藏或仅先端外露，淡褐色，长椭圆形。花果期10月至翌年2月。

产于神农架低海拔地区（坪堑，zdg 7773），生于海拔500～800m的山坡悬崖石缝中、土坎上。全草入药；花供观赏。

图143-5　条叶龙胆

图143-6　红花龙胆

4. 陕南龙胆 | Gentiana piasezkii Maximowicz

一年生草本。高7～10cm。叶先端钝，边缘密生细乳突，两面光滑，中脉在下面凸起；基生叶大，卵状矩圆形或狭椭圆形，长20～30mm，宽3～3.5mm，叶柄宽，长2～3mm；茎生叶小，长于

龙胆科｜Gentianaceae

5

节间，披针形至线形，长10～20mm，宽1.5～2mm。花多数，单生于小枝顶端，下部连花梗均被于最上部叶中；花萼筒状漏斗形。蒴果内藏，稀外露，狭椭圆形，先端钝，基部渐狭，边缘具狭翅。种子褐色，有光泽，卵状椭圆形或椭圆形，表面被致密的细网纹。花果期7月。

产于神农架宋洛（太阳坪，太阳坪队 0738），生于海拔2000m的山坡林下。

5. 流苏龙胆 ｜ Gentiana panthaica Prain et Burkill 　图143-7

一年生草本。高4～10cm。叶先端急尖，基部圆形或心形，半抱茎；基生叶大，在花期枯萎，宿存，卵形或卵状椭圆形，长9～20mm，宽4～10mm；茎生叶平展，远短于节间，卵状三角形、披针形或狭椭圆形，长6～8mm，宽2.5～3.5mm。花多数，单生于小枝顶端；花萼钟形；花冠淡蓝色，外面具蓝灰色宽条纹，狭钟形。蒴果内藏或仅先端外露，矩圆形，具宽翅，两侧边缘有狭翅。种子淡褐色，矩圆形，表面具致密细网纹。花果期5～8月。

图143-7　流苏龙胆

产于神农架高海拔地区，生于海拔2500～2800m的山坡草丛。

6. 少叶龙胆 ｜ Gentiana oligophylla Harry Smith 　图143-8

一年生草本。高8～12cm。基生叶大，在花期枯萎，宿存，卵状披针形或卵状椭圆形，长9～20mm，宽4～7mm，先端钝，基部渐狭；茎生叶开展，疏离，远短于节间，卵状三角形至线状披针形，长5～8mm，宽1.5～2mm，先端急尖，基部圆形或心形，半抱茎。花多数，单生于小枝顶端；花萼钟形；花冠黄绿色，钟形。蒴果内藏或仅先端外露，矩圆形或倒卵状矩圆形，具宽翅，两侧边缘具狭翅。种子黄褐色，矩圆形或椭圆形，表面具致密细网纹。花果期5～8月。

产于神农架高海拔地区（冲坪—老君山，zdg 7022），生于海拔1800～2800m的山坡草丛。

7. 多枝龙胆 ｜ Gentiana myrioclada Franchet

一年生草本。高10～15cm。基生叶大，在花期枯萎，宿存，披针形或倒卵形，长

图143-8　少叶龙胆

10~20mm，宽4~6mm，先端急尖或钝，密生短睫毛；茎生叶小，卵状披针形，长3.5~4.5mm，宽1~1.5mm，先端急尖，基部心形或圆形，半抱茎。花多数，单生于小枝顶端；花萼钟形，长3.5~4mm；花冠蓝色，筒状钟形。蒴果内藏，倒卵形，具宽翅，两侧边缘具狭翅。种子褐色，椭圆形，表面有细网纹。花果期8~9月。

产于神农架木鱼（木鱼林场，鄂植考队 25117），生于海拔2800m的山坡草丛。

8. 深红龙胆 ｜ Gentiana rubicunda Franchet

8a. 深红龙胆（原变种）Gentiana rubicunda var. rubicunda　图143-9

一年生草本。茎直立，光滑。叶先端钝或钝圆，基部钝，边缘具乳突，上面具极细乳突，下面光滑，叶脉1~3条，细，在下面明显；基生叶数枚或缺无，卵形或卵状椭圆形，疏离。花单生于小枝顶端，花冠紫红色，有时冠筒上具黑紫色条纹和斑点。蒴果外露，矩圆形。花果期3~10月。

产于神农架各地（鸭子口—坪堑，zdg 6387），生于海拔1400~2000m的溪边和山坡草地、林下。全草药用；花供观赏。

8b. 二裂深红龙胆（变种）Gentiana rubicunda var. biloba T. N. Ho　图143-10

一年生草本。与原变种的主要区别：花冠蓝色，褶先端急尖，2裂。

产于神农架高海拔地区，生于海拔2500m的山坡草地或冷杉林下。全草药用；花供观赏。

图143-9　深红龙胆

图143-10　二裂深红龙胆

8c. 水繁缕叶龙胆（变种）Gentiana rubicunda var. samolifolia (Franchet) C. Marquand　图143-11

一年生草本。高3~13cm。茎直立，从基部起分枝。叶先端圆形或钝圆；基生叶大，卵圆形或宽卵形，长10~25mm，宽7~13mm；茎生叶小，疏离；远短于节间，卵圆形、倒卵形至倒卵状矩圆形，长5~20mm，宽2~15mm，愈向茎上部叶变小。花多数，单生于小枝顶端，常2~6个小枝密集呈伞形；花冠内面蓝色，外面黄绿色。蒴果，矩圆状匙形或倒卵形，有宽翅，两侧边缘有狭翅。种子褐色，有光泽，表面具细网纹。花果期4~6月。

产于神农架高海拔地区，生于海拔2000~2500m的山坡草地。

9. 母草叶龙胆 | Gentiana vandellioides Hemsley 图143-12

一年生草本。高6~10cm。基生叶在花期枯萎，宿存，卵形或匙形，长8~10mm，宽5~6.5mm，先端锐尖，基部渐狭；茎生叶开展，疏离，远短于节间，卵形或近心形，长6.5~12mm，宽3.5~6mm，先端急尖，基部圆形。花数朵，单生于小枝顶端；花萼狭钟形；花冠淡蓝色，漏斗形。蒴果，矩圆状匙形，具宽翅，两侧边缘具狭翅。种子淡褐色，有光泽，表面具细网纹。花果期7~9月。

产于神农架高海拔地区（鸭子口—坪堑，zdg 6407），生于海拔2500~2800m的山坡草地。

图143-11 水繁缕叶龙胆

图143-12 母草叶龙胆

10. 钻叶龙胆 | Gentiana haynaldii Kanitz

一年生草本。高3~10cm。叶革质，坚硬；基生叶小，在花期枯萎，宿存，卵形或宽披针形，长2.5~7mm，宽1.5~2.5mm；茎生叶大，长于节间，线状钻形，长7~15（~50）mm，宽1.5~2mm。花单生于小枝顶端；花萼倒锥状筒形；花冠淡蓝色，喉部具蓝灰色斑纹，筒形。蒴果外露，狭矩圆形，两端钝，边缘具狭翅。种子淡褐色，有光泽，表面有细网纹。花果期7~11月。

产于神农架高海拔地区，生于海拔2800~3000m的山坡草地。

11. 大颈龙胆 | Gentiana macrauchena C. Marquand

一年生草本。高2~5cm。基生叶在花期不枯萎，卵形，长5~10mm，宽4~7mm，先端钝圆；茎生叶多对，披针形至线形，长4~6mm，宽1.5~2mm。花数朵，单生于小枝顶端；花萼漏斗形；花冠淡蓝色，筒形。蒴果，矩圆状匙形，有宽翅，两侧边缘具狭翅，基部渐狭。种子褐色，椭圆形或卵形，表面具致密的细网纹。花果期5~8月。

产于神农架高海拔地区，生于海拔2800~3000m的山坡草地。

12. 鳞叶龙胆 | **Gentiana squarrosa** Ledebour 图143-13

一年生草本。高2~8cm。叶先端钝圆或急尖，具短小尖头；基生叶大，在花期枯萎，宿存，卵形、卵圆形或卵状椭圆形，长6~10mm，宽5~9mm；茎生叶小，倒卵状匙形或匙形，长4~7mm，宽1.7~3mm。花多数，单生于小枝顶端；花萼倒锥状筒形；花冠蓝色，筒状漏斗形。蒴果外露，倒卵状矩圆形，有宽翅，两侧边缘有狭翅。种子黑褐色，表面有白色光亮的细网纹。花果期4~9月。

产于神农架木鱼（官门山），生于海拔1500m的山坡草地。

13. 灰绿龙胆 | **Gentiana yokusai** Burkill 图143-14

一年生草本。高2.5~14cm。叶略肉质，卵形，先端钝；基生叶在花期不枯萎，常与下部叶等大，稀更大，长7~22mm，宽4.5~8mm；茎生叶开展，长4~12mm，宽3~6mm。花多数，单生于小枝顶端，小枝常2~5个密集呈头状；花萼倒锥状筒形，卵形或披针形；花冠蓝色、紫色或白色，漏斗形。蒴果，卵圆形或倒卵状矩圆形，有宽翅，两侧边缘具狭翅。种子淡褐色，表面具致密的细网纹。花果期3~9月。

产于神农架木鱼（老君山，鄂植考队 45542），生于海拔1500m的山坡草地。

图143-13 鳞叶龙胆　　　　　　　　图143-14 灰绿龙胆

4. 扁蕾属Gentianopsis Ma

一年生或多年生草本。茎直立。叶对生，无柄。花大，4数，单生于茎顶；萼圆柱状钟形，4棱形，4裂，裂片边缘薄膜质，1对较宽而短与1对较狭而长的相间，裂片间内面有膜状的小囊；花冠4裂，裂片基部边缘常成流苏状，管的基部有小腺体4枚，与雄蕊互生；雄蕊4枚，着生于冠管上；子房具柄。蒴果2裂。

24种。我国产5种，湖北产2种，神农架产1种。

卵叶扁蕾（变种）| **Gentianopsis paludosa** var. **ovatodeltoidea** (Burkill) Ma
图143-15

一年生草本。基生叶3~5对，匙形，先端圆形，边缘具乳突，基部狭缩成柄，叶脉1~3条；茎生叶1~4对，无柄，卵状披针形或三角状披针形。花单生于茎及分枝顶端；花冠蓝色。蒴果具长柄，椭圆形。花果期7~10月。

　　神农架高海拔地区广布，生于海拔1500m以上的山坡草丛中。全草或根入药。

5. 喉花草属Comastoma (Wettstein) Toyokuni

　　一年生草本。茎丛生，自基部多分枝，铺散。叶全部茎生，匙形或倒卵状匙形，上部叶较小，先端圆形，基部钝，突然狭缩成柄，叶脉在两面均不明显或仅中脉明显，叶柄细。花5数，单生于分枝顶端；花萼绿色，深裂至基部；花冠狭筒形，裂达中部，裂片披针形，喉部具5束白色副冠；副冠流苏状条裂，冠筒基部具10枚小腺体。蒴果狭矩圆形。花果期8~9月。

　　50种。我国产11种，湖北产1种，神农架亦产。

图143-15　卵叶扁蕾

鄂西喉毛花 ｜ Comastoma henryi (Hemsley) Holub

　　一年生草本。茎丛生，自基部多分枝，铺散。叶全部茎生，匙形或倒卵状匙形，上部叶较小，先端圆形，基部钝，突然狭缩成柄，叶脉在两面均不明显或仅中脉明显；叶柄细。花5数，单生于分枝顶端；花萼绿色，深裂至基部；花冠狭筒形，裂达中部，裂片披针形，喉部具5束白色副冠；副冠流苏状条裂，冠筒基部具10枚小腺体。蒴果狭矩圆形。花果期8~9月。

　　产于神农架高海拔地区，生于海拔2500m以上的山坡草丛中。

6. 肋柱花属Lomatogonium A. Braun

　　一年生草本。茎几四棱形。基生叶早落，莲座状，匙形，基部狭缩成柄；茎生叶无柄，披针形、椭圆形至卵状椭圆形。聚伞花序或单花生于分枝顶端；花5数；花冠蓝色；裂片椭圆形或卵状椭圆形，基部两侧各具1枚腺窝；腺窝管形，下部浅囊状，上部具裂片状流苏；子房无柄，柱头下延至子房中部。蒴果无柄，圆柱形。花果期8~10月。

　　18种。我国产16种，湖北产1种，神农架产1种。

美丽肋柱花 ｜ Lomatogonium bellum (Hemsley) Harry Smith　图143-16

　　一年生草本。茎直立，几四棱形，有时带

图143-16　美丽肋柱花

神农架植物志（第四卷）

10

图143-23　大籽獐牙菜

图143-24　贵州獐牙菜

图143-25　紫红獐牙菜

8. 花锚属Halenia Borkhausen

一年生草本。叶对生。聚伞花序排成圆锥花序；花冠钟形，4深裂；裂片基部有腺窝孔并延伸成一长矩；矩内有蜜腺；雄蕊4枚；花柱短，圆筒状，柱头2裂。蒴果无柄，卵形。种子平滑，淡黄色。

100种。我国产2种，湖北产1种，神农架亦产。

椭圆叶花锚 | Halenia elliptica D. Don

分变种检索表

1. 花直径0.5～1cm·····································1a. 椭圆叶花锚H. elliptica var. elliptica
1. 花直径达2.5 cm·····································1b. 大花花锚H. elliptica var. grandiflora

1a. 椭圆叶花锚（原变种）Halenia elliptica var. elliptica 图143-26

一年生草本。根具分枝，黄色或褐色。茎近四棱形，具细条棱，从基部起分枝。基生叶倒卵形或椭圆形，先端圆或钝尖，基部楔形，通常早枯萎；茎生叶椭圆状披针形或卵形，先端渐尖，基部宽楔形或近圆形，全缘，叶脉3条，叶无柄或具极短而宽扁的叶柄。聚伞花序；花冠钟形，深裂；裂片基部有窝孔并延伸成一长矩；矩内有蜜腺。花果期7～9月。

神农架高海拔地区广布（猴子石—南天门，zdg 7333），生于海拔1600～2000m的山坡草地、林下及林缘。全草入药。

1b. 大花花锚（变种）Halenia elliptica var. grandiflora Hemsley 图143-27

一年生草本。与原变种的主要区别在于：花大，距水平开展，稍向上弯曲。

产于神农架高海拔地区，生于海拔1600～2000m的山坡草地、林下及林缘。根或全草入药。

图143-26　椭圆叶花锚

图143-27　大花花锚

144. 马钱科 | Loganiaceae

乔木、灌木、藤本或草本。单叶对生或轮生，稀互生，全缘或有锯齿。花通常两性，辐射对称，单生或孪生，或组成二至三歧聚伞花序，再排成无限花序；有苞片和小苞片；花萼4～5裂；合瓣花冠，4～5裂，裂片在花蕾时为镊合状或覆瓦状排列，少数为旋卷状排列；雄蕊通常着生于花冠管内壁上，与花冠裂片同数，且与其互生；子房上位，稀半下位，通常2室，花柱通常单生，柱头头状，胚珠每室多枚。果为蒴果、浆果或核果。种子通常小而扁平，有时具翅。

5属262余种。我国产5属22种，湖北产2属3种，神农架均有。

分属检索表

1. 木质藤本；浆果，果皮不开裂 ·································· 1. 蓬莱葛属Gardneria
1. 多年生小草本；蒴果，室间开裂成2果瓣 ·············· 2. 度量草属Mitreola

1. 蓬莱葛属Gardneria Wallich

木质藤本。枝条通常圆柱形。单叶对生，全缘，羽状脉。花单生、簇生或组成二至三歧聚伞花序；苞片小；花萼4～5深裂；花冠辐状，4～5裂；雄蕊4～5枚，着生于花冠管内壁上，花药伸出花冠管之外；子房卵形或圆球形，2室，每室有胚珠1～4枚，花柱伸长，柱头头状或浅2裂。浆果球状，常有1枚种子。

5种。我国产5种，湖北产2种，神农架均产。

分种检索表

1. 叶通常卵形或椭圆形；花多朵组成二至三歧聚伞花序 ··········· 1. 蓬莱葛G. multiflora
1. 叶片长圆形、线状披针形或披针形；花单生或双生 ··········· 2. 柳叶蓬莱葛G. lanceolata

1. 蓬莱葛 | Gardneria multiflora Makino 图144-1

木质藤本。叶片纸质至薄革质，椭圆形或卵形。花很多而组成腋生的二至三歧聚伞花序；花5数；花萼裂片半圆形；花冠辐状，黄色或黄白色，花冠管短，花冠裂片披针形，厚肉质；雄蕊花丝短，花药彼此分离；子房卵形2室，每室有胚珠1枚，柱头顶端浅2裂。浆果圆球状，果成熟时淡黑色。花期3～7月，果期7～11月。

产于神农架各地（新华，zdg 6892），生于海拔500～2100m的山坡林下、灌丛中。根、种子入药。

图144-1 蓬莱葛

2. 柳叶蓬莱葛 | Gardneria lanceolata Rehder et E. H. Wilson　图144-2

攀援灌木。叶片坚纸质至近革质，披针形。花5基数，白色，单生于叶腋内；花萼杯状，裂片圆形；花冠裂片披针形；雄蕊花丝极短，花药合生；子房圆球形，柱头浅2裂，每室有胚珠1枚。浆果圆球状，成熟后橘红色，顶端常宿存有花柱。花期6~8月，果期9~12月。

产于神农架新华，生于海拔500~1000m的山坡林中或林缘。根入药。

2. 度量草属 Mitreola Linnaeus

多年生草本。单叶对生，膜质至纸质，羽状脉。花小，通常偏生于二至三歧聚伞花序分枝的一侧；花萼钟状，裂至中部；花冠钟状或坛状，花冠裂片5枚；雄蕊5枚，着生于花冠管内壁上，内藏；子房半下位，2室，每室有胚珠多枚，花柱2枚，通常下部分离，上部合生。蒴果，近圆球形，顶端有内弯的2角。种子小，多数。

7种。我国产4种，湖北产1种，神农架亦产。

大叶度量草 | Mitreola pedicellata Bentham　图144-3

多年生草本。茎下部匍匐状。叶片膜质，椭圆形或披针形。三歧聚伞花序，着花多朵；花萼5深裂，裂片卵状披针形；花冠白色，坛状，花冠裂片5枚，卵形；雄蕊5枚，着生于花冠管近中部；子房近圆球形，光滑，柱头头状。蒴果近球状，基部有宿存花萼。花期3~5月，果期6~7月。

产于神农架红坪、阳日（长青，zdg 5674），生于海拔400~800m的悬崖石缝中。全草入药。

图144-2 柳叶蓬莱葛　　　　　　　　　图144-3 大叶度量草

145. 夹竹桃科 | Apocynaceae

乔木，直立灌木，木质藤木或草本。具乳汁或水液。单叶对生、轮生，全缘，羽状脉。花两性，辐射对称，单生或多朵组成聚伞花序；花萼裂片（4~）5枚，基部合生成筒状或钟状；花冠合瓣，高脚碟状、漏斗状、钟状，裂片（4~）5枚，覆瓦状排列，其基部边缘向左或向右覆盖；雄蕊（4~）5枚，花丝分离；子房上位，稀半下位，1~2室，柱头顶端通常2裂；胚珠1至多枚，着生于腹面的侧膜胎座上。果为浆果、核果、蒴果或蓇葖果。种子通常一端被毛。

约405属4000种。我国产88属415种，湖北产17属30种，神农架产14属20种。

分属检索表

1. 花具副花冠。
  2. 草本或半灌木状；雄蕊离生或松弛地靠着在柱头上⋯⋯⋯⋯⋯ **1. 长春花属Catharanthus**
  2. 木质藤本或小乔木；雄蕊彼此互相黏合并黏生在柱头上。
    3. 小乔木、灌木或半灌木；花冠筒喉部有副花冠⋯⋯⋯⋯⋯ **2. 夹竹桃属Nerium**
    3. 木质藤本；花冠筒喉部无副花冠。
      4. 花药顶端被长柔毛⋯⋯⋯⋯⋯⋯⋯⋯⋯⋯⋯⋯ **3. 毛药藤属Sindechites**
      4. 花药顶端无毛⋯⋯⋯⋯⋯⋯⋯⋯⋯⋯⋯⋯ **4. 络石属Trachelospermum**
1. 花无副花冠。
  5. 四合花粉，承载在匙形的载粉器上，花丝离生⋯⋯⋯⋯⋯ **5. 杠柳属Periploca**
  5. 花粉粒联结成块状，通常通过花粉块柄系结于着粉腺上，花丝合生成筒状。
    6. 每花药有花粉块4⋯⋯⋯⋯⋯⋯⋯⋯⋯⋯⋯⋯ **6. 弓果藤属Toxocarpus**
    6. 每花药有花粉块2。
      7. 花药顶端无膜片；花冠裂片不张开，顶端黏合⋯⋯⋯⋯ **7. 吊灯花属Ceropegia**
      7. 花药顶端具膜片；花冠裂片张开。
        8. 花粉块下垂。
          9. 茎直立⋯⋯⋯⋯⋯⋯⋯⋯⋯⋯⋯⋯⋯⋯ **8. 马利筋属Asclepias**
          9. 茎缠绕性。
            10. 副花冠成5小叶状，极短，不到合蕊冠的1/2⋯⋯ **9. 秦岭藤属Biondia**
            10. 副花冠杯状或环状。
              11. 花直径1cm以下⋯⋯⋯⋯⋯⋯⋯⋯ **10. 鹅绒藤属Cynanchum**
              11. 花直径1cm以上⋯⋯⋯⋯⋯⋯⋯⋯ **11. 萝藦属Metaplexis**
        8. 花粉块直立或平展。
          12. 花冠高脚碟状⋯⋯⋯⋯⋯⋯⋯⋯⋯⋯⋯⋯ **12. 牛奶菜属Marsdenia**
          12. 花冠辐状或坛状。
            13. 花粉块长圆状伸长⋯⋯⋯⋯⋯⋯⋯⋯ **13. 南山藤属Dregea**
            13. 花粉块球状或长圆状⋯⋯⋯⋯⋯⋯ **14. 娃儿藤属Tylophora**

1. 长春花属 Catharanthus G. Don

多年生草本或亚灌木。有水液。叶草质至革质，对生；叶腋内和叶腋间有腺体。花单生或2～3朵组成聚伞花序；花萼5深裂；花冠高脚碟状，花冠喉部紧缩，花冠裂片向左覆盖；雄蕊着生于花冠筒中部之上，但并不露出；花盘为2枚舌状腺体所组成；子房为2枚离生心皮所组成，胚珠多数，花柱丝状，柱头头状。蓇葖果双生，直立，圆筒状具条纹。

8种。我国栽培1种，湖北栽培1种，神农架亦有栽培。

长春花 │ Catharanthus roseus (Linnaeus) G. Don   图145-1

亚灌木。略有分枝。茎近方形。叶草质，倒卵状长圆形。聚伞花序，有花2～3朵；花萼5深裂，萼片披针形；花冠红色、粉红色、黄色或白色，高脚碟状，喉部紧缩，具刚毛；花冠裂片宽倒卵形；雄蕊花药与柱头离生。蓇葖果双生，直立，外果皮厚纸质，被柔毛。种子黑色，具有颗粒状小瘤。花果期几乎全年。

栽培于神农架松柏、阳日庭院中。全株有毒，能抗癌、降血压。

2. 夹竹桃属 Nerium Linnaeus

直立灌木。含水液。叶轮生，革质。伞房状聚伞花序顶生；花萼5裂，内具腺体，裂片披针形；花冠漏斗状，红色、白色或黄色，花冠筒圆筒形，上部扩大呈钟状，喉部具5枚阔鳞片状副花冠，花冠裂片5枚，花蕾时向右覆盖；雄蕊5枚，着生在花冠筒中部以上；无花盘；子房由2枚离生心皮组成，花柱丝状，柱头近球状。蓇葖果2枚，离生，长圆形。

1种。我国栽培1种，湖北栽培1种，神农架有栽培。

夹竹桃 │ Nerium oleander Linnaeus   图145-2

常绿直立大灌木。叶3～4枚轮生，稀为对生，窄披针形，叶缘反卷。聚伞花序顶生；花萼裂片红色，披针形；花冠深红色或粉红色，栽培演变有白色或黄色，花冠裂片倒卵形；雄蕊花药箭头状，内藏，与柱头连生；心皮被柔毛；每心皮有胚珠多枚。蓇葖果具细纵条纹。种子长圆形。花期几乎全年，果期一般在冬春季。

栽培于神农架各地路旁或庭院中。全株有毒。

图145-1 长春花

图145-2 夹竹桃

3. 毛药藤属Sindechites Oliver

木质藤本。具乳汁。叶对生，具柄，羽状脉，叶片披针形或卵圆形，具渐尖头。圆锥状聚伞花序顶生；花萼小，5裂，裂片卵圆形，内面基部具腺体；花冠高脚碟状，顶端裂片5枚，向右覆盖；雄蕊5枚，着生在花冠筒中部以上；子房由2枚离生心皮组成，花柱丝状，柱头棍棒状，顶端2裂；花盘环状，5裂。蓇葖果双生，线状长圆形，无毛。

2种。我国产2种，湖北产1种，神农架亦产。

毛药藤 │ Sindechites henryi Oliver 图145-3

木质藤本。叶薄纸质，披针形。聚伞花序顶生；花白色；花萼小，裂片卵圆形；花冠筒圆筒形，喉部膨大，裂片卵圆形；雄蕊花丝短，花药卵圆形，内藏；子房由2枚离生心皮组成，藏于花盘之中，每心皮有胚珠多枚。蓇葖果双生，一长一短，线状圆柱形，渐尖。种子扁平。花期5~7月，果期7~10月。

生于海拔600~1300m的山地疏林中、山腰路旁向阳处。根入药。

图145-3 毛药藤

4. 络石属Trachelospermum Lemaire

攀援灌木。全株具白色乳汁。叶对生，具羽状脉。花序聚伞状，花白色或紫色；花萼5裂，内具腺体；花冠高脚碟状，花冠筒圆筒形，5棱，在雄蕊着生处膨大，喉部缢缩，顶端5裂，向右覆盖；雄蕊5枚，着生在花冠筒膨大之处，通常隐藏；花盘环状，5裂；子房由2枚离生心皮所组成。蓇葖果双生，长圆形或披针形。

15种。我国产6种，湖北产4种，神农架产3种。

> **分种检索表**
>
> 1. 花药先端稍外露·····························1. 亚洲络石T. asiaticum
> 1. 花药先端内藏。
>   2. 花冠筒中部、喉部或近喉部膨大；蓇葖果叉生·····2. 络石T. jasminoides
>   2. 花冠筒近基部或基部膨大；蓇葖果平行黏生·····3. 紫花络石T. axillare

1. 亚洲络石 │ Trachelospermum asiaticum (Siebold et Zuccarini) Nakai
图145-4

木质藤本。叶片椭圆形，狭卵形，或近倒卵形，膜质或纸质。聚伞花序顶生和腋生；萼片紧贴花冠筒，基部有腺体；花冠白色，冠筒在喉部膨大，花冠裂片卵形；雄蕊着生在花冠喉部，花药先端外露；子房无毛。蓇葖果线形。花期4~7月，果期8~11月。

生于海拔1000m左右的山谷密林中，攀于树上或岩石上。全株入药。

2. 络石｜Trachelospermum jasminoides (Lindley) Lemaire
图145-5

常绿木质藤本。叶革质，椭圆形或宽倒卵形。二歧聚伞花序组成圆锥状；花白色，芳香；花萼5深裂，裂片线状披针形，顶部反卷；花冠筒圆筒形，中部膨大；雄蕊腹部黏生在柱头上；子房无毛，花柱圆柱状，柱头卵圆形；每心皮有胚珠多枚。蓇葖果双生，叉开，无毛，线状披针形。种子褐色线形。花期3~7月，果期7~12月。

生于海拔400~2000m的九冲山野、溪边、坑谷、路旁杂木林中，攀于树上或墙壁、岩石上。茎藤、果实入药。

图145-4 亚洲络石

3. 紫花络石｜Trachelospermum axillare J. D. Hooker　图145-6

粗壮木质藤本。叶厚纸质，倒披针形或长椭圆形。聚伞花序近伞形；花紫色；花萼裂片紧贴于花冠筒上，卵圆形、钝尖；花冠高脚碟状，花冠裂片倒卵状长圆形；雄蕊着生于花冠筒的基部；子房卵圆形，无毛，花柱线形，柱头近头状。蓇葖果圆柱状长圆形，平行，黏生，无毛。种子暗紫色。花期5~7月，果期8~10月。

生于海拔400~1000m的阳日、新华、老君山山地疏林中或山谷水沟边。全株入药。

图145-5 络石

图145-6 紫花络石

5. 杠柳属Periploca Linnaeus

藤状灌木。具乳汁。叶对生，具柄，羽状脉。聚伞花序疏松，顶生或腋生；花萼5深裂，内面基部有5枚腺体；花冠辐状，花冠筒短，裂片5，通常被柔毛，向右覆盖；副花冠异形，环状；雄蕊5枚，生在副花冠的内面；花粉器匙形，四合花粉藏在载粉器内，基部的黏盘黏在柱头上；子房由2枚离生心皮所组成，花柱极短，柱头盘状，顶端凸起，2裂，每心皮有胚珠多枚。蓇葖2枚，叉生，长圆柱状。种子长圆形，顶端具白色绢质种毛。

约10种。我国产5种，湖北产2种，神农架均产。

分种检索表

1. 叶革质或近革质；花冠裂片中间不加厚，不反折·····························1. 青蛇藤P. calophylla
1. 叶膜质；花冠裂片中间加厚，反折·····································2. 杠柳P. sepium

1. 青蛇藤 │ Periploca calophylla (Wight) Falconer　图145-7

藤状灌木。叶近革质，椭圆状披针形。聚伞花序腋生；花萼裂片卵圆形；花冠深紫色，辐状，花冠筒短，裂片长圆形；副花冠环状，5~10裂，其中5裂延伸为丝状；雄蕊花药卵圆形；子房无毛，花柱短，柱头短圆锥状，顶端2裂。蓇葖果双生，长箸状。花期4~5月，果期8~9月。

生于海拔2700m以下的山谷杂木林中。茎入药。

图145-7　青蛇藤

2. 杠柳 │ Periploca sepium Bunge　图145-8

落叶蔓性灌木。叶卵状长圆形。聚伞花序腋生；花萼裂片卵圆形；花冠紫红色，辐状，花冠筒短，裂片长圆状披针形；副花冠环状，10裂，其中5裂延伸为丝状，被短柔毛，顶端向内弯；心皮无毛，柱头盘状凸起。蓇葖果2枚，圆柱状，无毛，具有纵条纹。花期5~6月，果期6~7月。

产于神农架阳日、新华，生于海拔400~700m的低山丘陵的林缘、沟边。根皮入药。

图145-8 杠柳

6. 弓果藤属Toxocarpus Wight et Arnott

攀援灌木。叶对生，顶端具细尖头，基部双耳形。花序腋生，伞形状聚伞花序；花萼细小，5深裂；花冠辐状，裂片略向左覆盖；副花冠裂片5枚，着生于合蕊冠基部；花药小，微凹，通常无附属体；花粉块每室2枚；柱头伸出花冠之外，长喙状膨胀，或圆柱状。蓇葖果通常被茸毛。种子被毛。

约40种。我国产10种，湖北产1种，神农架亦产。

毛弓果藤 │ Toxocarpus villosus (Blume) Decaisne 图145-9

藤状灌木。叶对生，厚纸质，卵形至椭圆状长圆形。聚伞花序腋生，不规则二歧；花黄色；花蕾近喙状；花冠辐状，花冠筒短，裂片披针状长圆形，副花冠裂片的顶端钻状；花柱长圆柱状，柱头高出花药。蓇葖果近圆柱状，有时仅有1枚发育。花期4～5月，果期6～12月。

产于神农架木鱼至兴山一线，生于海拔700m以下的丘陵山地灌丛中。全株入药。

图145-9 毛弓果藤

7. 吊灯花属Ceropegia Linnaeus

多年生草木，有时基部近木质。根部经常成块茎；茎近肉质，缠绕或直立。叶薄膜质或近肉质。聚伞花序具花序梗或无梗，着花甚多或仅具单花，通常近伞形；花萼深5裂；花冠筒状，基部略作一面膨胀，近漏斗状，裂片舌状，直立，经常弧形，顶端经常黏合，具缘毛，基部为镊合状排列；雄蕊着生的副花冠为2轮，钟状或辐状，5、10或15裂，裂片比花药略为长，舌状；柱头扁平。蓇葖果圆筒状，平滑；种子顶端具种毛。

约170种。我国产17种，湖北产1种，神农架亦产。

巴东吊灯花 | Ceropegia driophila C. K. Schneider 图145-10

攀援半灌木。叶薄膜质，长圆形。聚伞花序；花萼裂片线形渐尖；花冠暗红色，向基部椭圆状膨胀略为偏斜，向上渐狭成筒直至喉部扩大，裂片舌状长圆形，顶端黏合；副花冠外轮杯状，内轮线形；花粉块柄短。花果期6～7月。

产于神农架新华、木鱼，生于海拔600～900m的灌木丛中。全草入药。

图145-10 巴东吊灯花

8. 马利筋属Asclepias Linnaeus

多年生草本。叶对生或轮生，具柄，羽状脉。聚伞花序伞形状，顶生或腋生；花萼5深裂，内面基部有腺体5～10枚；花冠辐状，5深裂，镊合状排列，稀向右覆盖，裂片反折；副花冠5片，贴生于合蕊冠上，直立，凹兜状，内有舌状片；雄蕊着生于花冠基部，花丝合生成筒（称合蕊冠）；花药顶端有膜片；花粉块每室1枚，长圆形，下垂；子房由2枚离生心皮所组成；柱头五角状，或5裂。蓇葖果披针形，端部渐尖。种子顶端具白色绢质种毛。

约120种。我国栽培1种，神农架也有栽培。

马利筋 | Asclepias curassavica Linnaeus 图145-11

多年生直立草本，灌木状。全株有白色乳汁。茎淡灰色。单叶对生，叶披针形至椭圆状披针形，顶端短渐尖或急尖。聚伞花序顶生或腋生；花冠紫红色，裂片长圆形，副花冠生于合蕊冠上，5裂，黄色，匙形，有柄，内有舌状片。蓇葖果披针形。种子卵圆形，顶端具白色绢质种毛。花期几乎全年，果期8～12月。

神农架巴东县有栽培。

9. 秦岭藤属Biondia Schlechter

多年生草质藤本。茎柔弱，缠绕。叶对生，具柄，羽状脉。聚伞花序伞形式，腋生，着花多朵；花萼5深裂，裂片镊合状排列，花萼内面基部有5枚腺体；花冠坛状或近钟状；副花冠着生于合蕊冠基部，极短，端部5浅裂，稀齿状；合蕊冠极短；花药近四方形，顶端具薄膜片；花粉块每室1

枚，长圆形，下垂；子房由2枚离生心皮所组成；柱头盘状五角形，端部略呈2裂。蓇葖果常单生，稀双生，狭披针形。种子线形，顶端具白色绢质种毛。

约13种。我国产13种，湖北产2种，神农架产1种。

秦岭藤 | **Biondia chinensis** Schlechter　图145-12

多年生草质藤本。叶薄纸质，披针形。聚伞花序伞形状，腋外生；花萼裂片卵状椭圆形；花冠钟状，裂片卵形；副花冠顶端5浅裂；花药覆盖柱头；子房无毛。蓇葖果单生，狭披针形。花期5月，果期10月。

产于神农架新华，生于海拔1000～2400m的山地杂木林中或路旁。全草入药。

图145-11　马利筋　　　　　　　　　　　　　图145-12　秦岭藤

10. 鹅绒藤属Cynanchum Linnaeus

灌木或多年生草本，直立或攀援。叶对生，稀轮生。聚伞花序多数呈伞形状，多花着生，花小型或稀中型，各种颜色；花萼5深裂，基部内面有小腺5～10枚或更多或无；副花冠膜质或肉质，5裂或杯状或筒状，其顶端具各式浅裂片或锯齿，在各裂片的内面有时具有小舌状片；柱头基部膨大，五角形，顶端全缘或2裂。蓇葖果双生或1枚不发育，长圆形或披针形；外果皮平滑，稀具软刺，或具翅。种子顶端具种毛。

约200种。我国产57种，湖北产13种，神农架产11种。

> **分种检索表**
>
> 　1. 着生于雄蕊上的副花冠成双轮，即不论在副花冠筒部或副花冠裂片内面均有舌状或各式
> 　　 裂片的附属物。
> 　　2. 叶卵状心形，基部耳形或近心形。
> 　　　3. 花序伞房状，花序梗比花梗长5～10倍，花冠开放后反折⋯⋯ 1. 牛皮消C. auriculatum
> 　　　3. 花序伞形，花序梗比花梗长3～5倍，花冠开放后辐状⋯⋯⋯⋯⋯ 2. 朱砂藤C. officinale

2．叶戟状或戟状长圆形···3．峨眉牛皮消C. giraldii
1．着生于雄蕊上的副花冠仅单轮，不论在副花冠筒或副花冠裂片内面均无舌状或各式裂片的
附属物。
  4．副花冠5~10分裂，高过合蕊柱·····································4．青羊参C. otophyllum
  4．副花冠不论5浅裂或5深裂，其高度均不超过合蕊柱。
   5．副花冠内面不成龙骨状···5．隔山消C. wilfordii
   5．副花冠内面成龙骨状。
    6．缠绕性植物或其端部缠绕。
     7．植株下部直立，上部缠绕·····························6．蔓剪草C. chekiangense
     7．植株全部缠绕·····································11．毛白前C. mooreanum
    6．直立植物。
     8．花冠内面全部或基部或在花冠筒喉部有毛·············7．柳叶白前C. stauntonii
     8．花冠内面全部无毛。
      9．叶线形或狭椭圆形或长圆状披针形·················8．徐长卿C. paniculatum
      9．叶卵形或卵状长圆形或宽椭圆形。
       10．花黄色或黄绿色；叶卵形，基部近心形······9．竹灵消C. inamoenum
       10．花紫红色；叶基部宽楔形·················10．白薇C. atratum

1．牛皮消｜**Cynanchum auriculatum** Royle ex Wight 图145–13

  蔓性半灌木。宿根肥厚。叶对生，膜质，宽卵形至卵状长圆形。聚伞花序伞房状；花萼裂片卵状长圆形；花冠白色，辐状，裂片反折；副花冠浅杯状，裂片椭圆形，肉质；柱头圆锥状，顶端2裂。蓇葖果双生，披针形。花期6~8月，果期8~12月。

  产于神农架板仓、新华、松柏、官门山、阳日，生于海拔3000m以下的林缘、灌丛中或沟边湿地。带根全草入药。

图145–13 牛皮消

2．朱砂藤｜**Cynanchum officinale** (Hemsley) Tsiang et Zhang
图145–14

  藤状灌木。主根圆柱状。叶对生，薄纸质，卵形。聚伞花序腋生；花萼裂片外面具微毛；花冠淡绿色或白色；副花冠肉质，深5裂，裂片卵形，内面中部具一圆形的舌状片；花粉块长

图145–14 朱砂藤

圆形；柱头略为隆起，顶端2裂。蓇葖果通常仅1枚发育。花期5~8月，果期7~10月。

产于神农架大九湖，生于海拔450~2250m的沟谷水边、灌丛或疏林下。根入药。

3. 峨眉牛皮消 | Cynanchum giraldii Schlechter 图145-15

攀援灌木。叶对生，薄纸质，戟状长圆形。伞形聚伞花序生于侧枝的顶端；花萼近无毛，裂片卵圆状三角形；花冠深红色或淡红色，近辐状，裂片长圆形；副花冠5深裂，裂片卵形，内有舌状片；花粉块柄粗壮；花柱纤细，柱头2裂。蓇葖果通常单生。花期7~8月，果期8~9月。

产于神农架宋洛，生于海拔600~800m的林下、灌丛林缘草地或石壁上。根、茎入药。

图145-15 峨眉牛皮消

4. 青羊参 | Cynanchum otophyllum C. K. Schneider 图145-16

多年生草质藤本。根圆柱状。叶对生，膜质，卵状披针形。伞形聚伞花序腋生；花萼外面被微毛；花冠白色，裂片长圆形；副花冠杯状；柱头顶端略为2裂。蓇葖果双生或仅1枚发育，短披针形，外果皮有直条纹。花期6~10月，果期8~12月。

产于神农架宋洛，生于海拔1500~3000m的山坡路边、疏林或灌丛中。根入药。

图145-16 青羊参

5. 隔山消 | Cynanchum wilfordii (Maximowicz) J. D. Hooker 图145-17

多年生草质藤本，肉质根近纺锤形。叶对生，薄纸质，卵形。近伞房状聚伞花序半球形；花萼外面被柔毛，裂片长圆形；花冠淡黄色，辐状，裂片长圆形；副花冠裂片近四方形；花粉块长圆形；花柱细长，柱头略凸起。蓇葖果单生，披针形。花期5～9月，果期7～11月。

产于神农架阳日、老君山、板仓，生于山坡、林缘、灌丛、路边。块根入药。

图145-17　隔山消

6. 蔓剪草 ｜ Cynanchum chekiangense Cheng　图145-18

多年生草本。根须状。叶薄纸质，对生，卵状椭圆形。伞形状聚伞花序腋间生；花萼裂片具缘毛；花冠紫色或紫红色；副花冠裂片三角状卵形；花粉块椭圆形。蓇葖果常单生，线状披针形，无毛。花期5月，果期6月。

产于神农架宋洛、千家坪，生于山谷、溪边、林中及灌草丛中。根入药。

7. 柳叶白前 ｜ Cynanchum stauntonii (Decaisne) Schlechter ex H. Léveillé　图145-19

直立半灌木。须根纤细。叶对生，纸质，狭披针形。伞形聚伞花序腋生；花萼5深裂；花冠紫色，稀绿黄色，辐状，内面具长柔毛；副花冠裂片盾状，隆肿；花粉块长圆形；柱头微凸，包在花药的薄膜内。蓇葖果单生，线状披针形。花期5～8月，果期9～10月。

产于神农架新华至兴山一带，生于海拔800m以下的河边、山谷、灌草丛中。根状茎、根入药。

图145-18　蔓剪草　　　　　　　　　图145-19　柳叶白前

8. 徐长卿 | Cynanchum paniculatum (Bunge) Kitagawa 图145-20

多年生直立草本。根须状。叶对生，纸质，披针形至线形。圆锥状聚伞花序生于顶端的叶腋内；花冠黄绿色，近辐状；副花冠裂片5枚，基部增厚，顶端钝；子房椭圆形；柱头5角形，顶端略为凸起。蓇葖果单生，披针形。花期5～7月，果期8～12月。

产于神农架松柏、宋洛，生于海拔1800m以下的砾石山坡、干燥丘陵山坡或草丛中。全草入药。

9. 竹灵消 | Cynanchum inamoenum (Maximowicz) Loesener 图145-21

直立草本。根须状。叶薄膜质，广卵形。伞形聚伞花序，近顶部互生；花黄色；花萼裂片披针形；花冠辐状，裂片卵状长圆形；副花冠较厚，裂片三角形；花药在顶端具1枚圆形的膜片；柱头扁平。蓇葖果双生，稀单生，线状披针形。花期5～7月，果期7～10月。

产于神农架新华、宋洛、老君山、下谷、田家山，生于海拔100～3000m的山坡灌丛、林缘及草地。根及根状茎入药。

图145-20　徐长卿　　　　　　　　　　　图145-21　竹灵消

10. 白薇 | Cynanchum atratum Bunge 图145-22

直立多年生草本。叶卵形。伞形状聚伞花序；花深紫色；花萼外面有绒毛；花冠辐状；副花冠5裂，裂片盾状，圆形；花粉块长圆状；柱头扁平。蓇葖果单生，纺锤形或披针形，向端部渐尖，中间膨大。花期4～8月，果期6～10月。

产于神农架新华，生于海拔100～2600m的山坡、草丛、林缘、灌丛或荒地。根及根状茎入药。

11. 毛白前 | Cynanchum mooreanum Hemsley 图145-23

柔弱缠绕藤本。茎密被柔毛。叶对生，卵状心形至卵状长圆形，长2～4cm，宽1.5～3cm，顶端急尖基部心形或老时近截形，两面均被黄色短柔毛。伞形聚伞花序腋生，着花7～8朵，花冠紫红色，裂片长圆形；副花冠杯状，5裂，裂片卵圆形，钝头；子房无毛，柱头基部5角形，顶端扁平。蓇葖果单生，披针形，向端部渐尖，长7～9cm，直径1cm。种子暗褐色，不规则长圆形；种毛白色绢质。花期6~7月，果期8~10月。

产于神农架阳日，生于海拔700m的林缘。

图145-22 白薇

图145-23 毛白前

11. 萝藦属Metaplexis R. Brown

多年生草质藤本或藤状半灌木。具乳汁。叶对生，卵状心形，具柄。聚伞花序总状式，腋生；花中等大或小；花萼5深裂，裂片双盖覆瓦状排列，花萼内面基部具有5枚小腺体；花冠近辐状，花冠筒短，裂片5枚；副花冠环状，着生于合蕊冠上，5短裂，裂片兜状；雄蕊5枚，着生于花冠基部，腹部与雌蕊黏生；子房由2枚离生心皮组成，花柱短，柱头延伸成一长喙，顶端2裂。蓇葖果叉生，纺锤形或长圆形；外果皮粗糙或平滑。种子顶端具白色绢质种毛。

约6种。我国产2种，湖北产2种，神农架产1种。

华萝藦 │ **Metaplexis hemsleyana** Oliver   图145-24

多年生草质藤本。叶膜质，卵状心形。总状式聚伞花序腋生，一至三歧；花白色，芳香；花蕾阔卵状；花萼裂片披针形；花冠近辐状，花冠筒短，裂片宽长圆形；副花冠环状，着生于合蕊冠基部，5深裂，裂片兜状；花药近方形；花粉块长圆形；柱头延伸成一长喙，顶端2裂。蓇葖果长圆形；外果皮粗糙，被微毛。花期7~9月，果期9~12月。

产于神农架各地，生于海拔380~2200m的山谷、路旁或山脚湿润灌丛中。全草入药。

图145-24　华萝藦

12. 牛奶菜属Marsdenia R. Brown

攀援灌木，稀直立灌木或半灌木。叶对生。聚伞花序伞形状，单生或分歧，顶生或腋生；花中等或小型；花萼深5裂，裂片双盖覆瓦状排列，基部内面有腺体，稀缺；花冠钟状、坛状或高脚碟状，裂片狭窄或宽阔；与雄蕊合生的副花冠裂片5枚；子房由2枚心皮所组成，柱头长喙状或凸起，高出花药之上。蓇葖果披针形或匕首状。种子顶端具白色绢质的种毛。

约100种。我国产25种，湖北产2种，神农架均产。

分种检索表

1. 合蕊柱完全充实花冠筒 ···1. 牛奶菜M. sinensis
1. 合蕊柱仅充实花冠筒的1/2 ······································2. 云南牛奶菜M. yunnanensis

1. 牛奶菜 │ Marsdenia sinensis Hemsley   图145-25

粗壮木质藤本。叶卵圆状心形。伞形状聚伞花序腋生；花冠白色或淡黄色，内面被绒毛；副花冠短；花粉块肾形；柱头基部圆锥状，顶端2裂。蓇葖果纺锤状，外果皮被黄色绒毛。花期4~7月，果期8~11月。

产于神农架九冲、木鱼，生于海拔500~1300m的疏林中。根、全株入药。

2. 云南牛奶菜 | Marsdenia yunnanensis (H. Léveillé) Woodson 图145-26

攀援灌木。叶长圆形。聚伞花序顶生，组成伞形状；花萼被长柔毛，裂片锐尖；花冠筒状，高出花萼之外，裂片短，三角形；合蕊冠仅及花冠筒的1/2；副花冠成5枚锐齿；花丝合生成筒状；花粉块直立，超出着粉腺；柱头5棱，顶端伸长。蓇葖果纺锤状椭圆形。花期4~7月，果期9~12月。

产于红坪阴峪河、木鱼龙门河，生于海拔1200~2800m的山地林中。全株入药。

图145-25 牛奶菜

图145-26 云南牛奶菜

13. 南山藤属Dregea E. Meyer

攀援木质藤本。叶对生，基部通常心形或截形，稀楔形，具柄，全缘，羽状脉。伞状聚伞花序腋生，着花多朵；花萼5裂，裂片卵圆形，内面有腺体；花冠辐状，顶端5裂；副花冠5裂，肉质，贴生在雄蕊的背面，呈放射状展开，内角延长成一尖齿紧靠花药；雄蕊着生于花冠的近基部，花药顶端具内弯的膜片；子房由2枚离生心皮组成，每心皮有胚珠多枚，柱头圆锥状凸起。蓇葖果双生，外果皮具纵棱条或横皱褶片状，或平滑。种子顶端具白色绢质种毛。

约12种。我国产4种，湖北产1种，神农架亦产。

苦绳 | Dregea sinensis Hemsley 图145-27

攀援木质藤本。叶纸质，卵状心形或近圆形。伞状聚伞花序腋生；花萼裂片卵圆形；花冠内面紫色，外面白色，辐状，裂片卵圆形；副花冠裂片肉质，肿胀；花粉块长圆形；子房无毛，柱头圆锥状，基部五角形，顶端2裂。蓇葖果披针形，外果皮具波纹。花期4~8月，果期7~12月。

产于神农架松柏、新华、盘龙，生于海拔500~3000m的山地疏林中。全株入药。

14. 娃儿藤属Tylophora R. Brown

缠绕或攀援灌木，稀多年生草本或直立小灌木。叶对生。伞形或短总状式的聚伞花序，腋生，稀顶生；花小；花萼5裂，内面基部有腺体或缺；花冠5深裂，辐状或广辐状；副花冠由5枚肉质、膨胀的裂片组成，贴生于合蕊冠的基部，顶端通常比合蕊柱低，稀等高；子房由2枚离生心皮所组成，花柱短，柱头扁平、凹陷或凸起，通常比花药低。蓇葖果双生，稀单生，通常平滑，长圆状披针形，顶端渐尖。种子顶端具白色绢质种毛。

约60种。我国产35种，湖北产4种，神农架产3种。

分种检索表

1. 叶被毛 ·· 2. 湖北娃儿藤T. silvestrii
1. 叶无毛至近无毛。
  2. 叶三出脉 ··· 1. 贵州娃儿藤T. silvestris
  2. 叶羽状脉 ··· 3. 小叶娃儿藤T. flexuosa

1. 贵州娃儿藤 │ Tylophora silvestris Tsiang 图145-28

攀援灌木。叶近革质，长圆状披针形。聚伞花序假伞形，腋生，不规则二歧；花蕾卵圆状；花萼5深裂；花冠紫色，稀淡黄色，辐状，裂片卵形，向右覆盖；副花冠裂片卵形；花药侧向紧压；花粉块圆球状，着粉腺近菱形；子房无毛；柱头盘状五角形。蓇葖果披针形。花期3～5月，果期6～9月。

产于神农架木鱼（龙门河），生于海拔400～600m的密林或灌丛中。根入药。

图145-27 苦绳

图145-28 贵州娃儿藤

2. 湖北娃儿藤 │ Tylophora silvestrii (Pampanini) Tsiang et P. T. Li 图145-29

多年生草质藤本。茎柔细缠绕。叶卵状长圆形，长2～3cm，宽8～13mm，顶端渐尖，基部截形至浅心形。二歧聚伞花序腋生，与叶等长；花萼裂片顶端渐尖；花冠裂片披针形，长2mm，宽1mm，具脉纹，边缘透明；副花冠裂片贴生于合蕊冠上，短于花药，背部隆肿肉质；花丝合生成合蕊冠，雄蕊与雌蕊合生成合蕊柱，花药肾形，顶端具圆形膜片。花期6月。

产于神农架木鱼，生于海拔600m的林缘。

图145-29　湖北娃儿藤

3. 小叶娃儿藤 | Tylophora flexuosa R. Brown　图145-30

攀援半灌木。茎柔细。叶薄纸质，叶形及大小变异甚大，一般为卵圆状椭圆形或长圆形，长1~4cm，宽0.5~2cm，顶端钝或急尖，有时具细尖头，基部急尖或圆形，两面无毛。聚伞花序伞形状，腋生，着花不多；花萼裂片卵圆形，花萼内面基部有5枚腺体；花冠白色，辐状；副花冠裂片隆肿。蓇葖果双生，披针形，或披针状圆柱形，外果皮膜质，无毛。种子卵形，顶端具白色绢质种毛。花期4~12月，果期7~12月。

产于神农架新华，生于海拔600m的林缘。

图145-30　小叶娃儿藤

146. 紫草科 | Boraginaceae

一年生、二年生或多年生草本，稀灌木或乔木。常被刚毛、硬毛或糙伏毛。单叶，基生叶丛生，茎生叶互生，稀对生或轮生；无托叶。聚伞花序或蝎尾状聚伞花序；花两性，辐射对称，花萼（3～）5枚，常宿存；花冠筒状、钟状、漏斗状或高脚碟状，冠檐（4～）5裂，喉部或筒部具5枚梯形或半月形附属物；雄蕊5枚；子房2室。核果，或为4枚小坚果，果皮干燥，稀多汁。

约156属2500种。我国产47属约300种，湖北产9属18种，神农架产8属15种。

分属检索表

1. 小坚果着生面凹下并有脐状组织，周围具环状凸起 ·················· 1. 聚合草属Symphytum
1. 小坚果着生面不凹下，无脐状组织和环状凸起。
  2. 花冠喉部或筒部无附属物 ···························· 2. 紫草属Lithospermum
  2. 花冠喉部或筒部有5枚向内凸出的附属物。
    3. 小坚果无锚状刺。
      4. 雄蕊外露 ································ 3. 车前紫草属Sinojohnstonia
      4. 雄蕊内藏。
        5. 小坚果背面有碗状、盘状或杯状凸起 ·········· 4. 盾果草属Thyrocarpus
        5. 小坚果背面无凸起。
          6. 小坚果肾形，密生小疣状凸起 ············ 5. 斑种草属Bothriospermum
          6. 小坚果无小疣状凸起。
            7. 小坚果四面体形 ·················· 6. 附地菜属Trigonotis
            7. 小坚果非四面体形 ···················· 7. 勿忘草属Myosotis
    3. 小坚果具锚状刺 ···························· 8. 琉璃草属Cynoglossum

1. 聚合草属Symphytum Linnaeus

多年生草本。有硬毛或糙伏毛。镰状聚伞花序在茎的上部集呈圆锥状，无苞片；花萼5裂至花萼的1/2或近基部；花冠筒状钟形，檐部5浅裂，裂片三角形至半圆形，先端有时外卷，喉部具5枚披针形附属物；雄蕊5枚，着生于喉部，不超出花冠檐，花柱丝形，通常伸出花冠外。小坚果卵形，着生面在基部，碗状，边缘常具细齿。

约20种。我国栽培1种，神农架亦有。

聚合草 | Symphytum officinale Linnaeus　图146-1

多年生丛生草本。基生叶及下部茎生叶带状披针形、卵状披针形或卵形，稍肉质，先端渐尖，具长柄；茎中部及上部叶较小，基部下延，无柄。花序具多花；花萼裂至近基部；花冠淡紫色、紫红色或黄白色，裂片三角形，先端外卷，喉部具附属物。小坚果斜卵圆形，黑色，平滑，有光泽。花期5～10月。

神农架广为栽培。全草入药。

2. 紫草属Lithospermum Linnaeus

多年生草本。茎被短糙伏毛。叶互生。花单生于叶腋或为顶生蝎尾状聚伞花序；花萼5裂至基部，裂片果时稍增大；花冠漏斗状或高脚碟状，喉部具附属物，冠筒具5条毛带或纵褶，冠檐5浅裂；雄蕊5枚，内藏；子房4裂，花柱丝形，内藏，柱头头状。小坚果桃形。

约50种。我国产5种，湖北产3种，神农架产3种。

分种检索表

1. 花冠长超过1.5cm。
  2. 植株无匍匐茎；花冠白色··1. 紫草L. erythrorhizon
  2. 植株具匍匐茎；花冠蓝色、蓝紫色或紫红色·······················2. 梓木草L. zollingeri
1. 花冠长不超过1cm··3. 田紫草L. arvense

1. 紫草 │ Lithospermum erythrorhizon Siebold et Zuccarini 图146-2

多年生草本。茎被短糙伏毛。叶卵状披针形或宽披针形，先端渐尖，基部渐窄，两面被毛，无柄。花序生于茎枝上部；花萼裂片线形，被短糙伏毛；花冠白色，稍被毛，喉部附属物半球形，无毛。小坚果卵球形，乳白色，或带淡黄褐色，平滑，有光泽。花果期6～9月。

产于神农架新华，生于海拔700～1500m的山坡草地。根入药。

图146-1 聚合草

图146-2 紫草

2. 梓木草 │ Lithospermum zollingeri A. de Candolle 图146-3

多年生匍匐草本。茎被开展糙伏毛。基生叶倒披针形或匙形，两面被短糙伏毛，具短柄；茎生叶较小，近无柄。具1花至数花，花具短梗；花萼片线状披针形，两面被毛；花冠蓝色或蓝紫色，凋落前变紫红色。小坚果斜卵球形，乳白色，有时稍带淡黄褐色，平滑，有光泽。花果期5～8月。

产于神农架松柏、阳日、新华、宋洛，生于海拔500～800m的山坡草丛中。果实入药。

3. 田紫草 │ Lithospermum arvense Linnaeus　图146-4

一年生草本。高15～35cm。叶无柄，倒披针形至线形，长2～4cm，宽3～7mm，先端急尖，两面均有短糙伏毛。聚伞花序生于枝上部，长可达10cm，苞片与叶同形而较小；花序排列稀疏，有短花梗；花萼裂片线形，两面均有短伏毛；花冠高脚碟状，白色，有时蓝色或淡蓝色。小坚果三角状卵球形，灰褐色，有疣状凸起。花果期4～8月。

产于神农架红坪（红桦村田家山），生于海拔2200m的荒地中。

图146-3　梓木草

图146-4　田紫草

3. 车前紫草属 Sinojohnstonia H. H. Hu

多年生草本。茎被短糙伏毛。基生叶卵状心形，具长柄，茎生叶较小，互生，具短柄。蝎尾状聚伞花序总状或圆锥状，生于茎及枝端；花萼5裂近基部，果期囊状；花冠筒状或漏斗状，冠檐5裂，平展或直伸，喉部具5枚2浅裂附属物；雄蕊5枚，生于花冠筒中部以上或喉部附属物之间，伸出或内藏；子房4裂。小坚果四面体形，背面边缘碗状凸起。

我国特有属，3种，湖北产3种，神农架产2种。

分种检索表

1. 雄蕊内藏，花冠白色或带紫色···1. 短蕊车前紫草 S. moupinensis
1. 雄蕊伸出花冠，花冠白色···2. 浙赣车前紫草 S. chekiangensis

1. 短蕊车前紫草 | Sinojohnstonia moupinensis (Franchet) W. T. Wang

图146-5

多年生草本。无根茎，具须根。茎疏被短伏毛。基生叶卵形，两面被糙伏毛及短伏毛，先端短渐尖，基部心形。花序密被短伏毛；花萼片披针形，两面被毛；花冠白色或带紫色，冠筒较花萼短，裂片倒卵形，喉部附属物半圆形，被乳头。小坚果黑褐色，无毛。花果期4～7月。

神农架广布，生于海拔400～800m的山坡林下阴湿岩缝中。根入药。

图146-5 短蕊车前紫草

2. 浙赣车前紫草 | Sinojohnstonia chekiangensis (Migo) W. T. Wang 图146-6

多年生草本。茎疏被短伏毛。基生叶卵形，两面被糙伏毛及短伏毛，先端短渐尖，基部心形。花序密被短伏毛；花萼片披针形，两面被毛；花冠白色，冠筒较花萼筒长，裂片倒卵形。花期3月。

产于神农架木鱼，生于海拔400～800m的山坡林下阴湿岩缝中。

4. 盾果草属Thyrocarpus Hance

多年生草本。叶互生，无柄或有短柄。镰状聚伞花序具苞片；花萼5裂至基部，果期稍增大；花冠钟状，檐部5裂，裂片宽卵形，喉部具5枚宽线形或锥形附属物；雄蕊着生于花冠筒中部，内藏，子房4裂，花柱短，不伸出花冠外。小坚果卵形，背腹稍扁，密生疣状凸起，着生面在腹面顶部。

约3种。我国产2种，湖北产1种，神农架产1种。

盾果草 | Thyrocarpus sampsonii Hance   图146-7

多年生草本。茎被开展长硬毛及短糙毛。基生叶两面被具基盘长硬毛及短糙毛，具短柄；茎生叶长圆形或倒披针形，无柄。聚伞花序；苞片窄卵形或披针形；花冠淡蓝色或白色。小坚果黑褐色。花果期5~7月。

产于神农架各地，生于海拔400~2000m的山坡草丛或灌丛中。全草入药。

图146-6　浙赣车前紫草　　　　　　　　　图146-7　盾果草

5. 斑种草属 Bothriospermum Bunge

一年生或二年生草本。叶互生。花小，白色或淡蓝色，萼5深裂；花冠管圆柱形，喉部为5枚钝鳞片所封闭；花药内藏；子房4裂，柱头头状。果为4枚分离的小坚果，背部有小疣点，腹部凹陷，基部着生于平的花托上。

5种。我国产5种，湖北产1种，神农架产1种。

柔弱斑种草 | Bothriospermum zeylanicum (J. Jacquin) Druce   图146-8

一年生草本。茎细弱，丛生，直立或平卧，多分枝，被向上贴伏的糙伏毛。叶椭圆形或狭椭圆形，先端钝，具小尖，基部宽楔形，上下两面被向上贴伏的糙伏毛或短硬毛。花序柔弱，细长；花冠蓝色或淡蓝色，喉部有5枚梯形的附属物。小坚果肾形，腹面具纵椭圆形的环状凹陷。花果期2~10月。

产于神农架各地，生于海拔400~1500m的荒地中。全草入药。

6. 附地菜属 Trigonotis Steven

多年生、二年生或稀为一年生草本。茎常被糙伏毛或柔毛。叶基生及茎生，茎生叶互生。蝎尾状聚伞花序；花小；花萼5裂；花冠筒状，蓝色或白色，冠筒常较萼短，冠檐具5枚裂片，喉部具5枚半月形或梯形附属物；雄蕊生于花冠筒，内藏；子房4深裂。小坚果4枚，四面体形，被毛或无毛，常有光泽，背面平或凸，具棱或棱翅，腹面具3个面，着生面位于三面交汇处，无柄或具短柄。

约58种。我国产39种，湖北产4种，神农架均产。

图146-8 柔弱斑种草

分种检索表

　1. 叶较大，长3cm以上。
　　2. 茎生叶宽卵形或椭圆形 ···················· 3. 西南附地菜T. cavaleriei
　　2. 茎生叶长卵形 ····································· 4. 附地菜一种T. sp.
　1. 叶较小，长2cm以下。
　　3. 茎生叶长圆形或椭圆形，基部楔形下延 ············ 2. 附地菜T. peduncularis
　　3. 茎生叶宽卵形或近圆形，基部圆钝不下延 ············ 1. 湖北附地菜T. mollis

1. 湖北附地菜 │ Trigonotis mollis Hemsley　　图146-9

多年生草本。全体密被灰色柔毛。叶片近膜质，宽卵形或近圆形，先端圆或尖，两面密被灰色柔毛；基部叶具细长的叶柄；茎生叶较小，具短柄。花序顶生；花稀疏着生；花冠淡蓝色。小坚果4枚，半球状四面体形，灰褐色，平滑无毛。

产于神农架木鱼、新华、阳日，生于海拔500～1200m的石壁底部潮湿处。全草入药。

2. 附地菜 │ Trigonotis peduncularis (Trevisan) Bentham ex Baker et S. Moore　　图146-10

二年生草本。茎密被短糙伏毛。基生叶卵状椭圆形或匙形，先端钝圆，基部渐窄成叶柄，两面被糙伏毛，具柄；茎生叶长圆形或椭圆形，具短柄或无柄。花序顶生，无苞片或花序基部具2～3苞片；花冠淡蓝色或淡紫红色，喉部附属物白色或带黄色。小坚果斜三棱锥状四面体形，被毛，稀无毛。花果期4～7月。

　　神农架广布，生于海拔400～2500m的渠边、林缘、村旁荒地或田间。全草入药。

图146-9　湖北附地菜　　　　　　　　　　图146-10　附地菜

3. 西南附地菜 | **Trigonotis cavaleriei** (H. Léveillé) Handel-Mazzetti　图146-11

　　多年生草本。茎高20～50cm，通常不分枝。基生叶数片，有长柄，花后枯萎，叶片宽卵形或椭圆形，长3～10cm，宽2～5.5cm，先端急尖，基部圆形或微心形。花序无苞片，顶生或从茎上部叶腋抽出；花萼5浅裂；花冠蓝色或白色。小坚果4枚，倒三棱锥状四面体形，成熟后深褐色，平滑无毛，具光泽，背面平坦，具3锐棱，无柄。花果期5～8月。

　　产于神农架下谷、新华，生于海拔400～800m的山沟溪边。

4. 附地菜一种 | **Trigonotis** sp.　图146-12

　　多年生草本。基生叶数片，有长柄，花期宿存，叶片宽圆形；茎生叶长卵形，两端钝圆。花序无苞片，顶生或从茎上部叶腋抽出；花萼5中裂；花冠淡蓝色。花期8月。

　　产于神农架九湖（南天门）、阳日，生于海拔500～3000m的山谷悬崖石缝中。

图146-11　西南附地菜　　　　　　　　　　图146-12　附地菜一种

7. 勿忘草属Myosotis Linnaeus

一年生或多年生草本。通常较细弱，被密短毛或近无毛。叶互生。镰状聚伞花序，花后呈总状，无苞片稀具少数苞片；花通常蓝色或白色，稀淡紫色；花萼5浅裂或5深裂；花冠通常高脚碟状，稀钟状或漏斗状，裂片5枚，芽时旋转状，圆钝而平展，喉部有5枚鳞片状附属物；雄蕊5枚，内藏；子房4深裂，花柱细，线状，柱头小，呈盘状，具短尖，雌蕊基部平坦或稍凸出。小坚果4枚，通常卵形，背腹扁，直立，平滑，有光泽，着生面小，位于腹面基部。

约50种。我国产4种，湖北产1种，神农架亦产。

勿忘草 │ Myosotis alpestris F. W. Schmidt 图146–13

多年生草本。茎直立，高20～45cm。基生叶和茎下部叶有柄，狭倒披针形、长圆状披针形或线状披针形，长达8cm，宽5～12mm，先端圆或稍尖，基部渐狭，下延成翅。花序在花期短，花后伸长，长达15cm，无苞片；花萼长1.5～2.5mm；花冠蓝色，裂片5枚，近圆形。小坚果卵形，暗褐色，平滑，有光泽，周围具狭边但顶端较明显，基部无附属物。

产于神农架下谷（猴子石），生于海拔2000～2500m的山坡草丛。

图146–13　勿忘草

8. 琉璃草属Cynoglossum Linnaeus

多年生草本。茎密被糙伏毛。具基生叶，有叶柄，茎生叶无柄或具短柄。总状花序排成圆锥状，单个总状花序蝎尾状；花偏于一侧，无苞片；花萼果期宿存，花蓝色或白色，花冠筒较短，喉部有5枚鳞片；雄蕊5枚，内藏于鳞片之下；子房4深裂。小坚果4枚，密被锚状刺。

约75种。我国产12种，湖北产2种，神农架产2种。

1. 小花琉璃草 | Cynoglossum lanceolatum Forsskål 图146-14

多年生草本。茎密被糙伏毛。基生叶长圆形或长圆状披针形，先端渐尖，基部渐窄，两面被具基盘长糙伏毛；茎生叶披针形，基部渐窄，无柄或具短柄。花序分枝呈钝角开展，花梗极短；花萼被毛；花冠钟状，白色或蓝色。小坚果密被锚状刺。花果期6~9月。

产于神农架阳日、新华，生于海拔400~800m的山坡草地或路边。全草入药。

图146-14 小花琉璃草

2. 琉璃草 | Cynoglossum furcatum Wallich 图146-15

多年生草本。茎直立，被向下贴伏的柔毛。基生叶和茎下部叶长圆状披针形或披针形，7~15cm×2~4cm，先端钝或渐尖，基部渐狭成柄，上下面均密生贴伏的短柔毛，茎中部及上部叶无柄。花序顶生及腋生；花冠蓝色，深裂至下1/3，裂片卵圆形，先端微凹，喉部有5枚梯形附属物。小坚果卵形，密生锚状刺，腹面中部以上有卵圆形的着生面。花期6～7月，果期8月。

　　产于神农架各地，生于海拔400～1200m的林缘、路边。根叶入药。

图146-15　琉璃草

147. 厚壳树科 | Ehretiaceae

乔木或灌木。叶互生，全缘或有锯齿。伞房状聚伞花序或呈圆锥状；花萼小，漏斗状，5深裂；花冠筒状，冠檐5裂，裂片开展或反折；雄蕊5枚，生于花冠筒中部或近基部；子房球形，2室，花柱顶生，2裂至中部，柱头头状或棍棒状。核果，近球形。

3属54种。我国产3属14种，湖北产1属2种，神农架均产。

厚壳树属 Ehretia P. Browne

乔木或灌木。叶互生，全缘或具锯齿，有叶柄。聚伞花序呈伞房状或圆锥状；花萼小，5裂；花冠筒状或筒状钟形，稀漏斗状，白色或淡黄色，5裂，裂片开展或反折；花药卵形或长圆形，花丝细长，通常伸出花冠外；子房圆球形，2室，每室含2枚胚珠，花柱顶生，中部以上2裂，柱头2枚，头状或伸长。核果近圆球形，多为黄色、橘红色或淡红色，无毛，内果皮成熟时分裂为2个具2枚种子或4个具1枚种子的分核。

50种。我国产14种，湖北产2种，神农架产2种。

分种检索表

1. 叶缘齿尖不内弯；枝条具毛 ··· 1. 粗糠树 E. dicksonii
1. 叶缘齿尖内弯；枝条无毛 ··· 2. 厚壳树 E. acuminata

1. 粗糠树 | Ehretia dicksonii Hance 图147-1

落叶乔木。小枝淡褐色，被糙毛。叶椭圆形或倒卵形，先端骤尖，基部宽楔形或近圆形，具细锯齿，上面密被具基盘糙伏毛，下面被短柔毛。伞房状聚伞花序顶生；花冠白色。核果近球形，黄色，内果皮裂为2个具2枚种子的分核。花果期4~7月。

产于神农架各地，生于海拔1000m以下的山地、山坡林缘或山谷疏林中。树皮入药。

2. 厚壳树 | Ehretia acuminata R. Brown 图147-2

落叶乔木。小枝无毛，暗褐色。叶椭圆形或长圆状倒卵形，先端尖，基部宽楔形，具不整齐细锯齿，齿端内弯，上面无毛，下面疏被毛。圆锥状聚伞花序顶生，近无毛；花冠白色。核果球形，黄色，裂为2个具2枚种子的分核。花果期4~6月。

产于神农架各地，生于海拔800m以下的山地、丘陵、山坡或河谷。以叶、心材、树枝入药。

图147-1　粗糠树

图147-2　厚壳树

148. 旋花科｜Convolvulaceae

　　草本、亚灌木或灌木。常有乳汁，稀具肉质块根。茎缠绕或攀援、平卧或匍匐，稀直立。单叶互生，全缘、掌状或羽状分裂或复出，基部常心形或戟形。花两性，辐射对称，常5数，单花或组成聚伞状、总状、圆锥状或头状花序；苞片成对，萼片分离或基部连合，宿存，有些种类果期增大成翅状；花冠漏斗状或高脚碟状，蕾期旋转状；子房上位，心皮2枚。蒴果或浆果。

　　56属1650种。我国产17属118种，湖北产8属30种，神农架产7属17种。

分属检索表

1. 寄生植物；无叶绿素 ··· 1. 菟丝子属Cuscuta
1. 自养植物；叶绿色。
　　2. 子房2深裂，花柱2，基生 ··· 2. 马蹄金属Dichondra
　　2. 子房不裂，花柱1或无花柱，顶生。
　　　　3. 萼片果期增大成翅状。
　　　　　　4. 子房具4枚胚珠，柱头圆球头状 ··················· 3. 三翅藤属Tridynamia
　　　　　　4. 子房具2枚胚珠，柱头棒状 ··························· 4. 飞蛾藤属Dinetus
　　　　3. 萼片果期不增大，若增大则不成翅状。
　　　　　　5. 花萼包藏在2枚大苞片内，柱头2 ··················· 5. 打碗花属Calystegia
　　　　　　5. 花萼不为总苞所包，若有苞片则柱头1。
　　　　　　　　6. 雄蕊和花柱内藏，花冠漏斗状或钟状 ··········· 6. 番薯属Ipomoea
　　　　　　　　6. 雄蕊和花柱多少伸出，花冠高脚碟状 ··········· 7. 茑萝属Quamoclit

1. 菟丝子属Cuscuta Linnaeus

　　寄生草本。无根。全株无毛。茎细长缠绕，黄色或带红色，具吸器吸取寄主营养。叶退化成小鳞片。花小，无梗或具短梗，组成球形、穗状、总状或聚伞状簇生花序，4或5数；花萼合生，深裂或全裂；花冠白色或乳黄色，花冠筒内面基部有鳞片；花丝极短；子房2室，每室2枚胚珠，花柱1或2，柱头2。蒴果球形或卵圆形，果皮干或稍肉质。

　　170种。我国产11种，湖北产3种，神农架产3种。

1．花柱1；茎淡红色，较粗 ··· 1．金灯藤C. japonica

1．花柱2；茎黄色，纤细成丝状。

　　2．蒴果全部被宿存花冠包围 ··· 2．菟丝子C. chinensis

　　2．蒴果仅下半部被宿存花冠包围 ······························· 3．南方菟丝子C. australis

1. 金灯藤｜**Cuscuta japonica** Choisy 　图148-1

　　一年生寄生缠绕草本。茎肉质，黄色，常被紫红色瘤点，无毛，无叶。穗状花序，花无梗或近无梗；苞片及小苞片鳞状卵圆形，花萼碗状，肉质，5裂几达基部，裂片卵圆形，常被紫红色瘤点；花冠淡红色或白色。蒴果卵圆形。种子1～2枚，光滑，褐色。花期8月，果期9月。

　　神农架广布，寄生于海拔2200m以下的山谷、溪边的灌木或杂草间。全草入药。

2. 菟丝子｜**Cuscuta chinensis** Lamarck 　图148-2

　　一年生寄生缠绕草本。茎黄色，纤细，直径约1mm。花序侧生，少花至多花密集成聚伞状伞团花序，花序无梗；苞片及小苞片鳞片状。花冠白色，裂片三角状卵形。蒴果球形，为宿存花冠全包。种子2～4枚，卵圆形，淡褐色，粗糙。

　　神农架广布，寄生于海拔400～600m的山谷、溪边的灌木或杂草间。种子连同花序入药。

49

图148-1　金灯藤

图148-2　菟丝子

3. 南方菟丝子｜**Cuscuta australis** R. Brown 　图148-3

　　一年生寄生草本。茎细，橙黄色，缠绕，无叶。花序球形；苞片披针形，顶端钝；花淡黄色，有短梗；花萼杯状，鳞片小，全缘或2裂，上部短流苏状；子房2室，花柱2，不等长，直立，柱头头状，在果期开叉。蒴果近球形，顶端稍凹，不规则开裂，有3～4枚种子。花期6～8月，果期7～10月。

产于神农架松柏至宜昌、兴山一线，寄生于海拔200~500m的山谷、溪边的灌木或杂草间。用途与菟丝子同。

图148-3　南方菟丝子

2. 马蹄金属Dichondra J. R. et G. Forster

草本，匍匐或蔓生。叶小，肾形或圆形，全缘。花单生于叶腋；苞片小；萼片5枚，基部连合，果期增大；花冠钟状，5深裂至花冠中部或中部以下；雄蕊内藏，花药小；子房2深裂，2室，每室2枚胚珠；花柱2，丝状，生于子房基部，柱头头状。蒴果，不规则2瓣裂或不裂；每室种子1~2枚。种子近球形，光滑。

5~8种。我国产1种，湖北产1种，神农架产1种。

马蹄金 │ Dichondra micrantha Urban　图148-4

多年生匍匐小草本。茎细长，节上生根。叶肾形至圆形，先端宽圆形或微缺，基部阔心形，全缘，具长柄。花单生于叶腋；花柄短于叶柄，丝状；萼片倒卵状长圆形至匙形，钝；花冠钟状，黄色，深5裂，裂片长圆状披针形；雄蕊5枚；子房2室，具4枚胚珠，花柱2。蒴果近球形，小，短于花萼。

产于神农架低海拔地区，生于屋边、路旁或沟边。全草入药。

3. 三翅藤属Tridynamia Gagnepain

攀援灌木。总状花序腋生；花冠多少呈钟状或狭漏斗状；雄蕊着生于花冠基部几同一高度，花丝分离，等长或不等长；子房具4枚胚珠，柱头圆球头状。

4种。我国产2种，湖北产1种，神农架产1种。

大果三翅藤 │ Tridynamia sinensis (Hemsley) Staples　图148-5

木质藤本。幼枝被短柔毛；老枝无毛。叶宽卵形，基部心形，上面疏被毛，下面密被锈黄色短柔毛，基出脉5条。总状花序腋生，花梗密被绒毛；萼片被绒毛；花冠淡蓝色或紫色。蒴果卵状椭圆形。

产于神农架新华至兴山一带，生于海拔400～800m的山谷石壁上或灌丛中。茎藤入药。

图148-4　马蹄金

图148-5　大果三翅藤

4.　飞蛾藤属Dinetus Buchanan-Hamilton ex Sweet

草质藤本或攀援灌木。叶草质，基部心形，掌状脉，稀羽状，全缘，稀分裂。总状或圆锥花序；苞片叶状、钻形或缺；萼片5枚，果期全部或3枚外萼片增大成翅状，膜质，具网脉，与果脱落；花冠钟状或漏斗状，冠檐近全缘或5裂；雄蕊5枚，着生于花冠筒中下部或近基部；子房1～2室，每室2枚胚珠，花柱1，不裂或不等长2尖裂。

8种。我国产6种，湖北产2种，神农架产2种。

分种检索表

1. 植株无块茎；花冠白色 ·························· 1. 飞蛾藤D. racemosus
1. 植株具块茎；花冠紫色 ·························· 2. 三裂飞蛾藤D. duclouxii

1.　飞蛾藤 ｜ Dinetus racemosus (Wallich) Sweet　图148-6

一年生草质藤本。叶宽卵形，先端渐尖或尾尖，基部深心形，两面被短柔毛或绒毛，基出脉7条。圆锥花序腋生，苞叶叶状；花梗长3～7mm；小苞片2枚，钻形；萼片线状披针形，花冠白色，冠筒带黄色，漏斗形，长约1cm，冠檐5裂至中部，裂片长圆形，开展；雄蕊内藏，花丝短于花药；子房无毛，柱头棒状，顶端微缺。蒴果卵圆形。

产于神农架低海拔地区，生于山谷旷野、林缘。根及全草入药。

2.　三裂飞蛾藤 ｜ Dinetus duclouxii (Gagnepain et Courchet) Staples 图148-7

多年生草质藤本。茎缠绕，地下块茎球形，大型。叶宽卵状心形，先端渐尖或骤渐尖，基部深心形，三浅裂，两面无毛，背面苍白色，向上极小或逐渐缩小变为苞叶状。总状花序或圆锥花序；花梗顶端或近顶端具2～3枚小苞片，基部具苞片；萼片近等长，果熟时3枚极增大；花冠狭漏斗形，紫色。蒴果球形，紫红色。种子1枚。

产于新华至兴山一带，生于海拔500～700m的山坡林缘。

图148-6　飞蛾藤

图148-7　三裂飞蛾藤

5. 打碗花属Calystegia R. Brown

茎缠绕。具根状茎。叶长圆形、戟形或箭形。聚伞花序或单花腋生；小苞片2枚，萼片状，包被花萼，或与花萼分离，钻状或叶状，宿存；萼片5枚，近相等，宿存；花冠漏斗状，具5条瓣中带，冠檐浅裂或近全缘；雄蕊5枚，内藏，近等长；子房1室，胚珠4枚，花柱1，内藏，柱头2。蒴果卵球形，为增大宿萼及小苞片包被。

25种。我国产6种，湖北产3种，神农架产3种。

分种检索表

1. 花萼长4～7cm。
　　2. 植株无毛 ·················· 1. 打碗花C. hederacea
　　2. 植株被柔毛 ·················· 2. 柔毛打碗花C. pubescens
1. 花萼长2～3.5cm ·················· 3. 藤长苗C. pellita

1. 打碗花 | **Calystegia hederacea** Wallich 图148-8

多年生草本。全株无毛。茎平卧，具细棱。茎基部叶长圆形，先端圆，基部戟形；茎上部叶三角状戟形，侧裂片常2裂，中裂片披针状或卵状三角形。花单生于叶腋，苞片2枚，卵圆形，包被花萼，宿存；萼片长圆形；花冠漏斗状，粉红色。蒴果卵圆形。种子黑褐色，被小疣。

神农架各地均产，生于海拔400～2200m的荒地、路边、田野。花、根、茎叶入药。

2. 柔毛打碗花 | **Calystegia pubescens** Lindley 图148-9

多年生草本。除花萼、花冠外植物体各部分均被短柔毛。茎缠绕，伸长，有细棱。叶通常为卵状长圆形，基部戟形，基部裂片不明显伸长，圆钝或2裂，有时裂片3裂，中裂片长圆形，侧裂片平展，三角形，下侧有1枚小裂片。花单生于叶腋，花梗长于叶片；苞片宽卵形，萼片5枚，无毛；花冠淡红色，漏斗状。蒴果球形。花期7～9月，果期8～10月。

产于神农架松柏，生于海拔400～800m的荒地中。根及全草药用。

图148-8 打碗花

图148-9 柔毛打碗花

3. 藤长苗 | **Calystegia pellita** (Ledebour) G. Don 图148-10

多年生草本。茎缠绕或爬行，少有分枝。叶披针形或长圆形，顶端有小尖头，基部截形或稍呈心形而有不明显的小耳，两面都有细毛。花单生于叶腋，苞片2枚，卵形，有毛，花冠漏斗状，淡红色。蒴果球形。种子紫黑色或黑色。花期6～9月。

产于神农架各地，生于海拔600～1000m的荒地中。全草入药。

图148-10 藤长苗

6. 番薯属**Ipomoea** Linnaeus

草本或灌木。茎常缠绕，有时平卧或直立。叶全缘或分裂，具柄。花单生或组成聚伞状、伞状或头状花序，稀圆锥状，常腋生，具苞片；萼片5枚，宿存，果期稍增大；花冠白色、淡红色或紫色，稀黄色，漏斗状、钟状或高脚碟状，冠檐5裂或全缘；雄蕊5枚，内藏或伸出，花丝丝状，常不等长；子房2～4室，花柱1，丝状，内藏或伸出，柱头头状，或裂成2～3小球状。

约500种。我国产29种，湖北产5种，神农架产5种。

分种检索表

1. 萼片顶端钝至锐尖；子房2室或者4室，胚珠4枚。
　　2. 萼片外面被毛。
　　　　3. 植株有块根；花冠长3～4cm ·························· 1. 番薯I. batatas
　　　　3. 植株无块根；花冠长1.5cm ·························· 5. 三裂叶薯I. triloba
　　2. 萼片外面无毛 ·························· 2. 蕹菜I. aquatica
1. 萼片顶端长渐尖；子房3室，胚珠6枚。
　　4. 叶不裂 ·························· 3. 圆叶牵牛I. purpurea
　　4. 叶3裂 ·························· 4. 牵牛I. nil

1. 番薯 ｜ Ipomoea batatas (Linnaeus) Lamarck　图148-11

多年生草质藤本，具乳汁。块根白色、红色或黄色。茎匍匐地面。叶形及色泽因栽培品种不同而异。聚伞花序具1、3、7花组成伞状，苞片披针形，先端芒尖或骤尖；萼片长圆形，先端骤芒尖；花冠粉红色、白色、淡紫色或紫色，无毛；雄蕊及花柱内藏。蒴果卵形或扁圆形。种子2（1～4）枚，无毛。

神农架有栽培。根及藤入药；块根、茎叶可食。

图148-11　番薯

2. 蕹菜 | **Ipomoea aquatica** Forsskål 图148-12

一年生蔓生草本。匍匐地上或漂浮水中。茎圆中空，无毛。叶三角状长椭圆形，长6～15cm，基部心形或戟形，全缘或波状，无毛；叶柄长3～14cm。聚伞花序腋生，花序梗长3～6cm；萼片卵圆形，先端钝，无毛；花冠白色、淡红色或紫色，漏斗状。蒴果卵球形或球形。种子被毛。

神农架有栽培。全草入药；茎叶为蔬菜。

3. 圆叶牵牛 | **Ipomoea purpurea** (Linnaeus) Roth 图148-13

一年生缠绕草本。茎上被倒向的短柔毛杂有倒向或开展的长硬毛。叶圆心形或宽卵状心形，基部圆至心形，顶端锐尖、骤尖或渐尖，通常全缘，偶有3裂，两面疏或密被刚伏毛。花腋生，单一或2～5朵着生于花序梗顶端成伞形聚伞花序，花序梗被毛与茎相同；花冠紫红色、红色或白色。蒴果近球形。

神农架有栽培或逸生。观赏植物；种子入药。

图148-12　蕹菜　　　　　　　　　　　图148-13　圆叶牵牛

4. 牵牛 | **Ipomoea nil** (Linnaeus) Roth 图148-14

一年生缠绕草本。茎被长硬毛。叶宽卵形或近圆形，深或浅的3裂，偶5裂，基部圆，心形，中裂片长圆形或卵圆形，渐尖或骤尖，侧裂片较短，三角形，裂口锐或圆。花腋生，单一或2朵着生于花序梗顶；花冠漏斗状，蓝紫色或紫红色。种子黑褐色或米黄色，被褐色短绒毛。

神农架栽培或逸生于河谷路边、住宅旁。观赏植物；种子入药。

5. 三裂叶薯 | **Ipomoea triloba** Linnaeus 图148-15

一年生草质藤本。茎缠绕。叶宽卵形至圆形，全缘或有粗齿或深3裂，基部心形，两面无毛或散生疏柔毛。花序腋生，花序梗明显有棱角，顶端具小疣，1至数朵花呈伞形状聚伞花序，苞片小，萼片近相等或稍不等，背部散生疏柔毛；花冠漏斗状，长约1.5cm，淡红色或淡紫红色，雄蕊内藏，花丝基部有毛。蒴果近球形，4瓣裂。

原产于热带美洲，逸生于神农架红坪—板仓一带，生于玉米地中。

图148-14　牵牛

图148-15　三裂叶薯

7. 茑萝属Quamoclit Miller

一年生柔弱缠绕草本。植株无毛。叶心形或卵形，通常掌状3～5裂或稀羽状深裂。花大多腋生，通常为二歧聚伞花序，稀单生；萼片5枚，无毛，顶端常为芒状；花冠亮红色，无毛，高脚碟状，管长，上部稍扩大，冠檐平展，全缘或浅裂；雄蕊5枚，外伸，花丝不等长；子房无毛，花柱伸出，柱头头状。蒴果4室，4瓣裂。种子4枚，暗黑色。

10种。我国栽培3种，湖北栽培2种，神农架栽培2种。

分种检索表

1. 叶羽状分裂··1. 茑萝Q. pennata
1. 叶掌状分裂··2. 葵叶茑萝Q. × sloteri

1. 茑萝 │ Quamoclit pennata (Desrousseaux) Bojer　图148-16

一年生柔弱缠绕草本。无毛。叶卵形或长圆形，羽状深裂至中脉，具10～18对线形至丝状的平展的细裂片，裂片先端锐尖，叶柄基部具假托叶。花序腋生，由少数花组成聚伞花序；萼片绿色，稍不等长；花冠高脚碟状，深红色，无毛，管柔弱，上部稍膨大，冠檐开展，5浅裂，雄蕊及花柱伸出。

神农架有栽培。园林观赏植物；全株均可入药。

2. 葵叶茑萝 │ Quamoclit × sloteri House　图148-17

一年生草本。茎缠绕，多分枝，无毛。叶掌状深裂，裂片披针形，先端细长而尖，基部2裂片各2裂，叶柄的假托叶较大，与叶同形。聚伞花序腋生，1～3花，总花梗粗壮，有苞片2枚，花柄中部有2枚小苞片；萼片5枚，不相等，有线状芒；花冠高脚碟状，红色，管基部狭，冠檐骤然开展，5深裂。

神农架有栽培。观赏植物。

图148-16　茑萝

图148-17　葵叶茑萝

149. 茄科 | Solanaceae

草本、灌木或小乔木。直立或攀援。茎有时具皮刺。叶互生，单叶或羽状复叶，全缘，具齿、浅裂或深裂。花序顶生、腋生或腋外生，总状、圆锥状或伞形，或单花腋生或簇生。花两性；花萼5（~10）裂，稀平截，花后不增大或增大，宿存；稀基部宿存；花冠筒辐状、漏斗状、高脚碟状、钟状或坛状；花药2；子房2室。浆果或蒴果。

95属2300种。我国产22属101种，湖北包括栽培16属34种，神农架包括栽培14属26种。

分属检索表

1. 花少数至多数组成花序。
 2. 花冠筒长于裂片，花萼不增大。
  3. 常绿灌木或乔木。
   4. 花冠长筒状·······························1. 夜香树属Cestrum
   4. 花冠高脚碟状·····························2. 鸳鸯茉莉属Brunfelsia
  3. 一年生或多年生草本；蒴果·····················3. 烟草属Nicotiana
 2. 花冠筒短于裂片，花萼常增大或稍增大。
  5. 花药纵裂·································4. 番茄属Lycopersicon
  5. 花药孔裂·································5. 茄属Solanum
1. 花1~3朵腋生。
 6. 果为宿萼包被。
  7. 蒴果。
   8. 花萼裂片顶端渐尖，柔软·····················6. 天蓬子属Atropanthe
   8. 花萼裂片顶端坚硬成刺状·····················7. 天仙子属Hyoscyamus
  7. 浆果。
   9. 宿萼顶端不闭合·························8. 散血丹属Physaliastrum
   9. 宿萼膀胱状，全包浆果，顶端闭合·············9. 酸浆属Physalis
 6. 果不为宿萼包被。
  10. 蒴果·································10. 曼陀罗属Datura
  10. 浆果。
   11. 花冠漏斗状，雄蕊伸出·····················11. 枸杞属Lycium
   11. 花冠钟状、辐状或星状，雄蕊内藏。
    12. 花萼常具10齿·························12. 红丝线属Lycianthes
    12. 花萼具5~7小齿。
     13. 花冠宽钟状，黄色，花萼顶端平截或近全缘······13. 龙珠属Tubocapsicum
     13. 花冠辐状，白色或带紫色，花药纵裂·········14. 辣椒属Capsicum

1. 夜香树属Cestrum Linnaeus

灌木或乔木。叶互生，全缘。花序顶生或腋生，伞房式或圆锥式聚伞花序，有时簇生于叶腋；花萼钟状或近筒状，花冠长筒状、近漏斗状或高脚碟状，筒部伸长，上部扩大呈棍棒状或向喉部常缢缩而膨胀；雄蕊5枚，贴生在花冠筒中部，花丝基部常有长柔毛或齿状小附属物。浆果少汁液。种子少数或因败育而仅1枚。

约175种。我国栽培2种，湖北栽培1种，神农架栽培1种。

夜香树 │ Cestrum nocturnum Linnaeus   图149-1

直立或近攀援状灌木。植株无毛。叶长圆状卵形或长圆状披针形，先端渐尖，基部近圆或宽楔形，侧脉6～7对。总状圆锥花序腋生或顶生，具多花；花绿白色或黄绿色；花冠绿色或白黄色。浆果长圆形或球形，白色。种子1枚，长卵圆形。

神农架有栽培。观赏植物；花入药。

2. 鸳鸯茉莉属Brunfelsia Linnaeus

常绿灌木。单叶互生，长披针形或椭圆形，先端渐尖，具短柄，背面黄绿色，叶缘略波状皱折。花单朵或数朵簇生，有时数朵组成聚伞花序；花冠呈高脚碟状；花萼呈筒状；雄蕊和雌蕊坐落在花冠中心的小孔上。

1种。我国有栽培，神农架也有栽培。

鸳鸯茉莉 │ Brunfelsia acuminate (Pohle) Bentham   图149-2

常绿灌木。花单生或2～3朵簇生于叶腋，高脚碟状花；花冠五裂，花瓣锯齿明显。花含苞待放时为蘑菇状，深紫色，初开时蓝紫色，以后渐成淡雪青色，最后变成白色，花香浓郁。

神农架有栽培。花供观赏。

图149-1　夜香树

图149-2　鸳鸯茉莉

3. 烟草属Nicotiana Linnaeus

一年生或多年生草本，常有黏质柔毛。叶互生，单叶。花排成顶生的圆锥花序或偏于一侧的总状花序，萼管状钟形，5裂，果实常宿存并稍增大，不完全或完全包围果实；花冠筒状、漏斗状或高脚碟状，管长，檐5裂；雄蕊5枚，着生于花冠筒中部以下，子房2室，花柱具2裂的柱头。蒴果，2裂。种子微小，多数。

约95种。我国栽培3种，湖北栽培1种，神农架栽培1种。

烟草 | **Nicotiana tabacum** Linnaeus　图149-3

一年生草本。植株被腺毛。叶长圆状披针形、披针形、长圆形或卵形。花序圆锥状，顶生；花冠漏斗状，淡黄色、淡绿色、红色或粉红色。蒴果卵圆形或椭圆形。种子圆形或宽长圆形，褐色。花果期夏秋季。

神农架多有栽培。烟草工业原料。

图149-3　烟草

4. 番茄属Lycopersicon Miller

一年生或多年生草本，或亚灌木。茎直立或平卧。羽状复叶，小叶极不等大，有锯齿或分裂。圆锥式聚伞花序，腋外生；花萼辐状，有5～6枚裂片，果时不增大或稍增大，开展；花冠辐状，筒部短，5～6裂；雄蕊花丝极短，花药伸长，向顶端渐尖，靠合成圆锥状。浆果多汁，扁球状或近球状。种子扁圆形。

9种。我国产1种，湖北产1种，神农架产1种。

番茄 | **Lycopersicon esculentum** Miller　图149-4

一年生草本。植株被黏质腺毛。羽状复叶或羽状深裂，卵形或长圆形。花冠黄色。浆果扁球形或近球形，橘黄色或鲜红色，光滑。种子黄色，被柔毛。

神农架有栽培或逸为野生。新鲜果实能入药；果实供蔬食。

图149-4　番茄

5. 茄属Solanum Linnaeus

　　草本、亚灌木、灌木或小乔木，稀藤本。单叶互生，稀双生，全缘，波状或分裂，稀复叶。花序顶生、侧生、腋生、腋外生或对叶生，稀单花；花两性，全部能孕或仅花序下部的能孕；花萼4～5裂，果实稍增大，宿存；花冠辐状，白色，有时青紫色、红紫色或黄色；花冠筒短；雄蕊（4～）5枚，花丝短，花药常靠合成圆筒。

　　1200余种。我国产41种，湖北产11种，神农架产8种。

分种检索表

　　1.植株被星状毛，具刺。

　　　　2.果形状多变异，绿色、白色、黑紫色、粉红色或近褐色……………6. 茄S. melongena

　　　　2.果直径2～3cm，球形，黄色 ………………………………7. 毛果茄S. virginianum

　　1.植株无毛或被单毛。

　　　　3.奇数羽状复叶 ……………………………………………………5. 阳芋S. tuberosum

　　　　3.单叶全缘或分裂。

　　　　　　4.花序总状，或兼具单花或双花……………………2. 珊瑚樱S. pseudocapsicum

　　　　　　4.花序伞形或圆锥状

　　　　　　　　5.花序伞形 ………………………………………………………1. 龙葵S. nigrum

　　　　　　　　5.花序圆锥状。

　　　　　　　　　　6.植株无毛或几无毛。

　　　　　　　　　　　　7.蔓生草本；叶至少有部分叶片的基部具裂片………8. 野海茄S. japonense

　　　　　　　　　　　　7.蔓生灌木；叶全缘………………………4. 海桐叶白英S. pittosporifolium

　　　　　　　　　　6.茎叶被长柔毛………………………………………………3. 白英S. lyratum

1. 龙葵 │ **Solanum nigrum** Linnaeus 图149-5

一年生草本。茎近无毛或被微柔毛。叶卵形，先端钝，基部楔形或宽楔形，下延，全缘或具4～5对不规则波状粗齿，两面无毛或疏被短柔毛，叶脉5～6对。伞形状花序腋外生，具3～6（～10）花；花梗近无毛或被短柔毛；花冠白色。浆果球形，黑色。种子近卵圆形。花期5～8月，果期7～11月。

神农架广布，生于海拔400～2000m的田边、荒地及村庄附近。全草入药。

图149-5　龙葵

2. 珊瑚樱 │ **Solanum pseudocapsicum** Linnaeus 图149-6

常绿灌木。植株无毛。叶窄长圆形或披针形，基部窄楔形下延，全缘或波状，侧脉4～7对。花单生，稀双生或成短总状花序与叶对生或腋外生；花序梗无或极短；花白色。浆果橙红色。种子盘状。花期初夏，果期秋末。

神农架有栽培。根入药；果供观赏。

3. 白英 │ **Solanum lyratum** Thunberg 图149-7

多年生草质藤本。茎及小枝密被长柔毛。叶椭圆形或琴形，基部心形或戟形，两面被白色长柔毛，侧脉5～7对；叶柄被长毛。圆锥花序顶生或腋外生；花序梗被长柔毛，花梗被毛；花冠蓝紫色或白色。浆果球状，红黑色。种子近盘状。花期6～10月，果期10～11月。

神农架广布，生于海拔400～1500m的山坡灌丛中或林缘。全草入药。

图149-6　珊瑚樱

图149-7　白英

4. 海桐叶白英 │ **Solanum pittosporifolium** Hemsley　图149-8

落叶蔓生灌木。植株无毛或疏被短柔毛。叶互生，披针形或卵状披针形，先端渐尖，基部圆或楔形，两面无毛，侧脉6～7对。花序圆锥状腋外生；花冠白色，稀紫色。浆果球形，红色。种子多数，扁平。花期6～8月，果期9～12月。

产于神农架红坪、九湖、野马河、阳日，生于海拔400～1000m的山谷林下。全草入药。

图149-8　海桐叶白英

5. 阳芋 │ **Solanum tuberosum** Linnaeus　图149-9

草本。高30～80cm。叶为奇数羽状复叶，小叶常大小相间，长10～20cm；叶柄长约2.5～5cm；小叶，6～8对，卵形至长圆形，最大者长可达6cm，宽达3.2cm，最小者长、宽均不及1cm。伞房花序顶生，后侧生；花白色或蓝紫色；花萼钟形，5裂，裂片披针形；花冠辐状，花冠筒隐于萼内。

浆果圆球状，光滑。花期夏季。

神农架普遍有种植。块茎食用。

图149-9　阳芋

6. 茄 │ **Solanum melongena**
Linnaeus　图149-10

草本或亚灌木状。小枝、叶、叶柄、花梗、花萼、花冠、子房顶端及花柱中下部均被星状毛。叶卵形或长圆状卵形，先端钝，基部不对称，浅波状或深波状圆裂，侧脉4～5对。花多单生，稀总状花序；花白色或紫色。果球形或圆柱状，白、红、紫等色。

神农架普遍有栽培。果作蔬菜。

7. 毛果茄 │ **Solanum virginianum**
Linnaeus　图149-11

草本或亚灌木状。小枝、叶、叶柄、花

图149-10　茄

序、花萼及花冠均被星状毛，叶脉、叶柄及花萼被细刺，小枝老时毛脱落，具皮刺。叶卵形或卵状椭圆形，侧脉3~5对。蝎尾状总状花序腋外生，具少花；花梗具细刺，花冠紫蓝色。浆果球形，黄色。种子扁圆形。花期5~7月，果期5~12月。

　　神农架广布，生于海拔400~1500m的村寨边或路边荒地。根、果实及种子入药。

图149-11　毛果茄

8. 野海茄｜**Solanum japonense** Nakai　图149-12

　　多年生草质藤本。叶三角状宽披针形或卵状披针形，先端长渐尖，基部圆或楔形，边缘波状，无毛或在两面均被具节疏柔毛或仅脉上被疏柔毛，在小枝上部的叶较小，卵状披针形。聚伞花序顶生或腋外生；萼浅杯状；花冠紫色。浆果圆形，成熟后红色。花期夏秋间，果期秋末。

　　产于神农架阳日，生于海拔400~1200m的山谷溪边。叶入药。

6. 天蓬子属Atropanthe Pascher

　　多年生草本或亚灌木。单叶，互生或大小不等双生，全缘，具柄。花单生，腋生或侧生，花梗长而俯垂；花萼钟状，裂片5枚；花冠左右对称，漏斗状筒形；雄蕊5枚，着生于花冠筒基部，不等长，较花冠短或与之等长，花丝基部被毛，花药卵形或近心形，内向，纵裂；雌蕊较花冠略长，子房圆锥形，花柱上部微弯，柱头头状或盘状，微裂；花盘盘状，裂片不明显。蒴果扁球状，俯垂，果萼顶端缢缩，基部膨大，呈圆锥状，比果实大很多；果梗不增粗，与果萼连接处明显，干后易与果萼分离。

　　我国特有单种属，神农架有分布。

天蓬子 | Atropanthe sinensis (Hemsley) Pascher 图149-13

特征同属的描述。

产于神农架红坪阴峪河，生于海拔800m的山坡林下阴湿处或沟边。根药用。

图149-12 野海茄　　　图149-13 天蓬子

7. 天仙子属 Hyoscyamus Linnaeus

一年生或多年生草本，通常被毛。叶互生，有粗齿或羽状分裂，很少全缘。花腋生，上部的形成一具叶的花束或穗状花序；萼5齿裂，结果时扩大，有明显纵肋，顶有硬针刺；花冠漏斗状5裂，常一边开裂；雄蕊5枚，着生于冠筒的近中部，常伸出冠筒外；子房2室，柱头头状，浅2裂，胚珠多数。蒴果盖裂或有时瓣裂。种子肾形，略扁，多数。

20种。我国产2种，湖北产1种，神农架产1种。

天仙子 | Hyoscyamus niger Linnaeus 图149-14

一年生或二年生草本。全体被有黏性腺毛和柔毛。基生叶大，丛生，成莲座状，茎生叶互生，近花序的叶常交叉互生，呈二列状；叶片长圆形，边缘羽状深裂或浅裂。花单生于叶腋，常于茎端密集；花萼管状钟形；花冠漏斗状，黄绿色，具紫色脉纹；雄蕊5枚，不等长，花药深紫色；子房2室。蒴果卵球形，直径1.2cm，盖裂，藏于宿萼内。花期6～7月，果期8～9月。

神农架新华有栽培。天仙子是致幻植物中的佼佼者。

8. 散血丹属 Physaliastrum Makino

多年生草本。根多条簇生，肉质。茎、枝上部叶二叶簇生，大小不相等。花单生或数朵聚生；花梗细长，俯垂；花萼短5裂，果时增大贴于或包被浆果；花冠阔钟状，白色，具羽状脉纹。浆果球形，果萼与果略短而露出果实顶端，顶口不闭合。

9种。我国产7种，湖北产2种，神农架产2种。

图149-14　天仙子

分种检索表

1. 果萼紧包浆果，不呈膀胱状，无纵肋····················1. 江南散血丹P. heterophyllum
1. 果萼呈膀胱状包围浆果，具10纵肋····················2. 地海椒P. sinense

1. 江南散血丹 │ Physaliastrum heterophyllum (Hemsley) Migo
图149-15

　　多年生草本。根多条簇生，肉质。茎、枝上部叶二叶簇生，大小不相等，阔椭圆形或卵状椭圆形，顶端短渐尖，基部不对称，变狭而成0.5～1cm长的叶柄，边缘略呈波状。花单生或双生；花梗细长，俯垂；花冠阔钟状，白色，具羽状脉纹。浆果球形，包被在增大的草质且带肉质的宿存萼内，果萼与果略短而露出果实顶端，表面具尖瘤状凸起和白色硬毛。5月开花，8月果熟。

　　产于神农架木鱼，生于海拔400～1500m的山坡林下。根入药。

2. 地海椒 │ **Physaliastrum sinense** (Hemsley) D'Arcy et Z. Y. Zhang

图149-16

亚灌木或草本。叶宽椭圆形或卵形，先端渐尖，基部歪斜，圆或宽楔形，两面近无毛，侧脉5～6对。花冠白色。浆果单生或2枚并生，球状。种子淡黄色。花期7～9月，果期8～11月。

产于神农架下谷，生于海拔600～800m的沟谷林下阴湿地。根可替代江南散血丹入药。

图149-15 江南散血丹 图149-16 地海椒

9. 酸浆属 **Physalis** Linnaeus

一年生或多年生草本。叶不裂或具不规则波状牙齿，稀羽状深裂，互生或在枝上端大小不等二叶双生。花单生于叶腋或枝腋；花萼钟状，5浅裂或中裂；花冠白色或黄色，辐状或辐状钟形；雄蕊5枚；子房2室，柱头2浅裂。浆果球形，膀胱状，多汁，具10纵肋，5棱或10棱，膜质或革质，顶端闭合，基部常凹下。

75种。我国产6种，湖北产3种，神农架产2种。

> **分种检索表**
>
> 1. 花冠白色，花药黄色，宿萼橙色或红色·····················1. 酸浆P. alkekengi
> 1. 花冠淡黄色或黄色·····································2. 苦职P. angulata

1. 酸浆 │ **Physalis alkekengi** Linnaeus

> **分变种检索表**
>
> 1. 花梗和花萼密生柔毛·····················1a. 酸浆P. alkekengi var. alkekengi
> 1. 花梗和花萼几无毛·····················1b. 挂金灯P. alkekengi var. franchetii

1a. 酸浆（原变种）Physalis alkekengi var. alkekengi　图149–17

多年生草本。根状茎白色，横卧地下，多分枝，节部有不定根。叶互生，每节生有1～2片叶，叶有短柄，叶片卵形，先端渐尖，基部宽楔形，边缘有不整齐的粗锯齿或呈波状，无毛。花单生于叶腋内；花萼绿色，5浅裂，花后膨大成卵囊状，基部稍内凹，薄革质，成熟时橙红色或火红色；花冠辐射状，白色；雄蕊5枚，花药黄色。萼内浆果橙红色。

产于神农架木鱼、红坪，生于海拔800～1500m的房屋边荒地。根及果实入药。

1b. 挂金灯（变种）Physalis alkekengi var. franchetii (Masters) Makino　图149–18

一年生草本。茎节肿大。叶仅具缘毛。花梗近无毛或疏被柔毛；花萼裂片毛较密，萼筒毛稀疏，宿萼无毛。果实无毛。

产于神农架木鱼，生于海拔800～1600m的山坡林下阴湿地。根及果实可代酸浆入药。

图149–17　酸浆

图149–18　挂金灯

2. 苦蘵｜Physalis angulata Linnaeus　图149–19

一年生草本。茎疏被短柔毛或近无毛。叶卵形或卵状椭圆形，先端渐尖或尖，基部宽楔形或楔形，全缘或具不等大牙齿，两面近无毛。花梗被短柔毛；花萼被短柔毛，裂片披针形，具缘毛；花

图149–19　苦蘵

冠淡黄色，喉部具紫色斑纹；花药蓝紫色或黄色。宿萼卵球状，薄纸质。浆果。种子盘状。花期5～7月，果期7～12月。

神农架广布，生于海拔400～2000m的山谷林下、村旁、荒地。全草入药。

10. 曼陀罗属Datura Linnaeus

草本或亚灌木状。植株无毛或幼嫩部分被短柔毛。单叶，互生，全缘或波状不规则浅裂。花大，单生于叶腋，直立，萼长管状，顶端5裂或呈佛焰苞状，果期基部宿存；花冠喇叭形，白色至淡紫色，冠檐折扇状，浅5裂，裂片渐尖。蒴果卵圆形，淡黄色，直立，有刺或平滑，顶部4裂。种子卵圆形，黑色。

约11种。我国产4种，湖北产4种，神农架产2种。

分种检索表

1. 果直立；花萼筒部具5棱角 ································· 1. 曼陀罗D. stramonium
1. 果横生或下垂；花萼筒部圆筒形 ··················· 2. 毛曼陀罗D. inoxia

1. 曼陀罗 | Datura stramonium Linnaeus　图149-20

草本或亚灌木状。植株无毛或幼嫩部分被短柔毛。叶宽卵形，先端渐尖，基部不对称楔形，侧脉3～5对。花冠下部淡绿色，上部白色或淡紫色。蒴果卵圆形，淡黄色。种子卵圆形，黑色。花期6～10月，果期7～11月。

产于神农架松柏，生于海拔900m的荒地中。全株有毒，干花入药。

图149-20　曼陀罗

2. 毛曼陀罗 | **Datura inoxia** Miller 图149–21

一年生直立草本或半灌木状。全体密被细腺毛和短柔毛。叶片广卵形，基部不对称近圆形，全缘而微波状或有不规则的疏齿。花单生于枝杈间或叶腋；花萼圆筒状而不具棱角，花后宿存部分随果实增大而渐大呈五角形，果时向外反折；花冠长漏斗状，白色，花开放后呈喇叭状，边缘有10尖头。蒴果俯垂，近球状或卵球状，密生细针刺，全果亦密生白色柔毛。花果期6～9月。

神农架木鱼官门山有栽培。叶和花入药。

图149–21 毛曼陀罗

11. 枸杞属Lycium Linnaeus

落叶灌木。通常有棘刺。单叶互生或因侧枝极度缩短而数片簇生，有叶柄或近于无柄。花有梗，单生于叶腋或簇生于极度缩短的侧枝上；花萼钟状，具不等大的2～5枚萼齿或裂片，花后宿存；花冠漏斗状；雄蕊5枚；子房2室，花柱丝状，柱头2浅裂。浆果，具肉质的果皮。

约80种。我国产7种，湖北产2种，神农架产2种。

分种检索表

1. 花萼通常4～5裂，花冠裂片边缘有缘毛 ·· 1. 枸杞L. chinense
1. 花萼通常2中裂，花冠裂片边缘无缘毛 ·· 2. 宁夏枸杞L. barbarum

1. 枸杞 | Lycium chinense Miller 图149–22

多分枝灌木。叶卵形、卵状菱形、长椭圆形或卵状披针形，先端尖，基部楔形。花在长枝1～2朵腋生，在短枝簇生；花冠漏斗状，淡紫色。浆果卵圆形，红色。种子扁肾形，黄色。花期5～9月，果期8～11月。

产于神农架低海拔地区，生于溪边或沟边及塘边。果代宁夏枸杞作药用。

2. 宁夏枸杞 | Lycium barbarum Linnaeus 图149-23

落叶灌木。具棘刺。叶互生或簇生，披针形或长椭圆状披针形，顶端短渐尖或急尖，基部楔形，叶脉不明显。花在长枝上1～2朵生于叶腋，在短枝上2～6朵同叶簇生；花萼钟状，通常2中裂；花冠漏斗状，紫色，花冠裂片边缘无缘毛。浆果红色，广椭圆状或近球状。花果期较长，5～10月。

神农架（红桦）有栽培。果实入药。

图149-22 枸杞　　　　　　　　　　　图149-23 宁夏枸杞

12. 红丝线属 Lycianthes (Dunal) Hassler

灌木或亚灌木，稀草本。小枝被柔毛或2至多分枝绒毛。单叶，全缘，上部叶常双生，大小不等。花单生或2～10（～30）朵簇生于叶腋，萼筒杯形，萼筒边缘平截，具10齿，稀5齿或近无齿；萼齿钻状线形；花冠辐状或星状，白色或紫蓝色，5中裂；雄蕊5枚，着生花冠筒喉部；子房2室，胚珠多数。浆果小，球形，红色或红紫色。

约180种。我国产10种，湖北产3种，神农架产2种。

> **分种检索表**
>
> 　1. 多年生草本；具匍匐茎；花单生，稀2花并生 ·················· 1. 单花红丝线 L. lysimachioides
> 　1. 灌木；花序具2～4花 ······························· 2. 鄂红丝线 L. hupehensis

1. 单花红丝线 | Lycianthes lysimachioides (Wallich) Bitter

> **分变种检索表**
>
> 　1. 叶背面被毛 ················· 1a. 单花红丝线 L. lysimachioides var. lysimachioides
> 　1. 叶背面无毛 ················· 1b. 中华红丝线 L. lysimachioides var. sinensis

1a. 单花红丝线（原变种）Lycianthes lysimachioides var. lysimachioides 图149-24

多年生草本。茎匍匐。叶卵形、椭圆形或卵状披针形，两面疏被柔毛。花1（～2）朵腋生；花冠白色、粉红色或淡紫色。浆果红色，球形。种子卵状三角形。

神农架低海拔地区广布，生于山谷林下或溪边潮湿处。全草入药。

图149-24 单花红丝线

1b. 中华红丝线（变种）Lycianthes lysimachioides var. sinensis Bitter 图149-25

多年生草本。与原变种的主要区别仅在于：叶背面无毛。

神农架低海拔地区广布。全草入药。

图149-25 中华红丝线

2. 鄂红丝线 | Lycianthes hupehensis (Bitter) C. Y. Wu et S. C. Huang

图149-26

灌木或亚灌木。上部的叶假双生，大小不相等，大叶片长椭圆状斜披针形，先端渐尖，基部楔形下延到叶柄而成窄翅；小叶片近圆卵形，先端钝，基部圆形到叶柄处聚窄而下延，两侧稍不相等，侧脉每边7~8条。花序无柄，通常2~4花着生于叶腋内；花萼紫色，萼齿10枚；花冠紫蓝色，顶端深5裂。浆果红色，球状。花期秋季，果期冬季。

产于神农架下谷，生于海拔400~600m的山谷林下。全草入药。

图149-26　鄂红丝线

13. 龙珠属Tubocapsicum (Wettstein) Makino

多年生草本。根粗壮。叶互生或在枝上端大小不等二叶双生，卵形、椭圆形或卵状披针形，先端渐尖，基部歪斜楔形下延，全缘或浅波状，侧脉5~8对。花单生或2~6朵簇生于叶腋或枝腋；花梗俯垂；花萼短，皿状，顶端平截，果时稍增大，宿存；花冠黄色，宽钟状，裂片三角形，先端尖，反曲；雄蕊5枚；花盘果实垫座状，子房2室。浆果俯垂，球形，红色。花果期8~10月。

单种属，神农架有分布。

龙珠 | Tubocapsicum anomalum
(Franchet et Savatier) Makino　图149-27

特征同属的描述。

产于神农架新华，生于海拔600m的山谷、沟边或密林中。根入药。

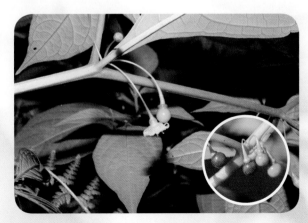

图149-27　龙珠

14. 辣椒属Capsicum Linnaeus

辣椒 | **Capsicum annuum** Linnaeus　　图149-28

　　一年生草本，或灌木、亚灌木。单叶互生，卵形至狭披针形。花白色或绿白色，1～3朵聚生，5裂；雄蕊5枚。浆果，果皮肉质或近革质，颜色和形状种种，常有辛辣味。种子多数，扁圆盘形。

　　神农架普遍有栽培。果实入药；果为蔬食，亦供观赏。

图149-28　辣椒

150. 木犀科 | Oleaceae

乔木，直立或藤状灌木。叶对生，稀互生或轮生，单叶、三出复叶或羽状复叶，稀羽状分裂；具叶柄，无托叶。花辐射对称，两性，稀单性或杂性，通常聚伞花序排列成圆锥花序，或为总状、伞状、头状花序，稀花单生；花萼常4裂，稀无花萼；花冠4裂，稀无花冠；雄蕊2枚，稀4枚，着生于花冠管上或花冠裂片基部，花药纵裂；子房上位，由2枚心皮组成2室，每室具胚珠2枚，柱头2裂或头状。果为翅果、蒴果、核果、浆果或浆果状核果。

约28属400余种。我国产10属160余种，湖北产9属59种，神农架产7属32种。

分属检索表

1. 子房每室具向上胚珠1～2枚，胚珠着生于子房基部或近基部 ················· 1. 茉莉属Jasminum
1. 子房每室具下垂胚珠2枚或多数，胚珠着生于子房上部。
   2. 果为翅果或蒴果。
      3. 翅果 ··· 2. 梣属Fraxinus
      3. 蒴果；种子有翅。
         4. 花黄色；枝中空或具片状髓 ············· 3. 连翘属Forsythia
         4. 花紫色、红色、粉红色或白色；枝实心 ··········· 4. 丁香属Syringa
   2. 果为核果或浆果状核果。
      5. 浆果状核果或核果状而开裂；花序顶生，稀腋生 ········· 5. 女贞属Ligustrum
      5. 核果；花序多腋生，少数顶生。
         6. 花多簇生，稀为短小圆锥花序 ············· 6. 木犀属Osmanthus
         6. 花常排列成圆锥花序 ··············· 7. 流苏树属Chionanthus

1. 茉莉属Jasminum Linnaeus

小乔木，直立或攀援状灌木。叶对生或互生，稀轮生，单叶，奇数羽状复叶，无托叶。花两性，排成聚伞花序，聚伞花序再排列多种花序形式；花萼钟状或漏斗状，具齿4～12枚；花冠常呈白色或黄色，高脚碟状或漏斗状，裂片4～12枚；雄蕊2枚，内藏，着生于花冠管上；子房2室，每室具胚珠1～2枚，花柱常异长。浆果双生或其中1枚不育而成单生。

200余种。我国约产43种，湖北产8种，神农架产7种。

分种检索表

1. 叶互生或对生，三出复叶或羽状复叶，稀为单叶，叶柄无关节。

1. 探春花 ｜ **Jasminum floridum** Bunge　　山救驾　图150-1

　　直立或攀援灌木。叶互生，复叶，小叶3或5枚，小枝基部常有单叶；小叶片椭圆形；单叶通常为宽卵形或近圆形。聚伞花序顶生，有花3～25朵；苞片锥形；花萼具5条凸起的肋，裂片锥状线形；花冠黄色，近漏斗状，裂片卵形。果长圆形或球形，成熟时呈黑色。花期5～10月，果期9～11月。

　　产于神农架木鱼、松柏、宋洛、新华、阳日（阳日寨湾，zdg 7960）、南阳—黄粮（zdg 6267），生于海拔600～1000m的山坡和路旁。根入药；花供观赏。

图150-1　探春花

2. 川素馨 | Jasminum urophyllum Hemsley 图150-2

攀援灌木。叶对生，三出复叶；小叶片革质，卵形至披针形，叶缘反卷，基出脉3条，直达小叶片顶端。伞房花序或伞房状聚伞花序，有花3~10朵；苞片线形；花萼萼齿小，三角形；花冠白色，裂片5~6枚，卵形。果椭圆形或近球形，成熟时呈紫黑色。花期5~10月，果期8~12月。

产于神农架新华、阳日，生于海拔900~2200m的山地疏林中。枝入药；花供观赏。

3. 野迎春 | Jasminum mesnyi Hance 金腰带，金梅花 图150-3

常绿直立亚灌木。叶对生，三出复叶或小枝基部具单叶；叶片和小叶片近革质，叶缘反卷；小叶片长卵形或长卵状披针形；单叶为椭圆形。花通常单生于叶腋；花萼钟状，裂片5~8枚，小叶状，披针形；花冠黄色，漏斗状，裂片6~8枚，卵形或长圆形。果椭圆形。花期11月至翌年8月，果期3~5月。

原产于我国云南，神农架各地有栽培。全株入药；花供观赏。

图150-2　川素馨

图150-3　野迎春

4. 迎春花 | Jasminum nudiflorum Lindley 图150-4

落叶灌木。叶对生，三出复叶，小枝基部常具单叶；小叶片卵形或椭圆形，叶缘反卷。花单生于叶腋，稀生于小枝顶端；苞片小叶状；花冠黄色，向上渐扩大，裂片5~6枚，长圆形或椭圆形。果卵形。花期4~9月，果期5~9月。

原产于我国华北，神农架各地有栽培。叶、花入药；花供观赏。

图150-4　迎春花

5. 茉莉花 | **Jasminum sambac** (Linnaeus) Aiton 图150-5

直立或攀援灌木。叶对生，单叶，叶片纸质，圆形或卵形。聚伞花序顶生，通常有花3朵；苞片微小，锥形，花极芳香；花萼无毛或疏被短柔毛，裂片线形；花冠白色，裂片长圆形至近圆形。果球形，呈紫黑色。花期5~8月，果期7~9月。

神农架各地有栽培。根、叶、花入药；花供观赏。

6. 清香藤 | **Jasminum lanceolaria** Roxburgh 图150-6

大型攀援灌木。叶对生或近对生，三出复叶，小叶片椭圆形或披针形。复聚伞花序常排列呈圆锥状，有花多朵，密集；苞片线形；花芳香；花萼筒状，果时增大，萼齿三角形，不明显；花冠白色，高脚碟状，花冠管纤细，裂片4~5枚；花柱异长。果球形或椭圆形，黑色，干时呈橘黄色。花期4~10月，果期6月至翌年3月。

产于神农架各地，生于海拔400~1200m的山坡和岩石边。根及茎入药；花供观赏。

图150-5 茉莉花　　　　　　　　　　　图150-6 清香藤

7. 华素馨 | **Jasminum sinense** Hemsley 金银花 图150-7

缠绕藤本。叶对生，三出复叶；小叶片纸质，卵形或卵状披针形，叶缘反卷。聚伞花序常呈圆锥状排列；花芳香；花萼被柔毛，裂片线形或尖三角形，果时稍增大；花冠白色或淡黄色，高脚碟状，花冠管细长，裂片5枚，长圆形或披针形；花柱异长。果长圆形或近球形，呈黑色。花期6~10月，果期9月至翌年5月。

产于神农架低海拔地区（阳日长青，zdg 5640），生于海拔400~800m的山谷混交林中。全株入药；花供观赏。

2. 梣属Fraxinus Linnaeus

落叶乔木，稀灌木。叶对生，奇数羽状复叶，叶柄基部常增厚。花小，单性、两性或杂性；圆锥花序生于枝端；苞片线形至披针形；花芳香；花萼小，钟状或杯状，萼齿4枚；花冠4裂至基部，白色至淡黄色，裂片线形或匙形；雄蕊通常2枚，与花冠裂片互生，花药2室，纵裂；子房2室，每

图150-7 华素馨

室胚珠2枚，花柱较短，柱头2裂。果为坚果，并形成单翅果。

60余种。我国产27种，湖北产6种，神农架均产。

分种检索表

1. 花序侧生于去年生枝上，先花后叶或同时开放。
  2. 枝条顶端变为刺状···1. 湖北梣F. hupehensis
  2. 枝条顶端不变为刺状·······································2. 象蜡树F. platypoda
1. 花序顶生于枝端或出自当年生枝的叶腋，叶后开花或与叶同时开放。
  3. 花无花冠，与叶同时开放·································3. 白蜡树F. chinensis
  3. 花具花冠，先叶后花。
    4. 花序具苞片，宿存·····································4. 光蜡树F. griffithii
    4. 花序无苞片或苞片早落。
      5. 小叶明显具柄·······································5. 苦枥木F. insularis
      5. 小叶无柄或近无柄·································6. 秦岭梣F. paxiana

1. 湖北梣 | Fraxinus hupehensis Ch'u 图150-8

落叶大乔木。羽状复叶；小叶7～9枚，革质，披针形，叶缘具锐锯齿。花杂性，密集簇生于枝上，呈甚短的聚伞圆锥花序；两性花花萼钟状，雄蕊2枚，雌蕊具长花柱，柱头2裂。翅果匙形。花期2～3月，果期9月。

原产于湖北，神农架有栽培。全株可制作成盆景供观赏。

2. 象蜡树 | Fraxinus platypoda Oliver 图150-9

落叶大乔木。高达28m，胸径达1m。羽状复叶长10～25（～30）cm；叶柄长5～6cm，基部囊状膨大，呈耳状半抱茎；小叶7～11枚，薄革质，长圆状椭圆形，长4～7cm，宽1～2.5cm，顶生小叶与侧生小叶近等大，最下方1对有时较小。聚伞圆锥花序生于去年生枝上，长12～15cm；花杂性异株，无花冠；两性花花萼钟状，萼齿三角形，雄蕊2枚。翅果长圆状椭圆形，扁平，翅下延至坚果基部；坚果扁平。花期4～5月，果期8月。

产于神农架兴山县，生于海拔200～500m的山坡林中。

图150-8　湖北梣

图150-9　象蜡树

3. 白蜡树｜Fraxinus chinensis Roxburgh　鸡糠树　图150-10

落叶乔木。羽状复叶；小叶5～7枚，硬纸质或近革质，卵形至披针形，叶缘具整齐锯齿。圆锥花序生枝梢；花雌雄异株；雄花密集，花萼小，钟状；无花冠；雌花疏离，花萼大，桶状，4浅裂，花柱细长，柱头2裂。翅果匙形，坚果圆柱形。花期4～5月，果期7～9月。

产于神农架各地（阳日长青，zdg 5611；燕天景区，zdg 6479），生于海拔700～2050m的山坡林中。树皮、叶、花入药。

4. 光蜡树｜Fraxinus griffithii C. B. Clarke　图150-11

图150-10　白蜡树

半落叶乔木。高10～20m。羽状复叶长10～25cm；叶柄长4～8cm，基部略扩大；小叶5～7（～11）枚，革质或薄革质，干后呈褐色或橄榄绿色，卵形至长卵形，长2～14cm，宽1～5cm，下部1对小叶通常略小。圆锥花序顶生于当年生枝端，长10～25cm，伸展，多花；花冠白色；两性花的花冠裂片与雄蕊等长。翅果阔披针状匙形，钝头，翅下延至坚果中部以下；坚果圆柱形。花期5～7月，果期7～11月。

产于神农架各地（龙门河—峡口，zdg 7923），生于海拔700～1200m的河谷林中。

5. 苦枥木 | Fraxinus insularis Hemsley 图150-12

落叶大乔木。羽状复叶，叶柄基部稍增厚，变黑色；小叶5～7枚，嫩时纸质，后期变硬纸质或革质，长圆形或椭圆状披针形，叶缘具浅锯齿。圆锥花序，多花，叶后开放，花芳香；花萼钟状，齿截平；花冠白色，裂片匙形；雄蕊伸出花冠外；雌蕊柱头2裂。翅果长匙形，坚果近扁平；花萼宿存。花期4～5月，果期7～9月。

产于神农架木鱼、新华，生于海拔1200m的山坡上。枝及叶入药。

图150-11　光蜡树

图150-12　苦枥木

6. 秦岭梣 | Fraxinus paxiana Lingelsheim 图150-13

落叶大乔木。羽状复叶，叶柄基部稍膨大；小叶7～9枚，硬纸质，长圆形，叶缘具齿。圆锥花序，大而疏松；花杂性异株；花萼膜质，杯状，萼齿截平或呈阔三角形；花冠白色，裂片线状匙形；雄花具雄蕊2枚，花药先端钝圆；两性花子房密被毛，柱头舌状，2浅裂。翅果线状匙形；坚果圆柱形。花期5～7月，果期9～10月。

产于神农架各地，生于海拔1400～2500m的山坡林中。茎皮入药。

图150-13　秦岭梣

3. 连翘属 Forsythia Vahl

直立或蔓性落叶灌木。枝中空或具片状髓。叶对生，单叶，稀3裂至三出复叶。花两性，1至数朵着生于叶腋，先于叶开放；花萼深4裂，多少宿存；花冠黄色，钟状，深4裂，裂片披针形至宽卵形；雄蕊2枚，着生于花冠管基部，花药2室，纵裂；子房2室，每室具下垂胚珠多枚，花柱异长，柱头2裂。果为蒴果，2室，室间开裂。

约11种。我国产6种，湖北产3种，神农架均产。

1. 连翘 | Forsythia suspensa (Thunberg) Vahl 图150-14

落叶灌木。叶通常为单叶，或3裂至三出复叶，叶片近革质，卵形至椭圆形，叶缘除基部外具锐锯齿或粗锯齿。花通常单生或2至数朵着生于叶腋，先于叶开放；花萼绿色，椭圆形；花冠黄色，裂片长圆形。果卵球形或长椭圆形，表面疏生皮孔。花期3～4月，果期7～9月。

产于神农架各地，生于海拔600～1200m的山沟两边林缘。果实入药；花供观赏。

图150-14　连翘

2. 金钟花 | Forsythia viridissima Lindley

落叶灌木。叶片长椭圆形至披针形，通常上半部具不规则锯齿。花1～3朵着生于叶腋，先于叶开放；花萼裂片绿色，卵形或宽长圆形；花冠深黄色，裂片长圆形，内面基部具橘黄色条纹，反卷。果卵形，具皮孔。花期3～4月，果期8～11月。

原产于我国华北，神农架各地有栽培。果实入药；花供观赏。

3. 秦连翘 | **Forsythia giraldiana** Lingelsheim　图150-15

落叶灌木。叶片近革质，卵形至披针形，全缘或疏生小锯齿。花通常单生或2~3朵着生于叶腋；花萼带紫色，裂片卵状三角形；花冠黄色，裂片狭长圆形。果卵形或披针状卵形，皮孔不明显或疏生皮孔，开裂时向外反折。花期3~5月，果期6~10月。

产于神农架红坪、新华，生于海拔800~1500m的山谷灌丛和疏林中。果实入药；花供观赏。

图150-15　秦连翘

4. 丁香属Syringa Linnaeus

落叶灌木或小乔木。叶对生，单叶，全缘，稀分裂。花两性，聚伞花序排列成圆锥花序；花萼小，钟状，宿存；花冠漏斗状、高脚碟状或近辐状，裂片4枚，花蕾时呈镊合状排列；雄蕊2枚，着生于花冠管喉部至花冠管中部；子房2室，每室具下垂胚珠2枚，花柱丝状，短于雄蕊，柱头2裂。果为蒴果，微扁，2室，室间开裂。

20余种。我国产16种，湖北产5种，神农架产3种。

> **分种检索表**
>
> 1. 圆锥花序由顶芽抽生，基部常有叶·················1. 垂丝丁香S. komarowii subsp. reflexa
> 1. 圆锥花序由侧芽抽生，基部常无叶。
> 　　2. 叶背至少沿中脉被毛················2. 小叶巧玲花S. pubescens subsp. microphylla
> 　　2. 叶背一般无毛··3. 紫丁香S. oblata

1. 垂丝丁香（亚种） | **Syringa komarowii** subsp. **reflexa** (C. K. Schneider) P. S. Green et M. C. Chang　图150-16

灌木。枝粗壮，直立，具皮孔。叶片卵状长圆形至长圆状披针形，先端锐尖至长渐尖或钝，基部楔形或宽楔形，上面深绿色，干时常带红棕色，下面淡黄绿色。圆锥花序由顶芽抽生，微下垂至下垂，长圆柱形至塔形；花冠外面呈淡红色或淡紫色，呈漏斗状，花冠管直径较细，花冠裂片常成直角开展。果熟时常反折，长椭圆形，先端锐尖而具小尖头，或钝，皮孔不明显或疏生皮孔。

产于神农架红坪、下谷（猴子石—下谷，zdg 7478），生于海拔1800～2200m的山坡林缘。花供观赏。

2. 小叶巧玲花（亚种）| Syringa pubescens subsp. microphylla (Diels) Chang et X. L. Chen　图150-17

灌木。叶片卵形或卵圆形，叶缘具睫毛。圆锥花序直立；花萼呈紫色，截形或萼齿锐尖、渐尖或钝；花冠紫色，花冠管细弱，近圆柱形，裂片卵形，先端略呈兜状而具喙；花药紫色。果通常为长椭圆形，皮孔明显。花期5～6月，果期7～10月。

产于神农架红坪（天燕），生于海拔2500m的山坡林下。树皮入药。

图150-16　垂丝丁香

图150-17　小叶巧玲花

3. 紫丁香 | Syringa oblata Lindley　图150-18

灌木或小乔木。叶片革质或厚纸质，卵圆形至肾形。圆锥花序直立，近球形或长圆形；花萼萼齿渐尖、锐尖或钝；花冠紫色，稀白色，花冠管圆柱形，裂片呈直角开展，椭圆形至卵圆形，先端内弯略呈兜状或不内弯。果倒卵形至长椭圆形，光滑。花期4～5月，果期6～10月。

原产于我国华北，神农架有栽培。树皮入药；花供观赏。

图150-18　紫丁香

5. 女贞属 Ligustrum Linnaeus

灌木或乔木。叶对生，单叶，叶片纸质或革质，全缘。聚伞花序常排列成圆锥花序，多顶生，稀腋生；花两性；花萼钟状；花冠白色，近辐状、漏斗状或高脚碟状，裂片4枚，花蕾时呈镊合状排列；雄蕊2枚，着生于近花冠管喉部；子房近球形，2室，每室具下垂胚珠2枚，花柱丝状，柱头肥厚，常2浅裂。果为浆果状核果，内果皮膜质或纸质。

约45种。我国产27种，湖北产14种，神农架产10种。

分种检索表

1. 花冠管约为裂片长的2倍或更长。
 2. 果近肾形，明显弯曲 ································· 1. 丽叶女贞L. henryi
 2. 果非肾形，也不弯曲。
  3. 叶片革质或薄革质，下面无毛 ··············· 2. 总梗女贞L. pedunculare
  3. 叶片纸质，下面有毛。
   4. 叶片较小，长0.8~2cm ················· 3. 东亚女贞L. obtusifolium
   4. 叶片长1.5~10cm ····················· 4. 蜡子树L. leucanthum
1. 花冠管与裂片近等长。
 5. 叶片较小，先端凹、钝或锐尖，革质，下面无毛。
  6. 花序紧缩，长为宽的2~5倍 ··············· 5. 小叶女贞L. quihoui
  6. 花序较疏展，长为宽的0~2倍 ·········· 6. 宜昌女贞L. strongylophyllum
 5. 叶片较大，叶端通常锐尖至渐尖。
  7. 侧脉6~20对，排列紧密 ················· 7. 长叶女贞L. compactum
  7. 侧脉4~9对，稀达11对，排列较疏。
   8. 果非球形。
    9. 果不弯曲 ························· 8. 华女贞L. lianum
    9. 果略弯曲 ························· 9. 女贞L. lucidum
   8. 果近球形 ····························· 10. 小蜡L. sinense

1. 丽叶女贞 ｜ Ligustrum henryi Hemsley 图150-19

灌木。叶片薄革质，宽卵形或近圆形，叶缘平或微反卷，上面光亮。圆锥花序圆柱形，顶生；花序基部苞片有时呈小叶状，小苞片呈披针形；花萼无毛；花柱内藏，柱头微2裂。果近肾形，弯曲，黑色或紫红色。花期5~6月，果期7~10月。

产于神农架各地（新华龙口村，zdg 3837），生于海拔600~1000m的山坡和沟谷。叶入药。

2. 总梗女贞 ｜ Ligustrum pedunculare Rehder 图150-20

灌木或小乔木，高1~7m。叶片革质、常绿，长圆状披针形、椭圆状披针形或椭圆形，稀披针形或近菱形，长3~9cm，宽1~3.5（~4）cm。圆锥花序顶生或腋生，花序最下面分枝长

0.5～1.5cm，有花3～7朵，上部花单生或簇生；苞片线形或披针形。果椭圆形或卵状椭圆形，呈黑色。花期5～7月，果期8～12月。

产于神农架木鱼（老君山，鄂神农架植考队30171），生于海拔770m的山坡林缘。

图150-19　丽叶女贞　　　　　　　　　　图150-20　总梗女贞

3. 东亚女贞 | **Ligustrum obtusifolium** Siebold et Zuccarini　图150-21

落叶小灌木。叶片纸质，长圆形至卵形。圆锥花序着生于小枝顶端；花萼无毛或被微柔毛；花冠裂片卵形；花药宽披针形，达花冠裂片的1/2处。果宽长圆形。花期5～6月，果期8～10月。

产于神农架各地，生于海拔1800m以下的山坡林缘、沟旁。叶入药。

4. 蜡子树 | **Ligustrum leucanthum** (S. Moore) P. S. Green　图150-22

落叶灌木或小乔木。叶片纸质至近革质，椭圆形至披针形，大小较不一致。圆锥花序着生于小枝顶端；花萼被微柔毛或无毛，截形或萼齿呈宽三角形；花冠裂片卵形，近直立；花药宽披针形。果近球形至宽长圆形，蓝黑色。花期6～7月，果期8～11月。

产于神农架各地，生于海拔500～2100mm的山坡疏林。叶入药。

图150-21　东亚女贞　　　　　　　　　　图150-22　蜡子树

5. 小叶女贞 │ **Ligustrum quihoui** Carrière 水白蜡，野石榴 图150-23

落叶灌木。叶片薄革质，形状和大小变异较大，披针形至卵形，叶缘反卷，下面常具腺点。圆锥花序顶生，近圆柱形；小苞片卵形，具睫毛；花萼无毛，萼齿宽卵形或钝三角形；花冠裂片卵形或椭圆形；雄蕊伸出裂片外。果紫黑色，椭圆形或近球形。花期5～7月，果期8～11月。

产于神农架各地（新华，zdg 7965），生于海拔500～1400m的山坡林缘或灌丛地。园林观赏植物；叶、茎入药。

6. 宜昌女贞 │ **Ligustrum strongylophyllum** Hemsley 图150-24

灌木。高1～4m。叶片厚革质，卵形、卵状椭圆形或近圆形，稀倒卵形，长1.5～3cm，宽1.5～2cm，先端钝或近锐尖，基部近圆形、宽楔形至楔形。圆锥花序疏松，开展，顶生；花萼先端截形或浅裂。果倒卵形，两侧不对称，略弯，呈黑色。花期6～8月，果期8～10月。

产于神农架红坪（阴峪河），生于海拔1000m的山沟林缘。

图150-23　小叶女贞

图150-24　宜昌女贞

7. 长叶女贞 │ **Ligustrum compactum** (Wallich ex G. Don) J. D. Hooker et Thomson ex Brandis 图150-25

灌木或小乔木。叶片纸质，椭圆状披针形或长卵形，叶缘稍反卷。圆锥花序疏松；花萼先端几平截；花冠裂片反折；雄蕊花药长圆状椭圆形；花柱内藏，稍短于花冠管。果椭圆形或近球形，常弯生，蓝黑色或黑色。花期3～7月，果期8～12月。

产于神农架红坪（zdg 7811）、木鱼、松柏，生于海拔700～1700m的山坡林中。园林观赏树木；果实入药。

8. 华女贞 │ **Ligustrum lianum** P. S. Hsu 图150-26

灌木或小乔木，高0.6～7m，稀达15m。叶片革质，常绿，椭圆形、长圆状椭圆形、卵状长圆形或卵状披针形，长4～13cm，宽1.5～5.5cm，先端渐尖或长渐尖，基部宽楔形或圆形。圆锥花序顶生。果椭圆形或近球形，呈黑色、黑褐色或红褐色。花期4～6月，果期7月至翌年4月。

产于神农架木鱼（龙门河，zdg 7914），生于海拔700m的山坡林缘。

图150-25　长叶女贞　　　　　　　　　图150-26　华女贞

9. 女贞 ｜ **Ligustrum lucidum** W. T. Aitonm　蜡树，白蜡树　图150-27

　　灌木或乔木。叶片常绿，革质，卵形至宽椭圆形，叶缘平坦，上面光亮。圆锥花序顶生；花萼无毛，齿不明显或近截形；花冠裂片反折；雄蕊花药长圆形；雌蕊柱头棒状。果肾形或近肾形，成熟时呈红黑色，被白粉。花期5～7月，果期7月至翌年5月。

　　产于神农架各地，生于海拔400～1600m的混交林中和谷地，或栽培于庭园。园林观赏树木；果实入药。

图150-27　女贞

10. 小蜡 | Ligustrum sinense Loureiro

10a. 小蜡（原变种）Ligustrum sinense var. sinense 图150-28

落叶灌木或小乔木。小枝圆柱形，幼时被柔毛或硬毛。叶片纸质或薄革质，卵形至披针形。圆锥花序，塔形；花萼无毛，先端呈截形或具浅波状齿；花冠裂片椭圆形；雄蕊花药长圆形。果近球形。花期3～6月，果期9～12月。

产于神农架各地，生于海拔400～1600m的山地疏林、路旁和沟边，或栽培于庭园。园林观赏树木；叶入药。

10b. 光萼小蜡（变种）Ligustrum sinense var. myrianthum (Diels) Hoefker 图150-29

落叶灌木或小乔木。小枝、花序轴和叶片下面密被锈色或黄棕色柔毛或硬毛，稀为短柔毛。叶片革质。圆锥花序腋生。花期3～6月，果期9～12月。

产于神农架各地（长青，zdg 5643和zdg 5644），生于海拔400～1600m的山地疏林、路旁和沟边，或栽培于庭园。园林观赏树木；叶入药。

图150-28 小蜡　　　　　　　　　　　　图150-29 光萼小蜡

6. 木犀属 Osmanthus Loureiro

常绿灌木或小乔木。叶对生，单叶，叶片革质，全缘或具锯齿，两面通常具腺点。花两性，通常雌蕊或雄蕊不育而成单性花，聚伞花序簇生于叶腋，或再组成腋生或顶生的短小圆锥花序；苞片2枚，基部合生；花萼钟状，4裂；花冠白色或黄白色，呈钟状，圆柱形或坛状，裂片4枚；雄蕊2枚，稀4枚，着生于花冠管上部；子房2室，每室具下垂胚珠2枚，柱头头状或2浅裂。果为核果，椭圆形。约30种。我国产23种，湖北产3种，神农架产2种。

1. 红柄木犀 | Osmanthus armatus Diels 图150-30

常绿灌木或乔木。叶片厚革质，披针形至椭圆形，叶缘具硬而尖的刺状牙齿6~10对。聚伞花序簇生于叶腋，每腋内有花4~12朵；花芳香；花萼裂片大小不等；花冠白色，花冠管与裂片等长；雄蕊药隔在花药先端延伸成一明显小尖头。果黑色。花期9~10月，果期翌年4~6月。

产于神农架木鱼、松柏、新华，生于海拔900~1100m的山坡林下。园林观赏树木；根入药。

木犀科 | Oleaceae

91

图150-30 红柄木犀

2. 木犀 | Osmanthus fragrans Loureiro 桂花 图150-31

常绿乔木或灌木。叶片革质，椭圆形或椭圆状披针形，全缘或通常上半部具细锯齿，腺点在两面连成小水泡状凸起。聚伞花序簇生于叶腋，或近于帚状，每腋内有花多朵；花极芳香；花萼裂片稍不整齐；花冠黄白色、黄色或橘红色；花丝极短；果歪斜，椭圆形，呈紫黑色。花期9~10月，果期翌年3月。

产于木鱼、新华、阳日，生于海拔500~700m的山坡林中，或栽培于庭园中。园林观赏树木；花、根、果实入药。

7. 流苏树属 Chionanthus Linnaeus

落叶灌木或乔木。叶对生，单叶，全缘或具小锯齿；具叶柄。圆锥花序；花较大，两性，或单性雌雄异株；花萼深4裂；花冠白色，花冠管短，裂片4枚，深裂至近基部，裂片狭长，花蕾时呈内向镊合状排列；雄蕊2枚，稀4枚，内藏或稍伸出，花丝短；子房2室，每室具下垂胚珠2枚，花柱短，柱头2裂。果为核果，内果皮厚，近硬骨质。

约80种。我国产7种，湖北产1种，神农架亦产。

流苏树 ｜ Chionanthus retusus Lindley et Paxton 牛筋条，白花茶
图150-32

落叶灌木或乔木。幼枝被短柔毛。叶片革质，长圆形至倒卵状披针形，全缘或有小锯齿，叶缘稍反卷。聚伞状圆锥花序；花萼4深裂，裂片尖三角形或披针形；花冠白色，4深裂，裂片线状倒披针形；花药长卵形；子房卵形，柱头球形，稍2裂。果椭圆形，蓝黑色或黑色，被白粉。花期3~6月，果期6~11月。

产于神农架新华、阳日，生于海拔100~700m的向阳山坡和山沟。园林观赏树木；叶能入药。

图150-31 木犀　　　　　　　　　　　图150-32 流苏树

151. 苦苣苔科 | Gesneriaceae

多年生草本，稀为小灌木、乔木或藤本。叶为单叶，对生或轮生。花序通常为聚伞花序，稀为总状花序；苞片2枚；花两性，通常唇形，少辐射对称；花冠紫色、白色或黄色，辐状或钟状，檐部（4～）5裂，上唇2裂，下唇3裂；雄蕊4～5枚，通常有1或3枚退化，较少全部能育；雌蕊由2枚心皮构成，子房上位，半下位或完全下位，1室。蒴果，直或螺旋状卷曲。

140属2000种。我国产56属413种，湖北产13属24种，神农架产12属20种。

分属检索表

1. 种子两端有钻状或毛状附属物 ·· 1. 吊石苣苔属Lysionotus
1. 种子无附属物。
　　2. 叶基部极不对称，2对生的叶大小差别极大 ················· 2. 异叶苣苔属Whytockia
　　2. 叶基部通常对称，2对生的叶等大。
　　　　3. 蒴果螺旋状卷曲。
　　　　　　4. 叶下面密被彼此交织的毡毛 ························· 3. 蛛毛苣苔属Paraboea
　　　　　　4. 叶被不交织的柔毛 ···································· 4. 旋蒴苣苔属Boea
　　　　3. 蒴果直。
　　　　　　5. 具明显的茎，叶茎生 ································· 5. 半蒴苣苔属Hemiboea
　　　　　　5. 植株为根状茎，叶基生。
　　　　　　　　6. 能育雄蕊4枚。
　　　　　　　　　　7. 雄蕊分生 ·································· 6. 马铃苣苔属Oreocharis
　　　　　　　　　　7. 雄蕊成对连着。
　　　　　　　　　　　　8. 花冠筒较粗，直径1～2.2cm。
　　　　　　　　　　　　　　9. 花冠一侧肿大，具斑点 ········· 7. 粗筒苣苔属Briggsia
　　　　　　　　　　　　　　9. 花冠不明显，无斑点 ··········· 8. 漏斗苣苔属Didissandra
　　　　　　　　　　　　8. 花冠筒较细，直径小于1cm。
　　　　　　　　　　　　　　10. 花紫色或淡紫色 ·············· 9. 珊瑚苣苔属Corallodiscus
　　　　　　　　　　　　　　10. 花黄色 ······················· 10. 直瓣苣苔属Ancylostemon
　　　　　　　　6. 能育雄蕊2枚。
　　　　　　　　　　11. 柱头片状 ································· 11. 唇柱苣苔属Chirita
　　　　　　　　　　11. 柱头扁球形、截形或盘形 ············· 12. 石山苣苔属Petrocodon

1. 吊石苣苔属Lysionotus D. Don

常绿亚灌木或攀援藤本植物。附生在岩石或大树上。叶对生。花萼辐射对称；子房线形。种子纺锤形，每端各有1枚毛状或钻形附属物。

约30种。我国产28种，湖北产2种，神农架产1种。

吊石苣苔 | Lysionotus pauciflorus Maximowicz　图151-1

常绿小灌木。茎无毛或上部疏被短毛。叶3片轮生，具短柄或近无柄；叶片革质，形状变化大，线形、线状倒披针形至倒卵状长圆形，顶端急尖或钝，基部钝至近圆形，边缘有少数牙齿或小齿，有时近全缘，两面无毛。花序有1 ~ 2（~ 5）花；花冠白色带淡紫色条纹或淡紫色，无毛；花药药隔背面有一凸起的附属物。蒴果线形，无毛。花期7 ~ 10月。

产于神农架各地，生于丘陵或山地林中或阴处石崖上或树上。地上部分入药。

图151-1　吊石苣苔

2. 异叶苣苔属Whytockia W. W. Smith

多年生草本。叶对生，同一对叶极不相等。聚伞花序具梗，生于正常叶腋部，无苞片；花萼5裂近基部，裂片卵形；花冠白色、淡红色或淡紫色，筒状漏斗形，檐部二唇形，比筒短，上唇2裂，下唇比上唇长，3裂，柱头2，分生或合生呈盘状椭圆形或近圆形。蒴果近球形。

3种。我国全有，湖北产1种，神农架亦产。

白花异叶苣苔 | Whytockia tsiangiana (Handel-Mazzetti) A. Weber 图151-2

多年生草本。叶对生，大小极不相等，正常叶长3.2 ~ 8.8cm，宽1 ~ 3cm，基部不对称，退化叶长0.4 ~ 1.4 cm。花序被短腺毛；花萼长裂片卵形；花冠白色；柱头椭圆形。花期8 ~ 10月。

产于神农架兴山县，生于海拔400 ~ 600m的山沟潮湿林下。

3. 蛛毛苣苔属Paraboea (Clarke) Ridley

多年生草本。根状茎木质化。叶对生，有时螺旋状排列，上面被蛛丝状绵毛，后变近无毛，下面通常密被彼此交织的毡毛。聚伞花序腋生或组成顶生圆锥状聚伞花序；苞片1~2枚；花萼钟状，5裂达基部；花冠斜钟状，白色、蓝色或紫色，稍二唇形；雄蕊2枚，着生于花冠近基部；无明显花盘。蒴果通常筒形，稍扁，不卷曲或稍螺旋状卷曲。种子小，无附属物。

70种。我国产12种，湖北产2种，神农架亦产。

1．蛛毛苣苔 ｜ **Paraboea sinensis** (Oliver) B. L. Burtt　图151-3

多年生草本。根状茎木质化。叶对生，有时螺旋状排列，上面被蛛丝状绵毛，后变近无毛，下面通常密被彼此交织的毡毛。聚伞花序腋生或组成顶生圆锥状聚伞花序；苞片1~2枚；花萼钟状，5裂达基部；花冠斜钟状，白色、蓝色或紫色，稍二唇形；雄蕊2，着生于花冠近基部；无明显花盘。蒴果通常筒形，稍扁，不卷曲或稍螺旋状卷曲。种子小，无附属物。

产于神农架宋洛、新华等低海拔地区，生于山坡林下石缝中或陡崖上。全草药用。

图151-2　白花异叶苣苔

图151-3　蛛毛苣苔

2．厚叶蛛毛苣苔 ｜ **Paraboea crassifolia** (Hemsley) B. L. Burtt　图151-4

多年生草本。根状茎圆柱形，无地上茎或极短。叶全部基生，近无柄，叶片倒卵状匙形，顶端圆形或钝，基部渐狭，边缘向上反卷，具不整齐锯齿，上面被灰白色绵毛，下面被淡褐色蛛丝状绵毛。聚伞花序伞状；苞片2枚，钻形；花冠紫色，檐部二唇形。花期6~7月。

产于神农架兴山县，生于山坡林下石缝中或陡崖上。

图151-4　厚叶蛛毛苣苔

苦苣苔科 ｜ Gesneriaceae

95

4. 旋蒴苣苔属Boea Commerson ex Lamarck

多年生草本。叶对生，有时螺旋状，被单细胞长柔毛。聚伞花序伞状，腋生，花萼钟状，5裂至基部；花冠白色、蓝色、紫色，狭钟形，5裂近相等或明显二唇形，上唇2裂，下唇3裂；雄蕊2枚，花药椭圆形，顶端连着，药室2，汇合，极叉开；花柱细，柱头头状。蒴果螺旋状卷曲。

20种。我国产3种，湖北产3种，神农架产2种。

分种检索表

1. 花淡紫色；叶脉在叶面稍下陷 ·· 1. 大花旋蒴苣苔B. clarkeana
1. 花淡蓝紫色；叶脉在叶面极度下陷致使叶面成泡状隆起 ········ 2. 旋蒴苣苔B. hygrometrica

1. 大花旋蒴苣苔 | Boea clarkeana Hemsley 图151-5

多年生无茎草木。叶全部基生，具柄；叶片宽卵形，顶端圆形，基部宽楔形或偏斜，边缘具细圆齿，两面被灰白色短柔毛。聚伞花序伞状；花萼钟状，5裂至中部，裂片相等；花较大，直径1.2~1.8cm，淡紫色。蒴果长圆形，外面被短柔毛，螺旋状卷曲，干时变黑色。花期8月，果期9~10月。

产于神农架木鱼至兴山一带，生于海拔600~800m的山坡岩石缝中。全草药用。

2. 旋蒴苣苔 | Boea hygrometrica (Bunge) R. Brown 图151-6

多年生草本。叶全部基生，莲座状，无柄，近圆形、圆卵形或卵形，上面被白色贴伏长柔毛，下面被白色或淡褐色贴伏长绒毛，顶端圆形。聚伞花序伞状，每花序具2~5花；苞片2枚，极小或不明显；花萼钟状，5裂至近基部；花冠淡蓝紫色。蒴果长圆形，螺旋状卷曲。花期7~8月，果期9月。

产于神农架低海拔地区，生于海拔600~800m的山坡岩石缝中。全草药用。

图151-5 大花旋蒴苣苔

图151-6 旋蒴苣苔

5. 半蒴苣苔属Hemiboea C. B. Clarke

多年生草本。具匍匐枝，上部直立。叶对生。花序假顶生或腋生；总苞球形，顶端具小尖头，开放后呈船形、碗形或坛状；花萼5裂；花冠漏斗状筒形，白色、淡黄色或粉红色，内面常具紫斑，檐部二唇形，上唇2裂，下唇3裂；能育雄蕊2枚，药室平行，顶端不汇合，1对花药以顶端或腹面连着。蒴果长椭圆状披针形至线形。

21种，我国均产，湖北产4种，神农架产4种。

分种检索表

1. 对生的叶柄基部不合生。
  2. 萼片无毛。
    3. 石细胞散生于叶肉中，干时在叶面呈杆状凸起·················1. 降龙草H. subcapitata
    3. 石细胞散生于维管束周围，干时仅在叶脉边呈杆状凸起··············
      ···3. 纤细半蒴苣苔 H. gracilis
  2. 萼片具柔毛···4. 柔毛半蒴苣苔H. mollifolia
1. 对生的叶柄基部合生成船形·································2. 半蒴苣苔H. henryi

1. 降龙草 │ Hemiboea subcapitata C. B. Clarke 图151-7

多年生草本。茎肉质，无毛或疏生白色短柔毛，散生紫褐色斑点。叶对生，叶片稍肉质，椭圆形至倒卵状披针形，顶端急尖或渐尖，基部楔形或下延。聚伞花序，无毛；总苞球形，开裂后呈船形；花梗无毛；萼片5枚，长椭圆形，长6~9mm；花冠白色，具紫斑。蒴果线状披针形，多少弯曲，无毛。花期9~10月，果期10~12月。

生于沟谷林下石上或沟边阴湿处。笔者注意到，《Flora of China》第18卷将本种并入半蒴苣苔中，但在神农架相同生境下，本种植株较矮小，叶柄无翅，二对生的叶柄绝不合生，叶下面呈紫红色，花冠红色，与半蒴苣苔区别明显，故笔者建议暂不作归并处理。全草能清热解毒，利尿。

2. 半蒴苣苔 │ Hemiboea henryi C. B. Clarke 图151-8

多年生草本。茎散生紫斑，无毛或上部疏生

图151-7 降龙草

短柔毛。叶对生，叶片椭圆形或倒卵状椭圆形，顶端急尖或渐尖，全缘或有波状浅钝齿；叶柄具翅，合生成船形。聚伞花序；萼片5枚，长圆状披针形，长（0.9～）1～1.2cm；花冠白色。蒴果线状披针形，无毛。花期8～10月，果期9～11月。

神农架低海拔地区广布，生于山谷林下或沟边阴湿处。全草能清热利湿。

3. 纤细半蒴苣苔 | Hemiboea gracilis Franchet　图151-9

多年生草本。茎细弱，散生紫褐色斑点。叶倒卵状披针形、卵状披针形或椭圆状披针形，全缘或具疏的波状浅钝齿，基部楔形或狭楔形，通常不对称，上面疏生短柔毛，背面无毛，蠕虫状石细胞少量嵌生于维管束附近。聚伞花序假顶生或腋生；总苞球形，无毛，开放后呈船形；萼片5枚，线状披针形至长椭圆状披针形，无毛；花冠粉红色，具紫色斑点。蒴果线状披针形。花期8～10月，果期10～11月。

产于巴东县，生于山坡林下。

图151-8　半蒴苣苔

图151-9　纤细半蒴苣苔

4. 柔毛半蒴苣苔 | Hemiboea mollifolia W. T. Wang　图151-10

多年生草本。全株被柔毛。同一对叶不等大，叶片椭圆状卵形或长圆形，两侧常不相等，边缘浅波状或上部有浅波状小齿，石细胞嵌生于维管束附近。聚伞花序；总苞近球形，外面被柔毛，内面无毛，开放时呈碗状；萼片5枚，线状倒披针形，外面疏被短柔毛，边缘具腺状短柔毛；花冠粉红色。蒴果线状披针形，无毛。花期8～10月，果期9～11月。

产神农架红坪（阴峪河），生于海拔900m的沟谷林下。

6. 马铃苣苔属Oreocharis Bentham

近无茎草本，被锈色绵毛。叶具柄，卵形或椭圆形，背面有明显的网脉。花茎延长；花多数，排成伞房花序或伞形花序；萼小，分裂达基部；花冠管状，檐近2唇形，裂片5枚；雄蕊4枚，花丝着生于冠管的近基部，2长2短；子房上位，线形。蒴果线形。种子平滑。

约25种。我国产20种，湖北产1种，神农架产1种。

长瓣马铃苣苔 | Oreocharis auricula (S. Moore) C. B. Clarke 图151-11

多年生草本。叶基生或对生，单叶，常不等大。花为聚伞花序；萼管状，5裂；花冠合瓣，多少二唇形，上部偏斜，通常5裂；雄蕊着生于花冠上，通常4枚，2长2短，或其中2枚为退化雄蕊；子房上位或下位，1室或不完全的2~4室，胚珠多数，生于侧膜胎座上。果为蒴果，果瓣常旋卷。

产于神农架低海拔地区，生于山坡岩石缝中。全草入药。

图151-10 柔毛半蒴苣苔

图151-11 长瓣马铃苣苔

7. 粗筒苣苔属Briggsia Craib

多年生草本。根状茎短而粗。叶全部基生，似莲座状。聚伞花序；苞片2枚；花萼钟状，5裂至近基部；花冠粗筒状，下方肿胀，蓝紫色或淡紫色，檐部二唇形，上唇2裂，下唇3裂，裂片近相等；能育雄蕊4枚，二强，内藏，着生于花冠筒基部，花药顶端成对连着，药室2，基部略叉开。蒴果披针状长圆形或倒披针形，褐黄色。种子两端无附属物。

22种。我国产21种，湖北产3种，神农架产2种。

分种检索表

1. 叶两面无毛，叶面平整 ······································· 1. 革叶粗筒苣苔B. mihieri

1. 叶两面被毛，叶脉在上面凹陷 ································· 2. 鄂西粗筒苣苔B. speciosa

---

1. 革叶粗筒苣苔 | Briggsia mihieri (Franchet) Craib 图151-12

多年生草本。叶片革质，狭倒卵形、倒卵形或椭圆形，顶端圆钝，基部楔形，边缘具波状牙齿或小牙齿，两面无毛，叶脉不明显；叶柄盾状着生，无毛，干时暗红色。聚伞花序；花萼5裂至近基部；花冠粗筒状，下方肿胀，蓝紫色或淡紫色。蒴果倒披针形，近无毛。花期10月，果期11月。

神农架低海拔地区广布，生于山谷阴湿岩壁上。全草入药。

2. 鄂西粗筒苣苔 ｜ **Briggsia speciosa** (Hemsley) Craib　图151-13

多年生草本。叶全部基生，叶片长圆形或椭圆状狭长圆形，侧脉每边4~5条，下面微凹陷。聚伞花序，每花序具1~2花；苞片2枚，长圆形至卵状披针形；花萼5裂至近基部；花冠粗筒状，紫红色，下方肿胀。蒴果线状披针形。花期6~7月。

神农架广布，生于海拔1000~2200m的山谷阴湿岩壁上。全草入药。

图151-12　革叶粗筒苣苔　　　　　　　　　　图151-13　鄂西粗筒苣苔

8. 漏斗苣苔属Didissandra C. B. Clarke in A. et C. de Candolle

多年生草本，稀为灌木。具匍匐茎。叶1~4对密集于茎顶端，或数对散生，每对不等大，基部偏斜。聚伞花序；花萼钟状，5裂至近基部；花冠筒状漏斗形，白色、紫色或橙红色；雄蕊2对，内藏；柱头2枚，不裂，或上方1枚不裂，下方1枚微2裂。

31种。我国产5种，湖北产1种，神农架亦产。

大苞漏斗苣苔 ｜ **Didissandra begoniifolia** H. Léveillé　图151-14

多年生草本。叶2~4对，每对稍不等，叶片卵形，两面被较密的白色短柔毛。聚伞花序具3~10花；花序在花尚未充分发育时由扁球状的苞片所包；花萼5裂至近基部，裂片近相等，线形；花冠淡紫色或紫色，柱头2，顶端凹陷。蒴果线形，无毛。花期9月。

产于神农架红坪（板仓），生于海拔700m的悬崖石壁上。

9. 珊瑚苣苔属Corallodiscus Batalin

多年生草本。叶无柄，旋叠状，背面被白毛。花单生于花茎上，无苞片；萼深裂达基部；花冠圆柱状钟形，裂片内面密被白色绒毛；雄蕊4枚，2长2短，着生于花冠管的近中部，花丝在花药开裂后螺旋状弯曲。蒴果长，裂为2果瓣。

11种。我国产9种，湖北产1种，神农架产1种。

西藏珊瑚苣苔 | Corallodiscus lanuginosus (Wallich ex R. Brown) B. L. Burtt 图151-15

多年生草本。叶全部基生，莲座状，外层叶具柄；叶片革质，卵形或长圆形，顶端圆形，基部楔形，边缘具细圆齿，上面平展，有时具不明显的皱褶，疏被淡褐色长柔毛至近无毛，下面多为紫红色，近无毛，侧脉每边约4条。聚伞花序；无苞片；花萼5裂至近基部，裂片长圆形至长圆状披针形，外面疏被柔毛至无毛，内面无毛；花冠筒状，紫色或淡紫色。蒴果线形。花期6月，果期8月。

产于神农架木鱼、红坪，生于海拔400～600m的山坡岩石上。全草药用。

图151-14　大苞漏斗苣苔　　　　　　　　　　图151-15　西藏珊瑚苣苔

10. 直瓣苣苔属Ancylostemon Craib

多年生草本，无地上茎。根状茎短而粗。叶均基生，有柄或近无柄。聚伞花序腋生；苞片2枚，对生，花萼钟状，5裂达近基部至中部之上；花冠筒状，橙黄色或淡黄色，稀粉红色，檐部二唇形或稍二唇形，上唇短于下唇；柱头2，稍膨大。蒴果长圆状披针形或倒披针形，顶端具小尖头。种子多数，细小，两端无附属物。

我国特有属，约12种，湖北2种，神农架均产。

分种检索表

1. 花较大，橙黄色，全部雄蕊内藏 ·· 1. 直瓣苣苔A. saxatilis
1. 花较小，淡黄色，下对雄蕊伸出花冠外 ·································· 2. 矮直瓣苣苔A. humilis

1. 直瓣苣苔 | Ancylostemon saxatilis (Hemsley) Craib 图151-16

多年生草本。叶全部基生，叶片卵形或宽卵形，上面被较密的白色短柔毛和锈色疏长柔毛，下面除被白色短柔毛外，沿主脉和侧脉被锈色长柔毛。聚伞花序2次分枝；苞片长圆形或卵圆形；花萼5裂；花冠筒状，橙黄色。蒴果倒披针形，被疏柔毛至近无毛。花期6~7月。

产于神农架新华、红坪，生于海拔600~1500m的悬崖石壁上。全草入药。

2. 矮直瓣苣苔 │ Ancylostemon humilis W. T. Wang　图151-17

多年生草本。叶全部基生，叶片椭圆状卵形或椭圆形，上面被锈色长柔毛至近无毛，略成泡状，下面近无毛，侧脉在上面凹陷，在下面隆起，密被锈色长柔毛。聚伞花序；苞片2枚，线形；花萼5裂至基部；花冠筒状，淡黄色。蒴果线状倒披针形，无毛。花期7月。

产于神农架木鱼（红花），生于海拔600~1500m的悬崖石壁上。全草可代直瓣苣苔入药。

图151-16　直瓣苣苔

图151-17　矮直瓣苣苔

11. 唇柱苣苔属 Chirita Buchanan-Hamilton ex D. Don

多年生或一年生草本。叶为单叶，簇生，具羽状脉。聚伞花序腋生，有时多少与叶柄愈合；苞片2，对生，分生，稀合生；花萼5裂达基部；花冠紫色、蓝色或白色，筒状漏斗形、筒状或细筒状，檐部二唇形，上唇2裂，下唇3裂；能育雄蕊2枚，花丝着生于花冠筒中部或上部，花药以整个腹面连着或只在顶端连着，2药室极叉开，在顶端汇合。

130种。我国产81种，湖北产4种，神农架产2种。

分种检索表

1. 叶卵形或狭卵形，较大，侧脉约4对，明显···1. 牛耳朵 C. eburnea
1. 叶圆卵形或近圆形，较小，侧脉1对，不明显·································2. 神农架唇柱苣苔 C. tenuituba

1. 牛耳朵 │ Chirita eburnea Hance　图151-18

多年生草本。具粗根状茎。叶均基生，肉质；叶片卵形或狭卵形，顶端微尖或钝，基部渐狭或宽楔形，边缘全缘，两面均被贴伏的短柔毛，侧脉约4对。聚伞花序；苞片2枚，对生，卵形至圆卵形；花冠紫色或淡紫色。蒴果长4~6cm，粗约2mm，被短柔毛。花期4~7月。

产于神农架木鱼至兴山一线，生于海拔200m的林缘石上。全草药用。

2. 神农架唇柱苣苔 ｜ Chirita tenuituba (W. T. Wang) W. T. Wang　图151-19

多年生小草本。叶约5片，均基生，具短柄；叶片纸质，卵形、圆卵形或近圆形，顶端钝，基部宽楔形，边缘全缘或有少数浅波状钝齿，两面被贴伏柔毛，侧脉约3条。花冠紫色，外面疏被短柔毛，内面在下唇之下被短柔毛，内面无毛，子房柱头均密被短柔毛。蒴果线形，长2~2.8cm。花期3~5月。

产于神农架低海拔地区，生于悬崖岩石缝中。全草入药。

图151-18　牛耳朵

图151-19　神农架唇柱苣苔

12. 石山苣苔属Petrocodon Hance

多年生草本。根状茎直。叶具柄，叶片纸质或薄革质，椭圆状倒卵形至长圆形，顶端微尖或渐尖，基部宽楔形或楔形，边缘在中部之上有小浅齿，或呈波状近全缘，或有时有小牙齿，上面疏被短伏毛，下面沿脉密被短伏毛。聚伞花序；花冠白色，坛状粗筒形，外面上部被短柔毛，内面无毛；子房有短柄，柱头小。蒴果无毛。花期6~9月。

单种属。我国特有，神农架亦产。

石山苣苔 ｜ Petrocodon dealbatus Hance　图151-20

特征同属的描述。

产于神农架宋洛、新华等低海拔地区，生于山谷阴处石上。全草药用。

图151-20　石山苣苔

苦苣苔科｜Gesneriaceae

103

152. 车前草科 | Plantaginaceae

草本，稀为小灌木。茎通常变态成紧缩的根茎，或具直立及匍匐的地上茎。叶螺旋状互生，或于地上茎上互生、对生或轮生，无托叶。穗状或为总状花序；花小，两性，稀杂性或单性；花萼4裂；花冠白色、紫色或蓝色，高脚碟状或筒状，筒部合生，檐部3～4裂，辐射对称；雄蕊4枚；子房上位，2室。果通常为蒴果。

38属约1000种。我国产25属152种，湖北产11属32种，神农架6属25种。

1. 车前属Plantago Linnaeus

多年生草本。根为直根系或须根系。叶螺旋状互生，紧缩成莲座状，叶片宽卵形至倒披针形；叶柄基部常扩大成鞘状。穗状花序1至多数，出自莲座叶丛或茎生叶的腋部；花两性；花冠高脚碟状或筒状，至果期宿存而包裹蒴果；雄蕊4枚；子房2～4室，具2～40枚胚珠。蒴果。

190余种。我国产20种，湖北产5种，神农架产4种。

1. 车前 | **Plantago asiatica** Linnaeus 图152-1

二年生或多年生草本。须根多数。叶基生呈莲座状，叶宽卵形至宽椭圆形，先端钝圆至急尖，边缘波状、全缘或中部以下具锯齿、牙齿或裂齿，基部宽楔形或近圆形，多少下延，两面疏生短柔毛，脉5~7条，叶柄基部扩大成鞘。穗状花序细圆柱状，下部常间断；花具短梗；花冠白色，无毛。花期4~8月，果期6~9月。

产于神农架各地，生于海拔400~2500m的草地、沟边、河岸湿地、田边、路边或村边空旷处。全草和种子入药。

图152-1 车前

2. 疏花车前（亚种）| **Plantago asiatica** subsp. **erosa** (Wallich) Z. Y. Li 图152-2

二年生或多年生草本。叶脉3~5条。穗状花序通常稀疏、间断；花萼龙骨突通常延至萼片顶端；花冠裂片较小。蒴果圆锥状卵形，长3~4mm。种子6~15。花期5~7月，果期8~9月。

产于神农架高海拔地区，生于山坡草丛中或溪边潮湿地。全草可代车前入药。

图152-2 疏花车前

3. 大车前 │ **Plantago major** Linnaeus　图152-3

多年生草本。外形与车前近似，但苞片宽卵状三角形，宽等于或略超过长；花无梗；花药新鲜时常淡紫色。蒴果于中部或稍低处开裂，上果盖长、宽相等或长不及宽。种子数量多而且较小。

产于神农架木鱼、松柏，生于海拔800~2000m的田边或路边、屋边。全草可代车前入药。

4. 平车前 │ **Plantago depressa** Willdenow　图152-4

一年生或二年生草本。直根长，具多数侧根，多少肉质。根茎短。叶基生呈莲座状，平卧、斜展或直立；叶片纸质，椭圆形、椭圆状披针形或卵状披针形，叶柄基部扩大成鞘状。穗状花序细圆柱状；花萼无毛；花冠白色，无毛。蒴果卵状椭圆形至圆锥状卵形。种子4~5枚，椭圆形，腹面平坦，黄褐色至黑色。花期5~7月，果期7~9月。

产于神农架松柏，生于路边、土边。全草入药。

图152-3　大车前　　　　　　　　　　　　　　　　图152-4　平车前

2. 水马齿属 Callitriche Linnaeus

水生或陆生草本。茎纤细柔弱。叶对生，水生种类水面上的叶呈莲座状，叶线形。花极小，单性同株，腋生；无花萼、花冠；雄花仅1枚雄蕊和2枚小苞片，花丝细长；雌花外有2枚小苞片，子房柄极短，4室，顶4裂，每室1枚胚珠，花柱2，伸长，表面具小乳头。果4裂，裂片具边或翅。

25种。我国产4种，湖北仅产1种，神农架亦产。

水马齿 │ **Callitriche palustris** Linnaeus　图152-5

水生草本。茎纤细，多分枝。叶对生，常在茎顶集成莲座状，浮于水面，叶倒卵形或倒卵状匙形，两面疏生褐色细小斑点，具3脉；茎生叶匙形或线形，无柄。花单性同株，单生于叶腋，无花被，具2枚小苞片；雄花具1枚雄蕊，花丝细长，花药小，心形；雌花子房倒卵形，花柱2，纤细。

果倒卵状椭圆形，上部边缘有翅，基部具短柄。

产于神农架大九湖，生于海拔400～2500m的溪流、沼泽、水田沟旁及林中湿地。全草入药。

3. 鞭打绣球属Hemiphragma Wallich

多年生匍匐草本。全体被短柔毛。茎纤细，节上生根。叶二型；主茎上的叶对生，叶柄短，叶片圆形至肾形，顶端钝或渐尖，基部截形或宽楔形，边缘具有锯齿；分枝上的叶簇生，针形。花单生；花冠裂片5枚近于相等；花冠白色至玫瑰色，辐射对称。果实卵球形，红色，近于肉质。种子卵形，浅棕黄色。花期4~6月，果期6~8月。

单种属，神农架有分布。

鞭打绣球 │ Hemiphragma heterophyllum Wallich　图152-6

特征同属的描述。

产于神农架各地，生于高海拔的山坡草甸中。

图152-5　水马齿

图152-6　鞭打绣球

4. 幌菊属Ellisiophyllum Maximowicz

多年生草本。匍匐茎蔓延，节下生根。叶单生于节上，叶片轮廓卵形或矩圆状卵形，羽状深裂几至中肋。花单生于叶腋，花梗纤细，果期卷曲；花冠白色，裂片5枚，辐状。蒴果圆球形。花果期7~9月。

单种属，神农架有分布。

幌菊 │ Ellisiophyllum pinnatum (Wallich ex Bentham) Makino　图152-7

特征同属的描述。

产于神农架木鱼、宋洛，生于海拔600～1000m的路边或溪边潮湿地。

5. 草灵仙属Veronicastrum Heister ex Fabricius

多年生草本。根幼嫩时通常密被黄色茸毛。茎直立像钓鱼杆一样弓曲而顶端着地生根。叶互生、对生或轮生。穗状花序顶生或腋生；花通常极为密集；花萼深裂，裂片5枚；花冠管伸直或稍稍弓曲，辐射对称或多少二唇形，裂片不等宽；雄蕊2枚。蒴果。

20种。我国产14种，湖北产5种，神农架产4种。

分种检索表

1. 茎直立。
   2. 花冠白色至橙黄色 ·· 1. 美穗草V. brunonianum
   2. 花冠血红色、紫红色或暗紫色 ································· 2. 四方麻V. caulopterum
1. 茎弓曲。
   3. 茎有由叶柄下延形成的狭棱 ······························· 3. 爬岩红V. axillare
   3. 茎无棱 ··· 4. 宽叶腹水草V. latifolium

1. 美穗草 │ Veronicastrum brunonianum (Bentham) D. Y. Hong　图152-8

多年生草本。茎直立，圆柱形，有狭棱。叶长椭圆形，两面无毛或上面疏生短毛，顶端渐尖至尾状渐尖，基部楔形且有时稍抱茎，边缘具细齿。花序顶生，长尾状；花冠白色至橙黄色，上唇伸直或多少呈罩状，下唇条状披针形，反折。蒴果卵圆状。种子具棱角，有透明而网状的厚种皮。花期7~8月。

产于神农架高海拔山地，生于山坡草丛中。根状茎及全草入药。

图152-7　幌菊

图152-8　美穗草

2. 四方麻 │ Veronicastrum caulopterum (Hance) T. Yamazaki　图152-9

多年生草本。茎直立，有翅。全体无毛。叶互生，叶片矩圆形，卵形至披针形。花序顶生；花冠血红色、紫红色或暗紫色，筒部约占一半长，后方裂片卵圆形至前方裂片披针形。蒴果卵状或卵圆状。花期8~11月。

产于神农架低海拔山地，生于山谷溪边灌丛中。全草入药。

3. 爬岩红 | Veronicastrum axillare (Siebold et Zuccarini) T. Yamazaki　图152-10

多年生草本。根状茎短而横走；茎弓曲，顶端着地生根。叶互生，叶片纸质，无毛，卵形至卵状披针形。花序腋生，极少顶生于侧枝上，苞片和花萼裂片条状披针形至钻形，花冠紫色或紫红色，雄蕊略伸出花冠。蒴果卵球状。花期7~9月。

神农架低海拔地区广布，生于山坡林缘。全草入药。

图152-9　四方麻

图152-10　爬岩红

4. 宽叶腹水草 | Veronicastrum latifolium (Hemsley) T. Yamazaki
图152-11

多年生草本。茎细长，弓曲，顶端着地生根，圆柱形，仅上部有时有狭棱，通常被黄色倒生短曲毛。叶具短柄，叶片圆形至卵圆形，基部圆形，平截或宽楔形，顶端短渐尖，通常两面疏被短硬毛，边缘具三角状锯齿。花序腋生，花冠淡紫色或白色。蒴果卵状。花期8~9月。

神农架低海拔地区广布，生于林中或灌丛中，有时倒挂于岩石上。全草可代爬岩红入药。

图152-11　宽叶腹水草

6. 婆婆纳属 Veronica Linnaeus

一二年生或多年生草本。叶多数为对生，少轮生和互生。总状花序顶生或侧生于叶腋；花密集成穗状或头状；花萼深裂；裂片4或5枚，如5枚则后方（近轴面）一枚小得多；花冠具很短的筒部，近于辐状，裂片4枚，常开展，不等宽，后方一枚最宽，前方一枚最窄，有时稍二唇形；雄蕊2枚，药室叉开或并行，顶端汇合；花柱宿存，柱头头状。

250种。我国产61种，湖北产14种，神农架产14种。

分种检索表

1. 总状花序顶生。
  2. 多年生草本，具根茎 ·························· 7. 小婆婆纳V. serpyllifolia
  2. 一年生草本，根细，不具根茎。
    3. 花梗比苞片短。
      4. 茎无毛 ······························· 3. 蚊母草V. peregrina
      4. 茎密被2列长柔毛 ···················· 10. 直立婆婆纳V. arvensis
    3. 花梗长，与苞片近等长或过之。
      5. 花梗比苞片稍短，蒴果无明显网纹，凹口的角度近直角 ········ 2. 婆婆纳V. polita
      5. 花梗比苞片长，蒴果具明显网纹，凹口大于90°角··· 6. 阿拉伯婆婆纳V. persica
1. 总状花序侧生于叶腋，往往成对。
  6. 陆生草本；茎草质。
    7. 花萼裂片5枚，其中1枚裂片比其他4枚裂片远较小 ············ 9. 光果婆婆纳V. rockii
    7. 花萼裂片4枚，等长。
      8. 总状花序少花而短 ···················· 8. 四川婆婆纳V. szechuanica
      8. 总状花序通常长而多花。
        9. 蒴果倒心形，最宽在上部或中上部。
          10. 茎基部多分枝；蒴果长2~3mm ········· 13. 多枝婆婆纳V. javanica
          10. 茎基部极少分枝；蒴果长达5mm ·········· 1. 疏花婆婆纳V. laxa
        9. 蒴果折扇状菱形，最宽在基部或中下部。
          11. 雄蕊比花冠长或与之相等。
            12. 叶表面被细柔毛 ··············· 11. 陕川婆婆纳V. tsinglingensis
            12. 叶两面无毛，背面紫色 ·········· 12. 城口婆婆纳V. fargesii
          11. 雄蕊比花冠短 ···················· 5. 华中婆婆纳V. henryi
  6. 水生或沼生草本；茎多少肉质。
    13. 花萼、花梗及蒴果被腺毛 ·············· 4. 水苦荬V. undulata
    13. 花萼、花梗及蒴果无腺毛 ·········· 14. 北水苦荬V. anagallis-aquatica

13. 多枝婆婆纳 | **Veronica javanica** Blume   图152-24

一年生或二年生草本，全体多少被多细胞柔毛。茎基部多分枝。叶片卵形至卵状三角形，边缘具深刻的钝齿。总状花序，几乎集成伞房状；花冠白色、粉色或紫红色。蒴果倒心形，顶端凹口很深，深达果长的1/3。花期2～4月。

产于神农架高海拔地区，生于山坡林下。

14. 北水苦荬 | **Veronica anagallis-aquatica** Linnaeus   图152-25

多年生草本。通常全体无毛。叶无柄，上部的半抱茎，多为椭圆形或长卵形，少为卵状矩圆形，更少为披针形，全缘或有疏而小的锯齿。花序比叶长；花梗与苞片近等长；花冠浅蓝色，浅紫色或白色。蒴果近圆形，长宽近相等，几乎与萼等长，顶端圆钝而微凹。花期4～9月。

产于神农架各地，生于海拔300～1200m的荒地、池塘及水稻田边。

图152-24　多枝婆婆纳

图152-25　北水苦荬

153．母草科 | Linderniaceae

一年生或多年生草本。茎直立、倾卧或匍匐。叶对生，常有齿，稀全缘。花生于叶腋或在茎枝顶端排成总状花序，有时短缩而成假伞形花序，无小苞片；萼具5齿；花冠紫色、黄色或白色，二唇形；能育雄蕊4枚，或1对退化而无药，其花丝常有附属物。蒴果，为宿萼所包藏

9属122种。我国产4属41种，湖北产2属9种，神农架产2属7种。

分属检索表

1．花萼具中肋或略呈5棱，不呈唇形；蒴果隔膜宿存 ································· 1．母草属Lindernia

1．花萼具明显5翅，多少呈唇形；蒴果隔膜不宿存 ································· 2．蝴蝶草属Torenia

1．母草属Lindernia Allioni

一年生草木。茎直立、倾卧或匍匐。叶对生，边缘常有齿，稀全缘，脉羽状或掌状。花生于叶腋或在茎顶端排成总状花序，有时短缩而成假伞形花序，无小苞片；萼具5齿，齿相等或微不等；花冠紫色、蓝色或白色，二唇形，上唇微2裂，下唇3裂；能育雄蕊4枚，或1对退化而无药，其花丝常有附属物。蒴果。

70种。我国产25种，湖北产6种，神农架产4种。

分种检索表

1．雄蕊4枚，全育。

  2．花萼半裂；叶边缘有浅圆钝齿或波状齿 ····················· 1．宽叶母草L. nummulariifolia

  2．花萼浅裂；叶边缘有明显锯齿 ····················· 2．母草L. crustacea

1．雄蕊仅后方1对能育。

  3．叶边缘密生有整齐而急尖的锯齿 ····················· 3．旱田草L. ruellioides

  3．叶边缘有浅而不整齐的锯齿 ····················· 4．泥花母草L. antipoda

1．宽叶母草 | Lindernia nummulariifolia (D. Don) Wettstein　图153-1

一年生草本。根须状。茎直立，茎枝多少四棱形，棱上有伸展的细毛。叶无柄或有短柄，叶片宽卵形或近圆形，顶端圆钝，基部宽楔形或近心形，边缘和下面中肋有极稀疏的毛或近于无毛。花少数；花冠紫色，少有蓝色或白色。蒴果长椭圆形，顶端渐尖，比宿萼长约2倍。种子棕褐色。花期7～9月，果期8～11月。

神农架低海拔地区广布，生于田边、沟旁等湿润地带。全草入药。

2. 母草 ｜ Lindernia crustacea (Linnaeus) F. Mueller 图153-2

一年生草本。根须状。茎常铺散成密丛，多分枝，微方形有深沟纹，无毛。叶片三角状卵形或宽卵形，顶端钝或短尖，基部宽楔形或近圆形，边缘有浅钝锯齿，上面近于无毛，下面沿叶脉有稀疏柔毛或近于无毛。花单生，花冠紫色。蒴果椭圆形，与宿萼近等长。种子近球形，浅黄褐色，有明显的蜂窝状瘤突。花果期全年。

神农架广布，生于海拔400～1200m的田边、草地、路边等地。全草可药用。

图153-1　宽叶母草　　　　　　　　　　　　　　图153-2　母草

3. 旱田草 ｜ Lindernia ruellioides (Colsmann) Pennell 图153-3

一年生草本。根须状成丛。枝基部匍匐，下部节上生根，茎枝有沟纹，无毛。叶片矩圆形至条状披针形，顶端急尖或圆钝，边缘有少数不明显的锯齿至有明显的锐锯齿或近于全缘，两面无毛。花总状着生，花冠紫色、紫白色或白色。蒴果圆柱形，顶端渐尖。种子为不规则三棱状卵形，褐色，有网状孔纹。花果期春季至秋季。

产于神农架各地，多生于海拔400～1500m的田边及潮湿的草地中。全草可药用。

4. 泥花母草 ｜ Lindernia antipoda (Linnaeus) Alston 图153-4

一年生草本。少主茎直立，茎常分枝而长蔓，节上生根，近于无毛。叶柄前端渐宽而连于叶片，基部多少抱茎；叶片矩圆形至圆形，顶端圆钝或急尖，基部宽楔形，边缘除基部外密生整齐而急尖的细锯齿，但无芒刺，两面有粗涩的短毛或近于无毛。顶生总状花序，花冠紫红色。蒴果圆柱形，向顶端渐尖。种子椭圆形，褐色。花期6～9月，果期7～11月。

产于神农架各地，生于海拔400～900m的草地、平原、山谷及林下。全草可药用。

图153-3 旱田草

图153-4 泥花母草

2. 蝴蝶草属 Torenia Linnaeus

一年生草本。叶对生，具齿。花具梗，排列成总状或伞形花序，亦或单朵腋生或顶生，无小苞片；花萼具棱或翅，萼齿通常5枚；花冠筒状，上部常扩大，5裂，裂片成二唇形，上唇直立，先端微凹或2裂，下唇开展，裂片3枚；雄蕊4枚，均发育，后方2枚内藏，花丝基部各具1枚附属物，稀不具附属物，花药成对紧密靠合，药室顶部常汇合。蒴果矩圆形，为宿萼所包藏。

30种。我国产11种，湖北产3种，神农架产3种。

分种检索表

1. 花丝无附属物
   2. 花冠超出萼齿2~7mm ··1. 紫萼蝴蝶草T. violacea
   2. 花冠超出萼齿10~23mm ···3. 蓝猪耳T. fournieri
1. 花丝附属物长1~2mm ··2. 光叶蝴蝶草T. asiatica

---

1. 紫萼蝴蝶草 | Torenia violacea (Azaola ex Blanco) Pennell 图153-5

一年生草本。茎直立或多少外倾。自近基部起分枝。叶片卵形或长卵形，先端渐尖，基部楔形成多少截形，向上逐渐变小，边缘具略带短尖的锯齿，两面疏被柔毛。花在枝顶部排成伞形花序或单生于叶腋，稀可同时有总状排列的存在；花冠淡黄色或白色；花丝不具附属物。花果期8~11月。

神农架广布，生于海拔400~1500m的山坡草地、林下、田边及路旁潮湿处。全草入药。

2. 光叶蝴蝶草 | Torenia asiatica Linnaeus 图153-6

匍匐或多少直立草本。节上生根，分枝多。叶三角状卵形至卵圆形，边缘具带短尖的圆锯齿，基部突然收缩，多少截形或宽楔形，无毛或疏被柔毛。单朵腋生或顶生，亦或排列成伞形花序；花冠紫红色或蓝紫色；前方1对花丝各具1枚长1~2mm之线状附属物。花果期5月至翌年1月。

神农架广布，生于海拔400~1500m的山坡、路旁或阴湿处。全草入药。

图153-5　紫萼蝴蝶草

图153-6　光叶蝴蝶草

3. 蓝猪耳 ｜ Torenia fournieri Linden ex Fournier　图153-7

　　一年生草本。方茎，分枝多，呈披散状。叶对生，卵形或卵状披针形，边缘有锯齿；叶柄长为叶长之半；秋季叶色变红。花在茎上部顶生或腋生（2～3朵不成花序）；唇形花冠；花萼膨大，萼筒上有5条棱状翼；花蓝色，花冠杂色（上唇淡雪青，下唇堇紫色，喉部有黄色）。

　　神农架有栽培。全草入药；庭院栽培以供观赏。

图153-7　蓝猪耳

154. 玄参科 | Scrophulariaceae

草本、灌木或少有乔木。叶互生、下部对生而上部互生、或全对生、或轮生，无托叶。花序总状、穗状或聚伞状，常合成圆锥花序。花5基数，少有4基数；花冠4～5裂，裂片多少不等或作二唇形；雄蕊常4枚，而有1枚退化；子房2室。极少仅有1室；花柱简单，柱头头状或2裂或2片状。果为蒴果，少有浆果状。种子细小，有时具翅或有网状种皮，脐点侧生或在腹面，胚乳肉质或缺少，胚伸直或弯曲。

16属700种。我国产7属66种，湖北产3属11种，神农架产3属9种。

分属检索表

1. 能育雄蕊4枚，有1枚退化雄蕊位于花冠上唇中央·······························1. 玄参属Scrophularia
1. 能育雄蕊2、4或5枚，退化雄蕊如存在则为2枚且位于花冠前方。
　　2. 花冠辐状，几无花冠筒··2. 毛蕊花属Verbascum
　　2. 花冠有明显的花冠筒，裂片不明显··3. 醉鱼草属Buddleja

1. 玄参属Scrophularia Linnaeus

一年生或多年生草本。常有臭味。叶对生或上部的互生，常有透明的斑点；花排成圆锥花序式或密锥花序式的聚伞花序，绿紫色或黄色；萼片5枚，短，平坦，上面4枚直立，下面1枚广展；雄蕊4枚，2长2短，第5枚退化或缺，花药汇合成1室，横生于花丝顶部；花盘偏斜；子房2室，有胚珠多枚。

200种。我国产30种，湖北产4种，神农架产4种。

分种检索表

1. 叶边缘有细锯齿··1. 玄参S. ningpoensis
1. 叶边缘有重锯齿··2. 长梗玄参S. fargesii
　　2. 花冠上唇2裂；叶卵状长圆形··3. 鄂西玄参S. henryi
　　2. 花冠上唇微缺；叶卵形至圆形··4. 华北玄参S. moellendorffii

1. 玄参 | Scrophularia ningpoensis Hemsley　图154-1

多年生草本。支根数条，纺锤形或胡萝卜状膨大。茎四棱形，有浅槽，无翅或有极狭的翅，无毛或多少有白色卷毛，常分枝。叶在茎下部多对生，具柄，上部的有时互生而柄极短，叶片多变化，多为卵形，边缘具细锯齿。花序为疏散的大圆锥花序。蒴果卵圆形，连同短喙长8～9mm。花期6~10月，果期9~11月。

　　产于神农架松柏，生于海拔900~1500m的竹林、溪旁、丛林及高草丛中，各地也有栽培。根药用。

图154-1　玄参

2. 长梗玄参 ｜ Scrophularia fargesii Franchet

　　多年生草本。根多少肉质变粗，茎不明显四棱形，中空。叶全部对生，卵形至卵圆形，边缘具重锐锯齿。聚伞花序极疏，全部腋生或生于分枝顶端，有时因上部的叶变小而多少圆锥状，具花1~3朵；总梗及花梗均细长；花冠紫红色，花冠筒卵状球形。蒴果尖卵形。花期6~7月，果期8月。

　　产于神农架宋洛，生于海拔400~600m的山坡林缘。块茎入药。

3. 鄂西玄参 ｜ Scrophularia henryi Hemsley　　图154-2

　　多年生草本。茎下部节上具鳞片状叶，上部节上有分枝。叶片卵形至椭圆形，边缘具锯齿。花序顶生，穗状，由对生作轮状排列的聚伞花序组成；总花梗和花梗均极短；花冠黄绿色，花冠筒略呈球形。蒴果球状卵形。花期6~7月，果期7~8月。

　　产于神农架高海拔地区，生于山坡林下或草丛石缝中。根入药。

4. 华北玄参 ｜ Scrophularia moellendorffii Maximowicz　　图154-3

　　多年生草本。茎下部节上具鳞片状叶。叶片卵形至矩圆状卵形，少有矩圆状披针形，边缘常具粗锯齿，齿多少重出，很不规则。花序顶生，多为长穗状，由对生作轮状排列的聚伞花序组成；总花梗和花梗均极短而密生腺毛；花萼歪斜；花冠黄色，外面有微腺毛。蒴果卵圆形。花期6~7月，果期7～8月。

产于神农架高海拔地区，生于山坡林下或草丛石缝中。根入药。

图154-2　鄂西玄参

图154-3　华北玄参

2. 毛蕊花属Verbascum Linnaeus

草本。叶通常为单叶互生，基生叶常呈莲座状。花集成顶生穗状、总状或圆锥状花序；花萼5裂；花冠通常黄色，少紫色，具短花冠筒，5裂，裂片几相等，呈辐状；雄蕊5或4枚；子房2室，具中轴胎座。果为蒴果，室间开裂。种子多数，细小。

300种。我国产6种，湖北产1种，神农架亦产。

琴叶毛蕊花 │ Verbascum chinense (Linnaeus) Santapau

一年或二年生草本。基生叶具长柄，琴状全裂，下部的茎生叶似基生叶，上部的卵形、椭圆形至卵状三角形，仅具短柄至无柄。总状花序单出或有分枝而成圆锥状；主轴、苞片、花梗和花萼均有腺毛；花单生；花萼裂片椭圆状矩圆形；花冠黄色；雄蕊4枚，二强，花丝有绵毛。蒴果卵形，长于宿存花萼，有腺点。花果期3～8月。

产于神农架巫山，生于海拔300～600m的山坡林缘。

3. 醉鱼草属Buddleja Linnaeus

多为灌木或小乔木。植株通常被毛。枝条通常对生。单叶对生，羽状脉。花多朵组成各式无限花序；花4数；花萼钟状；花冠高脚碟状或钟状，花冠管圆筒形，花冠裂片辐射对称，在花蕾时为覆瓦状排列；雄蕊着生于花冠管内壁上，花丝极短，通常内藏；子房2室。蒴果或浆果。种子多枚，细小。

约100种。我国产20种，湖北产6种，神农架产4种。

17．药室叉开或平行；叶先端稍钝圆；花长不及3cm⋯⋯⋯⋯⋯⋯⋯⋯⋯⋯⋯
⋯⋯⋯⋯⋯⋯⋯⋯⋯⋯⋯⋯⋯⋯**10．活血丹属Glechoma**

17．药室平行；叶先端尖或短渐尖；花长3cm以上⋯⋯⋯⋯⋯⋯⋯⋯⋯⋯
⋯⋯⋯⋯⋯⋯⋯⋯⋯⋯⋯⋯⋯⋯**11．龙头草属Meehania**

15．花萼不在齿间角上具脉结形成的小瘤⋯⋯⋯⋯⋯**12．青兰属Dracocephalum**

13．后对雄蕊短于前对雄蕊。

18．花萼二唇形，喉部果期稍缢缩闭合⋯⋯⋯⋯⋯⋯⋯⋯**13．夏枯草属Prunella**

18．萼齿近等大，喉部果期张开。

19．花萼裂片三角形⋯⋯⋯⋯⋯⋯⋯⋯⋯⋯⋯⋯**14．铃子香属Chelonopsis**

19．花萼裂片披针形或锥状。

20．花冠上唇外凸或盔状，被密毛。

21．柱头裂片不等长，后裂片较前裂片短。

22．花萼具10齿⋯⋯⋯⋯⋯⋯⋯⋯⋯⋯**15．绣球防风属Leucas**

22．花萼具5齿⋯⋯⋯⋯⋯⋯⋯⋯⋯⋯**16．糙苏属Phlomis**

21．柱头裂片近等长或等长。

23．花冠下唇颚上有齿状凸起⋯⋯⋯⋯**17．鼬瓣花属Galeopsis**

23．花冠下唇颚上无齿状凸起。

24．小坚果稍三棱形，顶端不平截。

25．花萼5裂片相等或近相等。

26．花冠筒伸长，喉部膨大，萼齿不为刺状。

27．花冠下唇侧裂片半圆形，边缘常具1至
几枚尖齿⋯⋯⋯⋯**18．野芝麻属Lamium**

27．花冠下唇侧裂片近圆形，边缘无尖齿⋯
⋯⋯⋯⋯⋯**19．小野芝麻属Galeobdolon**

26．花冠筒稍伸出，喉部不膨大，萼齿先端针状·
⋯⋯⋯⋯⋯⋯⋯⋯⋯⋯**20．益母草属Leonurus**

25．花萼5裂片极不相等⋯⋯⋯**21．斜萼草属Loxocalyx**

24．小坚果卵球形，顶端钝圆。

28．花冠上唇盔状，长于下唇⋯**22．假糙苏属Paraphlomis**

28．花冠上唇短于下唇或等长⋯**23．水苏属Stachys**

20．花冠上唇短而扁平，无毛或略有毛⋯⋯**24．冠唇花属Microtoena**

12．雄蕊2枚，花药线形⋯⋯⋯⋯⋯⋯⋯⋯⋯⋯⋯⋯⋯**25．鼠尾草属Salvia**

11．花冠近辐射对称，裂片近相似，或稍分化。

29．后对雄蕊自花冠上唇2裂片间伸出⋯⋯⋯⋯⋯**26．异野芝麻属Heterolamium**

29．雄蕊及花特征不同上述。

30．雄蕊上升于花冠上唇之下，花冠二唇，花萼13脉。

31．花冠筒稍伸出，中部以下向后折出萼筒在中部下弯⋯**27．蜜蜂花属Melissa**

31．花冠筒直伸或稍弯，内藏或稍伸出⋯⋯⋯⋯⋯⋯**28．风轮菜属Clinopodium**

30．雄蕊直伸，凸出，花萼10～13（～15）脉。

  32．雄蕊4枚（地笋属除外），近等长，花丝直伸。

    33．花冠2/3式，上唇微凹或凹缺，花萼5齿相等，15脉⋯⋯⋯⋯⋯⋯⋯⋯⋯⋯⋯⋯⋯⋯⋯⋯⋯⋯⋯⋯⋯⋯⋯⋯⋯29．牛至属Origanum

    33．花冠近辐射对称，冠檐4裂，花萼10～13脉。

      34．能育雄蕊4枚，近等大；小坚果顶端圆⋯⋯⋯⋯⋯⋯30．薄荷属Mentha

      34．能育雄蕊2（前对），后对为棒状退化雄蕊或缺⋯⋯⋯⋯⋯⋯⋯⋯⋯⋯⋯⋯⋯⋯⋯⋯⋯⋯⋯⋯⋯⋯⋯⋯31．地笋属Lycopus

  32．雄蕊2枚或2长2短，直伸，花萼10脉，花冠二唇或近辐射对称。

    35．能育雄蕊4枚，花丝直伸，花冠筒短，5裂⋯⋯⋯⋯⋯32．紫苏属Perilla

    35．能育雄蕊2枚（后对），前对为线形退化雄蕊，花冠近二唇⋯⋯⋯⋯⋯⋯⋯⋯⋯⋯⋯⋯⋯⋯⋯⋯⋯⋯⋯33．石荠苎属Mosla

  10．花药球形，药室叉开，顶端汇合为一室，花粉散后则平展，花冠筒内藏。

    36．萼齿近相等，果时增大成二唇⋯⋯⋯⋯⋯⋯34．筒冠花属Siphocranion

    36．花萼5齿相等或近相等，果时不成二唇形。

      37．花冠4裂⋯⋯⋯⋯⋯⋯⋯⋯⋯⋯⋯⋯⋯35．香薷属Elsholtzia

      37．花冠5裂⋯⋯⋯⋯⋯⋯⋯⋯⋯⋯⋯⋯⋯36．香简草属Keiskea

  8．雄蕊下倾，平卧于花冠下唇或内藏。

    38．花冠前（下）裂片内凹，匙形或舟形，不反折，基部窄。

      39．雄蕊花丝分裂⋯⋯⋯⋯⋯⋯⋯⋯⋯⋯⋯37．香茶菜属Isodon

      39．雄蕊花丝在基部合生成鞘⋯⋯⋯⋯⋯38．鞘蕊花属Coleus

    38．花冠前（下）裂片扁平或稍内凹，基部不窄⋯⋯⋯⋯⋯39．罗勒属Ocimum

1．茎圆柱形，稀为四棱形；子房不裂。

  40．草本；茎四棱形⋯⋯⋯⋯⋯⋯⋯⋯⋯⋯⋯⋯⋯40．四棱草属Schnabelia

  40．木本，稀为草本；茎上无棱

    41．果常4～5深裂；花萼绿色，5～6齿裂⋯⋯⋯⋯⋯41．莸属Caryopteris

    41．果不深裂，如4深裂，则宿萼常有艳色。

      42．花萼果时增大，常有艳色⋯⋯⋯⋯⋯42．大青属Clerodendrum

      42．花萼果时不增大或稍增大，常绿色。

        43．花辐射对称；植株被星状毛；果红色、白色或紫色⋯⋯43．紫珠属Callicarpa

        43．花两侧对称；植株常被单毛；果黑色。

          44．叶常掌状分裂，稀单叶⋯⋯⋯⋯⋯44．牡荆属Vitex

          44．叶为单叶，不分裂⋯⋯⋯⋯⋯⋯45．豆腐柴属Premna

1. 掌叶石蚕属Rubiteucris Kudo

  多年生草本，具匍匐茎。叶卵状三角形或心形，掌状3裂或3小叶复叶，基部楔形或近心形。聚伞圆锥花序顶生；苞片钻状披针形；花萼钟形，具5主脉及3副脉，二唇形，上唇3齿，下唇2齿；花冠白色，冠檐二唇形，上唇直伸，2裂，下唇3裂。花期7～8月。

单种属，神农架有分布。

掌叶石蚕 | **Rubiteucris palmata** (Bentham ex J. D. Hooker) Kudô   图156-1

特征同属的描述。

产于神农架老君山、小神农架等高海拔山地，生于林下。全草入药。

图156-1   掌叶石蚕

2. 动蕊花属Kinostemon Kudo

多年生草本。叶具短柄。轮伞花序具2花；苞片披针形；花萼钟形，10脉，二唇形，上唇3齿，中齿大，具网脉，侧齿小，下唇2齿；花冠二唇形，2/3式，中裂片最大；雄蕊4枚，自花冠上唇伸出，直伸，前对较花冠筒长2倍；花丝丝状；药室稍叉开，顶端汇合；子房4浅裂，顶端平截。小坚果倒卵球形，4枚，背部微具网纹，合生面达果长1/2。

3种。全为我国特有，湖北产3种，神农架产3种。

分种检索表

1. 植物体无毛；花冠上唇2裂片斜三角状卵形······················1. 动蕊花K. ornatum
1. 植物体被平展长柔毛；花冠上唇2裂片扁圆形。
    2. 叶卵圆形或卵状披针形·······················2. 粉红动蕊花K. alborubrum
    2. 叶卵形或近圆形·······························3. 保康动蕊花K. veronicifolia

1. 动蕊花 | Kinostemon ornatum (Hemsley) Kudo 图156-2

多年生草本。茎四棱形，光滑无毛。叶片卵状披针形或长圆状线形，尾状渐尖，基部楔状下延，两面光滑无毛。花冠紫红色，外面疏被微柔毛及淡黄色腺点，花冠上唇2裂片斜三角状卵形。坚果。花期6～8月，果期8～11月。

产于神农架红坪、新华、阳日、宋洛等地，生于海拔400～1200m的山坡密林下。全草入药。

图156-2 动蕊花

2. 粉红动蕊花 | Kinostemon alborubrum (Hemsley) C. Y. Wu et S. Chow 图156-3

多年生草本。具匍匐茎。茎基部近圆柱形，上部四棱形，密被平展白色长柔毛。叶片卵圆形或卵状披针形，上面被疏柔毛，下面脉上密生长柔毛，余部为疏柔毛。花冠粉红色，外被白色绵状长柔毛及淡黄色腺点，花冠上唇2裂片扁圆形。花期7月。

产于神农架新华、阳日，生于海拔400～1200m的山坡草丛中或林下。

图156-3 粉红动蕊花

3. 保康动蕊花 ｜ **Kinostemon veronicifolia** H. W. Li 图156-4

多年生草本。茎直立,多分支,具条纹,被密集棕黄色短柔毛。叶片卵形至近圆形,侧脉2或3对,基部圆形,边缘具2～5枚粗锯齿,先端急尖。圆锥花序顶生;花轴被白色短柔毛;苞片卵形至披针形;花萼钟状,外面被短柔毛,喉部具毛环;花冠紫红色,外面被白色短柔毛,内部有环状长毛。花期9月。

产于神农架红坪、阳日,生于海拔400～1200m的山坡草丛中或林下。

图156-4　保康动蕊花

3. 香科科属**Teucrium** Linnaeus

多年生草本。单叶,具羽状脉。轮伞花序具2～3花;花萼10脉,萼筒基部前面膨胀,萼檐具5齿或二唇形,3/2式;花冠单唇,冠檐具5裂片,两侧裂片短小;雄蕊4枚,前对稍长,花丝长不及冠筒2倍,花后多弓曲,花药药室极叉开;子房球形,花柱与花丝等长或稍长,柱头2浅裂。小坚果倒卵状球形,无毛,合生面约为果长的1/2。

约260种。我国产18种,湖北产6种,神农架产4种。

分种检索表

1. 花萼二唇形,雄蕊较花冠筒长1倍以上;小坚果具网纹…………1. 二齿香科科T. bidentatum
1. 花萼二唇形不明显或明显,雄蕊稍露出至伸出部分与花冠筒等长;小坚果无网纹。
　　2. 假穗状花序由密集轮伞花序组成生茎及短枝上部,宛如圆锥花序…… 2. 血见愁T. viscidum
　　2. 假穗状花序不构成圆锥花序状。
　　　　3. 茎无毛,稀近节处疏被长柔毛……………………………………3. 穗花香科科T. japonicum
　　　　3. 茎被白色或淡黄色长达3mm的长柔毛……………………………4. 长毛香科科T. pilosum

1. 二齿香科科 | Teucrium bidentatum Hemsley 图156-5

多年生草木。基部近圆柱形，上部四棱形，具微柔毛。叶片卵圆形至披针形，侧脉4～6对，先端渐尖或尾状渐尖，基部楔形或阔楔形；叶柄被微柔毛。花冠白色，花萼二唇形；雄蕊较花冠筒长1倍以上。小坚果卵圆形，具网纹，黄棕色。

产于神农架低海拔地区，生于海拔200～600m的山地林下。根入药。

2. 血见愁 | Teucrium viscidum Blume

分变种检索表

1. 花萼具腺毛·····································**2a.** 血见愁T. viscidum var. viscidum
1. 花萼无腺毛·····································**2b.** 微毛血见愁T. viscidum var. nepetoides

2a. 血见愁（原变种）Teucrium viscidum var. viscidum 图156-6

多年生草本。茎下部无毛或近无毛，上部被腺毛及柔毛。叶卵形或卵状长圆形，具重圆齿，两面近无毛或疏被柔毛。轮伞花序具2花，密集成穗状花序；苞片披针形；花梗密被腺状长柔毛；花萼钟形，上唇3齿，下唇2齿；花冠白色、淡红色或淡紫色，中裂片圆形，侧裂片卵状三角形。小坚果扁球形。花期7～9月。

产于神农架低海拔地区，生于山地林下。全草入药。

图156-5 二齿香科科

图156-6 血见愁

2b. 微毛血见愁（变种）Teucrium viscidum var. nepetoides (H. Léveillé) C. Y. Wu et S. Chow 图156-7

多年生草本。具匍匐茎。茎下部无毛或几近无毛，上部具短腺毛或无毛。叶柄无毛，叶片圆形至卵圆状长圆形，两面近无毛，或被极稀的微柔毛。花冠白色，淡红色或淡紫色；花及苞片均较大；花萼密被灰白色微柔毛。小坚果扁球形，黄棕色。

产于神农架低海拔地区，生于山地林下。全草入药。

3. 穗花香科科 | Teucrium japonicum Willdenow 图156-8

多年生草本，具匍匐茎。茎四棱形，平滑无毛。叶片卵圆状长圆形至卵圆状披针形，基部心形至平截。花萼钟形，萼齿5枚，上3齿正三角形，下2齿锐三角形，与上3齿等长；花冠白色或淡红色。小坚果倒卵形，栗棕色，疏被白色波状毛。花期7~9月。

产于神农架松柏黄连架，生于海拔900~1200m的山地林下阴湿处。全草入药。

图156-7　微毛血见愁

图156-8　穗花香科科

4. 长毛香科科 | Teucrium pilosum (Pampanini) C. Y. Wu et S. Chow 图156-9

多年生草本，具匍匐茎。植株粗壮，被稠密的淡黄色长柔毛。叶大，长圆形。假穗状花序极短，花冠淡红色。花期7~8月。

产于神农架大九湖，生于海拔400~2500m的荒地中或山坡林缘。全草入药。

4. 筋骨草属Ajuga Linnaeus

多年生草本。单叶。轮伞花序具2至多花，组成穗状花序。花近无梗；花萼具10脉，5副脉有时不明显；萼齿5枚，近整齐；花冠常宿存，冠筒内具毛环，稀无，冠檐二唇形；雄蕊4枚，二强，前对较长，常自上唇间伸出，花药2室，横裂汇合为1室；柱头2浅裂，裂片钻形，花盘小。

约40~50种。我国产18种，湖北产4种，神农架均产。

图156-9　长毛香科科

1. 苞叶与茎叶异形，苞叶紫色。
    2. 花较小，花冠筒在毛环上方稍膨大，浅囊状或曲膝状。
        3. 植株花时常无基生叶··1. 紫背金盘A. nipponensis
        3. 植株花时具基生叶··2. 金疮小草A. decumbens
    2. 花冠筒直伸或微弯，不为囊状或曲膝状·······················3. 筋骨草A. ciliata
1. 苞叶与茎叶同形同色··4. 线叶筋骨草A. linearifolia

1. 紫背金盘 | Ajuga nipponensis Makino　　图156-10

多年生草本。茎基部常带紫色。叶片纸质，先端钝，基部楔形下延，具缘毛，两面被毛，侧脉4～5对。轮伞花序多花。小坚果卵状三棱形，具网状皱纹。花期12月至翌年3月，果期1～5月。

产于神农架低海拔地区，生于田边、林内及向阳坡地。全草入药。

2. 金疮小草 | Ajuga decumbens Thunberg　　图156-11

多年生草本。具匍匐茎。叶片薄纸质，基部渐狭，下延，具缘毛，两面被毛，尤以脉上为密，侧脉4～5对，斜上升，与中脉在上面微隆起，在下面十分凸起。轮伞花序多花。小坚果倒卵状三棱形，背部具网状皱纹。花期3～7月，果期5～11月。

产于神农架低海拔地区，生于田边、路旁及湿润的草坡上。全草入药。

图156-10　紫背金盘

图156-11　金疮小草

3. 筋骨草 | **Ajuga ciliata** Bunga

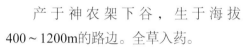

分变种检索表

1. 叶被灰白色疏柔毛··3a. 筋骨草A. ciliata var. ciliata
1. 叶无毛或近无毛··3b. 微毛筋骨草A. ciliata var. glabrescens

3a. 筋骨草（原变种）**Ajuga ciliata** var. **ciliata** 图156-12

多年生草本。叶卵状椭圆形或窄椭圆形，基部抱茎，叶被灰白色柔毛。轮伞花序组成穗状花序；苞叶卵形，紫红色，全缘或稍具缺刻；花萼漏斗状钟形，萼齿被长柔毛及缘毛，长三角形或窄三角形；花冠紫色，具蓝色条纹，冠筒被柔毛，内面被微柔毛，基部具毛环，上唇先端圆，微缺，下唇中裂片倒心形，侧裂片线状长圆形。花期4~8月，果期7~9月。

产于神农架下谷，生于海拔400~1200m的路边。全草入药。

图156-12　筋骨草

3b. 微毛筋骨草（变种）**Ajuga ciliata** var. **glabrescens** Hemsley 图156-13

多年生草本。叶柄绿黄色或紫红色，被毛；叶薄，阔椭圆形或椭圆状卵形。花白色至红色；花萼被疏微柔毛或几无毛。小坚果长圆状或卵状三棱形，背部具网状皱纹。花期4~8月，果期7~9月。

产于神农架阳日，生于山坡草丛中及林下。全草入药。

图156-13　微毛筋骨草

唇形科 | Lamiaceae

135

4. 线叶筋骨草 | **Ajuga linearifolia** Pampanini　图156-14

　　多年生草本。全株被白色具腺长柔毛或绵毛。根部肥大，木质化。茎四棱形，淡紫红色。叶柄极短，具狭翅及糟，叶片线状披针形或线形，基部渐狭，下延，抱茎。轮伞花序；苞叶与茎叶同形，无柄；花萼萼齿5枚，狭三角形或线状狭披针形，密具长柔毛状缘毛；花冠白色或淡紫色。小坚果倒卵状或长倒卵状三棱形。花期4～5月，果期5月以后。

　　产于神农架高海拔地区，生于山坡林缘。全草入药。

图156-14　线叶筋骨草

5. 水棘针属 Amethystea Linnaeus

　　一年生草本。叶三角形或近卵形，3深裂，裂片窄卵形或披针形，稀不裂或5裂，具粗锯齿或重锯齿。聚伞花序具长梗，组成圆锥花序；苞片与茎叶同形，小苞片线形；花萼钟形，具10脉，5脉明显，具5齿；花冠蓝色或紫蓝色，上唇2裂，下唇3裂，中裂片近圆形。小坚果倒卵球状三棱形。花期8～9月，果期9～10月。

　　单种属，神农架有分布。

水棘针 | **Amethystea caerulea** Linnaeus　图156-15

　　特征同属的描述。
　　产于神农架低海拔地区，生于田野中。全草入药。

图156-15　水棘针

6. 黄芩属 Scutellaria Linnaeus

草本或亚灌木。花腋生。花萼短筒形,背腹扁,二唇,唇片全缘,果时闭合沿缝线开裂达基部,上唇早落,下唇片宿存;花冠二唇,冠筒伸出,喉部宽大,内无明显毛环,上唇盔状,下唇3裂,中裂片宽扁,2侧裂片和上唇稍靠合;雄蕊4枚,二强,前对长,花药成对靠近,后对花药2室,药隔稍尖,前对花药败育为1室;子房具柄,柱头不等2浅裂。

约350种。我国产98种,湖北产9种,神农架均产。

分种检索表

```
1. 总状或穗状花序顶生,多具小苞叶。
    2. 茎叶明显具柄;苞片与茎生叶极不同。
        3. 高大的蔓性草本 ·········································· 5. 莸状黄芩S. caryopteroides
        3. 矮小的直立草本。
            4. 叶基部心形 ·········································· 1. 韩信草S. indica
            4. 叶基部截形至圆形 ············· 7. 紫茎京黄芩S. pekinensis var. purpureicaulis
    2. 茎叶无柄或具短柄;苞片与茎生叶相似 ················· 8. 黄芩S. baicalensis
1. 单花或总状花序腋生,如为顶生花序,其花多具苞叶,苞叶与茎叶同形,并渐呈苞片状。
    5. 总状花序腋生。
        6. 花枝十分伸长,花生于叶腋内 ····················· 9. 湖南黄芩S. hunanensis
        6. 花枝缩短,仅上部具花。
            7. 叶缘全部具圆齿或重锯齿 ·········· 6. 锯叶峨眉黄芩S. omeiensis var. serratifolia
            7. 叶全缘或仅下部具3~4枚粗齿 ················· 4. 岩藿香S. franchetiana
    5. 单花腋生。
        8. 叶卵状椭圆形至条状披针形,锯齿发达 ··········· 3. 半枝莲S. barbata
        8. 叶长三角形,仅具1~2锯齿 ····················· 2. 黄芩属一种S. sp.
```

1. 韩信草 | Scutellaria indica Linnaeus

分变种检索表

```
1. 叶两面被微柔毛 ·········································· 1a. 韩信草S. indica var. indica
1. 叶两面密被白色柔毛 ····································· 1b. 长毛韩信草S. indica var. elliptica
```

1a. 韩信草(原变种)Scutellaria indica var. indica 图156-16

多年生草本。茎四棱形,暗紫色,被微柔毛。叶草质至近坚纸质,心状卵圆形或圆状卵圆形至椭圆形,先端钝或圆,基部圆形、浅心形至心形。总状花序,对生;花冠蓝紫色。成熟小坚果栗色或暗褐色,卵形。花果期2~6月。

产于神农架低海拔地区，生于山地疏林下、路旁空地及草地上。全草入药。

1b. 长毛韩信草（变种）Scutellaria indica var. **elliptica** Sun ex C. H. Hu 图156-17

多年生草本。与原变种的主要区别：全株被白色具节柔毛。

产于神农架低海拔地区，生于山坡林缘。全草入药。

图156-16 韩信草

图156-17 长毛韩信草

2. 黄芩属一种 | Scutellaria sp. 图156-18

多年生草本。茎直立，四方形，无毛，地面具多条细长丝状、白色的匍匐枝。叶小，长三角形，边缘有浅的圆钝锯齿，叶柄极短，上部茎叶过渡为苞叶。花单生于叶腋；花冠白色，具细柔毛，基部膝曲；花萼钟形，在果时闭合最终沿缝合线开裂达萼基部成为不等大2裂片，上裂片脱落而下裂片宿存，上裂片在背上有一圆形、内凹、鳞片状的盾片。

产于神农架九湖，生于海拔2400m的湖边湿润的草丛中。

图156-18 黄芩属一种

3. 半枝莲 | Scutellaria barbata D. Don 图156-19

多年生草本。茎四棱形，具匍匐根。叶对生，茎下部有短柄，上部无柄，卵状椭圆形至条状披针形，基部截形或圆形。轮伞花序；花冠紫蓝色，外密被柔毛。小坚果褐色，扁球形。花期5～6月，果期6～8月。

生于海拔200～500m的水田边、溪边或湿润草地上。全草入药。

4. 岩藿香 | Scutellaria franchetiana H. Léveillé 图156-20

多年生草本。根茎横行，密生须根，在节上生匍枝。茎锐四棱形，紫色。茎叶具柄，被微柔毛。叶片草质，卵圆形至卵圆状披针形，基部宽楔形、近截形至心形，侧脉2～3对，中脉在上面不明显而在下面多少显著。总状花序；花冠紫色；花萼散布腺点。小坚果黑色，卵球形。花期6～7月。

产于神农架新华、宋洛，生于海拔400～600m的山坡湿地上。全草入药。

图156-19 半枝莲

图156-20 岩藿香

5. 莸状黄芩 ｜ Scutellaria caryopteroides Handel-Mazzetti 图156-21

多年生草本。茎密被腺状柔毛。叶三角状卵形，先端尖，基部心形或近平截，具圆齿状重锯齿，两面密被微柔毛，下面脉上毛较密。总状花序；苞片和花梗密被腺状柔毛；花冠暗紫色，疏被腺状柔毛。花期6～7月，果期6～8月。

产于神农架新华、宋洛，生于海拔500～1000m的溪边湿地上。全草入药。

6. 锯叶峨眉黄芩（变种）｜
Scutellaria omeiensis var. serratifolia C. Y. Wu et S. Chow 图156-22

多年生草本。茎锐四棱形，棱上微具翅，常呈紫色。叶片卵圆形，先端短渐尖至尾状渐尖，基部平截而下延，边缘具圆齿。花序总状，顶生

图156-21 莸状黄芩

或腋生；苞片卵圆形，由茎叶逐渐过渡而成；花萼盾片极发达，呈倒卵形；花冠黄色至紫红色，外被短柔毛，冠筒基部前方稍膝曲状膨大。花期6～7月，果期7～8月。

产于神农架木鱼，生于海拔500～1000m的山谷溪边。全草入药。

7. 紫茎京黄芩（变种） ｜ Scutellaria pekinensis var. purpureicaulis (Migo) C. Y. Wu et H. W. Li 图156-23

一年生草本。茎直立，四棱形，密被短柔毛，常带紫色。叶卵圆形或三角状卵圆形，两面疏被

具节柔毛。花排列成顶生的总状花序，花梗与序轴密被柔毛，苞片除花序上最下1对较大且叶状外余均细小，狭披针形，全缘；花萼果时增大，密被小柔毛；花冠蓝紫色，外被具腺小柔毛，内面无毛。成熟小坚果栗色，具瘤。花期6～8月，果期7～10月。

产于神农架新华、宋洛，生于海拔500～1200m的溪边湿地上。全草入药。

图156-22　锯叶峨眉黄芩

图156-23　紫茎京黄芩

8. 黄芩 ｜ Scutellaria baicalensis Georgi　图156-24

多年生草本。根茎肥厚，肉质。茎基部伏地，上升，钝四棱形，自基部多分枝。叶坚纸质，披针形至线状披针形，全缘。花序在茎及枝上顶生，总状，常再于茎顶聚成圆锥花序；苞片下部者似叶，上部者远较小，卵圆状披针形至披针形；花冠紫色、紫红色至蓝色，长2.3~3cm，外面密被具腺短柔毛，内面在囊状膨大处被短柔毛；冠筒近基部明显膝曲；雄蕊4枚，稍露出，前对较长，具半药，退化半药不明显，后对较短，具全药；花柱细长，先端锐尖，微裂。小坚果卵球形，黑褐色，具瘤，腹面近基部具果脐。花果期5~7月。

图156-24　黄芩

产于神农架新华，生于海拔600～1400的山坡林下潮湿地。

9. 湖南黄芩 ｜ Scutellaria hunanensis C. Y. Wu　图156-25

直立草本。茎四棱形，具四槽。叶具长柄，背腹扁平，密被上曲贴生短柔毛，叶片坚纸质，三角状卵圆形，先端钝，基部宽楔形、近截形至浅心形。果序总状，顶生于茎、侧枝及小枝上。花果期5～7月。

产于神农架阳日，生于海拔400～800m的山坡林下潮湿地。

7. 夏至草属Lagopsis (Bunge ex Bentham) Bunge

多年生草本。叶阔卵形、肾状圆形至心形，掌状浅裂或深裂。轮伞花序腋生。花小，白色、黄色至褐紫色；萼管形或管状钟形，齿5，其中2齿稍大，在果时尤为明显且展开；雄蕊4枚，前对较长，均内藏于花冠筒内，花丝短小，花药2室，叉开；花盘平顶。花柱内藏，先端2浅裂。小坚果卵圆状三棱形，光滑，或具鳞秕，或具细网纹。

4种。我国产3种，湖北产1种，神农架产1种。

夏至草 | Lagopsis supina (Stephan ex Willdenow) Ikonnikov-Galitzky ex Knorring 图156–26

多年生草本。叶圆形，先端圆，基部心形，3浅裂或深裂，裂片具圆齿或长圆状牙齿，基生裂片较大，上面疏被微柔毛，下面被腺点，沿脉被长柔毛，具缘毛。轮伞花序疏花；小苞片弯刺状；花萼密被微柔毛，萼齿三角形；花冠白色，稍伸出，被绵状长柔毛。小坚果褐色，被鳞片。花期3~4月，果期5~6月。

产于神农架松柏、阳日，生于海拔600~800m的路边或土边。全草入药。

图156-25 湖南黄芩　　　　图156-26 夏至草

8. 藿香属Agastache Clayton ex Gronovius

多年生草本。有香气。茎方形，略带红色，上部微被柔毛。叶对生，心状卵形或长圆状披针形，边缘有不整齐钝锯齿，下面有短柔毛和腺点。轮伞花序组成顶生的假穗状花序；苞片披针形；花萼筒状有缘毛和腺点；花冠淡紫色或红色，二唇形，下唇中部裂片有波状细齿；雄蕊4枚，二强，伸出花冠外。结小坚果。

9种。我国产1种，湖北产1种，神农架栽培1种。

藿香 | Agastache rugosa (Fischer et C. Meyer) Kuntze 图156–27

多年生草本。茎四棱形。叶心状卵形至长圆状披针形，基部心形，稀截形。轮伞花序多花；花冠淡紫蓝色。成熟小坚果卵状长圆形，褐色。花期6~9月，果期9~11月。

神农架广为栽培。全草入药。

图156-27　藿香

9. 荆芥属Nepeta Linnaeus

一年生或多年生草本，稀为亚灌木。叶有齿缺或分裂，上部叶有时全缘。花组成轮伞花序或聚伞花序；花萼管形，倒锥形，具15脉，齿5，等大或不等大；花冠筒内无毛环，冠檐二唇形，上唇2裂，下唇3裂，中裂片最宽大。小坚果长圆状卵形，光滑或具凸起。

250种。我国产41种，湖北产4种，神农架均产。

> **分种检索表**
>
> 1. 2对雄蕊不互相平行，后对雄蕊上升，前对雄蕊向前直伸。
>   2. 叶羽状深裂⋯⋯⋯⋯⋯⋯⋯⋯⋯⋯⋯⋯⋯⋯⋯⋯⋯⋯⋯⋯⋯**2. 多裂叶荆芥N. multifida**
>   2. 叶指状3裂⋯⋯⋯⋯⋯⋯⋯⋯⋯⋯⋯⋯⋯⋯⋯⋯⋯⋯⋯⋯⋯**3. 裂叶荆芥N. tenuifolia**
> 1. 2对雄蕊互相平行，皆向花冠上唇，下部弧状上升。
>   3. 叶卵形或三角状心形，先端钝，花白色⋯⋯⋯⋯⋯⋯⋯⋯⋯⋯**1. 荆芥N. cataria**
>   3. 叶三角状卵形，先端尾尖，花紫色⋯⋯⋯⋯⋯⋯⋯⋯⋯⋯⋯**4. 心叶荆芥N. fordii**

1. 荆芥 | Nepeta cataria Linnaeus　图156-28

多年生草本。茎基部木质化。叶卵状至三角状心脏形，边缘具粗圆齿或牙齿，侧脉3～4对，在上面微凹陷，在下面隆起。花序为聚伞状，再组成顶生圆锥花序；苞叶叶状，上部的变小而呈披针状；花萼花后增大成瓮状，纵肋十分清晰；花冠白色，下唇有紫点，外被白色柔毛，内面在喉部被短柔毛。小坚果卵形，灰褐色。花期7～9月，果期9～10月。

产于神农架红坪，见于屋前栽培。干燥茎叶和花穗入药。

2. 多裂叶荆芥 | Nepeta multifida Linnaeus 图156-29

多年生草本。叶卵形，羽状深裂、浅裂或近全缘，基部平截或心形，裂片线状披针形或卵形，全缘或疏生齿，下面被白色微硬毛及腺点，具缘毛。轮伞花序组成穗状花序；苞片卵形，深裂或全缘，淡紫色；花萼紫色，基部淡黄色，疏被短柔毛，萼齿三角形；花冠蓝紫色，被长柔毛，上唇2裂，下唇3裂。小坚果褐色，扁长圆形。花期7～9月，果期8～10月。

神农架阳日有栽培。地上部分入药。

图156-28　荆芥

图156-29　多裂叶荆芥

3. 裂叶荆芥 | Nepeta tenuifolia Bentham 图156-30

一年生草本。叶为指状三裂，先端锐尖，裂片披针形，全缘，草质。花序为多数轮伞花序组成的顶生穗状花序；花萼管状钟形。小坚果长圆状三棱形。

神农架阳日有栽培。全草及花穗入药。

4. 心叶荆芥 | Nepeta fordii Hemsley 图156-31

多年生草本。叶三角状卵形，先端急尖或尾状渐尖，基部心形，边缘有粗圆齿。聚伞花序二歧状分枝，下部的腋生，上部的组成松散圆锥花序；花萼瓶状，5齿近相等；花冠紫色，上唇2浅裂，下唇3裂；雄蕊4枚。小坚果卵状三棱形。花果期3～6月。

产于神农架各地，生于海拔300～1000m的山坡林缘及沟边潮湿地。

图156-30　裂叶荆芥

图156-31　心叶荆芥

10. 活血丹属 Glechoma Linnaeus

多年生草本。具匍匐茎。叶具长柄，基部心形。轮伞花序腋生，具2~6花。花萼近喉部微弯，15脉，3/2式；花冠管形，上部膨大，上唇直伸，下唇平展，3裂；雄蕊4枚，花丝无毛；雌花雄蕊不育，药室长圆形；子房无毛，花柱纤细，柱头2浅裂。小坚果深褐色，长圆状卵球形，无毛。

约8种。我国产5种，湖北产3种，神农架均产。

分种检索表

1. 叶卵状心形，边缘具粗齿；花冠筒细长，钟状。
  2. 花冠无毛，萼齿卵状三角形，先端细尖·····················1. 活血丹 G. longituba
  2. 花冠被毛，萼齿狭三角形，先端具长芒状细尖·············2. 白透骨消 G. biondiana
1. 叶肾状心形，边缘具圆齿；花冠筒上部膨大成漏斗状·········3. 大花活血丹 G. sinograndis

1. 活血丹 │ Glechoma longituba (Nakai) Kuprianova   图156–32

多年生草本。具匍匐茎，四棱形，基部淡紫红色，几无毛，幼嫩部分被疏长柔毛。叶草质，基部心形，叶脉不明显，下面紫色，被疏柔毛或长硬毛，叶柄被长柔毛。轮伞花序通常2花，稀具4~6花；花冠淡蓝色至紫色。成熟小坚果深褐色，长圆状卵形。花期4~5月，果期5~6月。

神农架广布，生于海拔300~800m的林缘、疏林下、草地中、溪边等阴湿处。地上部分入药。

2. 白透骨消 │ Glechoma biondiana (Diels) C. Y. Wu et C. Chen

分变种检索表

1. 花萼管状，微弯·····················2a. 白透骨消 G. biondiana var. biondiana
1. 花萼圆柱状，直·····················2b. 狭萼白透骨消 G. biondiana var. angustituba

2a. 白透骨消（原变种）Glechoma biondiana var. biondiana   图156–33

多年生草本。植株高大，通常高在30cm以上，全体被稀疏的长柔毛，具较长的匍匐茎。叶草质，心脏形，基部心形，下面紫色，被长柔毛。聚伞花序，通常9花，稀为6花；花冠粉红至淡紫色；花萼管状，微弯，口部比基部稍宽。成熟小坚果长圆形，深褐色。花期4~5月，果期5~6月。

神农架广布，生于海拔700~2000m的林缘、溪边等阴湿处。地上部分入药。

图156-32　活血丹　　　　　　　　　　　图156-33　白透骨消

2b. 狭萼白透骨消（变种）Glechoma biondiana var. **angustituba** C. Y. Wu et C. Chen
图156-34

多年生草本。与原变种的主要区别：花萼狭，圆柱形，口部与基部等宽。

神农架广布，生于海拔700～2200m的林缘、溪边等阴湿处。地上部分入药。

3. 大花活血丹 │ Glechoma sinograndis C. Y. Wu　　图156-35

多年生草本。全株被具节蜷曲长柔毛。叶片心状肾形，先端近圆形或钝，基部心形，边缘具圆齿，上面被短硬毛，下面被微柔毛。轮伞花序2～4花；萼齿5枚，上唇3齿略长，下唇2齿较短，先端芒状，具缘毛；花冠粉红色或淡蓝柔毛，上唇顶端深凹，下唇3裂，中裂片近圆形，先端凹入，边缘微波状。小坚果长圆状卵形，深褐色。花期4～5月，果期5～6月。

产于神农架坪阡大界岭，生于海拔1500m的山沟阴湿地。地上部分入药。

图156-34　狭萼白透骨消　　　　　　　　图156-35　大花活血丹

11. 龙头草属Meehania Britton

多年生草本。具匍匐茎，茎节被毛。轮伞花序具少花，组成总状花序，稀单花腋生；苞片披针形，小苞片2枚，钻形或刚毛状；花萼钟形或管状钟形，被毛，15脉，二唇形，萼齿卵状三角形或披针形，3/2式；花冠淡紫色或紫色，内面无毛环，冠檐二唇形，上唇先端微缺或2裂，下唇3裂，中裂片较大。小坚果长圆形或长圆状卵球形，被毛。

约7种。我国产5种，湖北产3种，神农架均产。

分种检索表

1. 叶卵形或卵状椭圆形，基部近楔形或稍心形····················1. 肉叶龙头草M. faberi
1. 叶心形或卵形，基部心形。
　　2. 轮伞花序组成总状花序，花萼窄，管形····················2. 龙头草M. henryi
　　2. 花成对近顶部腋生，花萼钟形或近管形····················3. 华西龙头草M. fargesii

1. 肉叶龙头草 │ Meehania faberi (Hemsley) C. Y. Wu　图156-36

多年生草本。叶通常仅有2～3对，有时几无柄，幼嫩时密被短柔毛，叶片近肉质，卵形或卵状椭圆形。花成对组成顶生稀腋生的假总状花序；花冠紫色或粉红色。花期7～9月，果期9月以后。

产于神农架高海拔地区，生于混交林内。叶、根入药。

图156-36　肉叶龙头草

2. 龙头草 │ Meehania henryi (Hemsley) Sun ex C. Y. Wu　图156-37

多年生草本。茎四棱形。叶具长柄，向上渐变短或几无柄，叶基部心形。聚伞花序组成假总状花序，花冠淡红紫色或淡紫色。小坚果圆状长圆形，平滑，密被短柔毛。花期9月。

产于神农架新华马鹿场，生于海拔500～1200m的沟谷林下。叶、根入药。

3. 华西龙头草 | Meehania fargesii (H. Léveillé) C. Y. Wu

3a. 梗花华西龙头草（变种）Meehania fargesii var. pedunculata (Hemsley) C. Y. Wu 图156-38

多年生草本。茎较高大而粗壮。叶具柄，向顶端渐变短，有时几无柄，叶片纸质，基部心形，上面被疏糙伏毛，下面被疏柔毛。花在3枚以上，聚伞花序形成轮伞花序或假总状花序；花冠淡红色至紫红色，外被极疏的短柔毛。花期4～6月，果期6月以后。

产于神农架高海拔地区，生于混交林内。根及叶入药。

图156-37　龙头草

图156-38　梗花华西龙头草

3b. 走茎华西龙头草（变种）Meehania fargesii var. radicans (Vaniot) C. Y. Wu 图156-39

多年生草本。茎较粗壮而长，常超过30cm，具匍匐茎。叶具柄，向顶端渐变短，有时几无柄，叶片纸质，长圆状卵形，基部心形，上面被疏糙伏毛，下面被疏柔毛。花2朵，腋生；花冠淡红色至紫红色，外被极疏的短柔毛。坚果未见。花期4～6月，果期6月以后。

产于神农架高海拔地区，生于混交林内。全草入药。

12. 青兰属Dracocephalum Linnaeus

多年生草本，稀一年生。具木质根茎。茎直立，稀铺地四棱形。叶对生，基出叶心状卵形或长圆形，或为披针形。轮伞花序密集成头状或穗状或稀疏排列；花冠筒下部细，在喉部变宽；雄蕊4

枚，后对较前对长，通常与花冠等长或稍伸出，花药无毛，稀被毛，2室，近于180°叉状分开；子房4裂，花柱细长，先端相等的2裂。小坚果长圆形。

70种。我国产35种，湖北产1种，神农架产1种。

毛建草 │ **Dracocephalum rupestre** Hance 图156-40

多年生草本。具多数基出叶，花后宿存，叶片三角状卵形，先端钝，基部常为深心形或为浅心形，茎中部叶具明显的叶柄，叶片似基出叶，花序处之叶变小，具鞘状短柄或几无柄。轮伞花序密集，通常成头状；苞片大者倒卵形，每侧具刺状小齿，小者倒披针形，常带紫色；花冠紫蓝色。花期7～9月。

产于神农架神农谷一带，生于海拔2800m的山坡岩石石缝中。全草入药。

图156-39　走茎华西龙头草

图156-40　毛建草

13. 夏枯草属Prunella Linnaeus

多年生草本。轮伞花序6花，多数聚集成卵状或卵圆状穗状花序，其下承以宽大、膜质、具脉的苞片；花萼管状钟形，二唇形，果时花萼缢缩闭合；花冠筒内面近基部有短毛及鳞片的毛环，冠檐二唇形，上唇直立，盔状，下唇3裂，中裂片较大，内凹，具齿状小裂片，侧裂片反折下垂。小坚果圆形、卵形至长圆形，光滑或具瘤。

7种。我国产4种，湖北产1种，神农架亦产。

夏枯草 │ **Prunella vulgaris** Linnaeus

分变种检索表

1. 叶卵状长圆形或卵圆形，边缘具波状齿 ·················· **1a.** 夏枯草P. vulgaris var. **vulgaris**
1. 叶披针形至长圆状披针形，边缘全缘 ·················· **1b.** 狭叶夏枯草P. vulgaris var. **lanceolata**

1a.　夏枯草（原变种）Prunella vulgaris var. vulgaris　图156-41

多年生草本。根茎匍匐。茎钝四棱形，紫红色。叶草质，侧脉3～4对。轮伞花序密集组成顶生长2～4cm的穗状花序；花冠紫色、蓝紫色或红紫色。小坚果黄褐色，长圆状卵珠形。花期4～6月，果期7～10月。

神农架广布，生于荒坡、草地、溪边及路旁等湿润地上。果穗入药。

1b.　狭叶夏枯草（变种）Prunella vulgaris var. lanceolata (W. P. G. Barton) Fernald　图156-42

多年生草本。与原变种的主要区别在于：叶披针形至长圆状披针形，全缘，无毛或近无毛。生于荒坡、草地、溪边及路旁等湿润地上。带花果穗入药。

 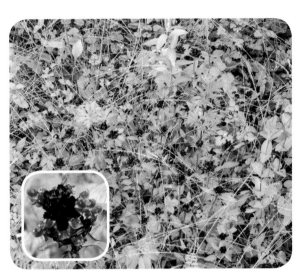

图156-41　夏枯草　　　　　　　　　　　图156-42　狭叶夏枯草

14.　铃子香属Chelonopsis Miquel

多年生草本或半灌木至灌木。花叶与茎叶同形。轮伞花序腋生；花大，美丽，白色、黄色至紫红色；花萼膜质，钟形，花后膨大；花冠筒近基部向前方膨大，长伸出，冠檐二唇形，上唇短小，直立，全缘或微凹，下唇较长，近开展，3裂；中裂片最大，先端微凹或边缘波状至牙齿状；雄蕊4枚，前对较长；花柱先端2浅裂。小坚果顶端具斜向伸长的翅。

16种。我国产13种，湖北产1种，神农架亦产。

小叶铃子香 | Chelonopsis giraldii Diels　图156-43

落叶灌木。茎近圆柱形，具条纹，密被微柔毛，多分枝，枝条纤细，多叶。叶小，卵圆形或卵圆状三角形，叶柄纤细，近圆柱形。聚伞花序腋生；小苞片线状披针形；花萼钟形；花柱丝状，无毛，伸出花药外，先端2浅裂；花紫红色；花盘斜向。小坚果黑褐色，具条纹。花期10月。

产于神农架新华庙儿观村，生于海拔600～800m的山坡石坎边。根入药。

15.　绣球防风属Leucas R. Brown

草本或半灌木。叶全缘或具齿。轮伞花序少花至多花，疏离，等大，或于枝条顶端紧缩而变小；花萼管状或倒圆锥状，具10条脉纹；花冠通常白色，冠筒不超出萼外，冠檐二唇形，上唇直伸，盔状，全缘或偶有微凹，外密被长柔毛，下唇长于上唇，3裂，中裂片最大。小坚果卵珠形，三棱状。

100种。我国产8种，湖北产1种，神农架产1种。

疏毛白绒草 | Leucas mollissima var. chinensis Bentham　图156-44

多年生草本。叶卵圆形，边缘有圆齿状锯齿，上面绿色，具皱纹，密被柔毛状绒毛，下面淡绿色，毛较疏；叶柄短，枝条上部叶常常近于无柄。轮伞花序腋生，球状，多花密集；花萼管状，外面密被柔毛；萼筒极短；花冠白、淡黄色至粉红色，密被白色长柔毛，内面无毛。花果期5～10月。

产于神农架木鱼至兴山一带，生于海拔200～600m的干旱河谷中。全草入药。

图156-43　小叶铃子香　　　　　　　　　　　图156-44　疏毛白绒草

16. 糙苏属Phlomis Linnaeus

多年生草本。轮伞花序腋生；苞叶与茎叶相似；花无梗；花萼喉部不偏斜，脉5（10～11），凸起，萼齿5，等长，齿间弯缺具三角形齿；花冠二唇形，内面常具毛环，下唇3裂，中裂片较侧裂片宽；雄蕊二强，前对较长，后对花丝基部常具附属物，花药成对靠近，药室2，极叉开，后先端汇合；柱头裂片钻形。小坚果卵状三棱形。

约100种。我国产43种，湖北产2种，神农架均产。

1. 糙苏 │ Phlomis umbrosa Turczaninow

1a. 糙苏（原变种）Phlomis umbrosa var. umbrosa 图156-45

多年生草本。茎多分枝，四棱形。叶近圆形、圆卵形至卵状长圆形，先端急尖，稀渐尖，基部浅心形或圆形。轮伞花序通常4~8花；花冠通常粉红色；花萼多密生星状毛，稀无毛。小坚果无毛。花期6~9月，果期9月。

产于神农架松柏黄连架，生于海拔700~900m的山坡疏林下。根及全草入药。

图156-45　糙苏

1b. 南方糙苏（变种）Phlomis umbrosa var. australis Hemsley 图156-46

多年生草本。本种苞片线状披针形，比萼筒稍短而不同于原变种。

产于神农架大九湖、宋洛，生于海拔700~1400m的山坡林下。根入药。

1c. 凹叶糙苏（变种）Phlomis umbrosa var. emarginata S. H. Fu et J. H. Zheng 图156-47

多年生草本。本种叶先端微凹至2裂而不同于原变种。

神农架广布，生于海拔200~2000m的山坡林下。

唇形科│Lamiaceae

151

图156-46　南方糙苏

图156-47　凹叶糙苏

2.　大花糙苏 ｜ Phlomis megalantha Diels　图156-48

多年生草本。根木质，由主根生出多数坚硬木质须根。茎疏被倒向短硬毛。茎生叶圆卵形或卵形至卵状长圆形，苞叶卵形至卵状披针形，较小，但超过花序。轮伞花序多花，苞片线状钻形；花萼管状钟形；花冠淡黄色、蜡黄色至白色。花期6～7月，果期8～11月。

产于神农谷一带，生于高海拔草坡上。全草入药。

17.　鼬瓣花属Galeopsis Linnaeus

一年生草本，茎直立或植株下部匍匐。叶卵状披针形或披针形。轮伞花序腋生；花白色、淡黄至紫色；花萼管状钟形；雄蕊4枚，前对较长，花药2室。小坚果宽倒卵珠形，近扁平，先端钝，光滑。

10种。我国产1种，湖北产1种，神农架亦产。

图156-48　大花糙苏

鼬瓣花 ｜ Galeopsis bifida Boenninghausen　图156-49

一年生草本。茎节被刚毛，节间被长刚毛及平伏短柔毛。茎生叶卵状披针形或披针形，先端尖或渐尖，基部楔形或宽楔形，具圆齿状锯齿，上面被平伏刚毛，下面疏被微柔毛及腺点。轮伞花序腋生，多花密集；苞片先端刺尖，边缘具刚毛；花萼被开展刚毛，萼齿长三角形，具长刺尖；花冠白色或黄色，有时淡紫红色。小坚果褐色，被鳞片。花期7～9月，果期9月。

神农架广布，生于海拔600～2000m的荒地中或林缘。全草入药。

18. 野芝麻属Lamium Linnaeus

草本。茎叶具圆齿或牙齿状锯齿。轮伞花序具4~14花；苞叶似茎叶，较轮伞花序长，苞片早落；花萼稍被毛，萼齿5枚，近等大，锥尖；花冠二唇形，较花萼长2倍，被毛，上唇直伸，长圆形，稍盔状，下唇3裂，中裂片倒心形，侧裂片半圆形；雄蕊4枚，被毛，药室2，叉开，被毛；子房裂片顶端平截；柱头近相等2浅裂。

约40种。我国产4种，湖北产2种，神农架产2种。

分种检索表

　　1. 花冠白色或浅黄色 ·· 1. 野芝麻L. barbatum
　　1. 花冠紫红色或粉红色 ··· 2. 宝盖草L. amplexicaule

1. 野芝麻 | Lamium barbatum Siebold et Zuccarini 图156-50

多年生草本。根茎有长地下匍匐枝。茎四棱形，中空，几无毛。茎下部的叶卵圆形或心脏形，基部心形，茎上部的叶卵圆状披针形，草质，两面均被短硬毛。轮伞花序4~14花；花冠白色或浅黄色，花药深紫色。小坚果倒卵圆形，淡褐色。花期4~6月，果期7~8月。

产于神农架松柏等地，生于海拔600~1400m的山坡溪旁。花及全草入药。

图156-49　鼬瓣花

图156-50　野芝麻

2. 宝盖草 | Lamium amplexicaule Linnaeus 图156-51

一年生或二年生草本。茎四棱形，几无毛，中空。茎下部叶具长柄，上部叶无柄，叶片均圆形或肾形，基部截形或截状阔楔形，两面均疏生小糙伏毛。轮伞花序6~10花；花冠紫红色或粉红色。小坚果倒卵圆形，淡灰黄色。花期3~5月，果期7~8月。

神农架广布，生于海拔600~800m的路旁、林缘及宅旁等地。全草入药。

19. 小野芝麻属 Galeobdolon Adanson

多年生草本，茎四棱形。叶卵圆形、卵圆状长圆形至阔披针形，下面被污黄色绒毛。轮伞花序；花冠粉红色，外面被白色长柔毛；雄蕊花丝扁平，无毛，花药紫色，无毛；花柱丝状，先端不相等的2浅裂；花盘杯状；子房无毛。小坚果三棱状倒卵圆形，长约2.1mm，直径0.9mm，顶端截形。花期3~5月，果期在6月以后。

6种。我国产5种，湖北产1种，神农架产1种。

小野芝麻 ｜ Galeobdolon chinensis (Bentham) C. Y. Wu 图156-52

一年生草本。茎四棱形，具槽，密被污黄色绒毛。叶卵圆形至阔披针形，基部阔楔形，草质。轮伞花序2~4花；花冠粉红色，外面被白色长柔毛。小坚果三棱状倒卵圆形。花期3~5月，果期在6月以后。

神农架广布，生于海拔400~800m的路边或疏林下。全草药用。

图156-51　宝盖草

图156-52　小野芝麻

20. 益母草属 Leonurus Linnaeus

一年生或二年生草本。茎钝四棱形。叶掌状3裂，裂片呈长圆状菱形至卵圆形，裂片上再分裂，有糙伏毛，花冠粉红色至淡紫红色。小坚果长圆状三棱形，基部楔形，淡褐色，光滑。花期通常在6~9月，果期9~10月。

20种。我国产12种，湖北产2种，神农架产2种。

分种检索表

1. 花冠长1cm以上，冠筒内具近水平向毛环 ·················· 1. 益母草 L. japonicus
1. 花冠长不及1cm，冠筒内无毛环，被微柔毛 ·················· 2. 假鬃尾草 L. chaituroides

1. 益母草 ｜ Leonurus japonicus Houttuyn　图156–53

一年生或二年生草本。茎钝四棱形。叶掌状3裂，裂片呈长圆状菱形至卵圆形，裂片上再分裂，有糙伏毛。花冠粉红色至淡紫红色。小坚果长圆状三棱形，基部楔形，淡褐色，光滑。花期通常在6～9月，果期9～10月。

神农架广布，生于海拔400～1500m的河边、旷野和林缘。全草入药。

2. 假鬃尾草 ｜ Leonurus chaituroides C. Y. Wu et H. W. Li　图156–54

一年生或二年生草本。根茎匍匐生长。茎钝四棱形。叶长圆形至卵圆形，基部楔形，草质，侧脉2～4对，叶柄短或近于无柄。轮伞花序腋生，具2～12花，组成长穗状花序。小坚果卵圆状三棱形，栗褐色。花期9月，果期10月。

产于神农架新华，生于海拔500～800m的河边、旷野和林缘。用途与益母草相近。

21. 斜萼草属 Loxocalyx Hemsley

多年生草本。茎通常多分枝。叶具长柄，具齿。轮伞花序；花冠玫瑰红色、紫色、深紫色至暗红色，外面被微柔毛，内面在冠筒近基部具柔毛环；雄蕊4枚，几等长，均延伸至上唇片之下；花柱丝状，先端相等2浅裂，短于上唇片或略伸出。小坚果卵珠状三棱形。

6种。我国产5种，湖北产1种，神农架产1种。

斜萼草 ｜ Loxocalyx urticifolius Hemsley　图156–55

多年生草本。叶宽卵形或心状卵形，先端长渐尖或尾尖，基部平截或心形，具粗大锯齿状牙齿，两面疏被细硬毛，下面被腺点。轮伞花序具（2～）6～12花；花萼具8脉，脉被细硬毛，萼齿5枚，长三角形或卵形，后3齿近等大，均具刺尖；花冠淡红色、紫色或深红色，下唇3裂，中裂片长圆形或倒心形，侧裂片近圆形。花期7～8月，果期9月。

图156–53　益母草

图156–54　假鬃尾草

产于神农架高海拔地区，以大界岭为多，生于山坡潮湿地。全草入药。

22. 假糙苏属Paraphlomis (Prain) Prain

草本或亚灌木，具根茎。轮伞花序腋生。花萼口部有时稍缢缩，脉5~10，萼齿5枚，宽三角形或钻形；花冠二唇形，冠筒内具毛环，上唇扁平，密被毛，下唇近水平开展，3裂，中裂片较大；雄蕊4枚，前对较长，花丝丝状，扁平，稍被毛，药室2；子房顶部平截，柱头2浅裂，裂片钻形。小坚果倒卵球形或三棱状长圆形。

24种。我国产23种，湖北产4种，神农架产3种。

图156-55　斜萼草

1. 狭叶假糙苏（变种）| Paraphlomis javanica var. angustifolia (C. Y. Wu) C. Y. Wu et H. W. Li　图156-56

多年生草本。茎钝四棱形。叶卵圆状披针形至狭长披针形，基部圆形或近楔形，侧脉5~6对，具极不显著的细圆齿。轮伞花序多花，轮廓为圆球形；花冠通常黄色或淡黄色或白色；萼齿尖明显针状，具细刚毛。小坚果倒卵珠状三棱形，黑色。花期6~8月，果期8~12月。

产于神农架新华至兴山一线，生于海拔400~800m的山坡密林下。

2. 白花假糙苏 | Paraphlomis albiflora (Hemsley) Handel-Mazzetti　图156-57

多年生草本。茎钝四棱形，基部带紫色。叶卵圆形，坚纸质，上面绿色，下面灰绿色，侧脉5~6对，两面均不显著，叶柄细弱。轮伞花序约由20花组成，轮廓近圆球形；花冠白色。小坚果三棱形，无毛。花期6月。

产于神农架新华、宋洛、红坪，生于海拔200~400m的石灰岩崖壁石缝中。

图156-56　狭叶假糙苏

图156-57　白花假糙苏

3. 纤细假糙苏 | Paraphlomis gracilis (Hemsley) Kudô 　图156-58

多年生草本。具匍匐枝。茎被倒向的糙伏毛。叶披针形，基部渐狭而延伸至微具狭翅的叶柄，边缘在基部以上有圆齿状锐齿，近薄纸质，侧脉4～5对，叶柄具狭翅，向叶基渐宽。轮伞花序通常具4～8花；花梗极短；花冠白色。花期6～7月。

产于神农架低海拔地区，生于海拔200～600m的河边草丛地。

图156-58　纤细假糙苏

23.　水苏属Stachys Linnaeus

草本，稀亚灌木或灌木。轮伞花序具2至多花，组成顶生穗状花序。花萼管状钟形，萼齿5枚；花冠筒圆柱形，内面具毛环，稀无，筒上部内弯，喉部不增大，冠檐二唇形，下唇较上唇长，3裂；雄蕊4枚，上升至上唇片之下，前对较长，常在喉部向两侧弯曲，药室2；柱头近相等2浅裂，裂片钻形。

300种。我国产18种，湖北产8种，神农架产7种。

1. 针筒菜 | **Stachys oblongifolia** Wallich ex Bentham 图156-59

多年生草本。茎锐四棱形，不分枝或少分枝。茎生叶长圆状披针形，基部浅心形，上面绿色，疏被微柔毛及长柔毛，下面灰绿色，近于无柄，密被长柔毛。轮伞花序通常6花；花冠粉红色或粉红紫色。小坚果卵珠状，褐色，光滑。

神农架广布，生于海拔400～1200m的荒地及湿地中。全草及根入药。

2. 甘露子 | **Stachys sieboldii** Miquel 图156-60

多年生草本。在茎基部数节上生有密集的须根及多数横走的根茎，白色，在节上有鳞状叶及须根，顶端有念珠状或螺狮形的肥大块茎。茎生叶卵圆形或长椭圆状卵圆形，基部平截至浅心形，有时宽楔形或近圆形，侧脉4～5对。轮伞花序通常6花；花冠粉红至紫红色。小坚果卵珠形，黑褐色，具小瘤。花期7～8月，果期9月。

产于神农架红坪板仓，生于海拔600～800m的房屋边坎石缝中。块茎及全草入药。

图156-59 针筒菜   图156-60 甘露子

3. 地蚕 | **Stachys geobombycis** C. Y. Wu 图156-61

多年生草本。根茎横走，肉质，肥大。茎叶长圆状卵圆形，基部浅心形或圆形，上面绿色，散布疏柔毛状刚毛。轮伞花序腋生，4～6花；花冠淡紫色至紫蓝色，亦有淡红色。花期4～5月。

产于神农架宋洛、新华，生于海拔800～1000m的荒地、田地及草丛湿地上。根茎入药。

4. 水苏 | **Stachys japonica** Miquel 图156-62

多年生草本。茎棱及节被细糙硬毛，余无毛。叶长圆状宽披针形，先端尖，基部圆或微心形，具圆齿状锯齿，两面无毛。轮伞花序具6～8花，组成顶生穗状花序；苞叶无柄，披针形，近全缘，小苞片刺状，无毛；花萼钟形，萼齿三角状披针形，刺尖，具缘毛；花冠粉红色或淡红紫色，下唇3裂，中裂片近圆形。花期5～7月，果期8～9月。

产于神农架松柏、宋洛，生于海拔400～1200m的土边潮湿地。全草入药。

图156-61　地蚕

图156-62　水苏

5. 毛水苏 │ **Stachys baicalensis** Fischer ex Bentham　图156-63

多年生草本。茎直立，单一，或在上部具分枝，四棱形，具槽，在棱及节上密被倒向至平展的刚毛，余部无毛。茎生叶长圆状线形；叶柄短。花萼钟形；花柱丝状，略超出雄蕊，先端相等2浅裂；花盘平顶，边缘波状。子房黑褐色，无毛。小坚果棕褐色，卵珠状，无毛。花期7月，果期8月。

产于神农架红坪、松柏、宋洛，生于海拔500~900m的土边潮湿处。

6. 狭齿水苏 │ **Stachys pseudophlomis** C. Y. Wu　图156-64

多年生草本。根茎肥大，在节上密生纤维状须根。茎劲直，上升，不分枝或多分枝，四棱形，具四槽，密被倒向疏柔毛。茎生叶卵圆状心形，先端渐尖，基部心形，边缘有规则的细圆齿状锯齿，膜质，上面密被绢质糙伏毛，下面沿中肋及侧脉上密被平展疏柔毛，余部密被糙伏毛，侧脉3~5对，在上面稍下陷，在下面显著。花盘杯状；子房褐色，无毛。花期7~8月。

产于神农架木鱼，生于海拔1200m的土边潮湿处。

图156-63　毛水苏

图156-64　狭齿水苏

7. 少毛甘露子 | Stachys adulterine Hemsley 图156-65

多年生草本。具块茎，几全部无毛，茎单一，明显四棱形。基生叶不见，叶片膜质，长圆状披针形，下部茎叶叶片较小，有时近圆形。花红色或白色；萼齿宽三角形，有稍钝的硬尖头；花冠上唇盔状，外面有长硬毛，包被雄蕊，下唇圆形，具波状边缘，3裂，侧裂片稍小；雄蕊几等长。小坚果近圆球形，无毛，腹面具棱。

产于神农架红坪，生于海拔1600~2000m的土边潮湿处。

图156-65 少毛甘露子

24. 冠唇花属Microtoena Prain

多年生或一年生草本。聚伞花序常呈二歧状，腋生，或组成顶生圆锥花序；花萼钟形，具不明显的10脉，齿5，近相等，或后齿较前齿长许多，果时花萼常呈囊状增大；花冠黄色，稀白色，上唇常为紫红色或褐色，冠筒明显伸出，直伸，基部狭，自中部以上扩展，内无毛环，冠檐二唇形，上唇直立，盔状，先端微缺或全缘。

24种。我国产20种，湖北产2种，神农架产2种。

> **分种检索表**
>
> 1. 花粉红色 ·· 1. 粗壮冠唇花M. robusta
> 1. 花黄色 ·· 2. 麻叶冠唇花M. urticifolia

1. 粗壮冠唇花 | Microtoena robusta Hemsley 图156-66

多年生草本。茎粗壮，中空。叶阔心状卵圆形或有时圆心形，先端渐尖，基部心形，边缘具粗圆齿，多为叶下面有疏微柔毛。花形成顶生及腋生的狭圆锥花序；花梗极短；花萼被疏柔毛，果时膨大，坚硬，5齿裂，齿略不等大，后一齿较大；花冠粉红色，被短柔毛，直立。小坚果大，黑褐色，无毛。

产于神农架新华马鹿场，生于海拔600~800m的山谷溪边。

图156-66 粗壮冠唇花

2. 麻叶冠唇花 | **Microtoena urticifolia** Hemsley   图156-67

多年生草本。叶卵圆形或心状卵圆形，先端长渐尖，基部心形、截形或有时为楔形，边缘具粗锯齿，两面被稀疏的小糙伏毛。花黄色，芳香，具短梗，被微柔毛，组成略松散的聚伞状圆锥花序；萼齿钻形，花时后面1齿较其余4齿长1倍，花萼于花后膨大，坚硬。小坚果褐色，光亮。

产于神农架红坪阴峪河，生于海拔600～800m的山谷溪边。

图156-67　麻叶冠唇花

25. 鼠尾草属Salvia Linnaeus

多年生或二年生草本。单叶或羽状复叶。轮伞花序2至多花，稀单花腋生；小苞片细小；花萼二唇形，上唇全缘，2～3齿，下唇2齿；花冠二唇形，下唇开展，3裂，中裂片宽大；能育雄蕊2枚，花丝短，药隔线形，具斧形关节与花丝相连，成"T"字形，退化雄蕊2枚；柱头2浅裂。小坚果卵球状三棱形或长圆状三棱形，无毛。

900（～1100）种。我国产84种，湖北产17种，神农架产18种。

分种检索表

1. 药隔稍弯呈半圆形或弧形，上臂较下臂长或相等，臂端花药均能育。
　　2. 二年生草本；叶三角状戟形或箭形 ·· **14. 黄鼠狼花S. tricuspis**
　　2. 多年生草本；叶非上述形状。
　　　　3. 花丝比药隔长 ···················· **2. 褐毛甘西鼠尾草S. przewalskii** var. **mandarinorum**
　　　　3. 花丝比药隔短或等长。
　　　　　　4. 花冠直伸，不弯曲 ·· **5. 鄂西鼠尾草S. maximowicziana**
　　　　　　4. 花冠不直伸，多少弯曲。
　　　　　　　　5. 花萼筒形或筒状钟形。
　　　　　　　　　　6. 叶下面绿色，花萼筒形 ·· **11. 犬形鼠尾草S. cynica**
　　　　　　　　　　6. 叶下面紫色，花萼筒状钟形 ··
　　　　　　　　　　 ·· **3. 宽苞峨眉鼠尾草S. omeiana** var. **grandibracteata**
　　　　　　　　5. 花萼钟形 ·· **12. 湖北鼠尾草S. hupehensis**
1. 药隔稍直伸，下臂花药不育。
　　7. 药隔下臂连生。
　　　　8. 二年生草本；植株多分枝；全为单叶 ·· **7. 荔枝草S. plebeia**
　　　　8. 多年生草本；植株不分枝或少分枝；单叶或奇数羽状复叶。

9．叶为三出或羽状复叶。

　　10．花冠筒内无长梗毛环，长管状，直伸，较花萼长2～3倍。

　　　　11．花萼内无毛环；植株近无毛或被柔毛·············8．长冠鼠尾草S. plectranthoides

　　　　11．花萼喉部内面被长硬毛环；植株密被平展白色绵毛

　　　　　　···9．南川鼠尾草S. nanchuanensis

　　10．花冠筒弯，内有完全或不完全的毛环。

　　　　12．花冠长不及1.5cm。

　　　　　　13．茎叶被白色长硬毛·······················13．红根草S. prionitis

　　　　　　13．茎叶无毛或被微柔毛·······················1．贵州鼠尾草S. cavaleriei

　　　　12．花冠大型，长1.5cm以上。

　　　　　　14．花萼筒内有明显的毛环·······················6．丹参S. miltiorrhiza

　　　　　　14．花萼筒内无明显的毛环·······················15．野丹参S. vasta

9．叶为单叶·······················16．一串红S. splendens

7．药隔下臂分离。

　　15．花萼筒内具完全或不完全的毛环。

　　　　16．叶为单叶或3小叶·······················10．华鼠尾草S. chinensis

　　　　16．叶为一至二回羽状复叶·······················17．鼠尾草S. japonica

　　15．花萼筒内无毛环。

　　　　17．叶片尖端钝或急尖，基部心形·······················18．地埂鼠尾草S. scapiformis

　　　　17．叶片卵圆形，先端圆形，基部截形或圆形·······················4．佛光草S. substolonifera

1．贵州鼠尾草 ｜ Salvia cavaleriei H. Léveillé

分变种检索表

1．叶为奇数羽状复叶·······················1a．贵州鼠尾草S. cavaleriei var. cavaleriei

1．叶为单叶或羽状复叶混生。

　　2．叶为单叶·······················1b．血盆草S. cavaleriei var. simplicifolia

　　2．叶为单叶与羽状复叶混生·······················1c．紫背鼠尾草S. cavaleriei var. erythrophylla

1a．贵州鼠尾草（原变种）Salvia cavaleriei var. cavaleriei 图156-68

多年生草本。茎四棱形，青紫色，下部无毛。叶形状不一，下部的叶为羽状复叶，顶生小叶长卵圆形或披针形，基部楔形或圆形而偏斜，草质，上面绿色，下面紫色。轮伞花序2～6花，组成顶生总状花序；花冠蓝紫色或紫色。小坚果长椭圆形，黑色，无毛。花期7～9月。

产于神农架新华、宋洛等石灰岩地区，生于海拔400～1000m的多岩石的山坡林下、水沟边。

图156-68 贵州鼠尾草

1b. 血盆草（变种）Salvia cavaleriei var. simplicifolia E. Peter 图156-69

多年生草本。本变种叶为单叶而不同于原变种。

产于神农架木鱼，生于海拔400～1000m的溪沟边。用途与原变种的相同。

1c. 紫背鼠尾草（变种）Salvia cavaleriei var. erythrophylla (Hemsley) E. Peter 图156-70

多年生草本。本变种叶为单叶与羽状复叶混生而不同于原变种，叶背多为紫色。

产于神农架木鱼，生于海拔400～1000m的山坡石上。用途与原变种的相同。

图156-69　血盆草

2. 褐毛甘西鼠尾草｜Salvia przewalskii var. mandarinorum (Diels) E. Peter

多年生草本。叶有基出叶和茎生叶两种，叶片三角状或椭圆状戟形，叶下面干时被污黄或浅褐色绒毛。轮伞花序2～4花，组成顶生的总状花序；花萼钟形，外面密被具腺长柔毛，二唇形；花冠紫红色，内面有疏柔毛毛环；花丝无毛，药隔弧形，上臂和下臂近等长，二下臂顶端各横生药室，并互相联合。小坚果倒卵圆形，无毛。花期5～8月。

图156-70　紫背鼠尾草

产于神农架红坪，生于海拔1400～2000m的山坡林下。

3. 宽苞峨眉鼠尾草（变种）｜Salvia omeiana var. grandibracteata E. Peter

多年生草本。茎生叶叶片阔心状卵圆形，两面紫色或上面绿色下面紫色。轮伞花序2～6花，排列成宽大总状圆锥花序；花萼筒状钟形，散布淡黄色腺点，常带艳色，内面满布微硬伏毛，果时花萼增大成钟形；花冠黄色，药隔弧形，上下臂近等长或二下臂稍短，二下臂药室先端联合。小坚果倒卵圆形，褐色，无毛。花期7~9月。

产于神农架阳日，生于海拔2000m的山坡林下。

4. 佛光草 ｜ Salvia substolonifera E. Peter　图156-71

一年生草本。茎四棱形。茎生叶为单叶或三出叶或3裂，单叶叶片卵圆形，基部截形或圆形，边缘具圆齿，膜质。轮伞花序2~8花；花冠淡红色或淡紫色。小坚果卵圆形，淡褐色，顶端圆形，无毛。花期3~5月。

产于神农架新华至兴山一带，生于海拔400~600m的水边、石隙等潮湿地。全草入药。

5. 鄂西鼠尾草 ｜ Salvia maximowicziana Hemsley　图156-72

多年生草本。茎四棱形。叶片圆心形或卵圆状心形，先端圆形成骤然渐尖、基部心形或近戟形，膜质，上面深绿色，下面色较淡。轮伞花序通常2花，排列成疏松庞大总状圆锥花序；花冠黄色。小坚果倒卵圆形，黄褐色。花期7~8月。

产于神农架高海拔地区，生于海拔1500~2500m的山坡林下。全草入药。

图156-71　佛光草

图156-72　鄂西鼠尾草

6. 丹参 ｜ Salvia miltiorrhiza Bunge　图156-73

多年生草本。根肥厚，肉质，外面朱红色，内面白色。茎四棱形。叶常为奇数羽状复叶，卵圆形、椭圆状卵圆形或宽披针形，草质。轮伞花序6花或多花，基部楔形；花冠紫蓝色。花期4~8月。

神农架有栽培。根入药。

图156-73　丹参

7. 荔枝草 | **Salvia plebeia** R. Brown 图156-74

二年生草本。单叶，叶椭圆状卵圆形或椭圆状披针形，先端钝或急尖，基部圆形或楔形，草质，上面被稀疏的微硬毛，下面被短疏柔毛。轮伞花序6花，组成总状或总状圆锥花序，基部渐狭；花冠淡红至蓝色，稀白色。小坚果倒卵圆形，光滑。花期4～5月，果期6～7月。

产于神农架各地，生于海拔200～1200m的田野潮湿的土壤上。全草入药。

图156-74　荔枝草

8. 长冠鼠尾草 | **Salvia plectranthoides** Griffith 图156-75

多年生草本。一或二回羽状复叶，叶椭圆状卵圆形或椭圆状披针形，先端钝或急尖，基部圆形或楔形，草质，上面被稀疏的微硬毛，下面被短疏柔毛。轮伞花序6花，组成总状或总状圆锥花序，基部渐狭，花冠淡红色至蓝色，稀白色。小坚果倒卵圆形，光滑。花期4～5月，果期6～7月。

产于神农架木鱼，生于海拔400～800m的路边石上。全草入药。

9. 南川鼠尾草 │ Salvia nanchuanensis Sun   图156-76

多年生草本。叶茎生，大都为一回奇数羽状复叶，间有二回裂片，叶柄密被白色绵毛，小叶卵圆形或披针形，基部偏斜，圆形或心形，薄纸质，上面绿色，无毛，下面青紫色，脉上有长柔毛。轮伞花序2~6花，组成顶生或腋生的总状花序，基部渐狭；花冠紫红色。小坚果椭圆形，褐色，无毛。花期7~8月。

产于神农架木鱼至兴山一带，生于海拔400~800m的河边岩石上。

图156-75　长冠鼠尾草

图156-76　南川鼠尾草

10. 华鼠尾草 │ Salvia chinensis Bentham   图156-77

一年生草本。茎直立或基部平卧。茎上部叶为单叶，卵形或卵状椭圆形，先端钝或尖，基部心形或圆，茎下部具3小叶复叶。轮伞花序具6花；花萼钟形，紫色，喉部内面具长硬毛环；花冠蓝紫色或紫色，冠筒内具斜向柔毛环，下唇中裂片倒心形。花期8~10月。

产于神农架新华至兴山一带，生于海拔200~600m的溪边灌丛中。全草入药。

11. 犬形鼠尾草 │ Salvia cynica Dunn   图156-78

多年生草本。茎生叶宽卵形、宽戟状卵形或近圆形，先端渐尖，基部心状戟形，具重牙齿或重锯齿，两面疏被微硬毛及黄褐色腺点。轮伞花序具2~6花，疏离；花萼筒形，带紫色；花冠黄色，冠筒内具柔毛环，上唇长圆形，下唇中裂片倒心形，边缘浅波状，侧裂片近半圆形。花期7~8月。

产于神农架高海拔地区，生于海拔1200~2000m的山坡林下。

图156-77 华鼠尾草　　　　　　　　　　图156-78 犬形鼠尾草

12. 湖北鼠尾草 ｜ **Salvia hupehensis** E. Peter　图156-79

多年生草本。叶片心状圆形，先端圆形，边缘具整齐的重圆齿状锯齿，齿具短尖头，上面稍密被具关节紧贴的柔毛，下面密被腺点及极疏的柔毛，叶柄狭鞘状。轮伞花序具2花，下部苞片披针状卵圆形，比花萼长；花萼钟形，果时花萼增大，上唇反折，花紫色，花冠筒自基部向上渐腹状膨大，微向上弯，内面具疏柔毛毛环。

产于神农架红坪，生于海拔1400～2500m的山坡林下。

13. 红根草 ｜ **Salvia prionitis** Hance　图156-80

多年生草本。全株无毛。根状茎横走，紫红色。叶片长圆状披针形至狭椭圆形，两面均有黑色腺点，干后成粒状凸起。总状花序顶生；苞片披针形；花萼有腺状缘毛，背面有黑色腺点；花冠白色。蒴果球形。花期6～8月，果期8～11月。

产于神农架宋洛，生于海拔400～1000m的山坡石上。全草入药。

图156-79　湖北鼠尾草　　　　　　　　　　　　　　图156-80　红根草

14. 黄鼠狼花 | **Salvia tricuspis** Franchet　　图156-81

　　二年生草本。叶片3裂，呈三角状戟形或箭形，先端渐尖或变锐尖，基部心形，基片卵圆形。轮伞花序2（4）花，排列成腋生总状花序或顶生分枝组成总状圆锥花序；苞片狭披针形；花冠黄色。小坚果倒卵圆形，褐色，光滑。花期7～9月，果期9～10月。

　　产于神农架阳日长青，生于海拔1000m的山坡沟边。根可代丹参入药。

图156-81　黄鼠狼花

15. 野丹参 | **Salvia vasta** H. W. Li

　　多年生草本。根状茎匍匐，茎直立。羽状复叶。轮伞花序4～8花；花萼管状，喉部具白毛；花冠黄色或紫色，有毛，内部具多毛的环纹。小坚果褐色，椭圆形。花期5～6月，果期7月。

　　产于神农架新华，生于海拔800～1200m的山坡沟边。

16. 一串红 | **Salvia splendens** Ker Gawler 图156-82

亚灌木状草本。高可达90cm。叶卵圆形或三角状卵圆形，长2.5~7cm，宽2~4.5cm，先端渐尖，基部截形或圆形；茎生叶叶柄长3~4.5cm，无毛。轮伞花序2~6花，组成顶生总状花序，花序长达20cm或以上；苞片卵圆形，红色；花萼钟形，红色；花柱与花冠近相等。小坚果椭圆形，暗褐色，顶端具不规则极少数的皱折凸起，边缘或棱具狭翅，光滑。花期3~10月。

神农架各地有栽培。花萼及花红色或蓝紫色，供观赏。

17. 鼠尾草 | **Salvia japonica** Thunberg 图156-83

一年生草本。须根密集。茎直立，高40~60cm。茎下部叶为二回羽状复叶，叶柄长7~9cm，叶片长6~10cm，宽5~9cm，茎上部叶为一回羽状复叶。轮伞花序2~6花，组成伸长的总状花序或分枝组成总状圆锥花序，花序顶生；苞片及小苞片披针形；花萼筒形；花冠淡红色、淡紫色、淡蓝色至白色；花柱外伸，先端不相等2裂，前裂片较长。小坚果椭圆形，褐色，光滑。花期6~9月。

产于神农架巴东县，生于海拔400~800m的山坡荒野草丛中。

图156-82 一串红

图156-83 鼠尾草

18. 地埂鼠尾草 | **Salvia scapiformis** Hance 图156-84

一年生草本。须根密集，纤细，自下部茎节生出。茎细长，高20~26cm，在基部分枝或不分枝。叶片心状卵圆形，长2~4.3cm，宽1.3~3.6cm，尖端钝或急尖，基部心形，边缘具浅波状圆齿。轮伞花序6~10花，疏离，组成长10~20cm的顶生总状或总状圆锥花序；苞片卵圆状披针形；花萼筒形；花冠紫色或白色。小坚果长卵圆形，长约1.5mm，先端急尖，褐色，无毛。花期4~5月。

产于神农架各地，生于海拔400~1800m的山坡沟边。

图156-84 地埂鼠尾草

26. 异野芝麻属Heterolamium C. Y. Wu

多年生草本。叶卵状心形。花序为顶生狭窄的开向一面的总状圆锥花序，由1～5花的具短总梗的密生小聚伞花序组成；花萼管状，内面近喉部具毛环，15脉，二唇形，上唇3齿，中齿大，卵状正圆形，下唇2齿钻状三角形；花冠深紫色，冠筒长出萼外，内面无毛，上唇直立，深2裂，裂片卵圆形，平展，先端圆，下唇3裂，中裂片大，正圆形，全缘，微内凹。

我国特有单种属，1种，神农架也有分布。

异野芝麻 | Heterolamium debile (Hemsley) C. Y. Wu

分变种检索表

1. 叶背绿色，花白色 ···1a. 异野芝麻H. debile var. debile
1. 叶背紫色，花紫色 ···1b. 细齿异野芝麻H. debile var. cardiophyllum

1a. 异野芝麻（原变种）| Heterolamium debile var. debile 图156-85

多年生草本至半灌木状。叶心形，具长柄。轮伞花序2～6花，具梗，花梗纤细；花萼管状，15脉，内面近喉部具毛环，二唇形，上唇3齿，中齿大于侧齿，卵圆形，下唇具2齿；花冠二唇形，冠筒伸出，上唇直立，2裂，下唇3裂，侧裂片较短；雄蕊4枚，药室2；柱头2浅裂，裂片线形，稍弯。小坚果三角状卵球形，无毛。

产于神农架木鱼、下谷，生于海拔600～800m的山坡林缘。全草入药。

2b. 细齿异野芝麻（变种）Heterolamium debile var. cardiophyllum (Hemsley) C. Y. Wu

图156-86

多年生草本。与原变种的主要区别：叶背常呈紫色，花紫色。

产于神农架高海拔地区。用途与原变种的相同。

图156-85　异野芝麻

图156-86　细齿异野芝麻

27. 蜜蜂花属Melissa Linnaeus

多年生草本。叶对生，卵圆形，边缘具锯齿或钝齿。轮伞花序腋生；花萼钟形，开花后下垂；花冠白色、黄白色、黄色或淡红色，冠筒稍伸出或不伸出，在喉部稍扩大；雄蕊4枚，前对较长，紧靠上唇，不伸出或稍伸出，花药2室，裂片与子房裂片互生；花柱先端相等2浅裂，裂片钻形，外卷。小坚果卵圆形，光滑。

约4种。我国产3种，引入栽培1种，湖北产1种，神农架产1种。

蜜蜂花 │ Melissa axillaris (Bentham) R. Bakhuizen 图156-87

多年生草本。具地下茎，地上茎四棱形。叶具柄，密被短柔毛，叶片卵圆形，先端急尖或短渐尖，基部圆形、钝、近心形或急尖，草质，上面绿色，疏被短柔毛，下面淡绿色，侧脉4～5对。轮伞花序；花冠白色或淡红色。小坚果卵圆形。花果期6～11月。

产于神农架新华、宋洛、松柏，生于海拔500～1200m的山谷潮湿地。全草入药。

图156-87　蜜蜂花

28. 风轮菜属Clinopodium Linnaeus

多年生草本。叶具齿，苞片状。轮伞花序近球形，组成圆锥花序；花萼管形，13脉，喉部稍缢缩，基部一边肿胀，喉部内面疏被毛，萼檐上唇3齿，下唇2齿，齿具芒尖及缘毛；花冠被微柔毛，冠筒伸出，上唇直伸，下唇3裂；雄蕊4枚，前对较长，药室2，叉开；柱头不等2裂，前裂片披针形，后裂片不显著。小坚果无毛，果脐小，基生。

约20种。我国产11种，湖北产6种，神农架均产。

1. 细风轮菜 │ Clinopodium gracile (Bentham) Matsumura 图156-88

多年生草本。茎四棱形。最下部的叶圆卵形，先端钝，基部圆形. 边缘具疏圆齿，较下部或全部叶均为卵形，先端钝，基部圆形或楔形，薄纸质，上面榄绿色，近无毛，下面较淡，脉上被疏短硬毛，侧脉2~3对。轮伞花序；花冠白色至紫红色。小坚果卵球形，褐色，光滑。花期6~8月，果期8~10月。

神农架广布，生于海拔200~600m的路旁、沟边、空旷草地和灌丛下。

2. 风轮菜 │ Clinopodium chinense (Bentham) Kuntze 图156-89

多年生草本。叶卵圆形，不偏斜，先端急尖或钝，基部圆形呈阔楔形，坚纸质，上面榄绿色，密被平伏短硬毛，下面灰白色，被疏柔毛，侧脉5~7对。轮伞花序；花冠紫红色。小坚果倒卵形，黄褐色。花期5~8月，果期8~10月。

神农架广布，生于海拔200~1200m的山坡、荒地中。全草入药。

图156-88　细风轮菜

图156-89　风轮菜

3. 寸金草 │ Clinopodium megalanthum (Diels) C. Y. Wu et Hsuan ex H. W. Li 图156-90

多年生草本。叶三角状卵圆形，先端钝或锐尖，基部圆形或近浅心形，上面榄绿色，被白色纤毛，下面较淡，侧脉4~5对，叶柄极短，常带紫红色，密被白色平展刚毛。轮伞花序多花密集；花冠粉红色。小坚果倒卵形，褐色，无毛。花期7~9月，果期8~11月。

产于神农架高海拔地区，生于山坡草地。全草入药。

4. 匍匐风轮菜 │ Clinopodium repens (Buchanan-Hamilton ex D. Don) Bentham 图156-91

多年生草本。叶卵圆形，先端锐尖或钝，基部阔楔形至近圆形，边上面榄绿色，下面略淡，两面疏被短硬毛，侧脉5~7对。轮伞花序；花冠粉红色。小坚果近球形，褐色。花期6~9月，果期10~12月。

产于神农架各地，生于海拔600~1800m的路边、沟边等处。全草入药。

图156-90　寸金草

图156-91　匍匐风轮菜

5. 灯笼草 │ Clinopodium polycephalum (Vaniot) C. Y. Wu et Hsuan ex P. S. Hsu 图156-92

多年生草本。叶卵形，基部宽楔形或近圆形，疏生圆齿状牙齿，两面被糙伏毛。轮伞花序具多花，球形，组成圆锥花序；苞片针状，长；花萼喉部疏被糙硬毛，果萼基部一边肿胀；花冠紫红色，被微柔毛，冠筒伸出，上唇直伸，先端微缺，下唇3裂。小坚果褐色，平滑。花期7~8月，果期9月。

产于神农架高海拔地区，生于山坡草地。全草入药。

图156-92　灯笼草

唇形科 │ Lamiaceae

175

6. 邻近风轮菜 | Clinopodium confine (Hance) Kuntze 图156-93

多年生草本。铺散，基部生根。茎四棱形，无毛或疏被微柔毛。叶卵圆形，先端钝，基部圆形或阔楔形。轮伞花序通常多花密集，近球形；苞叶叶状；花萼管状，萼筒等宽，基部略狭；花冠粉红色至紫红色，外面被微柔毛，内面在下唇片下方略被毛或近无毛；花柱先端略增粗，2浅裂，裂片扁平；花盘平顶；子房无毛。小坚果卵球形，褐色，光滑。花期4~6月，果期7~8月。

产于神农架红坪（韭菜垭），生于海拔2800m的山坡草丛中

29. 牛至属Origanum Linnaeus

多年生草本或半灌木。叶大多卵形或长圆状卵形，全缘或具疏齿。常为雌花、两性花异株；伞房状圆锥花序；雄蕊4枚，在两性花中通常短于上唇或稍超过上唇，在雌性花中则内藏；花柱伸出花冠，先端不相等2浅裂；花盘平顶。小坚果干燥，卵圆形，略具棱角，无毛。

约15~20种。我国产1种，湖北产1种，神农架产1种。

牛至 | Origanum vulgare Linnaeus 图156-94

多年生草木或半灌木。叶具柄，腹面具槽，背面近圆形，叶片卵圆形或长圆状卵圆形，先端钝或圆钝，基部宽楔形至近圆形或微心形，全缘或有远离的小锯齿，上面亮绿色，下面淡绿色，侧脉3~5对。伞房状圆锥花序；花冠紫红色、淡红色至白色。小坚果卵圆形，褐色，无毛。花期7~9月，果期10~12月。

神农架广布，生于海拔1500~2500m的多石的山坡草丛中。全草入药。

图156-93　邻近风轮菜　　　　　　　图156-94　牛至

30. 薄荷属Mentha Linnaeus

多年生草本。上部茎叶靠近花序者大都无柄或近无柄。轮伞花序稀2~6花，通常为多花密集，具梗或无梗；花萼钟形、漏斗形或管状钟形，10~13脉，萼齿5，相等或近3/2式二唇形，内面喉部

无毛或具毛；花冠漏斗形，大都近于整齐或稍不整齐，冠筒通常不超出花萼，冠檐具4裂片，上裂片大都稍宽，全缘或先端微凹或2浅裂，其余3裂片等大，全缘。

约30种。我国产6种，引入栽培6种，湖北栽培3种，神农架均有。

分种检索表

1. 茎叶高出轮伞花序。
    2. 茎上部及下部沿棱脊被微柔毛 ·························· 1. 薄荷M. canadensis
    2. 茎全部密被柔毛 ·························· 3. 东北薄荷M. sachalinensis
1. 茎低于轮伞花序 ·························· 2. 辣薄荷M. × piperita

1. 薄荷 | **Mentha canadensis** Linnaeus 图156-95

多年生草本。叶片长圆状披针形至卵状披针形，稀长圆形，先端锐尖，基部楔形至近圆形，侧脉约5~6对。轮伞花序腋生，球形；花冠淡紫色。小坚果卵珠形，黄褐色。花期7~9月，果期10月。

神农架各地均产，生于海拔600~1800m的水旁潮湿地。全草入药。

图156-95 薄荷

2. 辣薄荷 | **Mentha × piperita** Linnaeus 图156-96

多年生草本。茎和枝条四棱形。叶披针形至卵状披针形，先端急尖，基部近圆形或楔形，叶缘具细锯齿，叶两面均被腺鳞及疏被毛茸。轮伞花序聚合成穗状；花冠白色或淡紫色。花期7月，果期8月。

神农架各地有栽培。全草入药；叶供蔬食。

3. 东北薄荷 | Mentha sachalinensis (Briquet ex Miyabe et Miyake) Kudô

图156-97

多年生草本。茎直立，下部数节具纤细的须根及水平匍匐根茎，钝四棱形，微具槽，具条纹，棱上密被倒向柔毛，不分枝或稍分枝。本种与薄荷相近，唯毛被较密。

产于神农架大九湖，生于海拔2400m的水沟边。用途同薄荷的。

图156-96 辣薄荷

图156-97 东北薄荷

31. 地笋属Lycopus Linnaeus

多年生草本。通常具肥大的根茎。叶具锐齿或羽状分裂。轮伞花序腋生，多花密集；花萼钟形，萼齿4～5枚，等大或有1枚特大，冠筒内藏或略伸出，钟形，内面在喉部有交错的柔毛，冠檐二唇形，上唇全缘或微缺，下唇3裂，中裂片稍大。

10种。我国产4种，湖北产2种，神农架产2种。

分种检索表

1. 叶稍大，远长于节间，边缘具锐齿 ·························· 1. 硬毛地笋L. lucidus var. hirtus

1. 叶小，与节间近等长，边缘疏生浅波状牙齿 ·················· 2. 小叶地笋L. cavaleriei

1. 硬毛地笋（变种）| Lycopus lucidus var. hirtus Regel 图156-98

多年生草本。茎棱上被向上小硬毛，节上密集硬毛。叶披针形，暗绿色，上面密被细刚毛状硬毛，侧脉6～7对，叶缘具缘毛，下面主要在肋及脉上被刚毛状硬毛，两端渐狭，边缘具锐齿。轮伞花序无梗，圆球形；花冠白色。小坚果倒卵圆状四边形，褐色，有腺点。花期6～9月，果期8～11月。

产于神农架各地，生于海拔700～1500m的沼泽地、水边、沟边等潮湿处。茎叶、根茎入药。

2. 小叶地笋 | Lycopus cavaleriei H. Léveillé 图156-99

多年生草本。根茎横走，有先端逐渐肥大的地下长匍枝，具节，节上有鳞叶及须根。茎直立，节间通常比叶长。叶长圆状倒披针形至长圆状卵圆形，边缘具不规则的圆齿状牙齿，两面近无毛，具腺点。轮伞花序无梗，多花密集；花无梗；花萼钟形，萼齿三角状披针形，先端硬刺尖；花冠白色。花期7～8月，果期8～9月。

产于神农架大九湖，生于海拔2400m的沼泽地中。茎叶可入药。

图156-98 硬毛地笋   图156-99 小叶地笋

32. 紫苏属Perilla Linnaeus

一年生草本。叶具齿。轮伞花序具2花，组成偏向一侧的总状花序；苞片宽卵形或近圆形；花萼钟形，结果时增大，基部一边肿胀，喉部被柔毛环，檐部二唇形，上唇3齿；花冠白色或紫红色，冠筒短，冠檐二唇形，上唇微缺，下唇3裂，侧裂片与上唇相似，中裂片较大。小坚果近球形，被网纹。

单种属。神农架也有分布。

1. 紫苏 | Perilla frutescens (Linnaeus) Britton

分变种检索表

1. 叶边缘具粗锯齿。
    2. 叶、花萼和种子较大；毛被较密·················1a. 紫苏P. frutescens var. frutescens
    2. 叶、花萼和种子较小；毛被稀疏·················1b. 野生紫苏P. frutescens var. purpurascens
1. 叶边缘皱波状··1c. 回回苏P. frutescens var. crispa

179

唇形科｜Lamiaceae

1a. 紫苏（原变种）Perilla frutescens var. frutescens　图156-100

一年生草本。茎绿色或紫色，钝四棱形，密被长柔毛。叶阔卵形或圆形，先端短尖或突尖，基部圆形或阔楔形，膜质或草质，两面绿色或紫色，或仅下面紫色，上面被疏柔毛，下面被贴生柔毛，侧脉7~8对。轮伞花序2花，组成顶生及腋生总状花序；花冠白色至紫红色。小坚果近球形，灰褐色，具网纹。花期8~12月，果期8~12月。

产于神农架各地，生于海拔400~1200m的屋旁，也有栽培。嫩茎叶作蔬食；全草、果实入药。

1b. 野生紫苏（变种）Perilla frutescens var. purpurascens (Hayata) H. W. Li　图156-101

一年生草本。本变种与原变种的主要区别：果萼小；叶较小，卵形，两面被疏柔毛；小坚果较小，土黄色。

产于海拔400~1500m的神农架各地，生于屋旁、路边。用途同紫苏的。

图156-100　紫苏

图156-101　野生紫苏

1c. 回回苏（变种）Perilla frutescens var. crispa (Bentham) Deane ex Bailey　图156-102

一年生草本。本变种叶边缘皱波状而不同于原变种。

产于神农架各地，生于海拔400~1200m的屋旁，也有栽培。用途同紫苏的。

图156-102　回回苏

33. 石荠苎属 Mosla (Bentham) Buchanan-Hamilton ex Maximowicz

一年生草本。叶具齿及柄，下面被腺点。轮伞花序2花，组成顶生总状花序；花具梗；花萼钟形，10脉，喉部被毛，萼檐具5齿或二唇形，上唇3齿，下唇2齿披针形；花冠檐近二唇形，上唇微缺，下唇3裂；雄蕊4枚，后对能育，花药2室叉开，前对退化；柱头近相等2浅裂。小坚果近球形，果脐基生，点状。

约22种。我国产12种，湖北产4种，神农架产3种。

分种检索表

1. 苞片倒卵圆形，花萼5齿近等大；小坚果被深洼雕纹 ························· 2. 石香薷 M. chinensis
1. 苞片卵状披针形、披针形或针形，花萼二唇形；小坚果被疏网纹，稀被深洼雕纹。
   2. 花萼上唇具尖齿 ··· 3. 石荠苎 M. scabra
   2. 花萼上唇具钝齿 ··· 1. 小鱼仙草 M. dianthera

1. 小鱼仙草 | Mosla dianthera (Buchanan-Hamilton ex Roxburgh) Maximowicz 图156-103

一年生草本。叶卵状披针形或菱状披针形，有时卵形，先端渐尖或急尖，基部渐狭，边缘具锐尖的疏齿，近基部全缘，纸质，上面橄榄绿色，无毛或近无毛，下面灰白色，无毛，散布凹陷腺点。总状花序；花冠淡紫色。小坚果灰褐色，近球形，具疏网纹。花果期5~11月。

神农架广布，生于海拔400~1300m的荒地或水边。全草入药。

2. 石香薷 | Mosla chinensis Maximowicz 图156-104

一年生草本。茎被白色疏柔毛。叶线状长圆形至线状披针形，先端渐尖或急尖，基部渐狭或楔形，上面榄绿色，下面较淡，两面均被疏短柔毛及棕色凹陷腺点。总状花序头状；花冠紫红色、淡红色至白色。小坚果球形，灰褐色，无毛。花期6~9月，果期7~11月。

产于神农架松柏至房县一带，生于海拔600~1400m的草坡或林缘。全草入药。

图156-103　小鱼仙草

图156-104　石香薷

唇形科 | Lamiaceae

181

3. 石荠苎 | Mosla scabra (Thunberg) C. Y. Wu et H. W. Li   图156-105

一年生草本。茎密被短柔毛。叶卵形或卵状披针形，先端急尖或钝，基部圆形或宽楔形，纸质，上面橄榄绿色，被灰色微柔毛，下面灰白色，密布凹陷腺点，叶柄被短柔毛。总状花序；花冠粉红色。小坚果黄褐色，球形。花期5～11月，果期9～11月。

产于神农架新华、阳日，生于海拔600～1200m的山坡、路旁或灌丛下。全草入药。

34. 筒冠花属 Siphocranion Kudô

多年生草本。根茎匍匐。花序总状通常单生于茎顶；花萼阔钟形；雄蕊4枚，内藏于冠筒中，前对较长，花丝无毛，花药2室，室汇合；花柱先端相等2浅裂；花盘前方呈指状膨大，其长度超过子房；子房无毛。小坚果长圆形或卵圆形，褐色，具点，基部有一小白痕。

2种。我国均产，湖北产1种，神农架产1种。

光柄筒冠花 | Siphocranion nudipes (Hemsley) Kudô   图156-106

多年生草本。叶披针形，先端锐尖及长渐尖，基部楔形下延至叶柄，边缘有细锐锯齿，近膜质，上面绿色，下面较淡，侧脉5～6对。总状花序；花冠筒部白色、上部紫红色。小坚果长圆形，褐色。花期7～9月，果期10～11月。

产于神农架宋洛，生于海拔800～1400m的山坡林下。茎叶入药。

图156-105　石荠苎

图156-106　光柄筒冠花

35. 香薷属 Elsholtzia Willdenow

草本至灌木。轮伞花序组成穗状至圆锥花序；苞片披针形至扇形，覆瓦状排列；花喉部无毛，萼齿5枚；花冠白色至淡紫色，常被毛及腺点，冠筒漏斗形，冠檐上唇直伸，下唇3裂，侧裂片全缘；雄蕊4枚，伸出，前对较长，分离，花丝无毛，药室2；子房无毛，柱头2裂，近等长。

约40种。我国产33种，湖北产8种，神农架均产。

1．苞片披针形、钻形或线形。
   2．叶背面无毛或仅在脉上被微柔毛·····················7．光香薷E. glabra
   2．叶背毛被各式。
      3．灌木。
         4．叶基部圆形或微心形，偏斜·····················5．黄花香薷E. flava
         4．叶基部狭楔形，不偏斜·····················6．鸡骨柴E. fruticosa
      3．草本。
         5．叶菱状卵圆形·····················2．穗状香薷E. stachyodes
         5．叶卵形至长圆形·····················1．野香草E. cyprianii
1．苞片扇形、近圆形或阔卵形。
   6．穗状花序全面向·····················8．水香薷E. kachinensis
   6．穗状花序偏向一侧。
      7．苞片仅边缘具缘毛，余无毛·····················3．香薷E. ciliata
      7．苞片外面被白色柔毛·····················4．紫花香薷E. argyi

1． 野香草 ｜ Elsholtzia cyprianii (Pavolini) S. Chow ex P. S. Hsu　图156–107

一年生草本。叶卵形至长圆形，先端急尖，基部宽楔形，草质，上面深绿色，被微柔毛，下面淡绿色，密被短柔毛及腺点，侧脉5～6对。穗状花序；花冠玫瑰红色。小坚果长圆状椭圆形，黑褐色，略被毛。花果期8～11月。

神农架广布，生于海拔400～1800m的田边、路旁、河谷两岸、林中或林边草地。全草入药。

2． 穗状香薷 ｜ Elsholtzia stachyodes (Link) C. Y. Wu

一年生草本。茎黄褐色或常带紫红色。叶菱状卵圆形，先端骤渐尖，基部楔形或阔楔形，薄纸质，上面绿色散布白色短柔毛，下面淡绿色，侧脉约4对。轮伞花序；花冠白色。小坚果椭圆形，淡黄色。花果期9～12月。

产于神农架各地，生于海拔400～1800m的开旷山坡、路旁、荒地、林中空旷处或石灰岩上。

3． 香薷 ｜ Elsholtzia ciliata (Thunberg) Hylander　图156–108

一年生草本。叶卵形或椭圆状披针形，先端渐尖，基部楔状下延成狭翅，上面绿色，疏被小硬毛，下面淡绿色，侧脉约6～7对，叶柄疏被小硬毛。穗状花序；花冠淡紫色。小坚果长圆形，棕黄色，光滑。花期7～10月，果期10月至翌年1月。

产于神农架各地，生于海拔500～2500m的路旁、山坡、荒地、林内和河岸。全草入药。

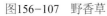

图156-107　野香草

图156-108　香薷

4. 紫花香薷 | **Elsholtzia argyi** H. Léveillé　图156-109

一年生草本。叶卵状三角形、卵状长圆形至长圆状披针形或披针形，先端渐尖，基部或阔或狭楔形，上面绿色，疏被小纤毛，下面较淡。穗状花序顶生；花冠玫瑰红紫色。小坚果长圆形，黑棕色。花果期9～11月。

产于神农架各地，生于海拔500～1000m的山坡路旁或草丛中。全草入药。

5. 黄花香薷 | **Elsholtzia flava** (Bentham) Bentham　图156-110

落叶半灌木。茎直立，不分枝或分枝，四棱形，被微柔毛。叶对生；叶柄长1.5～9mm，被长柔毛；叶片长圆形或卵状长圆形，长0.8～4cm，宽4～15mm，先端稍钝，基部楔形或圆形，边缘具细锯齿或锯齿状圆齿，两面被长柔毛。

产于神农架松柏、阳日，生于海拔1500～1800m的山坡林缘。地上部分入药。

图156-109　紫花香薷

图156-110　黄花香薷

6. 鸡骨柴 | Elsholtzia fruticosa (D. Don) Rehder 图156-111

落叶灌木。叶披针形或椭圆状披针形，先端渐尖，基部窄楔形，基部以上具粗锯齿，上面被糙伏毛，下面被弯曲短柔毛，两面密被黄色腺点，侧脉6~8对。穗状花序圆柱形；花萼钟形，萼齿三角状钻形；花冠白色或淡黄色，被卷曲柔毛及黄色腺点，内面具毛环。花期7~9月，果期10~11月。

产于神农架红坪，生于海拔1800~2000m的山坡林缘。根入药。

7. 光香薷 | Elsholtzia glabra C. Y. Wu et S. C. Huang 图156-112

灌木。小枝钝四棱形，具四槽，除花梗基部疏生微柔毛外，余部光滑无毛。叶菱状披针形，先端渐尖，基部楔状下延，边缘在基部以上有圆齿状锯齿，近基部全缘。穗状花序于茎、枝上顶生，由具短梗多花的轮伞花序所组成，单一，或有时基部具2小分枝而呈三叉状；苞片钻形；花萼钟形；花冠白色，外面被短柔毛及腺点，内面近冠筒基部有斜向白色髯毛毛环。小坚果长圆形，长约1mm，淡褐色。花期10月。

产于神农架松柏（盘龙），生于海拔1500~1800m的山坡灌丛中。

图156-111 鸡骨柴

图156-112 光香薷

唇形科 | Lamiaceae

185

8. 水香薷 | Elsholtzia kachinensis Prain

柔弱平铺草本。茎平卧，被柔毛。叶卵圆形或卵圆状披针形，先端急尖或钝，基部宽楔形，边缘在基部以上具圆锯齿。穗状花序于茎及枝上顶生，开花时常作卵球形，在果时延长成圆柱形，由具4~6花的轮伞花序组成，密集而偏向一侧；苞片阔卵形，先端具钻状突尖尖头，全缘；花冠白色至淡紫色或紫色，外面被疏柔毛，内面无毛。小坚果长圆形，栗色，被微柔毛。花果期10~12月。

产于神农架宋洛，生于海拔400~1000m的山坡灌丛中。

36. 香简草属Keiskea Miquel

草本或半灌木。叶具齿，具柄，苞叶退化成苞片。轮伞花序2花，组成顶生及腋生的总状花序；苞片宿存；花萼钟形；花冠白色，带黄色或染以紫色，内面在中部附近雄蕊着生处下方有疏柔毛或柔毛状髯毛环；雄蕊4枚，伸出。小坚果近球形，无毛。

6种。我国产5种，湖北产1种，神农架亦产。

香薷状香简草 │ Keiskea elsholtzioides Merrill　图156–113

草本。叶卵形或卵状长圆形，大小变异很大，长1.5～15cm，宽1.2～8cm，先端渐尖，基部楔形至近圆形，稀浅心形。总状花序顶生或腋生，幼时较短，开花后延长至18cm，花多少远离；苞片宿存，阔卵状圆形；花冠白色，染以紫色。小坚果近球形，紫褐色，无毛。花期6～10月，果期10月以后。

产于神农架阳日（武山湖），生于海拔600m的山坡林缘石壁上。

图156–113　香薷状香简草

37. 香茶菜属Isodon (Schrader ex Bentham) Spach

多年生草本或半灌木。根茎木质，块状。叶具齿及柄。聚伞花序具（1～）3至多花，花具梗；花萼檐具近等大5齿，或上唇具3齿，下唇具2齿；花冠筒伸出，具4圆裂，下唇全缘，内凹，舟状；雄蕊4枚，下倾，花丝分离，无齿，药室2，顶端常汇合；柱头2浅裂。小坚果近球形，稀长圆形或卵球形，平滑。

约100种。我国产77种，湖北产10种，神农架产9种。

分种检索表

1. 果萼直立，具5相等的萼齿。
　　2. 叶披针形至狭披针形··4. 显脉香茶菜I. nervosus
　　2. 叶宽倒卵形至卵状披针形。
　　　　3. 叶卵圆状披针形或披针形····································3. 溪黄草I. serra
　　　　3. 叶宽卵形或卵形··8. 毛叶香茶菜I. japonicus
1. 果萼下倾，萼齿近相等或唇形。
　　4. 萼5齿相等或微呈3／2式或二唇形。
　　　　5. 萼具5短齿，占萼长度的1／3。

6. 叶先端明显具一凹缺·······································5. 尾叶香茶菜I. excisus

6. 叶先端无凹缺,渐尖·······································9. 线纹香茶菜I. lophanthoides

5. 萼具5长齿,占萼长度的1/2·······································1. 碎米桠I. rubescens

4. 萼5齿明显呈3/2式或二唇形。

7. 花萼裂至1/2以上·······································7. 鄂西香茶菜I. henryi

7. 花萼裂至1/2以下。

8. 叶菱状卵形,先端长尾尖·······································2. 总序香茶菜I. racemosus

8. 叶卵圆形,先端长尾锐尖·······································6. 拟缺香茶菜I. excisoides

1. 碎米桠 | Isodon rubescens (Hemsley) H. Hara　图156-114

小灌木。茎叶对生,卵圆形或菱状卵圆形,先端锐尖或渐尖,基部宽楔形,骤然渐狭下延成假翅,膜质至坚纸质,上面榄绿色,下面淡绿色,密被灰白色短绒毛至近无毛,侧脉3~4对。聚伞花序3~5花,有时多至7花。小坚果倒卵状三棱形,淡褐色无毛。花期7~10月,果期8~11月。

产于神农架红坪、新华至兴山一带,生于海拔400~1200m的溪边灌丛地。地上部分入药。

2. 总序香茶菜 | Isodon racemosus (Hemsley) H. W. Li　图156-115

多年生草本。茎叶菱状卵圆形,先端长渐尖,基部楔形,坚纸质或近膜质,上面深绿色,下面淡绿色,侧脉约3对,叶柄被短柔毛。总状或假总状花序;花冠白色或微红色。成熟小坚果倒卵球形,淡黄褐色,无毛。花期8~9月,果期9~10月。

产于神农架宋洛,生于海拔400~600m的溪边灌丛中。全草可代碎米桠入药。

唇形科 | Lamiaceae

187

图156-114　碎米桠　　　　　　　　图156-115　总序香茶菜

3. 溪黄草 | Isodon serra (Maximowicz) Kudô 图156-116

多年生草本。根茎肥大，粗壮，有时呈疙瘩状。茎钝四棱形，具4浅槽，有细条纹，带紫色，基部木质。茎叶对生，卵圆状披针形或披针形，先端近渐尖，基部楔形，边缘具粗大内弯的锯齿，侧脉每侧4~5，与中脉在两面微隆起。圆锥花序生于茎及分枝顶上；萼齿5枚，长三角形，近等大；花冠紫色。成熟小坚果阔卵圆形。花果期8~9月。

产于神农架下谷、红坪，生于海拔400~600m的溪旁、河岸草丛中。全草入药。

4. 显脉香茶菜 | Isodon nervosus (Hemsley) Kudô 图156-117

多年生草本。根茎稍增大呈结节块状。茎四棱形，明显具槽。叶披针形至狭披针形，先端长渐尖，基部楔形至狭楔形，边缘有具胼胝质的粗浅齿，侧脉4~5对，在两面隆起。聚伞花序于茎顶组成疏散的圆锥花序；萼齿5枚，近相等；花冠蓝色。小坚果卵圆形。花期7~10月，果期8~11月。

神农架广布，生于海拔400~800m的溪边草丛中。茎及叶入药。

图156-116 溪黄草　　　　　　　　　　　　图156-117 显脉香茶菜

5. 尾叶香茶菜 | Isodon excisus (Maximowicz) Kudô 图156-118

多年生草本。叶圆形或圆卵形，先端凹缺，具尾状长尖齿，其下部具1对粗齿，基部宽楔形或近平截，骤渐窄下延，具粗牙齿状锯齿，上面被糙伏微硬毛，下面无毛，被淡黄色腺点，侧脉3～4对。聚伞花序具3～5花，组成圆锥花序；花萼钟形，被柔毛及腺点，二唇深裂；花冠淡紫色、紫色或蓝色，被微柔毛及腺点。花期7～8月，果期8～9月。

产于神农架高海拔地区，生于山坡林缘。全草可代碎米桠入药。

6. 拟缺香茶菜 | Isodon excisoides (Sun ex C. H. Hu) H. Hara 图156-119

多年生草本。茎四棱形，具4槽。茎叶宽椭圆形或卵形或卵圆形，先端锐尖状尾形，基部宽楔形或平截，骤然渐狭下延，边缘具不整齐的牙齿状锯齿，叶柄上部具宽翅。总状圆锥花序顶生或于上部茎叶腋生；苞叶叶状，向上渐变小，苞片及小苞片线形；花冠白色或淡红色。成熟小坚果近球形，无毛。花期7～9月，果期8～10月。

产于神农架高海拔地区，生于山坡林缘。全草入药。

图156-118 尾叶香茶菜　　　　　　　　图156-119 拟缺香茶菜

7. 鄂西香茶菜 | Isodon henryi (Hemsley) Kudô 图156-120

多年生草本。叶菱状卵形或披针形，先端渐尖，基部近平截，骤窄下延成窄翅，具圆齿状锯齿，上面疏被糙硬毛，沿脉毛密，下面无毛，沿脉疏被糙硬毛。聚伞花序具3～5花，苞叶叶状；花萼宽钟形，淡紫色；果萼脉纹明显，近无毛，被腺点；花冠白色或淡紫色，具紫斑，被微柔毛及腺点。花期8～9月，果期9～10月。

产于神农架松柏、红坪，生于海拔800～1800m的山坡林缘。全草可代碎米桠入药。

8. 毛叶香茶菜 | Isodon japonicus (N. Burman) H. Hara 图156-121

多年生草本。叶卵形或宽卵形，先端渐尖，基部宽楔形，骤渐窄，具锯齿或圆齿状锯齿，两面被微柔毛及淡黄色腺点。聚伞花序具（3～）5～7花，组成疏散圆锥花序，顶生，被柔毛及腺点；

苞叶卵形；花萼钟形，密被灰白柔毛及腺点，萼齿三角形；花冠淡紫色或蓝色，上唇具深色斑点。花期7~8月，果期9~10月。

神农架广布，生于海拔600~1000m的山坡林缘。全草入药。

图156-120　鄂西香茶菜

图156-121　毛叶香茶菜

9. 线纹香茶菜│Isodon lophanthoides (Buchanan-Hamilton ex D. Don) H. Hara

分变种检索表

1. 叶基部阔楔形至浅心形······················ 9a. 线纹香茶菜I. lophanthoides var. lophanthoides
1. 叶基部楔形····························9b. 狭基线纹香茶菜I. lophanthoides var. gerardianus

9a. 线纹香茶菜（原变种）Isodon lophanthoides var. lophanthoides 图156-122

多年生草本。基部匍匐生根，并具小球形块根。茎叶卵形、阔卵形或长圆状卵形。圆锥花序顶生及侧生，苞叶卵形，下部的叶状，但远较小，上部的苞片状，无柄；花冠白色或粉红色。花果期8~12月。

神农架广布，生于海拔200~400m的溪边灌丛。全草入药。

9b. 狭基线纹香茶菜（变种）Isodon lophanthoides var. gerardianus (Bentham) H. Hara 图156-123

本变种与原变种的主要区别：叶大，卵形，先端渐尖，基部楔形。

产于神农架松柏，生于海拔200~400m的耕地边。全草入药。

图156-122　线纹香茶菜　　　　　　　　　　　　　图156-123　狭基线纹香茶菜

38. 鞘蕊花属Coleus Loureiro

直立或基部匍匐的草本或灌木。叶对生，具柄，边缘具齿。轮伞花序6至多花，疏松或密集，排列成总状花序或圆锥花序；花萼卵状钟形或钟形；雄蕊4枚，下倾，内藏于下唇片，花丝在基部或至中部合生成鞘包围花柱基部，但常与花冠筒离生，稀有近合生的，药室通常汇合；花柱先端相等2浅裂；花盘前方膨大。小坚果卵圆形至圆形。

约90~150种。我国产6种，湖北栽培1种，神农架也有栽培。

五彩苏｜Coleus scutellarioides (Linnaeus) Bentham　图156-124

直立草本。茎通常紫色，四棱形，被微柔毛，具分枝。叶柄伸长扁平，被微柔毛。轮伞花序多花，圆锥花序；苞片宽卵圆形，先端尾尖，脱落；花萼钟形；花冠浅紫色至紫色或蓝色，冠檐二唇形，上唇短，直立，4裂，下唇延长，内凹，舟形；雄蕊4枚，内藏，花丝在中部以下合生成鞘状。小坚果宽卵圆形或圆形，压扁，褐色，具光泽。花期7月。

神农架有栽培。观叶植物。

图156-124　五彩苏

39. 罗勒属Ocimum Linnaeus

草本、亚灌木或灌木。轮伞花序6~10花，多数排列成具梗的穗状或总状花序，再组成圆锥花序；花萼卵圆形或钟状，果时下倾，外常被腺点，萼齿5，二唇形，上唇3齿，中齿圆形或倒卵圆形，宽大，边缘呈翅状下延至萼筒，花后反折；花冠筒内无毛环，喉部膨大呈斜钟形，冠檐二唇形，上唇近相等4裂，下唇下倾，全缘，扁平或稍内凹。

100~150种。我国产5种，湖北栽培1种，神农架也有栽培。

1. 罗勒 | Ocimum basilicum Linnaeus

分变种检索表

1. 叶卵圆形或卵状长圆形······················1a. 罗勒O. basilicum var. basilicum
1. 叶长圆形··1b. 疏柔毛罗勒O. basilicum var. pilosum

1a. 罗勒（原变种）Ocimum basilicum var. basilicum 图156-125

一年生草本。茎上部被倒向微柔毛，多分枝。叶卵圆形至卵状长圆形，两面近无毛，下面具腺点，侧脉3~4对。总状花序顶生于茎、枝上，各部均被微柔毛；苞片倒披针形，花萼钟形，萼齿披针形，具刺尖头；花冠淡紫色，冠檐二唇形，上唇4裂，下唇长圆形，不裂。小坚果卵球形，有具腺的穴陷。花期通常7~9月，果期9~12月。

神农架有栽培。嫩茎叶作蔬菜或调料；全草入药。

1b. 疏柔毛罗勒（变种）Ocimum basilicum var. pilosum (Willdenow) Bentham 图156-126

本变种与原变种的主要区别：茎多分枝上升；叶小，长圆形，叶柄及轮伞花序极多疏柔毛；总状花序延长。

神农架有栽培。全草和果实入药。

图156-125 罗勒

图156-126 疏柔毛罗勒

40. 四棱草属Schnabelia Handel-Mazzetti

多年生草本。具稍膨大的根茎；茎绿色，四棱形，棱角上具翅。叶通常早落。花二型，具开花和闭花授粉型的花；开花授粉的花的花冠大，花冠筒细长，花蕾时上部成球状，几乎全藏于萼筒，开花时伸出；闭花授粉的花的花冠极小，内藏，早落，冠檐闭合，从不开放。小坚果倒卵球形，被短柔毛。

2种。我国特有，湖北产2种，神农架均产。

1. 萼齿5枚；花序总梗长大于7mm ┈┈┈┈┈┈┈┈┈┈┈┈┈┈┈┈┈┈ 1. 四棱草S. oligophylla

1. 萼齿4枚；花序总梗长小于2mm ┈┈┈┈┈┈┈┈┈┈┈┈┈┈┈┈ 2. 四齿四棱草S. tetrodonta

1. 四棱草 ｜ **Schnabelia oligophylla** Handel-Mazzetti 图156–127

多年生草本。茎四棱形，棱边具膜质翅，节处变细。叶片卵形或卵状披针形，两面均有毛，下部的叶多为3裂，上部节上的叶渐小或无叶。花淡紫色，单生于叶腋；萼钟形，5裂；花冠唇形，淡紫色，上唇2裂，下唇3裂；雄蕊4枚，长伸于花冠管外；子房上位，4深裂。小坚果4枚。

产于神农架木鱼（红花），生于溪边密林下。全草入药。

2. 四齿四棱草 ｜ **Schnabelia tetrodonta** (Sun) C. Y. Wu et C. Chen
图156–128

多年生草本。根茎短且膨大。叶片纸质，茎中部以下的卵形，先端锐尖，基部楔形，边缘具粗锯齿。苞片钻形，被微柔毛，花梗极短；花萼钟状，外面被短柔毛，内面无毛；雄蕊4枚，二强，内藏；子房被短柔毛；花柱极短，内藏，与子房等长，无毛；花盘环状。小坚果倒卵球形，被短柔毛，橄榄色，背部具不甚明显的网状条纹，侧面相接，腹面具凹陷的果脐，中间隆起。花期5月，果期6~7月。

产于神农架宋洛、新华、阳日，生于山坡密林下。全草可代四棱草入药。

图156–127　四棱草

图156–128　四齿四棱草

41. 莸属Caryopteris Bunge

直立或披散灌木，很少草本。单叶对生，通常具黄色腺点。聚伞花序腋生或顶生，常再排列成伞房状或圆锥状；萼宿存，钟状，通常5裂，裂片三角形或披针形；花冠通常5裂，二唇形，下唇中间一裂片较大，全缘至流苏状；雄蕊4枚，2长2短，伸出花冠管外，花丝通常着生于花冠管喉部；子房不完全4室，每室具1枚胚珠；花柱线形，柱头2裂。蒴果小，通常球形。

15种。我国产13种，湖北产5种，神农架均产。

分种检索表

1. 花序无苞片及小苞片；叶下面灰白色。
　2. 叶缘具粗齿·····································2. 兰香草C. incana
　2. 叶缘具深锯齿·································5. 光果莸C. tangutica
1. 花序具苞片及小苞片。
　3. 花序通常具3～5花，有时单生。
　　4. 叶缘有6～10对圆齿，上部叶也具齿·············3. 金腺莸C. aureoglandulosa
　　4. 叶缘有1～3对浅齿，上部叶有时全缘·············1. 三花莸C. terniflora
　3. 花序通常具7～9花·······························4. 莸C. divaricata

1. 三花莸 │ Caryopteris terniflora Maximowicz　图156-129

直立亚灌木。常自基部分枝。茎方形，密生灰白色向下弯曲柔毛。叶片纸质，卵圆形至长卵形，顶端尖，基部阔楔形至圆形，两面具柔毛和腺点，以背面较密，边缘具规则钝齿。聚伞花序；花冠紫红色或淡红色，外面疏被柔毛和腺点。蒴果成熟后四瓣裂，果瓣倒卵状舟形，无翅，表面明显凹凸成网纹，密被糙毛。花果期6～9月。

神农架低海拔地区广布，生于海拔400～800m的山坡、平地或水沟河边。全草药用。

2. 兰香草 │ Caryopteris incana (Thunberg ex Houttuyn) Miquel　图156-130

小灌木。嫩枝圆柱形，略带紫色，被灰白色柔毛；老枝毛渐脱落。叶片厚纸质，披针形至长圆形，顶端钝或尖，基部楔形或近圆形至截平，边缘有粗齿，很少近全缘，被短柔毛，表面色较淡，两面有黄色腺点，背脉明显；叶柄被柔毛。聚伞花序；花冠淡紫色或淡蓝色。蒴果倒卵状球形，被粗毛，果瓣有宽翅。花果期6～10月。

产于神农架松柏、阳日、新华，多生于海拔600～1500m的较干旱的山坡或悬崖石上。全草入药。

图156-129　三花莸

3. 金腺莸 | Caryopteris aureoglandulosa (Vaniot) C. Y. Wu　图156-131

落叶亚灌木。茎方形，密被卷曲微柔毛。叶片纸质，卵形至宽卵形，顶端急尖，基部圆形至阔楔形，背面被稀疏金黄色腺点，边缘上部有1~3对不规则粗齿。聚伞花序2~3花，腋生，密被柔毛；花序总梗及花柄极短；花萼钟形，4裂，裂片披针形至卵状三角形；花冠白色带淡红色。蒴果淡黄色。花期4月。

产于神农架下谷，生于海拔600~1500m的山坡林缘。叶入药。

图156-130　兰香草　　　　　　　　　　图156-131　金腺莸

4. 莸 | Caryopteris divaricata Maximowicz

多年生草本。茎方形，疏被柔毛或无毛。叶片膜质，卵圆形，卵状披针形至长圆形，边缘具粗齿，两面疏生柔毛，背面的毛较密。二歧聚伞花序腋生；苞片披针形至线形；花萼杯状，外面被柔毛，结果时增大近1倍，裂齿三角形；花冠紫色或红色。蒴果黑棕色，4瓣裂，无毛，无翅。花期7~8月，果期8~9月。

产于神农架下谷至房县一带，生于海拔400~600m的山坡林下阴湿地。全草入药。

5. 光果莸 | Caryopteris tangutica Maximowicz　图156-132

落叶灌木。嫩枝密生灰白色绒毛。叶片披针形至卵状披针形，边缘常具深锯齿，背面密生灰白色茸毛。聚伞花序紧密呈头状，腋生和顶生；无苞片和小苞片；花萼外面密生柔毛，顶端5裂，裂片披针形，结果时花萼增大；花冠蓝紫色，二唇形，下唇中裂片较大，边缘呈流苏状。蒴果倒卵圆状球形，无毛，果瓣具宽翅。花期7~9月，果期9~10月。

产于神农架下谷至房县一带，生于海拔600~1000m的山坡林下阴湿地。全草入药。

42. 大青属Clerodendrum Linnaeus

灌木或小乔木，直立。单叶对生，稀3~5叶轮生。聚伞花序或组成伞房状、圆锥状或近头状花序；苞片宿存或早落；花萼色艳，钟状或杯状，宿存；花冠高脚杯状或漏斗状，5裂；雄蕊4枚，着生花冠筒上部，伸出花冠；子房4室，每室1枚胚珠。浆果状核果，具4枚分核，有时分裂为2或4枚分果片。

约400种。我国产34种，湖北产5种，神农架产3种。

1. 臭牡丹 | Clerodendrum bungei Steudel 图156-133

灌木。植株有臭味。小枝近圆形，皮孔显著。叶片纸质，表面散生短柔毛，基部脉腋有数盘状腺体。伞房状聚伞花序，披针形或卵状披针形；花冠淡红色、红色或紫红色。核果近球形，成熟时蓝黑色。花果期5～11月。

神农架广布，生于海拔600～1500m的沟谷、路旁。茎及叶入药。

图156-132　光果莸

图156-133　臭牡丹

2. 海州常山 | Clerodendrum trichotomum Thunberg 图156-134

灌木或小乔木。幼枝、叶柄、花序轴等多少被黄褐色柔毛或近于无毛；老枝灰白色，具皮孔，髓白色，有淡黄色薄片状横隔。叶片纸质，顶端渐尖，基部宽楔形至截形，表面深绿色，背面淡绿色。伞房状聚伞花序，顶生或腋生，通常二歧分枝；花香，花冠白色或带粉红色。核果近球形，包藏于增大的宿萼内，成熟时外果皮蓝紫色。花果期6～11月。

　　神农架广布，生于海拔600～2000m的山坡灌丛中。嫩枝及叶、花、果实、根入药。

图156-134　海州常山

3. 海通 ｜ Clerodendrum mandarinorum Diels　图156-135

　　灌木或乔木。幼枝略呈四棱形，密被黄褐色绒毛，髓具明显的黄色薄片状横隔。叶片近革质，卵状椭圆形至心形，先端渐尖，基部截形、近心形或稍偏斜，表面绿色，被短柔毛，背面密被灰白色绒毛。伞房状聚伞花序；花冠白色，有香气。核果近球形，幼时绿色，成熟后蓝黑色，干后果皮常皱成网状，宿萼增大，红色，包果一半以上。花果期7～12月。

　　产于神农架下谷、新华，生于海拔400～600m的路边、溪旁或丛林中。枝叶可入药。

43. 紫珠属Callicarpa Linnaeus

　　灌木，稀攀援灌木或小乔木。小枝被毛。叶对生，稀3叶轮生，常被毛及腺点，具锯齿，稀全缘。聚伞花序腋生；花小，整齐，花萼杯状或钟状，4裂，宿存；花冠紫、红或白色，4裂；雄蕊4枚，着生于花冠筒基部，花丝与花冠筒等长或伸出，花药卵圆形或长圆形，药室纵裂或孔裂；子房不完全2室，每室2胚珠。浆果状核果，具4分核。

　　190种。我国产48种，湖北产12种，神农架产8种。

1. 常绿灌木或藤本 ···································· 1. 藤紫珠 C. peichieniana
1. 落叶灌木。
  2. 花丝较花冠长2倍或以上，花药卵圆形或椭圆形，药室纵裂。
    3. 小枝、叶下面和花序密被绵状茸毛 ················ 6. 湖北紫珠 C. gracilipes
    3. 小枝、叶下面和花序密被星状毛或无毛。
      4. 叶及花各部被红色腺点，不脱落或脱落后无凹点 ········· 3. 紫珠 C. bodinieri
      4. 叶及花常被黄色腺点，脱落后留有凹点 ············ 2. 老鸦糊 C. giraldii
  2. 花丝短于花冠，稀等于或稍长于花冠，花药长圆形，药室孔裂。
    5. 叶及花被红色腺点 ····························· 4. 华紫珠 C. cathayana
    5. 叶及花被黄色腺点。
      6. 叶片披针形或狭椭圆状披针形 ············· 5. 广东紫珠 C. kwangtungensis
      6. 叶片倒卵形或倒卵状披针形。
        7. 叶片倒披针形或披针形，基部狭楔形 ········· 8. 窄叶紫珠 C. membranacea
        7. 叶倒卵形，基部楔形或钝 ················· 7. 日本紫珠 C. japonica

1. 藤紫珠 | *Callicarpa peichieniana* Chun et S. L. Chen   图156-136

藤本。小枝棕褐色，圆柱形。叶片宽卵形至椭圆形，基部宽楔形至浑圆，全缘，表面深绿色，背面密生灰黄色厚茸毛。聚伞花序；花柄及萼筒无毛；花冠紫色，无毛；子房有星状毛。果实近球形，紫色，初被星状毛，成熟后脱落。花期6～7月，果期8～11月。

产于神农架木鱼至兴山一带，生于海拔200～500m的山坡或谷地林中。枝叶入药。

图156-135　海通

图156-136　藤紫珠

2. 老鸦糊 ｜ *Callicarpa giraldii* Hesse ex Rehder

分变种检索表

1. 叶片背面、花萼和花冠均疏被星状毛··································2a. 老鸦糊 C. giraldii var. giraldii
1. 叶片背面、花萼和花冠均密被灰白色星状毛···2b. 毛叶老鸦糊 C. giraldii var. subcanescens

2a. 老鸦糊（原变种）*Callicarpa giraldii* var. *giraldii* 图156–137

落叶灌木。小枝圆柱形，灰黄色，被星状毛。叶片纸质，宽椭圆形至披针状长圆形，顶端渐尖，边缘有锯齿，表面黄绿色，稍有微毛，背面淡绿色，疏被星状毛和细小黄色腺点。聚伞花序；花冠紫色，稍有毛，具黄色腺点。果实球形，初时疏被星状毛，熟时无毛，紫色。花期5～6月，果期7～11月。

神农架低海拔地区广布，生于疏林和灌丛中。全株入药。

图156–137 老鸦糊

2b. 毛叶老鸦糊（变种）*Callicarpa giraldii* var. *subcanescens* Rehder 图156–138

落叶灌木。本变种与原变种的主要区别：叶片背面、花萼和花冠均密被灰白色星状毛。
神农架低海拔地区广布，生于疏林和灌丛中。全株可代老鸦糊入药。

3. 紫珠 ｜ *Callicarpa bodinieri* H. Léveillé 图156–139

落叶灌木。小枝、叶柄和花序均被星状毛。叶片卵状长椭圆形至椭圆形，顶端长渐尖至短尖，基部楔形，边缘有细锯齿，表面干后暗棕褐色，有短柔毛，背面灰棕色，密被星状柔毛。聚伞花序；花冠紫色，被星状柔毛和暗红色腺点。果实球形，熟时紫色，无毛。花期6～7月，果期8～11月。

神农架广布，生于海拔400～1200m的林中、林缘及灌丛中。根或全株入药。

图156-138　毛叶老鸦糊　　　　　　　　　　图156-139　紫珠

4. 华紫珠 │ **Callicarpa cathayana** H. T. Chang　图156-140

落叶灌木。小枝纤细，幼嫩时稍有星状毛，老后脱落。叶片椭圆形或卵形，顶端渐尖，基部楔形，两面近于无毛，而有显著的红色腺点。聚伞花序，3～4次分歧，略有星状毛；花冠紫色，疏生星状毛，有红色腺点。果实球形，紫色。花期5～7月，果期8～11月。

神农架广布，生于海拔400～1000m的山坡密林中。枝叶入药。

5. 广东紫珠 │ **Callicarpa kwangtungensis** Chun　图156-141

落叶灌木。幼枝略被星状毛，常带紫色；老枝黄灰色，无毛。叶片狭椭圆状披针形至线状披针形，顶端渐尖，基部楔形，两面通常无毛，背面密生显著的细小黄色腺点。聚伞花序，3～4次分歧，具稀疏的星状毛；花冠白色或带紫红色，稍有星状毛。果实球形。花期6～7月，果期8～10月。

产于神农架新华，生于海拔600～800m的山坡林下或灌丛中。枝叶入药。

图156-140　华紫珠　　　　　　　　　　　图156-141　广东紫珠

6. 湖北紫珠 | **Callicarpa gracilipes** Rehder 图156-142

落叶灌木。小枝圆柱形，与叶柄、花序均被灰褐色星状茸毛。叶片卵形或卵状椭圆形，背面密生厚灰色星状茸毛，毛下隐藏细小黄色腺点。聚伞花序2～3次分歧；花序梗等于或稍长于叶柄；苞片线形；花萼杯状，具星状毛；萼齿钝或近于截头状。果实长圆形，淡紫红色，被微毛和黄色腺点。果期8～10月。

产于神农架宋洛，生于海拔600～800m的山坡林缘。枝叶可代紫珠入药。

7. 日本紫珠 | **Callicarpa japonica** Thunberg 图156-143

落叶灌木。小枝无毛。叶片倒卵形、卵形或椭圆形，两面通常无毛，边缘上半部有锯齿。聚伞花序细弱而短小，2～3次分歧；花萼杯状，无毛，萼齿钝三角形；花冠白色或淡紫色。果实球形。花期6～7月，果期8～10月。

产于神农架新华，生于海拔400～800m的山坡林缘。枝叶可代紫珠入药。

图156-142　湖北紫珠

图156-143　日本紫珠

8. 窄叶紫珠 | **Callicarpa membranacea** Chang 图156-144

落叶灌木。叶片质地较薄，倒披针形或披针形，绿色或略带紫色，两面常无毛，有不明显的腺点，侧脉6～8对，边缘中部以上有锯齿。花萼齿不显著。花期5～6月，果期7～10月。

产于神农架各地，生于海拔400～800m的山坡林缘。枝叶可代紫珠入药。

图156-144　窄叶紫珠

44. 牡荆属Vitex Linnaeus

乔木或灌木。小枝常四棱形。掌状复叶，对生，小叶3~8，稀单叶。圆锥状聚伞花序；苞片小；花萼钟状或管状，近平截或具5小齿，有时稍二唇形，常被微柔毛及黄色腺点；花冠白色、淡蓝色、淡蓝紫色或淡黄色，稍长于花萼，二唇形，上唇2裂，下唇3裂，中裂片较大。核果球形或倒卵圆形，外包宿萼。

250种。我国产14种，湖北产2种，神农架均产。

分种检索表

1. 灌木；小叶两面被柔毛；萼齿不明显 ··· 1. 黄荆V. negundo
1. 乔木；叶背密被白色柔毛；萼齿明显 ··· 2. 灰毛牡荆V. canescens

1. 黄荆 │ Vitex negundo Linnaeus

分变种检索表

1. 小叶全缘，偶具少数锯齿 ·· 1a. 黄荆V. negundo var. negundo
1. 小叶具锯齿 ·· 1b. 牡荆V. negundo var. cannabifolia

1a. 黄荆（原变种）Vitex negundo var. negundo 图156-145

灌木或小乔木。小枝四棱形，密生灰白色绒毛。掌状复叶，小叶长圆状披针形至披针形，顶端渐尖，基部楔形，全缘或每边有少数粗锯齿，表面绿色，背面密生灰白色绒毛。聚伞花序排成圆锥花序；花序梗密生灰白色绒毛；花冠淡紫色，外有微柔毛。核果近球形。花期4~6月，果期7~10月。

神农架低海拔地区广布，生于山坡路旁或灌木丛中。果实、枝、叶入药。

1b. 牡荆（变种）Vitex negundo var. cannabifolia (Siebold et Zuccarini) Handel-Mazzetti 图156-146

落叶灌木或小乔木。小枝四棱形。叶对生，掌状复叶，小叶披针形或椭圆状披针形，顶端渐尖，基部楔形，边缘有粗锯齿，表面绿色，背面淡绿色，通常被柔毛。圆锥花序顶生，长10~20cm；花冠淡紫色。果实近球形，黑色。花期6~7月，果期8~11月。

产于神农架阳日，生于海拔400~1300m的山坡路边灌丛中。

图156-145 黄荆

7. 孙航通泉草 | M. sunhangii D. G. Zhang et T. Deng　图157-7

多年生草本。全株被白色长柔毛。具莲座状基生叶和对生的茎生叶，无匍匐茎；基生叶和茎生叶相似；茎生叶1～3对，倒卵状椭圆形，背面绿色，疏被白色长柔毛。总状花序；每一小花具1披针形小苞片；花萼裂片长三角形；花冠白色，唇瓣上有黄色斑纹。

特产于神农架新华，生于石灰岩滴水岩壁上。该种居群十分狭窄，为极度濒危物种。

8. 长匍通泉草 | Mazus procumbens Hemsley　图157-8

多年生草本。茎多枝。基生叶少到多数，常早枯落，茎生叶通常对生，具长柄，以茎中部生的较大，边缘有粗圆齿，基部截形或近圆形下延成柄。总状花序全为顶生；花梗纤细；花萼钟状；花冠紫色。蒴果小，圆球形。

产于神农架各地，生于海拔1800～220m的冷杉或桦林下。

图157-7　孙航通泉草

图157-8　长匍通泉草

158. 透骨草科 | Phrymaceae

草本，稀亚灌木或灌木。茎四棱形。叶为单叶，对生，具齿，无托叶。穗状花序生于茎顶及上部叶腋，纤细，具苞片及小苞片，有长梗。花两性，左右对称；花萼合生成筒状，具5棱，檐部二唇形；花冠合瓣，漏斗状筒形，檐部二唇形，上唇直立，下唇开展；雄蕊（2～）4枚，着生于冠筒内面；子房上位，1～2室，基底胎座，有1枚直生胚珠；花柱1，顶生，柱头二唇形。果为瘦果、蒴果或浆果状，狭椭圆形，包藏于宿存萼筒内，含1枚基生种子。

约14属150种。我国产4属156种，湖北产2属3种，神农架均产。

分属检索表

1. 萼筒光滑 ·· 1. 透骨草属 Phryma
1. 萼筒有棱翅 ·· 2. 沟酸浆属 Mimulus

1. 透骨草属 Phryma Linnaeus

多年生直立草本。叶为单叶，对生。穗状花序生于茎顶及上部叶腋；花两性，左右对称；花萼檐部二唇形，上唇3枚萼齿钻形，下唇2枚萼齿三角形；花冠蓝紫色、淡紫色至白色；雄蕊4枚，下方2枚较长，花丝狭线形，花药分生，背着；雌蕊子房上位，斜长圆状披针形。果为瘦果。

单种属，神农架有产。

透骨草（亚种）| Phryma leptostachya subsp. asiatica (Hara) Kitamura 图158-1

特征同属的描述。

产于神农架各地，生于海拔1200～2800m的杂木林下湿润处。全草入药。

图158-1　透骨草

2. 沟酸浆属 Mimulus Linnaeus

一年生或多年生。茎直立或铺散状平卧，圆柱形或四方形而具窄翅。叶对生。花单生于叶腋内或为顶生的总状花序，有小苞片或无；花萼筒状或钟状，果期有时膨大成囊泡状，具5肋，肋有的稍作翅状，萼齿5枚；花冠二唇形，花冠筒筒状，上唇2裂，直立或反曲，下唇3裂；雄蕊4枚，二强，着生于花冠筒内，内藏；子房2室。蒴果被包于宿存的花萼内或伸出。

150种。我国产5种，湖北产2种，神农架产2种。

分种检索表

1. 茎有窄翅；萼口斜截，萼齿长短不齐 ·························· 1. 四川沟酸浆 M. szechuanensis
1. 茎有翅；萼口平截，萼齿刺状，短而齐 ·························· 2. 沟酸浆 M. tenellus

1. 四川沟酸浆 | Mimulus szechuanensis Pai 图158-2

多年生直立草本。根状茎长。茎四方形，无毛或有时疏被柔毛，常分枝，角处有狭翅。叶卵形，顶端锐尖，基部宽楔形，边缘有疏齿。花单生于茎枝近顶端叶腋；萼圆筒形，萼口斜形，萼齿5枚，刺状，后方1枚较大；花冠长约2cm，黄色，喉部有紫斑。蒴果长椭圆形，稍扁。种子棕色，卵圆形，有明显的网纹。花期6～8月。

产于神农架各地，生于海拔600～2000m的林下阴湿处、水沟边、溪旁。全草入药。

图158-2 四川沟酸浆

2. 沟酸浆 ｜ Mimulus tenellus Bunge　图158-3

多年生柔弱草本。常铺散状，无毛。茎多分枝，下部匍匐生根，四方形，角处具窄翅。叶卵形至卵状矩圆形，顶端急尖，基部截形，边缘具明显的疏锯齿。花单生于叶腋；花萼圆筒形，萼口平截，萼齿5枚，细小，刺状；花冠漏斗状，黄色，喉部有红色斑点。蒴果椭圆形。种子卵圆形，具细微的乳头状凸起。花果期6～9月。

产于神农架各地，生于海拔600～2200m的水边、林下湿地。全草可代四川沟酸浆入药。

图158-3　沟酸浆

159. 泡桐科 | Paulowniaceae

落叶乔木。嫩枝常有黏质腺毛。叶对生，大而有长柄，心形至长卵状心形，基部心形。花3~5朵成小聚伞花序，再组成大型圆锥花序；萼齿5枚，稍不等；冠大，紫色或白色，花冠漏斗状钟形至管状漏斗形，内面常有深紫色斑点，檐部二唇形，上唇2裂，下唇3裂。蒴果卵圆形至长圆形。种子小而多，有膜质翅。

2属9种。我国产全部属种，湖北产1属5种，神农架产1属4种。

泡桐属Paulownia Siebold et Zuccarini

落叶乔木。枝对生，全体被毛，并常有黏质腺毛。叶对生，大而有长柄，心形至长卵状心形，基部心形，全缘、波状或3~5浅裂。花3~5朵成小聚伞花序，再组成大型圆锥花序；萼齿5枚，稍不等，花冠大，紫色或白色；花冠漏斗状钟形至管状漏斗形，内面常有深紫色斑点，檐部二唇形，上唇2裂，下唇3裂。蒴果卵圆形至长圆形。种子小而多，有膜质翅。

7种。我国均产，湖北产5种，神农架产4种。

分种检索表

```
1. 小聚伞花序有明显的总梗。
    2. 果卵圆形；花冠紫色或浅紫色。
        3. 果实卵圆形，幼时被黏质腺毛·······························1. 毛泡桐P. tomentosa
        3. 果实卵形或椭圆形，幼时被绒毛·······························3. 兰考泡桐P. elongata
    2. 果长圆形或长椭圆形；花冠白色或浅紫色·······················2. 白花泡桐P. fortunei
1. 小聚伞花序除下部的花序外无明显的总梗·····························4. 川泡桐P. fargesii
```

1. 毛泡桐 | Paulownia tomentosa (Thunberg) Steudel　图159-1

落叶乔木。树冠宽大伞形。树皮褐灰色。小枝有明显皮孔，幼时常具黏质短腺毛。叶片心脏形，顶端锐尖头，全缘或波状浅裂，上面毛稀疏，下面毛密或较疏。花序枝的侧枝不发达，花序为金字塔形或狭圆锥形；花冠紫色。蒴果卵圆形，幼时密生黏质腺毛，宿萼不反卷。种子连翅长约2.5~4mm。花期4~5月，果期8~9月。

神农架广布，生于海拔600~1400m的山谷疏林或村寨边。茎皮、嫩根或根皮、叶、果实、花入药。

2. 白花泡桐 | Paulownia fortunei (Seemann) Hemsley　图159-2

落叶乔木。树冠圆锥形。主干直。树皮灰褐色。幼枝、叶、花序各部和幼果均被黄褐色星状绒毛，但叶柄、叶片上面和花梗渐变无毛。叶片长卵状心脏形或为卵状心脏形，顶端长渐尖或锐尖头。花序狭长几成圆柱形；花冠白色仅背面稍带紫色或浅紫色。蒴果长圆形或长圆状椭圆形；果皮木质。种子连翅长6～10 mm。花期3～4月，果期7～8月。

产于神农架宋洛、红坪，生于低海拔的山坡、林中、山谷及荒地。根、树皮入药。

图159-1　毛泡桐

图159-2　白花泡桐

3. 兰考泡桐 ｜ Paulownia elongata S. Y. Hu　　图159-3

落叶乔木。全体具星状绒毛。小枝褐色，有凸起的皮孔。叶片通常卵状心脏形。花序枝的侧枝不发达，小聚伞花序稀有单花；萼倒圆锥形；花冠漏斗状钟形，紫色至粉白色，外面有腺毛和星状毛，内面无毛而有紫色细小斑点；子房和花柱有腺，花柱长30～35mm。蒴果卵形，稀卵状椭圆形，有星状绒毛，宿萼碟状。

产于神农架阳日，生于低海拔的山坡、林中、山谷及荒地。

图159-3　兰考泡桐

4. 川泡桐 ｜ *Paulownia fargesii* Franchet

　　落叶乔木。主干明显。小枝紫褐色至褐灰色，有圆形凸出皮孔。叶片卵圆形至卵状心脏形。花序为宽大圆锥形，小聚伞花序无总梗或几无梗，有花3～5朵；萼倒圆锥形，基部渐狭；花冠近钟形，白色有紫色条纹至紫色，外面有短腺毛，内面常无紫斑，管在基部以上突然膨大；子房有腺。蒴果椭圆形或卵状椭圆形，幼时被黏质腺毛，果皮较薄。种子长圆形。花期3～4月，果期7～8月。

　　产于神农架阳日，生于低海拔的山坡、林中、山谷及荒地。

160. 列当科 | Orobanchaceae

草本，极少数为灌木。半寄生至全寄生，具吸器，极少数为非寄生。叶互生，螺旋状排列，或单叶对生。无限花序；花萼管状；花冠二唇形，上唇成盔状，伸直或先后翻卷，或延长成喙，下唇3裂；雄蕊4枚，二强雄蕊，花丝贴生于花冠，花药2室，纵缝开裂；心皮2枚，合生，子房上位，中轴到侧膜胎座，胚珠2~4枚或多数，倒生。蒴果室背或室间开裂，裂片2~3枚。种子具棱角，外壁具网状纹饰。

99属2000多种。我国产34属500余种，湖北产18属42种，神农架产13属27种。

分属检索表

1. 腐生植物；全体无叶绿素。
  　2. 心皮3。
  　　3. 花序总状或穗状···1. 草苁蓉属Boschniakia
  　　3. 花序头状···2. 黄筒花属Phacellanthus
  　2. 心皮2。
  　　4. 花淡紫色；茎及花萼有毛···3. 列当属Orobanche
  　　4. 花白色；茎及花萼无毛···4. 假野菰属Christisonia
1. 自养植物；植株具绿色叶片。
  　5. 灌木；茎叶幼嫩时常被星状毛···5. 来江藤属Brandisia
  　5. 草本；茎叶无星状毛。
  　　6. 花冠上唇多少向前方弓曲成盔状或为窄长的倒舟状。
  　　　7. 蒴果含1~4枚种子···6. 山罗花属Melampyrum
  　　　7. 蒴果含多数种子。
  　　　　8. 花萼下无小苞片。
  　　　　　9. 花萼4裂；蒴果顶端圆钝而微凹··························7. 小米草属Euphrasia
  　　　　　9. 花萼5裂；蒴果顶端尖锐，少为平或微凹。
  　　　　　　10. 花冠上唇边缘向外翻卷····························8. 松蒿属Phtheirospermum
  　　　　　　10. 花冠上唇常延长成喙，边缘不外卷················9. 马先蒿属Pedicularis
  　　　　8. 花萼下有1对小苞片·····························10. 阴行草属Siphonostegia
  　　6. 花冠上唇伸直或向后翻卷，不成盔状。
  　　　11. 花冠大，呈喇叭状，长远超过2cm。
  　　　　12. 叶有腺毛，植株除基生叶外多少还有茎生叶··········11. 地黄属Rehmannia
  　　　　12. 叶无腺毛，被绵毛，植株仅有基生叶，花葶上无叶···12. 呆白菜属Triaenophora
  　　　11. 花冠小，长通常不及2cm·····························13. 钟萼草属Lindenbergia

1. 草苁蓉属Boschniakia C. A. Meyer

寄生肉质草本。根状茎近球形或横走，圆柱状，常有1~3条直立茎；茎不分枝，圆柱状，肉质。叶鳞片状，螺旋状排列于茎上，三角形、三角状卵形或卵形。花序总状或穗状；苞片1枚；花几无梗或具短梗；花萼杯状或浅杯状；花冠二唇形。蒴果卵状长圆形，2或3瓣开裂，常具宿存的花柱基部而使顶端呈喙状。

2种。我国全产，湖北产1种，神农架产1种。

丁座草 | Boschniakia himalaica J. D. Hooker et Thomson 图160-1

一年生草本。根状茎球形；茎不分枝，肉质。叶宽三角形、三角状卵形至卵形。花序总状，具密集的多数花；苞片生于花梗基部，三角状卵形，小苞片生于花梗上部与花萼基部之间；花萼浅杯状；花冠片黄褐色或淡紫色，筒部稍膨大。果梗粗壮；蒴果近圆球形或卵状长圆形。花期4~6月，果期6~9月。

产于神农架新华、宋洛、木鱼，生于海拔800~1500m的山坡林下。块茎入药。

2. 黄筒花属Phacellanthus Siebold et Zuccarini

寄生草本。全株无毛。花茎短，单生，粗厚；鳞片阔，覆瓦状排列；花无柄，排成短而粗厚的头状花序；萼片2~4裂；花冠管圆柱状，延长，裂片5枚，稍相等；雄蕊内藏，花丝上部增厚，药室平排，药隔和花丝贯连；子房有胎座4枚。蒴果。

单种属，神农架有分布。

黄筒花 | Phacellanthus tubiflorus Siebold et Zuccarini 图160-2

特征同属的描述。

产于神农架新华，生于海拔1000~1500m的山坡林下。全草入药。

图160-1 丁座草

215

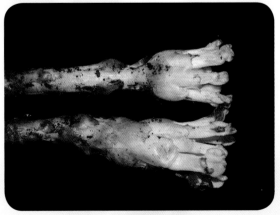

图160-2 黄筒花

3. 列当属Orobanche Linnaeus

寄生草本。茎直立，单生，被腺毛或柔毛。叶退化鳞片状。穗状花序有花数十朵；苞片披针形；花萼5裂，贴茎的1枚裂片不显著，基部合生；花冠二唇形，上唇2裂，下唇3裂，蓝紫色；雄蕊4枚，二强，插生于花冠筒上，花冠在雄蕊着生以下部分膨大；雌蕊柱头膨大，花柱下弯，子房卵形。蒴果卵形，熟后2纵裂。种子粉尘状。

100种。我国产25种，湖北产3种，神农架产2种。

分种检索表

1. 植株仅具长绵毛···1. 列当O. coerulescens
1. 植株具腺毛并夹杂柔毛···2. 短唇列当O. elatior

1. 列当 │ Orobanche coerulescens Stephan　图160-3

二年生或多年生草本。全株密被蛛丝状长绵毛。茎不分枝，基部常稍膨大。叶干后黄褐色，生于茎下部的较密。花多数，排列成穗状花序；苞片与叶同形并近等大；花萼2深裂达近基部，每裂片中部以上再2浅裂；花冠深蓝色、蓝紫色或淡紫色，上唇2浅裂，下唇3裂；雄蕊4枚。蒴果卵状长圆形或圆柱形。种子多数。花期4～7月，果期7～9月。

产于神农架木鱼坪，生于海拔800～1400m的山坡林缘。全草及根入药。

2. 短唇列当 │ Orobanche elatior Sutton　图160-4

二年生或多年生草本。叶稀少，卵状披针形或披针形，连同苞片和花萼外面及边缘密被腺毛。花序穗状；苞片与叶同形并近等大；花萼不整齐2深裂，后面裂达基部，前面裂至近基部；花冠钟状，黄色或黄褐色，弧状弯曲。蒴果长圆形。花期5～7月，果期7～9月。

图160-3　列当

产于神农架新华，生于海拔2500m的山坡林下。全草及根可代列当入药。

4. 假野菰属Christisonia Gardner

低矮寄生草本，常数株簇生在一起。茎短，不分枝。叶鳞片状，螺旋排列于茎基部。花簇生于茎端或排列成总状或穗状花序；花萼筒状；花冠筒状钟形或漏斗状，顶端5裂，裂片近等大；雄蕊4

枚，内藏或稍伸出，花药一室发育，另一室不存在或退化成距或距状物，极少2室全部发育。蒴果卵形或近球形，室背开裂。种子多数。

16种。我国产1种，湖北产1种，神农架产1种。

假野菰 | **Christisonia hookeri** C. B. Clarke   图160-5

寄生草本。植株常数株簇生，无毛。茎极短，不分枝。叶少数，卵形。花常2至数朵簇生于茎的顶端；苞片长圆形或卵形；花萼筒状，顶端2裂，裂片卵状三角形；花冠筒状，白色，顶端5裂，裂片近圆形，全缘；雄蕊5枚，内藏，花丝着生于筒的近基部，花药黏合，上方的2枚雄蕊1室，发育，下方的2枚雄蕊一室发育，另一室退化成棍棒状附属物。花期5~8月，果期8~9月。

产于神农架徐家庄林场，寄生在海拔1600m的禾本科箭竹属*Fargesia*植物的根上。全草入药。

图160-4　短唇列当

图160-5　假野菰

列当科 | Orobanchaceae

217

5. 来江藤属Brandisia J. D. Hooker et Thomson

直立、攀援或藤状灌木。常有星状绒毛。叶对生，稀亚对生。花腋生，单个或成对，花梗上生2枚小苞片；萼钟状，外面有星状毛；花冠具长短不等的管部；雄蕊4枚，二强，多少伸出或包于花冠之内；子房卵圆形，有毛。蒴果质厚，卵圆形，室背开裂。种子线形，种皮有薄翅，膜质而有网纹。

11种。我国产8种，湖北产1种，神农架产1种。

来江藤 | **Brandisia hancei** J. D. Hooker   图160-6

落叶灌木。全体密被锈黄色星状绒毛，植株及叶上面逐渐变无毛。叶片卵状披针形，顶端锐尖头，基部近心脏形，稀圆形，全缘，很少具锯齿；叶柄短，有锈色绒毛。花单生于叶腋；花冠橙红色，外面有星状绒毛；子房卵圆形，与花柱均被星毛。蒴果卵圆形，略扁平，有短喙，具星状毛。花期11月至翌年2月，果期3~4月。

产于神农架木鱼、新华等石灰岩山地，生于海拔400~1200m的林缘、灌丛或石壁上。根及全株入药。

6. 山罗花属Melampyrum Linnaeus

一年生半寄生草本。叶对生，全缘。苞叶与叶同形。花具短梗，单生于苞叶腋中，集成总状花序或穗状花序，无小苞片；花萼钟状，萼齿4枚；花冠二唇形，上唇盔状，侧扁，顶端钝，边缘窄而翻卷，下唇稍长，开展，基部有2条皱褶，顶端3裂；雄蕊4枚，二强；子房每室有胚珠2枚；柱头头状。蒴果卵状，略扁。

20种。我国产3种，湖北产1种，神农架亦产。

1. 山罗花 | Melampyrum roseum Maximowicz

分变种检索表

1. 叶片顶端渐尖，基部圆钝或楔形 ························ 1a. 山罗花 M. roseum var. roseum
1. 叶片顶端稍钝，基部浅心形至宽楔形 ············ 1b. 钝叶山罗花 M. roseum var. obtusifolium

1a. 山罗花（原变种）Melampyrum roseum var. roseum 图160-7

一年生草本。叶片披针形至卵状披针形，顶端渐尖，基部圆钝或楔形；苞叶绿色，仅基部具尖齿至整个边缘具多条刺毛状长齿，顶端急尖至长渐尖。花萼萼齿长三角形至钻状三角形，生有短睫毛；花冠紫色、紫红色或红色，上唇内面密被须毛。蒴果卵状渐尖，直或顶端稍向前偏。花期夏秋季。

神农架广布，生于海拔700~2400m的山坡林缘。全草入药。

图160-6 来江藤

图160-7 山罗花

1b. 钝叶山罗花（变种）Melampyrum roseum var. obtusifolium (Bonati) D. Y. Hong 图160-8

一年生草本。本变种与原变种相比，叶片长卵形，先端渐尖，基部浅心形，圆钝至楔形；苞叶先端渐尖至长渐尖，两边具多条刺毛状长齿。花密集；萼齿长渐尖至尾状。花果期6~10月。

产于神农架新华、宋洛、老君山、盘龙、板仓，生于海拔700~1000m的山坡林缘。全草可代山罗花入药。

7. 小米草属 Euphrasia Linnaeus

一年生或多年生草本。叶通常在茎下部的较小，掌状叶脉，具齿。穗状花序顶生；花无小苞片；花萼管状或钟状，4裂；花冠筒管状，上唇直而盔状；雄蕊4枚，二强，药室并行而分离，部分药室或全部药室基部具尖锐的距，其余药室基部具小凸尖；柱头稍扩大，全缘或2裂。蒴果矩圆状。种子多数，椭圆形，具多数纵翅。本属为多少半寄生的植物，常寄生于禾本科植物的根上。

200种。我国产11种，湖北产1种，神农架亦产。

短腺小米草 │ **Euphrasia regelii** Wettstein　图160-9

一年生草本。茎直立。叶和苞叶无柄。花序通常在花期短；花萼管状，裂片披针状渐尖至钻状渐尖；花冠白色，上唇常带紫色，外面多少被白色柔毛，背部最密，下唇比上唇长，裂片顶端明显凹缺。蒴果长矩圆状。花期5~9月。

产于神农架兴山、巴东县，生于海拔300m的山坡草丛中。

图160-8　钝叶山罗花　　　　　图160-9　短腺小米草

8. 松蒿属 Phtheirospermum Bunge ex Fischer et C. A. Meyer

一年生或多年生有黏质的草本。叶对生，一至三回羽状分裂。花腋生，单生，无柄或具短柄，无小苞片；萼钟状，5裂，裂片短；花冠二唇形，管阔，上唇极短，直立，裂片2枚，背折，下唇较长且阔，2裂；雄蕊4枚，2长2短，花药基部有小尖；柱头匙状，2短裂。蒴果压扁，有喙，室裂。

3种。我国产2种，湖北产1种，神农架产1种。

松蒿 | **Phtheirospermum japonicum** (Thunberg) Kanitz 图160-10

一年生草本。植体被多细胞腺毛。叶柄边缘有狭翅，叶片长三角状卵形，近基部的羽状全裂，向上则为羽状深裂，小裂片长卵形或卵圆形，多少歪斜，边缘具重锯齿或深裂。萼齿5枚，叶状，披针形，羽状浅裂至深裂；花冠紫红色至淡紫红色。蒴果卵球形。种子卵圆形，扁平。花果期6~10月。

神农架广布，生于海拔600~1800m的山坡灌丛阴处。全草入药。

图160-10 松蒿

9. 马先蒿属Pedicularis Linnaeus

多年生草本。叶互生、对生或3~5轮生，全缘或羽状分裂。花序总状或穗状，顶生；苞片叶状；花萼管状，2~5齿裂；花冠管圆柱状，二唇形，上唇盔状，下唇3裂；雄蕊4枚，二强，花药包藏于盔瓣中；子房2室，花柱细长。蒴果。

500余种。我国产329种，湖北产15种，神农架产11种。

1. 叶互生，至少茎上部的叶互生。
    2. 花冠前端不狭缩成喙···7. 埃氏马先蒿P. artselaeri
    2. 花冠前端狭缩成喙，喙形态多样。
        3. 花盔下缘无长须毛。
            4. 茎直立。
                5. 总状花序长，花多数，密集·····················3. 扭旋马先蒿P. torta
                5. 花序短总状至近头状而短，花数较少。
                    6. 花多少呈头状花序·····················8. 法氏马先蒿P. fargesii
                    6. 花多少呈总状花序。
                        7. 叶缘具重锯齿，有时全缘·········2. 返顾马先蒿P. resupinata
                        7. 叶羽状深裂至全裂·············1. 亨氏马先蒿P. henryi
            4. 茎常铺散地面。
                8. 花盔以大于直角的角度折转·········6. 蔊菜叶马先蒿P. nasturtiifolia
                8. 花盔以小于直角的角度折转·········9. 羊齿马先蒿P. filicifolia
        3. 花盔下缘有长须毛···4. 美观马先蒿P. decora
1. 叶对生或轮生。
    9. 花冠属于有齿型·······················10. 立氏大王马先蒿P. rex subsp. lipskyana
    9. 花冠属于无齿型
        10. 叶披针状线形，先端长渐尖·····················11. 穗花马先蒿P. spicata
        10. 叶长圆形至卵状长圆形，先端锐尖至微凹·········5. 全萼马先蒿P. holocalyx

1. 亨氏马先蒿 ｜ Pedicularis henryi Maximowicz　　图160-11

多年生草本。茎中空，上部略有棱角，密被锈褐色污毛。叶互生，被短柔毛，长圆状披针形至线状长圆形，两面均被短毛，羽状全裂。花梗细长，密被短毛；萼圆筒形，前方深裂至一半或大半，齿5枚，或有时退化为3枚；花冠浅紫红色。蒴果斜披针状卵形。种子卵形而尖，形如桃，有整齐的纵条纹，褐色。花期5～9月，果期8～11月。

产于神农架新华，生于海拔1500～2000m的山顶草丛及林边。根入药。

2. 返顾马先蒿 ｜ Pedicularis resupinata Linnaeus　　图160-12

多年生草木。直立，干时不变黑色。茎常单出，多方形有棱。叶互生或有时下部甚或中部者对生；叶柄短，无毛或有短毛；叶片卵形至长圆状披针形，先端渐狭，基部广楔形或圆形。花单生；萼齿仅2枚，宽三角形；花冠淡紫红色，花冠筒基部向右扭旋，下唇及上唇成回顾状，喙较长，下唇有缘毛。蒴果斜长圆状披针形。花期6～8月，果期7～9月。

产于神农架新华、宋洛，生于海拔1500～2200m的山顶草地及林椽。根入药。

图160-11　亨氏马先蒿　　　　　　　　　　　　图160-12　返顾马先蒿

3. 扭旋马先蒿 ｜ Pedicularis torta Maximowicz　图160-13

多年生草木。根垂直向下，近肉质，无侧根。叶互生或假对生，长圆状披针形至线状长圆形，渐上渐小。总状花序顶生，多花，无间断；萼卵状椭圆形，萼齿3枚；花冠具黄色的花管及下唇，紫色或紫红色的盔，上唇紫色或紫红色，长喙"S"形，有鸡冠状凸起。蒴果卵形，扁平，基部被宿萼斜包。花期6～8月，果期8～9月。

图160-13　扭旋马先蒿

神农架广布，生于海拔1800～2500m的山顶草坡。全草入药。

4. 美观马先蒿 ｜ Pedicularis decora Franchet　图160-14

多年生草本。全株多毛，干时变为黑色。根茎粗壮肉质。叶线状披针形至狭披针形，边缘深裂。花序穗状而长，毛较密而具腺，下部之花疏距，上部较密；苞片始叶状而长，愈上则愈小；花黄色；萼有密腺毛；花管下唇裂片卵形，钝头，中裂较大于侧裂，盔约与下唇等长，舟形，下缘有长须毛。果卵圆而稍扁。花期6～7月，果期9～10月。

神农架高海拔地区广布，生于海拔1800～2500m的山坡草丛中。根茎入药。

5. 全萼马先蒿 | **Pedicularis holocalyx** Handel-Mazzetti 图160-15

一年生草本。植株干时不变黑色。叶基出者早枯，较小，向上渐大，叶片长圆状披针形，羽状深裂。花序生于主茎与短枝之端；苞片下部者狭披针形而羽状浅裂，长于花，上部者变宽而为三角状卵形；柄膜质而宽，有长缘毛；萼圆卵形，全部膜质透明；花冠管在近基部强烈向前作膝屈。

产于神农架高海拔地区，生于山坡林缘。全草入药。

图160-14　美观马先蒿

图160-15　全萼马先蒿

6. 薄菜叶马先蒿 | **Pedicularis nasturtiifolia** Franchet 图160-16

多年生草本。干时不变黑色。茎叶疏生直达顶端，对生或亚对生，叶片卵形至椭圆形，羽状全裂。花均腋生，梗纤细，萼圆筒状倒圆锥形，萼齿5枚，稍不相等，上部膨大叶状；花冠玫瑰色，管略少于萼的2倍，下唇很大，圆形，微有缘毛，侧裂较大，半圆形，中裂几不向前凸出，狭卵形而尖。

产于神农架高海拔地区，生于山坡林缘。全草入药。

图160-16　薄菜叶马先蒿

7. 埃氏马先蒿 | **Pedicularis artselaeri** Maximowicz 图160-17

多年生草本。叶有长柄，叶片长圆状披针形。花腋生，具有长梗，花大，浅紫红色；萼圆筒形。蒴果卵圆形，稍扁平，顶端有偏指下方的凸尖，全部为膨大之宿萼所包裹。

产于神农架高海拔地区，生于山坡草丛中。

8. 法氏马先蒿 | Pedicularis fargesii Franchet 图160-18

多年生草本。叶少数，基出者有长柄，叶片卵状长圆形至椭圆状长圆形。花序顶生；苞片下部膜质而宽，上部叶状，有锐重锯齿，略有细毛；萼卵状短圆筒形，前方稍开裂；花冠白色，裂片圆形；花丝2对，上部均被长毛；柱头常伸出。蒴果未见。花期6～7月。

产于神农架高海拔地区，生于山坡草丛中。

图160-17　埃氏马先蒿

图160-18　法氏马先蒿

9. 羊齿马先蒿 | Pedicularis filicifolia Hemsley 图160-19

多年生草本。叶几乎全部对生，叶片椭圆形，先端钝圆，羽状全裂，裂片每边3～5片，边缘有缺刻状重锯齿。花全部腋生，紫红色；萼管筒状，齿5枚，叶状；花冠管伸直，盔以直角或小于直角的角度转折。花期7～8月。

产于神农架高海拔地区，生于山坡草丛中。

10. 立氏大王马先蒿 | Pedicularis rex subsp. lipskyana (Bonati) P. C. Tsoong 图160-20

图160-19　羊齿马先蒿

多年生草本。主根粗壮。茎直立，有棱角和条纹。叶3～5枚而常以4枚轮生，其柄在最下部者常不膨大而各自分离，其较上者多强烈膨大，而与同轮中者互相结合成斗状体，叶片羽状全裂或深裂。花序总状；苞片基部均膨大而结合；花无梗；花冠紫色。蒴果卵圆形，先端有短喙。花期6～8月，果期8～9月。

产于神农架高海拔地区，生于山坡草丛中。

11. 穗花马先蒿 │ **Pedicularis spicata** Pallas 　图160-21

一年生草本。叶片椭圆状长圆形，两面被毛；柄短，扁平有狭翅，被毛；叶片多变，长圆状披针形至线状狭披针形，上面疏被短白毛，背面脉上有较长的白毛。种子仅5~6枚，脐点明显凹陷，切面略作三棱形，背面宽而圆，2个腹面狭而多少凹陷，端有尖，均有极细的蜂窝状网纹。花期7~9月，果期8~10月。

产于神农架高海拔地区，生于山坡草丛中。

列当科 │ Orobanchaceae

图160-20　立氏大王马先蒿　　　　　图160-21　穗花马先蒿

10. 阴行草属 Siphonostegia Bentham

一年生草本。全株密被短毛或腺毛，茎中空。下部叶为假对生，上部叶互生，叶片轮廓为长卵形，二回羽状全裂或亚掌状3深裂。总状花序生于茎枝顶端；苞片不裂或羽状分裂；萼管状钟形而长，具10条脉；花冠二唇形，花管细而直，盔（上唇）弓曲，额部圆，下唇3裂，裂片近相等；雄蕊4枚，二强，花药开裂后常成新月状弯曲；子房2室。蒴果黑色，包于宿存的萼管内。

4种。我国产2种，湖北产2种，神农架产2种。

分种检索表

1. 植株密被短毛；叶二回羽状全裂·······················1. 阴行草 S. chinensis
1. 植株密被腺毛；叶掌状3深裂·······················2. 腺毛阴行草 S. laeta

1. 阴行草 | Siphonostegia chinensis Bentham 图160-22

一年生草本。茎中空，枝对生，稍具棱角，密被无腺短毛。叶对生，广卵形，两面密被短柔毛，二回羽状全裂。总状花序；花萼管部很长，厚膜质，萼齿5枚，绿色，密被短毛；花冠上唇红紫色，下唇黄色，外面密被长纤毛，内面被短毛。蒴果被包于宿存萼内，披针状长圆形，黑褐色。种子多数，黑色，长卵圆形。花期6~8月。

神农架广布，生于海拔300~1600m的山坡及草地。全草入药。

2. 腺毛阴行草 | Siphonostegia laeta S. Moore 图160-23

一年生草本。全体密被腺毛。茎基部木质，圆筒形，中空，上部具明显的棱角，密被褐色细腺毛。叶对生，膜质，两面被细腺毛，掌状3深裂。总状花序；萼管状钟形；花冠黄色，下唇褶壁不成囊状，密被长柔毛。蒴果黑褐色，包于宿萼内，卵状长椭圆形。种子多数，黄褐色，长卵圆形。花期7~9月，果期9~10月。

产于神农架低海拔地区，生于草丛或灌木林中较阴湿的地方。全草入药。

图160-22 阴行草

图160-23 腺毛阴行草

11. 地黄属 Rehmannia Liboschitz ex Fischer et C. A. Meyer

多年生草本。全株被多细胞长柔毛及腺毛。叶互生。花大，具短柄，生于叶腋内或排成顶生的总状花序；萼钟形，顶部5裂，裂片不等长，通常后方1枚最长，全缘或再分裂；花冠二唇形，稍弯曲，管一侧肿胀，裂片偏斜；雄蕊4枚，有时5枚，但1枚较小，内藏；子房基部托有一环状或浅杯状花盘，2室，胚珠多数。蒴果具宿萼，室背开裂。

6种。我国全产，湖北产4种，神农架产3种。

分种检索表

1. 花梗上有叶状或钻状小苞片。
   2. 花梗上有1~2枚钻状小苞片 ·· 1. 湖北地黄R. henryi
   2. 花梗上有2枚叶状小苞片 ·· 3. 裂叶地黄R. piasezkii
1. 花梗上无叶状小苞片 ·· 2. 地黄R. glutinosa

1. 湖北地黄 ｜ Rehmannia henryi N. E. Brown　图160-24

多年生草本。基生叶多少成丛，叶片椭圆状矩圆形，两面均被多细胞长柔毛，边缘具不规则圆齿，叶片顶部钝圆，基部渐狭成带翅的柄；茎生叶与基生叶相似，但向上逐渐变小。花单生；花冠淡黄色，外面被白色柔毛，上唇裂片横矩圆形，下唇裂片矩圆形；花丝基部疏被极短的腺毛；子房无毛，下托有一环状花盘，柱头圆形。花期4~5月。

产于神农架各地，生于海拔200~600m的路边或石缝中。根茎药用。

2. 地黄 ｜ Rehmannia glutinosa (Gaertner) Liboschitz ex Fischer et C. A. Meyer　图160-25

多年生草本。根茎肉质肥厚，鲜时黄色。叶在茎基部集成莲座状，向上则缩小成苞片，或逐渐缩小而在茎上互生，叶片卵形至长椭圆形，边缘具不规则圆齿或钝锯齿以至牙齿。花在茎顶部略排列成总状花序，或几乎全部单生于叶腋而分散在茎上；花萼钟状；花冠筒状而弯曲，外面紫红色，被多细胞长柔毛。蒴果卵形至长卵形。花果期4~7月。

产于神农架各地，生于海拔400~1400m的路边石壁上。全草入药。

图160-24　湖北地黄

图160-25　地黄

3. 裂叶地黄 | **Rehmannia piasezkii** Maximowicz　图160-26

多年生草本。叶片纸质，长椭圆形。花冠紫红色，花冠筒长，前端扩大，多少囊状，外面被长柔毛或无毛，内面褶壁上被长腺毛；花冠裂片两面几无毛或被柔毛，边缘有缘毛，上唇裂片横矩圆形，下唇中裂片稍长而凸出于两侧裂片之外，倒卵状矩圆形，侧裂片近于圆形；花丝无毛或近基部略被腺毛；柱头2枚，片状。花果期4~7月。

产于神农架各地，生于海拔200~400m的路边石壁上。

图160-26　裂叶地黄

12. 呆白菜属**Triaenophora** Solereder

多年生草本。全体密被白色绵毛。基生叶略排成莲座状，卵状矩圆形或长椭圆形，叶片两面被白色绵毛或几无毛，边缘具齿或浅裂，有时全缘，具柄；茎生叶与基生叶相似，往上渐变小。总状花序；花具短梗；小苞片2枚，条形；花萼筒状或近钟状，萼齿5枚；花冠筒状，裂片5枚，略成唇形；雄蕊4枚，二强，花丝基部被长柔毛；子房卵形，无毛，花柱稍长于雄蕊，柱头2裂。蒴果矩圆形。种子多数，矩圆形。

2种。我国特有，湖北产1种，神农架产1种。

呆白菜 | **Triaenophora rupestris** (Hemsley) Solereder　图160-27

多年生草本。植株密被白色绵毛。基生叶较厚，叶片卵状矩圆形，长椭圆形，两面被白色绵毛，边缘具粗锯齿或为多少带齿的浅裂片，顶部钝圆，基部近于圆形或宽楔形。总状花序；小苞片条形，着生于花梗中部；花冠紫红色，狭筒状，伸直或稍弯曲，外面被多细胞长柔毛；子房卵形，无毛。花期7~9月。

产于神农架各地，生于海拔500~1200m的干燥悬崖石缝中。全草入药。

神农架崖白菜*Triaenophora shennongjiaensis* X. D. Li, Y. Y. Zan et J. Q. Li与呆白菜的区别仅在花色上，苞片边缘是否有锯齿、花冠裂片先端钝或尖均不稳定，且呆白菜的模式产地就在湖北西部，与神农架崖白菜产地重叠，故笔者认为将神农架崖白菜处理为呆白菜的异名较为适宜。

13. 钟萼草属Lindenbergia Lehmann

一年生或多年生草本。多分枝，被毛。叶对生或上部的互生，有锯齿，具短柄。花腋生或排成顶生的穗状或总状花序；花萼钟形，被毛；花冠二唇形，花冠筒圆筒形；雄蕊4枚，二强，内藏，着生于花冠筒的中下部，花丝无毛，药室分离，常有短柄；子房有或无毛，柱头不裂。蒴果常被包于宿萼之内，具宿存的花柱，室裂。种子多数，极小，矩圆形或圆柱形，半陷于肉质的胎座上。

12种。我国产3种，湖北产1种，神农架亦产。

野地钟萼草 │ Lindenbergia muraria (Roxburgh ex D. Don) Brühl　图160-28

一年生草本。叶片卵形，质薄；叶柄细弱，被柔毛。花单生于叶腋，被柔毛；花冠黄色；雄蕊花药圆形，有柄；子房及花柱基部皆密被长纤毛，柱头球形，无毛。蒴果卵圆形，端渐尖，密被毛，被包于宿萼之内，花柱常宿存。种子狭矩圆形或圆柱形，深黄色。花果期8～10月。

产于神农架兴山，生于海拔200～500m的干燥的悬崖石壁上。

图160-27　呆白菜　　　　　　　　　　图160-28　野地钟萼草

161. 狸藻科 | Lentibulariaceae

一年生或多年生食虫草本。陆生、附生或水生。茎及分枝常变态成根状茎、匍匐枝、叶器和假根，仅少数属具叶，其余无真叶而具叶器。除捕虫堇属外均有捕虫囊。花单生或排成总状花序；花两性，虫媒或闭花受精；花萼2、4或5裂，裂片镊合状或覆瓦状排列，宿存并常于花后增大；花冠合生，左右对称，檐部二唇形。蒴果球形，室背开裂或兼室间开裂。种子细小，种皮具凸起、疣突、棘刺或倒刺毛，稀平滑。

4属230种。我国产2属19种，湖北产2属6种，神农架产1属1种。

捕虫堇属 Pinguicula Linnaeus

多年生草本。根纤维状。根状茎通常粗短。捕虫囊不存在。叶片椭圆形或长圆形，边缘全缘并多少内卷，绿色，脆嫩多汁，上面密被分泌黏液的腺毛，能粘捕小昆虫。

30种。我国产2种，湖北产1种，神农架产1种。

高山捕虫堇 | Pinguicula alpina Linnaeus 图161-1

多年生草本。叶基生呈莲座状，脆嫩多汁，叶片长椭圆形，边缘全缘并内卷，上面密生多数分泌黏液的腺毛。花单生，花萼2深裂，无毛；花冠白色，上唇3浅裂，下唇2浅裂。蒴果，卵球形至椭圆球形，无毛，室背开裂。花期5~7月，果期7~9月。

产于神农架红坪、下谷，生于高海拔的阴湿岩壁上。

图161-1　高山捕虫堇

162. 爵床科｜Acanthaceae

草本、灌木或藤本。叶对生，无托叶，叶片和小枝上常有条形的钟乳体。花两性，左右对称，通常组成总状花序、穗状花序或聚伞花序，有时单生或簇生；苞片通常大；花萼通常5裂或4裂；花冠合瓣，具冠管，高脚碟形、漏斗形或钟形；发育雄蕊4或2枚，通常为二强；子房上位，其下常有花盘，2室，中轴胎座。蒴果室背开裂为2果爿，或中轴连同爿片基部一同弹起。种子扁或透镜形。

约220属4000种。我国产35属304种，湖北产9属14种，神农架产7属12种。

分属检索表

1. 花冠裂片为覆瓦状排列或双盖覆瓦状排列。
   2. 花冠5裂，裂片近相等 ·· 1. 十万错属Asystasia
   2. 花冠显著为二唇形。
      3. 聚伞花序下部2～4苞片总苞状，内有1～4花 ······················· 2. 观音草属Peristrophe
      3. 花序下部苞片不为总苞状。
         4. 苞片大而鲜艳、棕红色 ··· 3. 麒麟吐珠属Calliaspidia
         4. 苞片较小，若宽大则不为棕红色 ·································· 4. 爵床属Justicia
1. 花冠裂片为旋转排列，裂片相等或近相等。
   5. 子房每室具多数种子
      6. 叶在茎上对生 ··· 5. 水蓑衣属Hygrophila
      6. 叶基生呈莲座状 ·· 6. 地皮消属Pararuellia
   5. 子房每室具2～4枚种子 ··· 7. 马蓝属Strobilanthes

1. 十万错属Asystasia Blume

草本或灌木。叶蓝色或变化于黄色和蓝色之间，全缘或稍有齿。花排列成顶生的总状花序，或圆锥花序；萼5裂至基部，裂片相等；花冠通常钟状，近漏斗形，冠檐近于5等裂，上面的细长裂片略凹；雄蕊4枚，二强，内藏，基部成对连合；花柱头状，2浅裂或2齿，胚珠每室2枚。蒴果长椭圆形，基部扁，上部略凹四棱形。

约40种。我国产4种，湖北产1种，神农架亦产。

白接骨｜Asystasia neesiana (Wallich) Nees　图162-1

草本。富黏液。竹节形根状茎。叶纸质，卵形至矩圆形，边缘微波状至具浅齿。总状花序或基部有分枝，顶生；花萼裂片5枚；花冠淡紫红色，漏斗状，花冠筒细长，裂片5枚，略不等；雄蕊二强，着生于花冠喉部。蒴果，上部具4枚种子，下部实心细长似柄。花期7～9月，果期10月至翌年1月。

产于神农架新华、宋洛、板仓、盘龙、阳日，生于海拔400～2400m的林下或溪边。根状茎、全草入药。

2. 观音草属 Peristrophe Nees

草本或灌木。叶通常全缘或稍具齿。常由2至数个聚伞花序组成其他花序；花萼小，5深裂，裂片等大；花冠大，扭转，冠管细长，圆柱状，喉部短，稍扩大，内弯，冠檐二唇形，上唇常伸展，下唇常直立，齿状3裂；雄蕊2枚，着生于花冠喉部两侧；子房每室有胚珠2枚。蒴果开裂时胎座不弹起。种子每室2枚，阔卵形，表面有多数小凸点。

约40种。我国产10种，湖北产2种，神农架产1种。

九头狮子草 │ Peristrophe japonica (Thunberg) Bremekamp 图162-2

草本。叶卵状矩圆形。花序生于上部叶腋，由2～8个聚伞花序组成；花萼裂片5枚，钻形；花冠白色、淡粉红色至淡紫色，外面疏生短柔毛，二唇形，下唇3裂；雄蕊2枚，花丝细长，伸出，花药被长硬毛，2室叠生。蒴果疏生短柔毛，开裂时胎座不弹起，上部具4枚种子，下部实心。花期7月至翌年2月，果期7～10月。

产于神农架板仓、宋洛，生于海拔700～2000m的沟边或草地。全草入药。

图162-1　白接骨

图162-2　九头狮子草

3. 麒麟吐珠属 Calliaspidia Bremekamp

多年生草本。对生叶等大。穗状花序顶生；苞片卵状心形，覆瓦状排列，仅2列生花，其余的无花；花萼深5裂；花单生于苞腋；花冠白色，有红色糠秕状斑点，冠管狭钟形，冠檐二唇形。蒴果棒状。种子两侧呈压扁状。

1种。我国产1种，湖北产1种，神农架有栽培。

虾衣花 │ **Calliaspidia guttata** (Brandegee) Bremekamp　图162-3

多分枝的草本。叶卵形，全缘。穗状花序紧密，稍弯垂；萼白色；花冠白色，在喉凸上有红色斑点，伸出苞片之外，冠檐深裂至中部，被短柔毛。蒴果未见。

栽培于神农架阳日、松柏的庭院中。茎、叶入药。

4. 爵床属Justicia Linnaeus

草本。叶表面散布钟乳体。花组成顶生穗状花序；苞片交互对生；花萼不等大5裂或等大4裂；花冠短，二唇形，上唇平展，浅2裂，具花柱槽，下唇有隆起的喉凸，裂片覆瓦状排列；雄蕊2枚，花药2室；花盘坛状，每侧有方形附属物；子房被丛毛，柱头2裂，裂片不等长。蒴果小，基部具坚实的柄状部分。种子每室2枚，两侧呈压扁状，种皮皱缩。

约700种。我国产43种，湖北产2种，神农架均产。

分种检索表

1. 花萼均等4裂或不等5裂 ·· 1. 爵床J. procumbens
1. 花萼均等5裂 ··· 2. 杜根藤J. quadrifaria

1. 爵床 │ **Justicia procumbens** Linnaeus　图162-4

草本。叶椭圆形至长圆形。穗状花序顶生或生于上部叶腋；花萼裂片4枚，线形，有膜质边缘和缘毛；花冠粉红色或白色，二唇形，下唇3浅裂；雄蕊2枚，药室不等高，下方1室有距。蒴果上部具4枚种子，下部实心似柄状。花果期全年。

产于神农架新华，生于海拔600～2450m的旷野、林下、路旁阴湿地。全草入药。

图162-3　虾衣花　　　　　　　　　　　　图162-4　爵床

2. 杜根藤 ｜ Justicia quadrifaria (Nees) T. Anderson 图162-5

草本。叶片矩圆形或披针形，边缘常具有间距的小齿，叶片干时黄褐色。花序腋生；花萼裂片线状披针形，被微柔毛；花冠白色，具紫色斑点，被疏柔毛，上唇直立，2浅裂，下唇3深裂，开展；雄蕊2枚，花药2室，上下叠生，下方药室具距。蒴果无毛。

产于神农架各地，生于海拔400～600m的林缘、山地路旁及沟溪边。全草能消热解毒。

5. 水蓑衣属Hygrophila R. Brown

灌木或草本。叶对生，全缘或具不明显小齿。花2至多朵簇生于叶腋；花萼圆筒状，萼管中部5深裂；冠管筒状，喉部常一侧膨大，冠檐二唇形，上唇直立，2浅裂，下唇近直立，有喉凸，浅3裂，裂片旋转状排列；雄蕊4枚，二强，花丝基部常有下沿的膜相连；子房每室有4至多枚胚珠。蒴果圆筒状或长圆形。种子宽卵形，两侧压扁，被白毛。

约100种。我国产6种，湖北产1种，神农架亦产。

水蓑衣 ｜ Hygrophila ringerns (Linnaeus) R. Brown ex Sprengel 图162-6

草本。茎四棱形。叶纸质，长椭圆形、披针形、线形。花簇生于叶腋；花萼圆筒状，5深裂至中部，裂片稍不等大；花冠淡紫色或粉红色，上唇卵状三角形，下唇长圆形，喉凸上有疏而长的柔毛；后雄蕊的花药比前雄蕊的小一半；花柱线状，柱头2裂。蒴果干时淡褐色，无毛。花期8～10月，果期12月至翌年2月。

栽培于神农架松柏。全草入药。

图162-5　杜根藤　　　　　　　　图162-6　水蓑衣

6. 地皮消属Pararuellia Bremekamp et Nannega-Bremekamp

多年生草本。茎短。叶对生，莲座状，具叶柄。头状复聚伞花序；苞片叶形，小苞片线形；花冠白色、淡蓝色或淡粉红色，花冠管圆筒状，喉部渐扩大。蒴果圆柱状，2片裂，每爿有种子4～8

图163-1　梓

2. 灰楸 | **Catalpa fargesii** Bureau　图163-2

　　落叶乔木。幼枝无毛。叶厚纸质，卵形或三角状心形，顶端渐尖，基部截形或微心形，叶幼时表面微有分枝毛，背面较密，以后变无毛。顶生伞房状总状花序，花序多花，第二次分枝复杂；花冠淡红色至淡紫色，内面具紫色斑点，钟状。蒴果线形，下垂，长达1m。种子椭圆状线形，两端具丝状种毛。花期3～5月，果期6～11月。

　　产于神农架下谷，生于海拔400～600m的村庄边。观赏树木；果、根皮可入药。

图163-2　灰楸

2. 凌霄花属Campsis Loureiro

　　落叶藤本，以气生根攀援。叶对生，为奇数一回羽状复叶，小叶有粗锯齿。花大，红色或橙红色，组成顶生花束或短圆锥花序；花萼钟状，近革质，不等的5裂；花冠钟状漏斗形，檐部微呈二唇形，裂片5枚，大而开展，半圆形；雄蕊4枚，二强，弯曲，内藏。蒴果。种子多数，扁平，有半透明的膜质翅。

2种。我国含引种的共2种，湖北产2种，神农架产1种。

凌霄 | Campsis grandiflora (Thunberg) Schumann 图163-3

攀援木质藤本。以气生根攀附于他物之上。落叶，叶对生，为奇数羽状复叶，卵形至卵状披针形，顶端尾状渐尖，基部阔楔形，两面无毛，边缘有粗锯齿。短圆锥花序；花萼钟状，分裂至中部，裂片披针形；花冠大，内面鲜红色，外面橙黄色，裂片半圆形；雄蕊着生于花冠筒近基部，花丝线形，细长。蒴果顶端钝。花期5～8月。

产于神农架低海拔地区，生于山谷林下，多攀附在墙上或树干上。花、根、茎、叶入药；花供观赏。

图163-3　凌霄

164. 马鞭草科 | Verbenaceae

一年生、多年生草本或亚灌木。茎直立或匍匐。叶对生，边缘有齿至羽状深裂，极少无齿。花常排成顶生穗状或头状花序；花冠蓝色或淡红色，花冠管直或弯，向上扩展成开展的5裂片；雄蕊4枚，着生于花冠管的中部。果干燥，包藏于萼内。

10属480种。我国产5属10种，湖北产2属2种，神农架产2属2种。

分属检索表

1. 直立草本；花序穗状或圆锥状 ··· 1. 马鞭草属Verbena
1. 匍匐草本；花序呈头状 ·· 2. 过江藤属Phyla

1. 马鞭草属Verbena Linnaeus

一年生、多年生草本。茎直立或匍匐。叶对生，边缘有齿至羽状深裂，极少无齿。花常排成顶生穗状花序；花冠蓝色或淡红色，花冠管直或弯，向上扩展成开展的5裂片；雄蕊4枚，着生于花冠管的中部，2枚在上，2枚在下，花柱短，柱头2浅裂。果干燥，包藏于萼内。

250种。我国产1种及数栽培种，湖北产1种，神农架产1种。

马鞭草 | Verbena officinalis Linnaeus　　图164-1

多年生草本。茎四方形，近基部为圆形。叶片卵圆形至倒卵形或长圆状披针形；基生叶的边缘通常有粗锯齿和缺刻；茎生叶多数3深裂，裂片边缘有不整齐锯齿，两面均有硬毛。穗状花序顶生和腋生；花小；花冠淡紫色至蓝色，外面有微毛。果长圆形，外果皮薄，成熟时4瓣裂。花期6~8月，果期7~10月。

神农架广布，生于路边、山坡、溪边或林缘。地上部分入药。

2. 过江藤属Phyla Loureiro

多年生草本。茎匍匐。叶近无柄。花序头状或穗状，花小，生于苞腋；花萼小，膜质；花冠柔弱，下部管状，上部扩展呈二唇形。果成熟后干燥，分为2枚分核。

10种。我国产1种，神农架亦产。

过江藤 | Phyla nodiflora (Linnaeus) E. L. Greene　　图164-2

多年生草本。叶近无柄，匙形、倒卵形至倒披针形。穗状花序腋生，卵形或圆柱形；苞片宽倒卵形；花萼膜质；花冠白色、粉红色至紫红色，内外无毛；雄蕊短小，不伸出花冠外；子房无毛。

果淡黄色，内藏于膜质的花萼内。花果期6～10月。

产于神农架兴山县（峡口），生于海拔200m的路边潮湿地草丛中。全草入药。

图164-1 马鞭草

图164-2 过江藤

165. 青荚叶科 | Helwingiaceae

落叶或常绿灌木。单叶互生，有腺状锯齿，托叶2枚，早落。花单性，雌雄异株；雄花4~20朵排成伞形花序，雌花1~4朵呈伞形花序，通常着生于叶上面中脉上；雄花具3~4（~5）枚雄蕊，雌花子房3~4（~5）室，花柱短，柱头3~4裂。浆果状核果，卵圆形或长圆形，具分核1~4（~5）枚。

1属4种。我国产1属4种，湖北产1属4种，神农架产1属3种。

青荚叶属Helwingia Willdenow

特征同科的描述。

4种。我国均产，湖北产4种，神农架产3种。

1. 中华青荚叶 | Helwingia chinensis Batalin 图165-1

常绿灌木。叶革质或近革质，线状披针形或披针形，先端长渐尖，基部近圆形，边缘具疏细齿，两面无毛，侧脉每边6~8条。雄花4~5朵成伞形花序，雌花1~3朵生于叶面中脉下部，花梗极短。果实长圆形，成熟后黑色，具3~5枚分核。花期4~5月，果期8~10月。

产于神农架各地（阴峪河大峡谷，zdg 7221），生于海拔600~1400m的山坡或沟边。叶、果实、根、茎髓入药。

图165-1 中华青荚叶

2. 青荚叶 | Helwingia japonica (Thunberg) F. Dietrich

分变种检索表

1. 叶背面绿色 ··· 2a. 青荚叶H. japonica var. japonica
1. 叶背面粉绿色 ··· 2b. 白粉青荚叶H. japonica var. hypoleuca

2a. 青荚叶（原变种）Helwingia japonica var. japonica 图165-2

落叶灌木。叶纸质，卵形、卵圆形或阔椭圆形，先端渐尖或尾状尖，基部阔楔形或近于圆形，边缘具刺状细锯齿，下面淡绿色，两面无毛。雄花4~12朵，成伞形花序，雌花1~3朵，生于叶上面中脉近中部。果近球形，熟时黑色，具3~5枚分核。花期4~5月，果期8~9月。

产于神农架各地（阳日长青，zdg 5623），生于海拔600~1500m的山坡林中。全株和茎髓入药。

2b. 白粉青荚叶（变种）Helwingia japonica var. hypoleuca Hemsley ex Rehder 图165-3

与原变种的主要区别：叶下面被白粉，常呈灰白色或粉绿色。

产于神农架各地（官门山，zdg 7544），生于海拔1200~2100m的山坡林中。根和茎髓入药。

图165-2 青荚叶

图165-3 白粉青荚叶

3. 西域青荚叶 | Helwingia himalaica J. D. Hooker et Thomson ex C. B. Clarke 图165-4

与中华青荚叶相比，叶为厚纸质，常为披针形或卵状披针形，先端渐尖或锐尖，基部楔形或近于圆形，边缘具钝圆锯齿。

产于神农架各地，生于海拔800~1700m的山坡林中。根和茎髓入药。

图165-4 西域青荚叶

166. 冬青科 | Aquifoliaceae

灌木或乔木，落叶或常绿。单叶互生，少数对生或假轮生。花雌雄异株，少数为两性或杂性，辐射对称，成腋生的聚伞花序或簇生，少数单生；萼宿存，基部多少合生，4~8裂；花瓣4~8枚；雄蕊和花瓣同数，分离或生于花瓣的基部。浆果状核果，有2至多枚具1枚种子的分核。种子具肉质胚乳和膜质种皮，子叶扁平。

4属约400~500种。我国产1属约240种，湖北产1属49种，神农架产1属18种。

冬青属 Ilex Linnaeus

乔木或灌木，多数常绿。芽小，外具3枚鳞片。叶互生，少数对生，全缘或有锯齿，常革质。花白色、紫色或黄色，成腋生的聚伞花序或簇生，少数为单生，单性异株；萼片4~8裂；花瓣4~6枚；雄蕊着生于花瓣的基部或分离；子房上位，3至多室，每室有倒生胚珠1~2枚，花柱极短或缺，柱头头状、盘状、圆柱状或浅裂。果通常球形，有2~6枚分核。

约400种。我国约产118种，湖北产27种，神农架产18种。

分种检索表

1. 常绿乔木或灌木；枝无短枝，当年生枝无明显的皮孔。
  2. 雌花序单生于叶腋内。
    3. 雄花序单生于当年生枝的叶腋内。
      4. 当年生枝及芽被柔毛，后变无毛 ·················· 1. 冬青 I. chinensis
      4. 小枝密被短硬毛 ·················· 2. 硬毛冬青 I. hirsuta
    3. 雄花序簇生于二年生枝的叶腋内，稀单生于当年生枝的叶腋内。
      5. 叶片背面具腺点 ·················· 3. 四川冬青 I. szechwanensis
      5. 叶片背面无腺点。
        6. 分核背部中央具1条纵条纹 ·················· 4. 具柄冬青 I. pedunculosa
        6. 分核背部平滑或具3条细条纹。
          7. 分核背部平滑 ·················· 5. 云南冬青 I. yunnanensis
          7. 分核背部具3条细条纹 ·················· 6. 神农架冬青 I. shennongjiaensis
  2. 雌花序及雄花序均簇生于二年生甚至老枝的叶腋内。
    8. 雌花序的个体分枝具1花，分核4枚。
      9. 叶具刺或全缘而先端具1刺。
        10. 分核4枚，石质，具不规则的皱纹及注点。
          11. 叶缘具2~4枚刺状粗齿 ·················· 7. 枸骨 I. cornuta
          11. 叶缘具多数刺状小齿 ·················· 8. 华中枸骨 I. centrochinensis

10. 分核2枚，木质，具掌状条纹 ‥‥‥‥‥‥‥‥‥‥‥‥ 9. 猫儿刺I. pernyi
　9. 成熟叶片无刺。
　　12. 叶面具凹陷的网状细脉。
　　　13. 叶片边缘全具细锯齿 ‥‥‥‥‥‥‥‥‥‥ 10. 康定冬青I. franchetiana
　　　13. 叶片中部以上具细锯齿，基部全缘 ‥‥‥‥‥ 11. 狭叶冬青I. fargesii
　　12. 网状细脉在叶面平坦或不明显。
　　　14. 叶片边缘波状，具细齿状锯齿 ‥‥‥‥‥‥‥ 12. 珊瑚冬青I. corallina
　　　14. 叶片边缘不呈波状，具不规则的细圆齿状锯齿 ‥‥‥ 13. 榕叶冬青I. ficoidea
　8. 雌花序的个体分枝伞形状或具1花，分核6～7枚。
　　15. 果实具柱状或头状宿存柱头 ‥‥‥‥‥‥‥‥‥ 14. 河滩冬青I. metabaptista
　　15. 果实具薄盘状柱头 ‥‥‥‥‥‥‥‥‥‥‥‥‥ 15. 尾叶冬青I. wilsonii
1. 落叶灌木或乔木；有长枝和短枝，当年生枝有明显的皮孔。
　16. 果成熟后黑色。
　　17. 核果有宿存柱头，柱头柱状 ‥‥‥‥‥‥‥‥‥ 16. 大果冬青I. macrocarpa
　　17. 核果无宿存花柱，柱头盘状 ‥‥‥‥‥‥‥‥‥ 17. 大柄冬青I. macropoda
　16. 果成熟后红色 ‥‥‥‥‥‥‥‥‥‥‥‥‥‥‥‥‥ 18. 小果冬青I. micrococca

1. 冬青 │ Ilex chinensis Sims　图166-1

常绿乔木。树皮灰黑色。叶薄革质至革质，披针形或椭圆形，先端渐尖，基部钝或楔形，边缘具圆齿。雄花序三至四回分枝，每枝有花7～24朵，紫红色或淡紫色，花萼浅杯状，具缘毛；雌花花序一至二回分枝，有花3～7朵，子房卵球形，厚盘状。果实长球形，红色；分核4～5枚，凹形，背面平滑，断面三棱形；内果皮厚革质。花期4～6月，果期7～12月。

产于神农架九湖、木鱼，生于海拔500～1000m的山坡常绿阔叶林中、林缘。庭院观赏树木；根皮、树皮、叶、果实可入药。

2. 硬毛冬青 │ Ilex hirsuta C. J. Tseng ex S. K. Chen et Y. X. Feng　图166-2

常绿小乔木。当年生小枝近圆柱形，密被锈色硬毛；二年生枝被黑色硬毛。叶片革质，椭圆形或长圆状椭圆形，两面密被硬毛，叶柄被硬毛。花瓣长圆形。果序梗被硬毛，果梗被硬毛；成熟果球形或椭圆状球形；内果皮近木质。花期5月。

图166-1　冬青

产于神农架松柏、神农架林区（李洪钧 7907），生于海拔800m的山坡林中。

3. 四川冬青 │ Ilex szechwanensis Loesener 图166-3

常绿灌木或小乔木。幼枝被微柔毛。叶片革质，卵状椭圆形，先端渐尖，基部楔形至钝，主脉在叶面平坦或稍凹入，密被短柔毛，在背面隆起，无毛或被微柔毛，侧脉6～7对。雄花1～7朵排成聚伞花序，雌花单生于当年生枝的叶腋内。果球形，成熟后黑色，分核4枚，长圆形或近球形，平滑，无沟槽。花期5～6月，果期8～10月。

产于神农架巴东、巫山、巫溪等地，生于海拔200～1350m的山坡林中。茎皮、叶、根入药。

图166-2 硬毛冬青

图166-3 四川冬青

4. 具柄冬青 │ Ilex pedunculosa Miquel 一口红，一口血 图166-4

常绿小乔木或灌木。树皮灰褐色。叶革质，卵状椭圆形或卵形，先端短渐尖，基部钝或圆形。雄花3～9朵排成腋生聚伞花序，花白色或黄白色，花萼盘状；雌花单生于叶腋内，偶成3花的聚伞花序，子房阔圆锥状。果球形，红色，平滑；分核5枚，背中间具单条纵纹。花期5月，果期7～11月。

产于神农架各地，生于海拔1100～1700m的山林或灌丛中。叶、树皮入药。

图166-4 具柄冬青

5. 云南冬青 | Ilex yunnanensis Franchet

分变种检索表

1. 叶片先端急尖，边缘锯齿芒状·················5a. 云南冬青 I. yunnanensis var. yunnanensis
1. 叶片先端钝，边缘锯齿不为芒尖·················5b. 高贵云南冬青 I. yunnanensis var. gentilis

5a. 云南冬青（原变种）Ilex yunnanensis var. yunnanensis　图166-5

常绿乔木或灌木。叶革质至薄革质，卵状披针形或卵形，少数椭圆形，先端急尖，基部钝或圆形。花白色，雄花通常3朵，排成腋生聚伞花序；雌花单生于当年生枝的叶腋内，或数朵排成腋生的聚花伞序，子房球形。果球形，红色，宿存花萼平展，四角形；柱头盘状，凸起；分核4枚，平滑，无条沟及沟槽。花期5~6月，果期9~10月。

产于神农架红坪，生于海拔2500~3000m的山地林中。根、叶入药。

5b. 高贵云南冬青（变种）Ilex yunnanensis var. gentilis (Loesener) Rehder　图166-6

本变种与原变种的主要区别：叶片薄革质，长圆形或卵形，先端钝圆，稀近急尖，基部圆形，边缘具圆齿，齿尖不为芒状；雄花4~6基数。

产于神农架红坪，生于海拔2500~3000m的山地林中。根、叶入药。

图166-5　云南冬青

图166-6　高贵云南冬青

6. 神农架冬青 | Ilex shennongjiaensis T. R. Dudley et S. C. Sun　图166-7

常绿乔木。当年生小枝光滑，极疏被微柔毛，后变无毛。叶片厚革质，椭圆状卵形，先端急尖至稍钝，叶缘上部具细齿状圆齿，叶两面无毛。果序生于当年生枝的叶腋内；果球形，樱桃红色，具甜味，分核4~5枚，长圆形，背部具3条细条纹，腹面和侧面平滑。果期8~9月。

产于神农架红坪、木鱼、官门山（zdg 7601），生于海拔1600~2500m的山坡林中。

7. 枸骨 │ Ilex cornuta Lindley et Paxton　图166-8

常绿小乔木或灌木。树皮灰白色，平滑。叶厚革质，四方状长圆形，少数为卵形，先端具3枚粗硬刺齿，基部每侧有1~2枚硬刺。花淡黄色；花序簇生于二年生枝的叶腋内；子房长圆状卵球形。果球形，基部具四角形宿存花萼，顶端宿存柱头盘状，4裂；分核4枚，背具中央具1纵沟和不规则的皱纹。花期4~5月，果期10~12月。

神农架公路边有栽培。庭院绿化树种；叶、根、果实入药。

图166-7　神农架冬青

图166-8　枸骨

冬青科 │ Aquifoliaceae

249

8. 华中枸骨 │ Ilex centrochinensis S. Y. Hu　图166-9

常绿灌木。叶革质，椭圆状披针形，稀卵状椭圆形，先端渐尖，基部近圆形或阔楔形，具刺状尖头。雄花序在二年生的叶腋内簇生，中部有2枚小苞片，具缘毛；花萼盘状，深裂，具缘毛；雌花未见。果实球形，宿存花萼基部平展，裂片有缘毛，柱头顶端宿存，薄盘状；分核4枚，背部具1中央纵脊。花期3~4月，果期8~9月。

产于神农架木鱼至兴山一带（猴子包—南阳，zdg 4104；板仓—坪堑，zdg 7273），生于海拔700~1000m的溪边灌丛中、林缘或路旁。果供观赏。

图166-9　华中枸骨

9. 猫儿刺 │ Ilex pernyi Franchet　三针叶，老鼠刺　图166-10

常绿灌木或小乔木。叶革质，卵状披针形或卵形，先端三角形渐尖，边缘通常有2对大刺齿，有光泽。花淡黄色，成密生无梗花簇，腋生于二年生枝的叶腋内，每分枝仅具1花。果球形或扁球形，宿存花萼四角形，具缘毛；柱头厚盘状，4裂；分核4枚，三角形，背部具网状条纹。花期5月，果期10月。

产于神农架各地，生于海拔1400～2200m的山坡、林下、灌丛中或沟旁。根、叶入药；可盆栽供观赏。

10. 康定冬青 │ Ilex franchetiana Loesener　图166-11

小乔木或灌木。小枝有纵棱，黑褐色。叶纸质或近革质，倒披针形或长圆状椭圆形，先端渐尖，边缘具稀疏锯齿，基部楔形；叶柄具狭沟，下面多皱折。花白色，芳香；花序于二年生小枝的叶腋处簇生，雄花序簇由具3花的分枝组成。果球形，红色，宿存柱头薄盘状；分核4枚，具纵纹。花期5月，果期9～10月。

产于神农架红坪、木鱼，生于海拔2500～3000m的山地林中。果实、叶入药。

图166-10　猫儿刺

图166-11　康定冬青

11. 狭叶冬青 │ Ilex fargesii Franchet　图166-12

常绿乔木。全株无毛。小枝褐色或栗褐色，圆柱形，无毛。花萼盘状。果球形，成熟时红色，具纵条纹；宿存柱头薄盘状，宿存花萼平展；内果皮木质。花期5月，果期9～10月。

产于神农架红坪、阳日（板仓—阳日，zdg 6144）、阴峪河站（zdg 7729），生于海拔2000～2500m的山地林中。可栽培供观赏。

图166-12　狭叶冬青

12. 珊瑚冬青 | **Ilex corallina** Franchet　图166-13

常绿乔木或灌木。叶薄革质，边缘有稀疏钝锯齿，齿端刺状，先端急尖或渐尖；叶柄上面有沟，下面多皱折。花黄绿色，近无柄；花序簇生于二年生枝的叶腋内，雄花由具1~3花的分枝组成聚伞花序，雌花由具单花的分枝组成，簇生于二年生枝的叶腋内。果近球形，紫红色，宿存花萼平展；分核4枚，背面具不明显的掌状纵棱及浅沟。花期4~5月，果期9~10月。

产于神农架木鱼至兴山一带，生于海拔700~1000m的溪边灌丛中、林缘或路旁。根、叶可入药。

251

图166-13　珊瑚冬青

13. 榕叶冬青 | **Ilex ficoidea** Hemsley　图166-14

常绿乔木。高8~12m。叶革质，长圆状椭圆形，长4~9cm，宽1~3.5cm，先端尾状长尖，基部楔形、钝或近圆形，边缘有稀疏的浅圆锯齿。花淡黄绿色或白色；聚伞花序或单花簇生于叶腋。果球形或近球形，红色，宿存柱头薄盘状，4裂；分核4枚，长圆形，背部具掌状条纹，侧面具皱条纹及洼点。花期4~5月，果期8~10月。

产于神农架下谷，生于海拔700~900m的山坡下、沟旁或灌丛中。根入药。

图166-14　榕叶冬青

14. 河滩冬青 | Ilex metabaptista Loesener ex Diels　柳叶冬青

图166-15

常绿小乔木或灌木。高4m。叶片近革质，倒披针形或披针形，长3~7cm，宽1~2cm，先端钝或急尖而具小尖头。雄花序簇的单个分枝为具3花的聚伞花序；花白色；雌花序多为单花，少数为具2或3花的聚伞花序簇生于二年生枝的叶腋；子房卵球状。果为卵状椭圆形，红色，背面有纵棱及沟，侧面具纵条纹。花期5~6月，果期7~10月。

产于神农架巴东、兴山等地，生于海拔450~1040m的山坡、溪边或灌丛中。根、叶入药。

15. 尾叶冬青 | Ilex wilsonii Loesener　图166-16

常绿小乔木或灌木。高2~10m。叶革质或厚革质，倒卵形或长圆形，长4~8cm，宽2~3cm，先端骤然尾状渐尖，基部楔形，全缘，无毛。花序簇生于二年生枝的叶腋内；苞片三角形；花白色；子房卵球形。果球形，平滑，红色，宿存柱头厚盘状，宿存花萼平展；分核4枚，背具3条明显的纵棱，侧面平滑；内果皮革质。花期5~6月，果期8~10月。

产于神农架九湖、松柏，生于海拔1000~1500m的山坡林中。根、叶入药。

图166-15　河滩冬青　　　　　　　　图166-16　尾叶冬青

16. 大果冬青 | Ilex macrocarpa Oliver

分变种检索表

1. 果柄与叶柄近等长或稍长于叶柄··················16a. 大果冬青 I. macrocarpa var. macrocarpa
1. 果梗长为叶柄长的2倍以上··················16b. 长梗冬青 I. macrocarpa var. longipedunculata

16a. 大果冬青（原变种）Ilex macrocarpa var. macrocarpa 图166-17

落叶乔木。高5~15m。叶纸质或膜质，卵形或卵形椭圆形，长6~14cm，宽4~7cm，先端短渐尖，基部圆形或阔楔形，边缘具细锯齿。花白色，雄花单生或2~5花成聚伞花序于叶腋内；雌花单生于叶腋或鳞片腋内；子房圆锥状卵形。果球形，宿存花萼平展，黑色；分核7~9枚，两侧压扁，侧面具网状棱纹。花期4~5月，果期10~11月。

图166-17　大果冬青

产于神农架各地（阳日，zdg 6150），生于海拔500~1000m的山林中和路旁。根、枝、叶入药。

16b. 长梗冬青（变种）Ilex macrocarpa var. longipedunculata S. Y. Hu 图166-18

常绿小乔木或灌木。高近6cm。叶革质，卵形或卵状椭圆形，长5~8cm，宽2~3cn，先端短渐尖，基部钝圆，叶上面中肋凹入，下面凸起。雄花聚伞花序腋生，3~9朵；雌花于叶腋单生，偶为3花的聚花伞序。果球形，直径5~7mm，平滑，红色，果梗细长；分核5枚，长5mm，背宽2.5mm，中间具1条纵条纹；内果皮革质。花期5月，果期10月。

产于神农架巴东（南坪），生于海拔1500m的山坡林中。根、枝、叶入药。

图166-18　长梗冬青

17. 大柄冬青 | Ilex macropoda Miquel 图166-19

落叶乔木。树皮灰褐色。叶在长枝上互生，在短枝上3~5叶簇生于枝顶部，叶片纸质或膜质，卵形或阔椭圆形。果球形，成熟时红色，基部具宿存的平展花萼，顶端具盘状宿存柱头，柱头凸起，5或6浅裂，具分核5枚；分核轮廓长圆形；内果皮骨质。花期5~6月，果期10~11月。

产于神农架九湖、红坪，生于海拔500~1000m的山林中。

18. 小果冬青 │ Ilex micrococca Maximowicz 图166-20

落叶乔木。高20m。叶纸质或膜质，长7~16cm，宽3~5cm，先端常渐尖，基部阔楔形或圆形。花白色，伞房状二至三回聚伞花序单生于叶腋内；雄花5~6基数，花萼盘状；雌花6~8基数，花萼6深裂，具缘毛。核果球形，红色，宿存花萼平展，柱头凸起，盘状；分核6~8枚，末端钝，椭圆形，具纵向单沟。花期5~6月，果期9~10月。

产于神农架九湖、松柏、下谷、阳日，生于海拔500~1000m的山林中。根、叶入药。

图166-19　大柄冬青

图166-20　小果冬青

167. 桔梗科 | Campanulaceae

草本，稀为灌木、小乔木或草质藤本。常具乳汁。单叶互生，少对生或轮生。花常常集成聚伞花序，有时聚伞花序演变为其他花序；花两性，稀单性，通常5基数，辐射对称或两侧对称；花萼5裂，常宿存；花冠为合瓣的，浅裂或深裂至基部而成为5个花瓣状的裂片；雄蕊5枚，通常与花冠分离，花丝基部常扩大成片状；子房下位，或半上位，稀完全上位，胚珠多数，大多着生于中轴胎座上。果通常为蒴果或为不规则撕裂的干果，少为浆果。

86属2300余种。我国产16属159种，湖北产10属26种，神农架产10属25种。

分属检索表

```
1. 花冠两侧对称；雄蕊合生；子房完全下位，仅有2室··········································1. 半边莲属Lobelia
1. 花冠辐射对称；雄蕊离生，稀有合生倾向；子房下位或上位，3~6室，少为2室。
    2. 果为在侧面的基部或上部孔裂的蒴果，或为在侧面撕裂或孔裂的干果。
        3. 果为不规则撕裂的干果··········································2. 袋果草属Peracarpa
        3. 果为规则孔裂的蒴果。
            4. 花冠裂至基部，裂片狭窄··········································3. 牧根草属Asyneuma
            4. 花冠裂至中部，裂片较宽。
                5. 无花盘；蒴果在基部、中部或顶端孔裂··········4. 沙参属Adenophora
                5. 有一环状或筒状花盘围绕花柱基部；蒴果在基部孔裂··········
                    ··········································5. 风铃草属Campanula
    2. 果为在顶端瓣裂的蒴果，或为不裂的浆果。
        6. 果为浆果；子房和果实顶端近于平截形，或仅子房顶端有小而短的突尖，延成花柱。
            7. 草质藤本；花萼裂片卵状三角形或卵状披针形，全缘··········
                ··········································6. 金钱豹属Campanumoea
            7. 直立草本；花萼裂片条形或条状披针形，边缘有齿·······7. 轮钟花属Cyclocodon
        6. 果为蒴果；子房和果实2~5室，顶端圆锥状渐尖。
            8. 柱头裂片宽，卵形或矩圆形；茎直立、蔓生或缠绕··········8. 党参属Codonopsis
            8. 柱头裂片窄，条形；茎直立或上升。
                9. 高大草本；叶轮生至互生；子房和蒴果5室··········
                    ··········································9. 桔梗属Platycodon
                9. 小草本；叶互生；子房和蒴果2~5室··········10. 蓝花参属Wahlenbergia
```

1. 半边莲属Lobelia Linnaeus

草本。有的种下部木质化。叶互生，排成2行或螺旋状。花单生于叶腋，或总状花序顶生，或由总状花序再组成圆锥花序；花两性，稀单性；花萼筒卵状、半球状或浅钟状，果期宿存；花冠两侧对称，檐部单唇、二唇形或近二唇形，上唇裂片2枚，下唇裂片3枚；雄蕊筒包围花柱；子房下位、半下位，2室，胚珠多数。蒴果，成熟后顶端2裂。

约414种。我国产23种，湖北产4种，神农架均产。

分种检索表

1. 茎纤细或很少稍粗壮，草质或很少亚灌木状；花冠通常二唇形或近二唇形。
　2. 叶卵形或宽卵形···1. 铜锤玉带草L. nummularia
　2. 叶片椭圆状披针形至线形·······································2. 半边莲L. chinensis
1. 茎粗壮，草质或木本；花通常鸟媒，花冠单唇形或近二唇形，很少二唇形。
　3. 茎密被短柔毛···3. 江南山梗菜L. davidii
　3. 茎无毛或疏生短柔毛·······································4. 西南山梗菜L. sequinii

---

1. 铜锤玉带草 | Lobelia nummularia Lamarck　图167-1

多年生草本。有白色乳汁。叶互生，叶片圆卵形、心形或卵形，边缘有牙齿。花单生于叶腋；花萼筒坛状，裂片条状披针形，伸直；花冠紫红色、淡紫色、绿色或黄白色，檐部二唇形，裂片5枚；雄蕊在花丝中部以上连合。果为浆果，紫红色，椭圆状球形。种子多数，近圆球状，稍压扁，表面有小疣突。花果期全年。

产于神农架各地，生于海拔500～2300m的潮湿草地、山林阴处、丘陵、田边及路旁。全草入药。

图167-1　铜锤玉带草

2. 半边莲 | **Lobelia chinensis** Loureiro 图167–2

多年生草本。叶互生，无柄或近无柄，椭圆状披针形至条形，全缘或顶部有明显的锯齿。花通常1朵，生于分枝的上部叶腋；花萼筒倒长锥状，裂片披针形；花冠粉红色、淡蓝色或白色，裂片全部平展于下方，呈一个平面；雄蕊花丝中部以上连合。蒴果倒锥状。种子椭圆状，稍扁压。花果期5～10月。

产于神农架各地，生于水田边、沟边、山坡或路旁。带根全草入药。

3. 江南山梗菜 | **Lobelia davidii** Franchet 图167–3

多年生草本。叶螺旋状排列，叶片卵状椭圆形至长披针形，叶柄两边有翅。总状花序顶生；花萼筒倒卵状，裂片条状披针形，边缘有小齿；花冠紫红色，近二唇形；雄蕊在基部以上连合成筒。蒴果球状，底部常背向花序轴。种子黄褐色，稍压扁，椭圆状，一边厚而另一边薄。花果期8～10月。

产于神农架九冲，生于海拔2300m以下的山坡路旁、山地林缘、沟边阴湿处。根、全草入药。

图167–2 半边莲

图167–3 江南山梗菜

4. 西南山梗菜 | **Lobelia seguinii** H. Léveillé et Vaniot 图167–4

半灌木状草本。叶纸质，螺旋状排列，下部的狭长圆形，具长柄，中部以上的披针形，边缘有齿。总状花序生于主茎和分枝的顶端，偏向花序轴一侧；花萼筒倒卵状矩圆形至倒锥状，裂片披针状条形，全缘；花冠紫红色、紫蓝色或淡蓝色；雄蕊连合成筒。蒴果矩圆状，倒垂。种子矩圆状，表面有蜂窝状纹饰。花果期8～10月。

产于神农架下谷（石柱河），生于海拔500～3000m的山坡草地、路旁或林缘。根、全草入药。

2. 袋果草属Peracarpa J. D. Hooker

多年生草本。具细长根状茎。叶互生。花单朵生于叶腋，花萼完全上位，5裂；花冠漏斗状钟形，5裂至中部或略过半；雄蕊与花冠分离，基部扩大成狭三角形，花药狭长；子房下位，3室，柱头3裂，裂片狭长而反卷。果为干果，不裂或有时基部不规则撕裂。

1种。我国产1种，湖北产1种，神农架亦产。

袋果草 | Peracarpa carnosa (Wallich) J. D. Hooker et Thomson 图167-5

纤细草本。茎肉质。叶多集中于茎上部，叶片膜质或薄纸质，卵圆形或圆形，边缘波状；茎下部的叶疏离而较小。花萼筒部倒卵状圆锥形，裂片三角形至条状披针形；花冠白色或紫蓝色，有时淡蓝色，裂片条状椭圆形。果倒卵状。种子棕褐色。花期3~5月，果期4~11月。

产于神农架木鱼，生于海拔3000m以下的沟边潮湿岩石上、林缘、山谷、山坡草丛或石山上。全草入药。

图167-4 西南山梗菜   图167-5 袋果草

3. 牧根草属 Asyneuma Grisebach et Schenk

多年生草本。根胡萝卜状。茎粗壮。叶互生。花具短梗，几朵花簇生于总苞片腋内，集成有间隔的长穗状花序，穗状花序单生或有时复出；花梗基部有1对条形的小苞片；花冠5裂至基部，呈离瓣花状，裂片条形。

33种。我国产3种，湖北产1种，神农架亦产。

球果牧根草 | Asyneuma chinense D. Y. Hong

多年生草本。茎单生。叶全部近无柄，叶片卵形、卵状披针形、披针形或椭圆形，基部楔形，顶端钝、急尖或渐尖，两面多少被白色硬毛。穗状花序少花，总苞片有时被毛；花萼通常无毛，少被硬毛的，筒部球状；花冠紫色或鲜蓝色；花柱稍短于花冠。蒴果球状。种子卵状矩圆形。花果期

6~9月（在广西，4月即结果）。

产于神农架宋洛，生于海拔600~900m的荒野。

4. 沙参属Adenophora Fischer

多年生草本。有白色乳汁。叶大多互生，少数种的叶轮生。花序的基本单位为聚伞花序，有时退化为单花；花萼筒部的形状各式，花萼裂片5枚；花冠常紫色或蓝色，5浅裂，最深裂达中部；雄蕊5枚，花丝下部围成筒状，包着花盘；柱头3裂，裂片狭长而卷曲；子房下位，3室，胚珠多数。蒴果在基部3孔裂。种子椭圆状，有1条狭棱或带翅的棱。

62种。我国产38种，湖北产9种，神农架均产。

分种检索表

1. 茎生叶全部或大部分轮生 ···················· **1. 轮叶沙参A. tetraphylla**
1. 茎生叶全部互生。
  2. 花盘细长，花柱强烈伸出花冠 ············· **4. 丝裂沙参A. capillaris**
  2. 花盘较短，花柱不强烈伸出花冠。
    3. 茎生叶有叶柄，很少近无柄。
      4. 萼管倒卵形或倒圆锥形，萼裂片通常较短 ············
      ········· **3. 杏叶沙参A. petiolata subsp. hunanensis**
      4. 萼筒状，萼裂片披针形 ············ **5. 多毛沙参A. rupincola**
    3. 茎生叶无叶柄。
      5. 花萼裂片全缘。
        6. 花萼筒部圆球状，无毛 ············· **2. 湖北沙参A. longipedicellata**
        6. 花萼筒部倒卵状，常有毛 ············· **6. 沙参A. stricta**
      5. 花萼裂片边缘有齿。
        7. 花盘短，环状 ············· **8. 聚叶沙参A. wilsonii**
        7. 花盘较长，短杯状。
          8. 茎生叶无叶柄 ············· **9. 鄂西沙参A. hubeiensis**
          8. 茎下部的叶有明显的叶柄 ········· **7. 多歧沙参A. potaninii subsp. wawreana**

1. 轮叶沙参 | Adenophora tetraphylla (Thunberg) Fischer　图167-6

多年生草本。茎高大，不分枝。茎生叶3~6枚轮生，叶片卵圆形至条状披针形，边缘有锯齿。花序狭圆锥状，花序分枝大多轮生；花萼筒部倒圆锥状，裂片钻状，全缘；花冠筒状细钟形，口部稍缢缩，裂片短，三角形；花盘细管状。蒴果球状圆锥形或卵圆状圆锥形。种子黄棕色，矩圆状圆锥形，稍扁。花期3~11月，果期5~11月。

产于神农架红坪，生于海拔1800~2500m的草地、灌丛、林缘及丘陵。根入药。

图167-6　轮叶沙参

2. 湖北沙参 │ Adenophora longipedicellata Hong　图167-7

多年生草本。茎高大。基生叶卵状心形；茎生叶叶片卵状椭圆形至披针形，边缘具齿，薄纸质。花序具细长分枝，组成疏散的大圆锥花序；花萼筒部圆球状，裂片钻状披针形；花冠钟状，裂片三角形；花盘环状；花柱几乎与花冠等长或稍伸出。幼果圆球状。花期8～10月。

产于神农架各地，生于海拔2400m以下的山坡草地、灌丛或峭壁缝里。根入药。

3. 杏叶沙参（亚种）│ Adenophora petiolata subsp. hunanensis (Nannfeldt) D. Y. Hong et S. Ge　图167-8

多年生草本。茎不分枝。基生叶未见；茎生叶全部具长柄，叶片卵形，边缘具粗锯齿。花序分枝极短，因而组成极狭窄的圆锥花序甚至假总状花序；花萼筒部在花期为倒圆锥状或倒卵状圆锥形，裂片卵状披针形至狭三角状披针形；花冠钟状，裂片长，卵状三角形；花盘短筒状；花柱与花冠近等长。蒴果卵状椭圆形。花期7～8月。

产于神农架各地，生于海拔2000m以下的山坡、丘陵荒地、沟旁、草丛或灌丛中。根入药。

图167-7 湖北沙参

图167-8 杏叶沙参

4. 丝裂沙参 | **Adenophora capillaris** Hemsley

分亚种检索表

1. 茎叶无毛；蒴果多为球状，极少为卵状·················4a. 丝裂沙参A. capillaris subsp. capillaris

1. 茎叶多少被毛；蒴果球状和卵状·······················4b. 细叶沙参A. capillaris subsp. paniculata

4a. 丝裂沙参（原亚种）Adenophora capillaris subsp. **capillaris** 图167-9

多年生草本。茎单生。茎生叶常为卵形，卵状披针形。花序具长分枝，常组成大而疏散的圆锥花序；花萼筒部球状，稀卵状，裂片毛发状；花冠细，近于筒状或筒状钟形，裂片狭三角形；花盘细筒状。蒴果多为球状，极少为卵状。花果期8~10月。

产于神农架老君山、千家坪、板仓、宋洛、大九湖，生于海拔1400~2800m的山坡草地、路旁、林下或灌丛中。根入药。

图167-9 丝裂沙参

4b. 细叶沙参（亚种）Adenophora capillaris subsp. **paniculata** (Nannfeldt) D. Y. Hong et S. Ge 图167-10

多年生草本。茎单生。茎生叶为披针形。花序具长分枝，常组成大而疏散的圆锥花序；花萼筒部球状，少为卵状，裂片毛发状；花冠细，近于筒状或筒状钟形，裂片狭三角形；花盘细筒状。蒴果多为球状，极少为卵状。花期7~10月，果期8~10月。

产于神农架红坪（神农顶），生于海拔1100~2800m的山坡草地。根、全草入药。

5. 多毛沙参 │ Adenophora rupincola Hemsley　图167-11

多年生草本。茎不分枝或有时有垂直向上而紧靠主轴的细分枝，通常被糙毛，少近无毛的。茎生叶下部的具柄，上部的无柄，叶片卵状披针形，通常两面疏生短硬毛，极少近无毛。花序具分枝，组成圆锥花序；花序轴、花梗、花萼相当密地被柔毛或短硬毛，个别的近无毛；花梗短而粗壮；花萼筒部倒卵状圆锥形，裂片披针形至条状披针形；花冠钟状，蓝紫色或紫色；花盘环状至短筒状，光滑无毛。果未见。花期7～10月。

产于神农架竹溪，生于海拔1500～2000m的山坡草地。

图167-10　细叶沙参　　　　　　　　　图167-11　多毛沙参

6. 沙参 │ Adenophora stricta Miquel

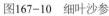

分亚种检索表

1. 花冠外面被短硬毛 ·· **6a. 沙参**A. stricta subsp. **stricta**

1. 花冠外面无毛 ·· **6b. 无柄沙参**A. stricta subsp. **sessilifolia**

6a. 沙参（原亚种）Adenophora stricta subsp. **stricta**　图167-12

多年生草本。茎不分枝。基生叶心形，大而具长柄；茎生叶无柄，叶片椭圆形，狭卵形，边缘有锯齿。花序常不分枝而成假总状花序，或有短分枝而成极狭的圆锥花序；花萼筒部常倒卵状，裂片狭长，多为钻形；花冠宽钟状，裂片三角状卵形；花盘短筒状；花柱常略长于

图167-12　沙参

花冠。蒴果椭圆状球形。种子棕黄色,稍扁。花期8～10月。

产于神农架红坪,生于海拔1800～2500m的低山草丛中或岩石缝中。根入药。

6b. 无柄沙参(亚种)Adenophora stricta subsp. sessilifolia Hong 图167-13

多年生草本。茎不分枝。茎叶被短毛。基生叶心形,大而具长柄;茎生叶无柄,叶片椭圆形,狭卵形,边缘有锯齿。花序常不分枝而成假总状花序,或有短分枝而成极狭的圆锥花序;花萼筒部常倒卵状,裂片狭长,多为钻形;花冠宽钟状,裂片三角状卵形;花盘短筒状;花柱常略长于花冠。蒴果椭圆状球形。种子棕黄色,稍扁。花期8～10月。

产于神农架各地,生于海拔600～2100m的山坡草地、林缘或疏林下。根入药。

图167-13 无柄沙参

7. 多歧沙参 │ Adenophora potaninii subsp. wawreana (Zahlbruckner) S. Ge et D. Y. Hong 图167-14

多年生草本。茎通常单支,常被倒生短硬毛或糙毛,少近无毛,偶有茎上部被白色柔毛的。基生叶心形;茎生叶具柄,叶片卵形,卵状披针形。花序为大圆锥花序,花序分枝长而多;花梗短而细或粗;花萼无毛,筒部球状倒卵形、倒卵状或倒卵状圆锥形;花冠宽钟状,蓝紫色,淡紫色;花盘梯状或筒状,有或无毛。蒴果宽椭圆状。种子棕黄色,矩圆状。

产于神农架木鱼(老君山),生于海拔1800～2200m的沟边岩石上。

8. 聚叶沙参 │ Adenophora wilsonii Nannfeldt 图167-15

多年生草本。茎直立,常2至数支发自一条茎基上。叶条状椭圆形或披针形,厚纸质,边缘具齿。花序圆锥状;花萼筒部倒卵状或倒卵状圆锥形,裂片钻形或条状披针形,边缘具1～2对瘤状小齿;花冠漏斗状钟形,裂片卵状三角形;花盘环状或短筒状;花柱伸出花冠。蒴果球状椭圆形。花期8～10月,果期9～10月。

产于神农架九湖、松柏、新华、阳日,生于海拔1600m以下的山坡、灌丛中或沟边岩石上。根入药。

图167-14　多歧沙参

图167-15　聚叶沙参

9. 鄂西沙参 | *Adenophora hubeiensis* Hong　图167-16

多年生草本。茎单支生于一条茎基上。茎生叶互生，披针形或卵状披针形，边缘具不规则而多少内弯的锯齿。花序分枝纤细而上升，组成圆锥花序；花萼筒部倒卵状或倒卵状椭圆形，裂片狭钻形，边缘有2～3对瘤状小齿；花冠钟状，裂片卵状三角形；花盘筒状；花柱伸出花冠。幼果椭圆状。花期8～9月，果期9～10月。

产于神农架松柏，生于海拔1900～2600m的山坡草地、灌丛中或林中岩石上。根入药。

图167-16　鄂西沙参

5. 风铃草属Campanula Linnaeus

多数为多年生草本。叶全互生，基生叶有的成莲座状。花单朵顶生，或多朵组成聚伞花序，聚伞花序有时集成圆锥花序；花萼与子房贴生，裂片5枚；花冠5裂；雄蕊离生，极少花药不同程度地相互黏合，花丝基部扩大成片状；柱头3～5裂，裂片弧状反卷或螺旋状卷曲；无花盘；子房下位，3～5室。蒴果带有宿存的花萼裂片。种子多数，椭圆状，平滑。

约420种。我国产22种，湖北产2种，神农架均产。

分种检索表

1. 花萼裂片之间具一卵形而反折的附属物··················1. 紫斑风铃草C. punctata
1. 花萼裂片之间无附属物··················2. 一年生风铃草C. dimorphantha

1. 紫斑风铃草 | **Campanula punctata** Lamarck　图167-17

多年生草本。具细长而横走的根状茎。茎直立，通常在上部分枝。基生叶具长柄，叶片心状卵形；茎生叶三角状卵形至披针形，边缘具钝齿。花顶生于主茎及分枝顶端，下垂；花萼裂片长三角形，裂片间有一反折的附属物，它的边缘有芒状长刺毛；花冠白色、黄色或粉红色，带紫色或红色斑，筒状钟形，裂片有睫毛。蒴果半球状倒锥形。花期6～9月，果期9～10月。

产于神农架各地，生于海拔1000～2800m的山坡、山地林中、灌丛、草地或路旁。根、全草入药。

2. 一年生风铃草 | **Campanula dimorphantha** Schweinfurth

一年生草本。全体被刚毛。基生叶莲座状，匙形，早萎；茎生叶匙形，具带翅的柄。聚伞花序组成顶生圆锥花序；花萼筒部半圆状倒锥形，裂片狭三角形；花冠紫色或蓝紫色，钟状，外被刚毛，内面无毛，裂至1/3；花柱内藏。蒴果近球状。花果期3～4月。

产于神农架巴东、巫山县，生于海拔1200～1500m的山坡草丛中。

图167-17　紫斑风铃草

6. 金钱豹属Campanumoea Blume

多年生草本。具胡萝卜状根。茎缠绕。叶常对生，少互生。花单朵腋生或顶生，或与叶对生，或在枝顶集成有3朵花的聚伞花序；花萼裂片宽大，卵状三角形或卵状披针形，全缘；花冠上位，具明显的筒部，檐部5（～6）裂；雄蕊5枚；子房完全下位，或仅对花冠言为下位，3～6室。果为浆果，球状，顶端平钝。种子多数。

2种。我国产2种，湖北产1种，神农架亦产。

小花金钱豹（亚种）| **Campanumoea javanica** subsp. **japonica** (Makino) Hong　图167-18

草质缠绕藤本。具乳汁。具胡萝卜状根。茎多分枝。叶对生，极少互生，具长柄，叶片心形或心状卵形，边缘有浅锯齿。花单朵生于叶腋，花萼与子房分离，5裂至近基部，裂片卵状披针形或披针形；花冠上位，白色或黄绿色，内面紫色，钟状，裂至中部；雄蕊5枚；柱头4～5裂。浆果绿白色、淡红色，球状。花期8～9月

产于神农架宋洛、新华、老君山，生于海拔600～1200m的山地草坡、丛林中及山谷林下。根入药。

图167-18　小花金钱豹

7. 轮钟花属Cyclocodon Griffith

多年生草本。具胡萝卜状根。茎直立。叶常对生，少互生。花单朵腋生或顶生，或与叶对生，或在枝顶集成有3朵花的聚伞花序；花萼裂片条形或条状披针形，边缘有齿，稀全缘；花冠上位，具明显的筒部，檐部5（～6）裂；雄蕊5枚；子房下位或半下位，3～6室。浆果球状，顶端平钝。种子多数。

3种。我国产3种，湖北产1种，神农架亦产。

轮钟花 ｜ Cyclocodon lancifolius (Roxburgh) Kurz　图167-19

直立草本。有乳汁。叶对生，稀3片轮生，具短柄，叶卵形、卵状披针形至披针形，边缘具齿。花通常单朵顶生兼腋生，有时3朵组成聚伞花序；花萼仅贴生至子房下部，裂片常5枚，相互间远离，丝状或条形；花冠白色或淡红色，管状钟形，裂片卵形至卵状三角形；雄蕊5～6枚；柱头5～6裂；子房（4～）5～6室。浆果紫黑色，球状。花果期7～11月。

产于神农架各地，生于海拔300～1800m的林中、沟边、草坡、林缘及草地中。根入药。

8. 党参属Codonopsis Wallich

多年生草本。有乳汁。根常肥大。叶互生、对生、簇生或假轮生。花单生于主茎与侧枝顶端；花萼5裂，筒部与子房贴生，筒部常有10条明显辐射脉；花冠上位，5浅裂或5全裂而呈辐状，常有明显花脉或晕斑；雄蕊5枚，花丝基部常扩大；子房下位，通常3室，中轴胎座肉质，每室胚珠多数。果为蒴果，带有宿存的萼裂片。种子多数。

42种。我国产40种，湖北产5种，神农架产4种。

分种检索表

1. 茎直立或上升，经常花莛状···1. 光叶党参C. cardiophylla
1. 茎缠绕。
    2. 叶假轮生，3或4叶成束在侧枝的顶端·······························2. 羊乳C. lanceolata
    2. 叶互生或对生，不假轮生。
        3. 下部茎生叶基部楔形或圆形·······························3. 川鄂党参C. henryi
        3. 下部茎生叶基部心形、截形或圆形······················4. 党参C. pilosula

1. 光叶党参 | Codonopsis cardiophylla Diels ex Komarov 小人参，臭参 图167-20

多年生草本。茎基有多数瘤状茎痕。根常肥大呈纺锤状或圆柱状。叶在茎下部及中部的对生，至上部则渐趋于互生；叶片卵形或披针形，全缘，边缘反卷。花顶生于主茎及上部的侧枝顶端；花萼贴生至子房中部，筒部半球状，裂片宽披针形或近三角形；花冠阔钟状，淡蓝色，有红紫色或褐红色斑点，浅裂，裂片卵形。蒴果下部半球状，上部圆锥状。花果期7~10月。

产于神农架红坪、下谷，生于海拔2000~2900m的山坡草地、林下、灌丛或石崖上。根入药。

图167-19 轮钟花

图167-20 光叶党参

2. 羊乳 | Codonopsis lanceolata (Siebold et Zuccarini) Trautvetter 奶参，四叶参 图167-21

多年生草本。茎缠绕，常有多数短细分枝。叶在主茎上的互生，披针形或菱状狭卵形，在小枝顶端通常2～4叶簇生。花单生或对生于小枝顶端；花萼贴生至子房中部，筒部半球状，裂片卵状三角形；花冠阔钟状，浅裂，裂片三角状，反卷，黄绿色或乳白色内有紫色斑点；花盘肉质；子房下位。蒴果下部半球状，上部有喙。花果期7～8月。

产于神农架各地，生于山地林中、灌丛、阔叶林内或沟边阴湿地。根入药。

图167-21　羊乳

3. 川鄂党参 │ Codonopsis henryi Oliver　图167-22

多年生草本。茎缠绕。叶长卵状披针形或披针形，边缘具粗锯齿。花单生于侧枝顶端；花萼贴生至子房中部，筒部半球状，裂片彼此远隔，三角形；花冠钟状或略呈管状钟形，裂片三角状；雄蕊花丝基部微扩大。蒴果，直径约1.5cm。花果期7～9月。

产于神农架各地，生于山地草坡、林缘或灌丛。根入药。

图167-22　川鄂党参

4. 党参 | Codonopsis pilosula (Franchet) Nann Feldt

分亚种检索表

1. 花萼贴生于子房中部，筒部半球状⋯⋯⋯⋯⋯⋯⋯⋯⋯⋯4a. 党参C. pilosula subsp. pilosula

1. 花萼几乎完全不贴生于子房上，几乎全裂⋯⋯⋯⋯⋯4b. 川党参C. pilosula subsp. tangshen

4a. 党参（原亚种）Codonopsis pilosula subsp. **pilosula** 图167-23

多年生草本。茎缠绕。有多数分枝。叶在主茎及侧枝上的互生，在小枝上的近于对生，叶片卵形或狭卵形，边缘具波状钝锯齿。花单生于枝端，与叶柄互生或近于对生；花萼贴生至子房中部，筒部半球状，裂片宽披针形或狭矩圆形；花冠上位，阔钟状，黄绿色，内面有明显紫斑，浅裂，裂片正三角形；柱头有白色刺毛。蒴果下部半球状，上部短圆锥状。花果期7~10月。

产于神农架各地，生于海拔1560~3000m的山地林缘及灌丛中。根入药。

4b. 川党参（亚种）Codonopsis pilosula subsp. **tangshen** (Oliver) D. Y. Hong 图167-24

多年生草本。茎缠绕。有多数分枝。叶在主茎及侧枝上的互生，在小枝上的近于对生，叶片卵形或披针形，边缘浅钝锯齿。花单生于枝端；花萼几乎完全不贴生于子房上，几乎全裂，裂片矩圆状披针形；花冠上位，钟状，淡黄绿色而内有紫斑，浅裂，裂片近于正三角形；花丝基部微扩大；子房对花冠言为下位。蒴果下部近于球状，上部短圆锥状。花果期7~10月。

产于神农架各地，生于海拔800~2300m的山坡、林缘或灌丛中。根入药。

图167-23　党参

图167-24　川党参

9. 桔梗属Platycodon A. Candolle

多年生草本。有白色乳汁。根胡萝卜状。茎直立。叶轮生至互生。花萼5裂；花冠宽漏斗状钟形，5裂；雄蕊5枚，离生，花丝基部扩大成片状；无花盘；子房半下位，5室，柱头5裂。蒴果在顶

桔梗科 | Campanulaceae

269

端室背5裂，裂片带着隔膜。种子多数，黑色，一端斜截，一端急尖，侧面有1条棱。花期7~9月，果期8~10月。

单种属。我国产1种，湖北产1种，神农架亦产。

桔梗 | Platycodon grandiflorus (Jacquin) A. Candolle   图167-25

特征同属的描述。

产于神农架各地，生于海拔2100m以下的阳坡草丛、灌丛、林下。根入药。

10. 蓝花参属Wahlenbergia Schrader ex Roth

一年生或多年生草本，少为亚灌木。叶互生，稀对生。花与叶对生，集成疏散的圆锥花序；花萼贴生至子房顶端；花冠钟状，3~5浅裂，有时裂至近基部；雄蕊与花冠分离，花丝基部常扩大，花药长圆状；子房下位，2~5室，柱头2~5裂，裂片窄。蒴果2~5室，在宿存的花萼以上的顶端部分2~5室背开裂。种子多数。

约260种。我国产2种，湖北产1种，神农架亦产。

蓝花参 | Wahlenbergia marginata (Thunberg) A. Candolle   图167-26

多年生草本。有白色乳汁。叶互生，常在茎下部密集，下部的匙形或椭圆形，上部的条状披针形或椭圆形。花萼筒部倒卵状圆锥形，裂片三角状钻形；花冠钟状，蓝色，裂片倒卵状长圆形。蒴果倒圆锥状或倒卵状圆锥形，有10条不甚明显的肋。种子矩圆状或椭圆状，光滑，黄棕色。花果期2~5月。

产于神农架各地，生于海拔500~2800m的山坡、灌丛、田边或路旁。根或带根全草入药。

图167-25 桔梗

图167-26 蓝花参

168. 睡菜科 | Menyanthaceae

水生植物。叶通常互生，稀对生。花冠裂片在蕾中内向镊合状排列。子房1室，无隔膜。

睡菜科以往被放置于龙胆科Gentianaceae睡菜族tribe Menyanthideae，不过它水生的习性、叶互生的特征实在是和龙胆科有很大的不同。后来解剖学及植物化学分析的证据都显示睡菜应该成为"科"的位阶，而这样的概念目前也都能被分类学者所接受。

5属60种。我国产2属7种，湖北产2属4种，神农架产1属1种。

睡菜属Menyanthes Linnaeus

多年生草本。地下具长而有节的根茎。三出复叶，有长柄，小叶无柄，叶片较厚，稍呈肉质，长椭圆形，先端钝尖，边缘微波状。花茎单一；总状花序；花白色，有长花梗，基部有一卵形的花苞；花冠漏斗状，内侧密被白色长柔毛；花药黑色；柱头3叉。蒴果球形，成熟时2裂。花期6月。

单种属，神农架有产。

睡菜 | Menyanthes trifoliata Linnaeus 图168-1

特征同属的描述。

产于神农架大九湖，生于海拔1800m的湖泊浅水中或湖岸边。水体绿化植物；叶和根入药。

271

图168-1　睡菜

169. 菊科 | Asteraceae

　　草木、亚灌木或灌木，稀为乔木。叶通常互生，稀对生或轮生。花两性或单性，整齐或左右对称，5基数，少数或多数密集成头状花序，为1层或多层总苞片组成的总苞所围绕，头状花序单生或数个至多数排列成总状、聚伞状、伞房状或圆锥状；花冠辐射对称，管状，或左右对称，二唇形，或舌状，头状花序盘状或辐射状，有同形的小花，全部为管状花或舌状花，或有异形小花，即外围为雌花，舌状，中央为两性的管状花；花柱上端两裂，子房下位。瘦果。

　　1000属25000~30000种。我国产200余属2000多种，湖北产101属318种，神农架产91属265种。

分属检索表

1. 头状花序有同形或异形的小花，中央花非舌状；植物无乳汁。
　　2. 花药的基部钝或微尖。
　　　　3. 花柱分枝圆柱形，上端有棒槌状或稍扁而钝的附器，头状花序盘状，有同形的管状花；叶通常对生（泽兰族）。
　　　　　　4. 花药上端截形，无附片 ·· **76. 下田菊属 Adenostemma**
　　　　　　4. 花药上端尖，有附片。
　　　　　　　　5. 冠毛膜片状，下部宽，上部细长 ·························· **77. 藿香蓟属 Ageratum**
　　　　　　　　5. 冠毛毛状，多数，分离 ································· **78. 泽兰属 Eupatorium**
　　　　3. 花柱分枝上端非棒槌状或稍扁而钝，头状花序辐射状，边缘常有舌状花，或盘状而无舌状花。
　　　　　　6. 花柱分枝通常一面平一面凸形，上端有尖或三角形附器，有时上端钝（紫菀族）。
　　　　　　　　7. 头状花序辐射状，舌状花黄色 ························· **46. 一枝黄花属 Solidago**
　　　　　　　　7. 头状花序辐射状，舌状花白色、红色或紫色，或头状花序盘状，无舌状花。
　　　　　　　　　　8. 头状花序小，盘状，有2至多层筒状雌花 ····· **41. 鱼眼草属 Dichrocephala**
　　　　　　　　　　8. 头状花序较大，辐射状，有舌状雌花，或头状花序盘状而有细管状雌花。
　　　　　　　　　　　　9. 雌花2至多层；瘦果有喙 ············· **42. 粘冠草属 Myriactis**
　　　　　　　　　　　　9. 雌花通常1层；瘦果无喙。
　　　　　　　　　　　　　　10. 冠毛存在；总苞片大，近等长 ········· **79. 雏菊属 Bellis**
　　　　　　　　　　　　　　10. 冠毛有长或短毛，或膜片，或瘦果顶端狭窄环状而无冠毛。
　　　　　　　　　　　　　　　　11. 总苞片外层叶状 ············· **44. 翠菊属 Callistephus**
　　　　　　　　　　　　　　　　11. 总苞片外层不呈叶状。
　　　　　　　　　　　　　　　　　　12. 总苞片多层；花柱分枝顶端披针形。
　　　　　　　　　　　　　　　　　　　　13. 瘦果边缘有细肋，两边无肋，被长柔毛 ·····················
　　　　　　　　　　　　　　　　　　　　·············· **43. 女菀属 Turczaninovia**

13．瘦果边缘有肋，两边有肋或无肋，被疏毛或密毛。

    14．内层总苞片狭方形或狭卵形·······························45．紫菀属Aster

    14．内层总苞片线状钻形····················48．联毛紫菀属Symphyotrichum

12．总苞片2～3层，狭长，等长；花柱分枝顶端三角形·············47．飞蓬属Erigeron

6．花柱分枝通常截形，无或有尖或三角形附器，有时分枝钻形。

15．冠毛不存在，或鳞片状，或芒状，或冠状。

  16．总苞片叶质。

    17．花序托通常有托片；头状花序通常辐射状，极少冠状（向日葵族）。

      18．花序托无托片·······························80．虾须草属Sheareria

    18．花序托有托片。

      19．内层总苞片结合成蒴果状，具喙和钩刺·········75．苍耳属Xanthium

      19．内层总苞片不结合成蒴果状，也不具喙和钩刺。

        20．舌状花宿存于果实上而随果实脱落··········68．百日菊属Zinnia

        20．舌状花不宿存于果实上而随果实脱落。

          21．冠毛不存在，或芒状，或短冠状，或具倒刺的芒状，或小鳞片状。

            22．瘦果全部肥厚，或舌状花瘦果有3棱，管状花瘦果侧面压扁。

              23．瘦果为内层总苞片（或外层托片）所包裹···········

              ························70．稀莶属Sigesbeckia

              23．瘦果不为内层总苞片所包裹。

                24．托片平、狭·············71．鳢肠属Eclipta

                24．托片内凹或对折，多少包裹小花。

                  25．无冠毛·········73．金光菊属Rudbeckia

                  25．冠毛鳞片状。

                    26．头状花序有不育或无性的舌状花

                      27．叶互生，茎生叶有柄·······

                      ······74．向日葵属Helianthus

                      27．叶对生，茎生叶无柄，抱茎···

                      ······89．松香草属Silphium

                    26．头状花序有结果的舌状花··············

                    ······72．孪花菊属Wollastonia

             22．瘦果多少背面扁压。

              28．冠毛鳞片状或芒状而无倒刺，或无冠毛。

                29．植物具块状根·············65．大丽花属Dahlia

                29．根为须根·············67．金鸡菊属Coreopsis

                28．冠毛为宿存尖锐而具倒刺的芒。

                30．果上端有喙·············64．秋英属Cosmos

                30．果上端狭窄，无喙·············66．鬼针草属Bidens

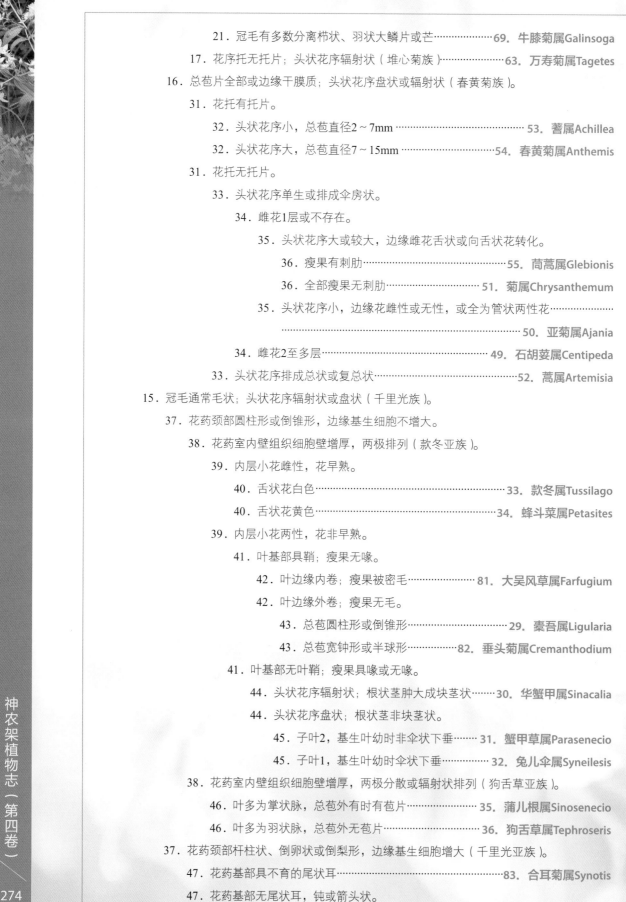

21．冠毛有多数分离栉状、羽状大鳞片或芒 ⋯⋯⋯⋯⋯⋯⋯⋯ **69．牛膝菊属Galinsoga**

   17．花序托无托片；头状花序辐射状（堆心菊族）⋯⋯⋯⋯⋯⋯ **63．万寿菊属Tagetes**

16．总苞片全部或边缘干膜质；头状花序盘状或辐射状（春黄菊族）。

   31．花托有托片。

      32．头状花序小，总苞直径2~7mm ⋯⋯⋯⋯⋯⋯⋯⋯⋯⋯ **53．蓍属Achillea**

      32．头状花序大，总苞直径7~15mm ⋯⋯⋯⋯⋯⋯⋯⋯ **54．春黄菊属Anthemis**

   31．花托无托片。

      33．头状花序单生或排成伞房状。

         34．雌花1层或不存在。

            35．头状花序大或较大，边缘雌花舌状或向舌状花转化。

               36．瘦果有刺肋 ⋯⋯⋯⋯⋯⋯⋯⋯⋯⋯⋯ **55．茼蒿属Glebionis**

               36．全部瘦果无刺肋 ⋯⋯⋯⋯⋯⋯⋯⋯ **51．菊属Chrysanthemum**

            35．头状花序小，边缘花雌性或无性，或全为管状两性花 ⋯⋯⋯⋯⋯

                                       50．亚菊属Ajania

         34．雌花2至多层 ⋯⋯⋯⋯⋯⋯⋯⋯⋯⋯ **49．石胡荽属Centipeda**

      33．头状花序排成总状或复总状 ⋯⋯⋯⋯⋯⋯⋯⋯⋯⋯ **52．蒿属Artemisia**

15．冠毛通常毛状；头状花序辐射状或盘状（千里光族）。

   37．花药颈部圆柱形或倒锥形，边缘基生细胞不增大。

      38．花药室内壁组织细胞壁增厚，两极排列（款冬亚族）。

         39．内层小花雌性，花早熟。

            40．舌状花白色 ⋯⋯⋯⋯⋯⋯⋯⋯⋯⋯⋯⋯ **33．款冬属Tussilago**

            40．舌状花黄色 ⋯⋯⋯⋯⋯⋯⋯⋯⋯⋯⋯ **34．蜂斗菜属Petasites**

         39．内层小花两性，花非早熟。

            41．叶基部具鞘；瘦果无喙。

               42．叶边缘内卷；瘦果被密毛 ⋯⋯⋯⋯ **81．大吴风草属Farfugium**

               42．叶边缘外卷；瘦果无毛。

                  43．总苞圆柱形或倒锥形 ⋯⋯⋯⋯⋯ **29．橐吾属Ligularia**

                  43．总苞宽钟形或半球形 ⋯⋯⋯⋯⋯ **82．垂头菊属Cremanthodium**

            41．叶基部无叶鞘；瘦果具喙或无喙。

               44．头状花序辐射状；根状茎肿大成块茎状 ⋯⋯ **30．华蟹甲属Sinacalia**

               44．头状花序盘状；根状茎非块茎状。

                  45．子叶2，基生叶幼时非伞状下垂 ⋯⋯ **31．蟹甲草属Parasenecio**

                  45．子叶1，基生叶幼时伞状下垂 ⋯⋯⋯ **32．兔儿伞属Syneilesis**

      38．花药室内壁组织细胞壁增厚，两极分散或辐射状排列（狗舌草亚族）。

         46．叶多为掌状脉，总苞外有时有苞片 ⋯⋯⋯⋯ **35．蒲儿根属Sinosenecio**

         46．叶多为羽状脉，总苞外无苞片 ⋯⋯⋯⋯⋯ **36．狗舌草属Tephroseris**

   37．花药颈部杆柱状、倒卵状或倒梨形，边缘基生细胞增大（千里光亚族）。

      47．花药基部具不育的尾状耳 ⋯⋯⋯⋯⋯⋯⋯⋯⋯⋯⋯ **83．合耳菊属Synotis**

      47．花药基部无尾状耳，钝或箭头状。

48．总苞具外苞片。

    49．花柱分枝外弯，顶端无钻状长乳头状的附器。

        50．花柱分枝顶端无乳头状毛的中央附器 ·········· **37．千里光属Senecio**

        50．花柱分枝顶端具乳头状毛的中央附器 ···················

          ···································· **38．野茼蒿属Crassocephalum**

    49．花柱分枝直立，顶端有钻状长乳头状的附器 ······· **39．菊三七属Gynura**

48．总苞无外苞片 ··· **40．一点红属Emilia**

2．花药基部锐尖，戟形或尾形。

    51．花柱分枝细长，钻形（斑鸠菊族）··················· **28．斑鸠菊属Vernonia**

51．花柱分枝非细长钻形。

    52．花柱先端无被毛的节；分枝先端截形，无附器，或有三角形附器。

        53．头状花序的管状花浅裂，不作二唇状。

            54．冠毛毛状，有时无冠毛；头状花序盘状或辐射状而边缘有舌状花（旋

              覆花族）。

              55．雌花花冠细管状或丝状，雌花花柱较花冠长。

                  56．两性花不结实，两性花花柱不分枝或浅裂。

                    57．总苞片草质 ························· **86．六棱菊属Laggera**

                    57．总苞片膜质，透明。

                        58．冠毛基部结合成环状

                            59．冠毛一型 ········· **90．合冠鼠麴草属Gamochaeta**

                            59．冠毛二型 ············ **56．火绒草属Leontopodium**

                      58．冠毛基部分离，分散脱落 ······· **58．香青属Anaphalis**

                  56．两性花全部或大部结果实，两性花花柱有分枝。

                    60．头状花序排成伞房花序，总苞片膜质 ···············

                      ·········· **59．拟鼠麴草Pseudognaphalium**

                    60．头状花序密集成球状或总状，总苞片草质 ···········

                      ············· **57．鼠麴草属Gnaphalium**

              55．雌花花冠舌状或管状，雌花花柱较花冠短。

                61．有冠毛 ···································· **62．旋覆花属Inula**

                61．无冠毛。

                  62．两性花和雌花都结果实；果有纵肋 ···············

                    ·········· **61．天名精属Carpesium**

                  62．两性花不结果实；果无纵肋 ···· **1．和尚菜属Adenocaulon**

            54．冠毛不存在；头状花序辐射状（金盏花族）··· **60．金盏花属Calendula**

        53．头状花序盘状或辐射状，花冠不规则深裂成二唇形（帚菊木族）。

            63．两性花花冠5深裂，为不明显二唇形。

                64．多年生草本 ···························· **3．兔儿风属Ainsliaea**

                64．灌木 ···································· **84．帚菊属Pertya**

            63．两性花花冠明显二唇形。

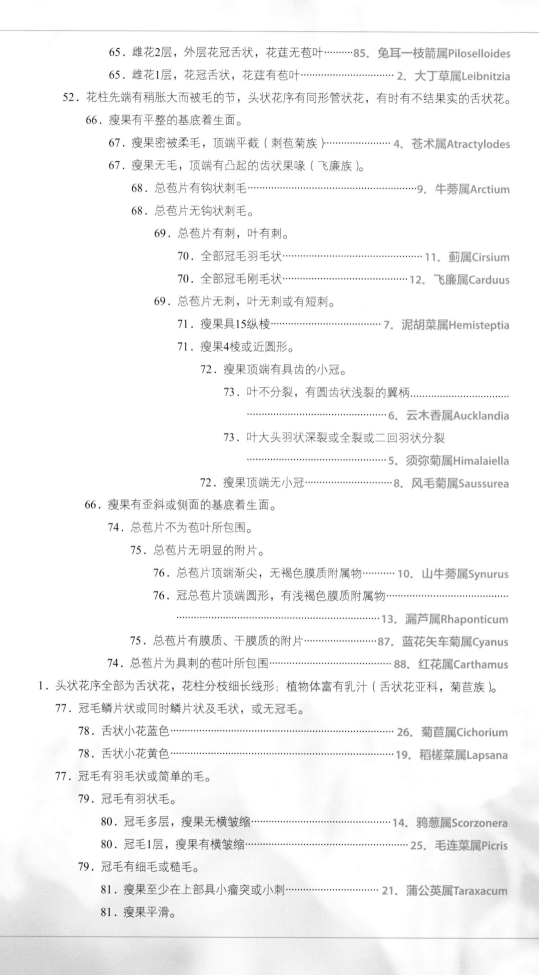

65．雌花2层，外层花冠舌状，花莛无苞叶⋯⋯⋯⋯**85. 兔耳一枝箭属Piloselloides**

65．雌花1层，花冠舌状，花莛有苞叶⋯⋯⋯⋯⋯⋯⋯ **2. 大丁草属Leibnitzia**

52．花柱先端有稍胀大而被毛的节，头状花序有同形管状花，有时有不结果实的舌状花。

　66．瘦果有平整的基底着生面。

　　67．瘦果密被柔毛，顶端平截（刺苞菊族）⋯⋯⋯⋯⋯⋯ **4. 苍术属Atractylodes**

　　67．瘦果无毛，顶端有凸起的齿状果喙（飞廉族）。

　　　68．总苞片有钩状刺毛⋯⋯⋯⋯⋯⋯⋯⋯⋯⋯⋯⋯⋯**9. 牛蒡属Arctium**

　　　68．总苞片无钩状刺毛。

　　　　69．总苞片有刺，叶有刺。

　　　　　70．全部冠毛羽毛状⋯⋯⋯⋯⋯⋯⋯⋯⋯⋯ **11. 蓟属Cirsium**

　　　　　70．全部冠毛刚毛状⋯⋯⋯⋯⋯⋯⋯⋯⋯⋯**12. 飞廉属Carduus**

　　　　69．总苞片无刺，叶无刺或有短刺。

　　　　　71．瘦果具15纵棱⋯⋯⋯⋯⋯⋯⋯⋯⋯⋯ **7. 泥胡菜属Hemisteptia**

　　　　　71．瘦果4棱或近圆形。

　　　　　　72．瘦果顶端有具齿的小冠。

　　　　　　　73．叶不分裂，有圆齿状浅裂的翼柄⋯⋯⋯⋯⋯⋯⋯⋯⋯

　　　　　　　⋯⋯⋯⋯⋯⋯⋯⋯⋯⋯⋯ **6. 云木香属Aucklandia**

　　　　　　　73．叶大头羽状深裂或全裂或二回羽状分裂

　　　　　　　⋯⋯⋯⋯⋯⋯⋯⋯⋯⋯⋯ **5. 须弥菊属Himalaiella**

　　　　　　72．瘦果顶端无小冠⋯⋯⋯⋯⋯⋯⋯⋯⋯ **8. 风毛菊属Saussurea**

　66．瘦果有歪斜或侧面的基底着生面。

　　74．总苞片不为苞叶所包围。

　　　75．总苞片无明显的附片。

　　　　76．总苞片顶端渐尖，无褐色膜质附属物⋯⋯⋯**10. 山牛蒡属Synurus**

　　　　76．冠总苞片顶端圆形，有浅褐色膜质附属物⋯⋯⋯⋯⋯⋯⋯⋯⋯

　　　　⋯⋯⋯⋯⋯⋯⋯⋯⋯⋯⋯⋯⋯⋯⋯⋯ **13. 漏芦属Rhaponticum**

　　　75．总苞片有膜质、干膜质的附片⋯⋯⋯**87. 蓝花矢车菊属Cyanus**

　　74．总苞片为具刺的苞叶所包围⋯⋯⋯⋯⋯⋯⋯**88. 红花属Carthamus**

1．头状花序全部为舌状花，花柱分枝细长线形；植物体富有乳汁（舌状花亚科，菊苣族）。

　77．冠毛鳞片状或同时鳞片状及毛状，或无冠毛。

　　78．舌状小花蓝色⋯⋯⋯⋯⋯⋯⋯⋯⋯⋯⋯⋯⋯**26. 菊苣属Cichorium**

　　78．舌状小花黄色⋯⋯⋯⋯⋯⋯⋯⋯⋯⋯⋯⋯⋯**19. 稻槎菜属Lapsana**

　77．冠毛有羽毛状或简单的毛。

　　79．冠毛有羽状毛。

　　　80．冠毛多层，瘦果无横皱缩⋯⋯⋯⋯⋯⋯⋯**14. 鸦葱属Scorzonera**

　　　80．冠毛1层，瘦果有横皱缩⋯⋯⋯⋯⋯⋯⋯⋯**25. 毛连菜属Picris**

　　79．冠毛有细毛或糙毛。

　　　81．瘦果至少在上部具小瘤突或小刺⋯⋯⋯⋯⋯**21. 蒲公英属Taraxacum**

　　　81．瘦果平滑。

1. 和尚菜属Adenocaulon Hooker

多年生草本。茎直立，分枝，上部常有腺毛。头状花序小，在茎和分枝顶端排列成圆锥花序，有异型小花，外围有7～12朵结实的雌花，中央有7～18朵不育的两性花；总苞宽钟状或半球形，总苞片少数，近1层，等长，草质；花托短圆锥状或平，无托片；花冠全部管状。瘦果棍棒形，有不明显纵肋，被头状黏质腺毛，无冠毛。

5种。我国产1种，湖北产1种，神农架产1种。

和尚菜 ｜ Adenocaulon himalaicum Edgeworth　图169–1

多年生草木。叶互生，下面被白色茸毛。头状花序小，在茎和分枝顶端排列成圆锥花序，外围有7～12朵结实的雌花，中央有7～18朵不育的两性花；总苞片少数，近1层，等长；花冠全部管状。瘦果长椭圆状棍棒形，具腺毛，无冠毛。

产于神农架官门山，生于海拔1400～2000m的山坡林下、溪边。全草入药。

2. 大丁草属Leibnitzia Cassini

多年生草本。具根状茎。叶基生，呈莲座状。花葶挺直，无苞叶或具线形、钻状或鳞片状苞叶，被绒毛或绵毛；头状花序单生于花葶之顶，异型，有多数异型的小花，外围雌花，中央两性花，二者均能结实；总苞片2至多层。瘦果圆柱形或纺锤形，具棱，通常被毛，顶端钝或渐狭成长短不等的喙；冠毛粗糙，刚毛状，宿存。

6种。我国产4种，湖北产1种，神农架产1种。

大丁草 | **Leibnitzia anandria** (Linnaeus) Turczaninow 图169-2

多年生草本。植株具春秋二型。叶基生，常具齿缺或羽状分裂，背面被绒毛或绵毛，或两面均无毛。头状花序单生于花莛之顶；总苞陀螺状或钟形，总苞片2至多层，卵形、披针形或线形，顶端尖；雌花花冠具开展的舌片，长伸出冠毛之外。瘦果圆柱形或纺锤形，具棱；冠毛粗糙，刚毛状。花期春、秋两季。

神农架广布，生于海拔400～800m的山坡林缘土坎上。全草入药。

图169-1 和尚菜

图169-2 大丁草

3. 兔儿风属Ainsliaea Candolle

多年生草本。叶互生，具柄，全缘，具齿或中裂。头状花序狭，同型，全为两性能育的小花；总苞狭，圆筒形，总苞片多层，覆瓦状排列，向内各层渐次较长，管状花呈二唇形。瘦果圆柱状或两端稍狭而近纺锤形，近压扁，常具5～10棱，极少无棱，通常被毛；冠毛1层，近等长，羽毛状。

约70种。中国产44种4变种，湖北产8种，神农架产7种。

菊科｜Asteraceae

279

分种检索表

1. 叶聚生于茎基部，呈莲座状。
  2. 叶基部心形。
    3. 叶基部渐狭，叶柄具宽翅 ··· 3. 宽叶兔儿风A. latifolia
    3. 叶基部心形，叶柄无翅 ··· 4. 杏香兔儿风A. fragrans
  2. 叶基部楔形，下延至叶柄上形成窄翅 ····················· 7. 长穗兔儿风A. henryi
1. 叶聚生于茎中部，呈莲座状，或在茎基部至中部之间互生。
  4. 叶聚生于茎中部，呈莲座状。
    5. 叶两面绿色。
      6. 叶柄无翅，花冠裂片与花冠管近等长 ················ 5. 灯台兔儿风A. kawakamii
      6. 叶柄上部具狭翅，花冠裂片为花冠管1/2长····· 6. 粗齿兔儿风A. grossedentata
    5. 叶背紫红色 ··· 2. 纤枝兔儿风A. gracilis
  4. 叶在茎基部至中部之间互生 ·· 1. 光叶兔儿风A. glabra

1. 光叶兔儿风 ｜ **Ainsliaea glabra** Hemsley 图169-3

多年生草本。根状茎粗短。茎粗壮，直立，常呈紫红色，无毛，花序之下不分枝，头状花序具花3朵，为两性管状花；花冠很小，狭圆筒形，顶端不裂，深藏于冠毛之中；总苞圆筒形，总苞片约5层，背部具1条明显的脉。瘦果纺锤形，具10纵棱；冠毛黄白色，羽毛状。花期7~9月。

产于神农架低海拔石灰岩地区，生于流水石壁上。全草入药。

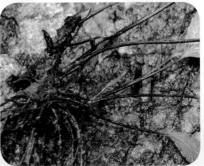

图169-3　光叶兔儿风

2. 纤枝兔儿风 | **Ainsliaea gracilis** Franchet 图169-4

多年生草本。根状茎圆柱形或成结节状。茎紫红色，直立，细弱，花序之下无毛。头状花序具花3朵，具纤细的短梗或近无梗；总苞圆筒形，总苞片约5层，全部无毛，背部具不明显的纵纹。花全为两性，花冠白色。瘦果纺锤形，具多数纵棱；冠毛白色或污白色。花期4～7月。

产于神农架红坪，生于海拔600～1500m的山地林下湿润地及水旁石缝中。全草入药。

图169-4　纤枝兔儿风

3. 宽叶兔儿风 | **Ainsliaea latifolia** (D. Don) Schultz Bipontinus 图169-5

多年生草本。根状茎粗壮。叶卵形或狭卵形，边缘有胼胝体状细齿，叶柄与叶片几等长，具翅，背面被白色绵毛。头状花序具花3朵，花序轴粗挺，被蛛丝状绵毛；总苞圆筒形，总苞片约5层；花全为两性；花冠管状。瘦果近纺锤形。

产于神农架新华、木鱼，生于海拔400～1400m的山地林下、路边。叶入药。

图169-5 宽叶兔儿风

4. 杏香兔儿风 | Ainsliaea fragrans Champion ex Bentham 图169-6

多年生草本。根状茎短或伸长，圆柱形，直或弯曲。茎直立，单一，不分枝，被褐色长柔毛，叶基出脉5条，在下面明显增粗并凸起。头状花序通常有小花3朵，具被短柔毛的短梗或无梗，花序轴被深褐色的短柔毛；总苞圆筒形，总苞片约5层，背部有纵纹。瘦果棒状圆柱形或近纺锤形，栗褐色。花期11～12月。

神农架广布，生于海拔400～700m的山坡上。全草入药。

图169-6 杏香兔儿风

5. 灯台兔儿风 | Ainsliaea kawakamii Hayata 图169-7

多年生草本。根状茎短，直或曲膝状。茎直立或有时下部平卧，单一，不分枝，下部无叶，密被长柔毛或有时脱毛，叶基出脉3条，中部有1对明显的侧脉。头状花序具小花3朵，无梗或有短梗，单生或2～5朵聚生；总苞圆筒形，总苞片约6层。瘦果近圆柱形，有纵棱。花期8～11月。

产于神农架低海拔乡（镇），生于海拔400～800m的山坡林下。全草入药。

6. 粗齿兔儿风 | Ainsliaea grossedentata Franchet　图169-8

多年生草本。叶聚生于茎的中部之下，叶片纸质，阔卵形、卵形或卵状披针形，边缘具粗齿或深波状，齿端具胼胝状细尖齿，叶柄上部具极狭的翅。头状花序具花3朵，于茎顶排成稀疏的总状花序；总苞圆筒形；花冠白色。冠毛淡褐色，羽毛状。花期9～10月。

产于神农架大九湖、宋洛、官门山，生于海拔400～2200m的山坡林下。全草入药。

图169-7　灯台兔儿风

图169-8　粗齿兔儿风

7. 长穗兔儿风 | Ainsliaea henryi Diels　图169-9

多年生草本。叶基生，密集，莲座状，叶片长卵形或长圆形，基部楔状渐狭而成翅柄，边缘具波状圆齿，凹缺中间具胼胝体状细齿；茎生叶极少而小，苞片状，卵形。头状花序含花3朵，常2～3聚集成小聚伞花序，于茎顶排作长的穗状花序；总苞圆筒形，有时呈紫红色。冠毛污白色至污黄色，羽毛状。花期7～9月。

产于神农架红坪、下谷，生于海拔1400～1600m的山坡林下。全草入药。

图169-9　长穗兔儿风

4. 苍术属 Atractylodes Candolle

多年生草本。具块状根茎。叶互生，全缘或羽状分裂，边缘有小针刺。头状花序单生于枝端，为羽状分裂的苞叶所包围；总苞钟状或筒状；总苞片多层；花序托平坦，有刺毛；小花全部管状，两性，5裂。瘦果圆柱状，被柔毛；冠毛多数，羽毛状。

约7种。我国产5种，湖北产3种，神农架产3种。

1. 苍术 | Atractylodes lancea (Thunberg) Candolle　图169-10

多年生草术。叶互生，分裂或不分裂，边缘有针刺状缘毛或三角形刺齿。头状花序同型，单生于茎枝顶端，不形成明显的花序式排列；总苞钟状、宽钟状或圆柱状，苞叶近2层，羽状全裂、深裂或半裂，总苞片多层，顶端钝或圆形。瘦果倒卵圆形或卵圆形，被稠密的顺向贴伏的长直毛。

产于神农架松柏，生于海拔800～1000m的山坡林下。块根入药。

2. 鄂西苍术 | Atractylodes carlinoides (Handel-Mazzetti) Kitamura　图169-11

多年生草本。有根状茎，须根伸长。茎直立，不分枝，上部被蛛丝状绵毛。基生叶披针形，顶端渐尖，基部渐狭成柄，半抱茎，边缘有啮蚀状刺齿或羽状浅裂，裂片三角形，有针刺；茎生叶无柄，基部半抱茎。头状花序顶生，无梗或有短梗；苞片多数，叶状，稍有刺状的羽状浅裂。

产于神农架木鱼，生于海拔800m的路边。根茎入药。

图169-10　苍术

图169-11　鄂西苍术

菊科｜Asteraceae

283

3. 白术 | Atractylodes macrocephala Koidzumi　图169-12

多年生草本。根状茎结节状。叶片通常3~5羽状全裂，极少间杂不裂而叶为长椭圆形的，侧裂片1~2对，顶裂片比侧裂片大，接花序下部的叶不裂。头状花序单生于茎枝顶端；苞叶针刺状，羽状全裂，总苞大，宽钟状，总苞片9~10层，覆瓦状排列，顶端紫红色，花紫红色。瘦果倒圆锥状；冠毛刚毛羽毛状，污白色。花果期8~10月。

神农架多有栽培。以根茎入药。

图169-12　白术

5. 须弥菊属 Himalaiella Raab-Straube

二年生草本。茎直立，被稠密的锈色多细胞节毛及稀疏或稠密的蛛丝状或蛛丝状绵毛，有棱。全部叶两面异色，上面绿色，粗糙。头状花序大，下垂或歪斜，有长花梗；总苞半球形或宽钟状，被稀疏蛛丝状毛，总苞片5~7层；小花淡紫红色或白色。瘦果倒圆锥状，黑色；冠毛1层，白色。花果期5~11月。

13种。我国产7种，湖北产1种，神农架产1种。

三角叶须弥菊 | Himalaiella deltoidea (Candolle) Raab-Straube　图169-13

二年生草本。茎直立，被稠密蛛丝状绵毛，有棱。全部叶两面异色，上面绿色，粗糙，下面被稠密蛛丝状绵毛，白色。头状花序大，下垂或歪斜，有长花梗；总苞半球形或宽钟状，被稀疏蛛丝状毛，总苞片5~7层；小花淡紫红色或白色。瘦果倒圆锥状，黑色，冠毛1层，白色。花果期5~11月。

产于神农架高海拔地区，生于山坡林下。根入药。

6. 云木香属 Aucklandia Falconer

多年生草本。茎直立，有棱，上部有稀疏的短柔毛，不分枝或上部有分枝。全部叶上面褐色、深褐色。头状花序单生于茎端或枝端；总苞半球形，黑色，初时被稀疏蛛丝状毛；总苞片7层；小花暗紫色。瘦果浅褐色，三棱状；冠毛1层，浅褐色。花果期7月。

单种属，神农架有产。

云木香 | Aucklandia costus Falconer　图169-14

特征同属的描述。

神农架多有栽培。根入药。

图169-13　三角叶须弥菊

7. 泥胡菜属Hemisteptia Bunge ex Fischer et C. A. Meyer

二年生草本。茎单生，直立，上部有长花序分枝。叶大头羽状分裂，两面异色，上面绿色，无毛，下面灰白色，被密厚绒毛。头状花序小，多数在茎枝顶端排列成疏松伞房花序；总苞宽钟状或半球形；总苞片多层，覆瓦状排列；花托平，被稠密的托毛；全部小花两性，结实；花冠红色或紫色。瘦果小，楔形或偏斜楔形；冠毛2层；外层冠毛刚毛羽毛状，内层冠毛刚毛鳞片状，宿存。

单种属，神农架有产。

泥胡菜 | Hemisteptia lyrata (Bunge) Fischer et C. A. Meyer　图169-15

特征同属的描述。

神农架低海拔地区广布，生于田中或荒地。全草入药。

图169-14　云木香　　　　　　　　　　　图169-15　泥胡菜

8.　风毛菊属Saussurea Candolle

　　一年或多年生草本。叶互生，全缘或有锯齿至羽状分裂。头状花序具多数同型小花；总苞片多层，覆瓦状排列，紧贴，花托平或凸起；全部小花两性，管状，结实；花冠紫红色或淡紫色，极少白色。瘦果椭圆状，具钝4肋或多肋，平滑或有横皱纹，顶端截形；冠毛1～2层，外层短，糙毛状或短羽毛状，易脱落，内层长，羽毛状，基部连合成环，整体脱落。

　　400余种。我国产264种，湖北产24种，神农架产23种。

分种检索表

1. 头状花序被有色的苞叶所承托或包围···························1. 华中雪莲S. veitchiana
1. 头状花序无有色的苞叶所承托或包围。
　2. 总苞片顶端有扩大的染色的膜质附属物（附片亚属）。
　　3. 总苞圆柱形或狭钟形，外层总苞片无附片。
　　　4. 茎有翼···2. 抱茎风毛菊S. chingiana
　　　4. 茎无翼···3. 草地风毛菊S. amara
　　3. 总苞卵球形或宽钟形，全部苞片顶端有附片···············4. 风毛菊S. japonica
　2. 总苞片顶端无扩大的染色的膜质附属物。
　　5. 根及根状茎纤维状撕裂或被纤维。
　　　6. 总状花序为最上部茎叶所承托···························5. 川陕风毛菊S. Licentiana
　　　6. 总状花序不为最上部茎叶所承托。
　　　　7. 叶两面同色，绿色·····································6. 长梗风毛菊S. dolichopoda
　　　　7. 叶上面绿色，下面灰白色，密被绒毛或柔毛。
　　　　　8. 叶片披针形、长椭圆状披针形或长椭圆形·································
　　　　　···7. 多头风毛菊S. polycephala

8．叶片长卵形、椭圆形、长椭圆形或披针形。

   9．叶柄无翼···8．假蓬风毛菊S. conyzoides

   9．叶柄有翼···9．城口风毛菊S. flexuosa

5．根及根状茎不纤维状撕裂。

  10．花药基部有长绵毛，极少撕裂。

    11．叶羽状全裂···10．巴东风毛菊S. henryi

    11．叶羽状半裂···11．风毛菊属一种S. sp.1

  10．花药基部无长绵毛，仅有缘毛或撕裂。

    12．莛状草本，基生叶花期宿存。

      13．叶大头羽状分裂···12．洋县风毛菊S. kungii

      13．叶羽状浅裂或仅边缘有三角形锯齿。

        14．叶背面无蛛丝状毛···13．少头风毛菊S. oligocephala

        14．叶背面有白色蛛丝状毛···14．风毛菊属一种S. sp.2

    12．非莛状草本，基生叶花期不存在。

      15．叶基部通常心形。

        16．叶两面绿色，下面色淡。

          17．头状花序常单生或2个生于茎端·········15．杨叶风毛菊S. populifolia

          17．头状花序少数或多数。

            18．总苞片自中部以上有明显的附属物。

              19．中下部茎叶心形，茎无毛······16．心叶风毛菊S. cordifolia

              19．中下部茎叶卵状心形或近戟形，茎具毛·················

                  ···············17．少花风毛菊S. oligantha

            18．总苞片顶端无附属物················18．庐山风毛菊S. bullockii

        16．叶表面绿色，下面灰白色··················19．银背风毛菊S. nivea

      15．叶基部绝不为心形。

        20．叶基部有抱茎小耳。

          21．茎有翼·························20．利马川风毛菊S. leclerei

          21．茎无翼·························21．大耳叶风毛菊S. macrota

        20．叶基部无抱茎小耳。

          22．叶大头羽状分裂·················22．翼柄风毛菊S. alatipes

          22．叶不分裂·······················23．湖北风毛菊S. hemsleyi

菊科｜Asteraceae

287

1．华中雪莲｜Saussurea veitchiana J. R. Drummond et Hutchinson

图169-16

多年生草本。茎直立，被白色稀疏的长柔毛。基生叶与下部的茎生叶线状披针形，顶部长渐尖，边缘有稀疏的小锯齿，两面被稀疏的黄白色的长柔毛；中部茎叶渐小，披针形；最上部茎叶膜质，紫色，长圆状椭圆形或舟状。顶端长渐尖头状花序在茎顶密集成伞房状总花序，有小花梗。花果期7~9月。

产于神农架各地，生于海拔2500m以上的山坡草丛中。

2. 抱茎风毛菊 | Saussurea chingiana Handel-Mazzetti

多年生草本。茎直立，具翼，有棱，被稀疏的白色短柔毛。基生叶花期枯萎脱落；中下部茎叶无叶柄，叶长椭圆形或卵状披针形，通常羽状浅裂、深裂或全裂，极少不分裂，中部的侧裂片较大，向两端的侧裂片较小，边缘全缘；上部茎叶与中下部茎叶同形或宽线形，羽状分裂或不裂；全部叶基部下延成茎翼，两面同色，绿色。小花红紫色。花果期7月。

产于神农架高海拔地区，生于山坡林下。根茎可入药。

3. 草地风毛菊 | Saussurea amara (Linnaeus) Candolle   图169-17

多年生草本。茎直立，无翼，被白色稀疏的短柔毛或通常无毛，上部或仅在顶端有短伞房花序状分枝或自中下部有长伞房花序状分枝。基生叶与下部茎叶有长或短柄，叶披针状长椭圆形、椭圆形、长圆状椭圆形或长披针形，顶端钝或急尖，基部楔形渐狭；中上部茎叶渐小，椭圆形或披针形。头状花序在茎枝顶端排成伞房状或伞房圆锥花序；总苞钟状或圆柱形。花果期7~10月。

产于神农架宋洛（太阳坪），生于海拔2400m的山坡草丛中。

图169-16　华中雪莲

图169-17　草地风毛菊

4. 风毛菊 | Saussurea japonica (Thunberg) Candolle   图169-18

一年生草本。根倒圆锥状或纺锤形，黑褐色。茎直立，被稀疏的短柔毛及金黄色的小腺点。基生叶与下部的茎生叶椭圆形或披针形。头状花序在茎顶端排成伞房状或伞房圆锥花序；总苞圆柱状，被白色稀疏的蛛丝状毛；总苞片6层。瘦果深褐色，圆柱状；冠毛白色。

神农架广布，生于山坡林下、草地。全草入药。

图169-18　风毛菊

5. 川陕风毛菊 ｜ Saussurea licentiana Handel-Mazzetti

多年生草本。根状茎匍匐，生多数黑褐色须根。茎直立，单生，无毛。基生叶及下部茎叶花期枯萎；中部茎叶有短柄，叶卵形、倒卵形、卵状披针形或椭圆形，顶端渐尖或尾尖，基部楔形；上部茎叶与中部茎叶同形但渐小，无柄，全部茎叶两面异色。头状花序多数或少数，在茎枝顶端成伞房花序状排列，有花序梗。花果期8~9月。

产于神农架红坪，生于海拔2500m的山坡草丛。

6. 长梗风毛菊 ｜ Saussurea dolichopoda Diels　图169-19

多年生草本。根状茎稍粗；茎直立，单生，无毛。基生叶及下部茎叶花期脱落；中部茎叶有叶柄，叶镰状披针形。头状花序生于叶腋，排成聚伞花序；总苞钟状；管状花紫红色。瘦果褐色，圆柱状；冠毛白色，2层。多年生草本。花果期8~9月。

产于神农架高海拔地区，生于山坡密林下。根茎入药。

7. 多头风毛菊 ｜ Saussurea polycephala Hand.-Mazz.　图169-20

多年生草本。根状茎稍粗；茎直立，单生，被稀疏蛛丝毛或无毛；基生叶及下部茎叶花期脱落；中部茎叶有叶柄，叶披针形、长椭圆形。头状花序10~15个在茎枝顶端排成伞房花序；总苞钟状；总苞片6层，中层长椭圆形。瘦果褐色，圆柱状；冠毛白色，2层。

神农架广布，生于海拔1500~2500m的山坡林缘、林中。根及根茎入药。

图169-19　长梗风毛菊　　　　　　　　　　图169-20　多头风毛菊

8. 假蓬风毛菊 | Saussurea conyzoides Hemsley　图169-21

多年生草本。茎直立，几无毛，中部以上伞房花序状分枝，分枝短而纤细。基生叶及下部茎叶未见；中部茎叶有叶柄，叶长椭圆形、长圆形或披针形，顶端渐尖，基部楔形，边缘有细齿，齿顶有小尖头，两面异色，上面绿色，被稀疏的短糙毛，下面灰白色，被稠密的灰白色短绒毛。头状花序在茎枝顶端成伞房状排列，有花序梗；总苞圆柱状。花期7～8月。

产于神农架松柏、新华，生于海拔1400～2800m的山坡灌丛中。

图169-21　假蓬风毛菊

9. 城口风毛菊 | Saussurea flexuosa Franchet　图169-22

多年生草本。根状茎粗厚。茎直立，单生，上部圆锥花序状分枝，下部暗紫色，全部茎枝被稀疏白色贴伏的短柔毛或无毛。基生叶花期枯萎；中部茎叶有翼柄，叶椭圆形或长卵形，顶端渐尖，基部楔形或截形；中上部茎叶与中部茎同形，边缘有稀疏的小尖头或无小尖头而全缘，全部叶两面异色。头状花序有花序梗，多数或少数沿茎枝顶端排成圆锥花序或在茎顶排成伞房花序。花果期7～9月。

产于神农架木鱼，生于海拔1400～2000m的山坡灌丛中。

图169-22　城口风毛菊

10. 巴东风毛菊 | Saussurea henryi Hemsley　图169-23

多年生草本。根状茎短。茎直立，细弱，单生，不分枝或分枝，上部被蛛丝状绒毛或几无毛。基生叶有叶柄，柄基扩大半抱茎，叶长椭圆形；中下部茎叶逐渐变小，与基生叶同形并等样分裂；中部以上的叶苞片状，线形；全部叶两面同色，绿色，无毛或被稀疏短糙毛。头状花序单生于茎端或1~3个生于茎枝顶端；总苞钟状，总苞片5层，被稀疏蛛丝毛或无毛，外层卵形。花果期7~8月。

产于神农架高海拔地区，生于山坡草地石缝中。

图169-23　巴东风毛菊

11. 风毛菊属一种 | Saussurea sp.1　图169-24

多年生草本。根状茎粗厚。茎花莛状。叶多为基生；花莛下部具数片茎生叶，与基生叶同型，叶长椭圆形，边缘羽状浅裂至中裂。头状花序单生；总苞卵球形，总苞片5层，黑色。花果期8~9月。

产于神农架金猴岭，生于海拔2500m的山坡草地石缝中。

12. 洋县风毛菊 | Saussurea kungii Y. Ling　图169-25

多年生草本。根状茎粗壮，斜升。茎直立，单生，纤细，圆柱形，有沟纹，紫褐色，被蛛丝毛。基生叶薄纸质，有叶柄，叶全形倒卵状披针形，大头羽状深裂，顶端急尖或渐尖，侧裂片（1~）2~3对，边缘全缘或几全缘，顶裂片大，长卵状三角形或长椭圆形；中上部茎叶少数，1~2枚，小，披针形或线形，苞叶状有棱，无毛。冠毛污白色，外层短，糙毛状，长3mm，内层长，羽毛状。花果期9~10月。

产于神农架红坪（天燕及阴峪河），生于海拔2500~2800m的山坡林下及林缘。

图169-24　风毛菊属一种

图169-25　洋县风毛菊

13. 少头风毛菊 │ Saussurea oligocephala (Y. Ling) Y. Ling

多年生草本。根状茎斜升。茎直立,纤细,单生,上部有分枝,被稀疏的蛛丝毛,后变无毛。基生叶有叶柄,叶薄纸质,倒卵形或长椭圆状倒披针形,基部楔形渐尖,顶端钝或急尖,边缘波状锯齿或锯齿;茎生叶少数,小,线形,不裂,边缘全缘。头状花序2~9个,在茎枝顶端成疏松伞房花序状排列;总苞陀螺形或狭钟状,总苞片4~5层,被蛛丝状毛,外层卵形,内层长,羽毛状。花果期9~10月。

产于神农架猴子石,生于海拔1500~2000m的山坡草地石缝中。

14. 风毛菊属一种 | Saussurea sp. 2　图169-26

多年生草本。根状茎粗厚。茎花葶状。叶多为基生，叶片长椭圆形；花葶下部具数枚茎生叶，比基生叶狭窄，边缘羽状浅裂至中裂；所有叶片下面密被白色绵毛。头状花序单生；总苞长卵形，总苞片5层，先端或边缘黑色。花果期6～8月。

产于小神农架顶峰，生于海拔3000m的山顶裸露的石缝中。

15. 杨叶风毛菊 | Saussurea populifolia Hemsley　图169-27

多年生草本。基生叶花期枯萎；下部与中部茎叶有叶柄，叶片心形或卵状心形，顶端渐尖或长渐尖，基部心形或圆形，边缘有锯齿；上部茎叶有短柄或几无柄，渐小，叶卵形或卵状披针形，基部楔形，顶端长渐尖。头状花序单生于茎端或茎生2个头状花序；总苞宽钟状，带紫色；小花紫色。瘦果几圆柱形；冠毛淡褐色，糙毛状。

产于神农架高海拔地区，生于山坡林下。全草入药。

图169-26　风毛菊属一种

图169-27　杨叶风毛菊

16. 心叶风毛菊 | Saussurea cordifolia Hemsl.　图169-28

多年生草本。根状茎粗厚。茎直立，无毛，上部伞房状或伞房圆锥花序状分枝，下部与中部茎叶有长柄。叶心形。头状花序数个或多数在茎枝顶端成疏松伞房或伞房圆锥花序状；总苞钟状，总苞片5层，中部上有短附物。瘦果圆柱状，褐色；冠毛浅褐色，2层，单毛状。

产于神农架低海拔地区，生于山坡密林下。根能散寒、镇痛。

17. 少花风毛菊 | Saussurea oligantha Franch.　图169-29

多年生草本。根状茎斜升。茎直立，有棱，被稀疏的多细胞节毛，顶端渐尖，基部心形或戟形；上部茎叶渐小，无柄。叶长卵形或披针形，顶部长渐尖，全部叶两面绿色，下面色淡。头状花序2～8个在茎枝顶端排成疏松的伞房花序或圆锥花序；总苞倒圆锥状或钟状总苞片4～6层，顶部有附属物，附属物绿色，渐尖，反折或直立，草质，外层卵形或宽卵形，羽毛状。

产于神农架低海拔地区，生于山坡密林下。全草可代入药。

图169-28　心叶风毛菊

图169-29　少花风毛菊

18. 庐山风毛菊 ｜ Saussurea bullockii Dunn　图169-30

多年生草本。茎被薄绵毛或蛛丝状毛，上部分枝。叶三角状心形，下面被薄蛛丝状绵毛；叶柄基部扩大，半抱茎。头状花序多数，在茎枝顶端排成伞房圆锥花序，总苞倒圆锥状，总苞片5～6层，顶端及边缘常带紫色，小花紫色。瘦果圆柱状，有棱，无毛，顶端有小冠，冠毛2层，糙毛状。花果期7～10月。

产于神农架高海拔地区，生于山坡草丛中。

图169-30　庐山风毛菊

19. 银背风毛菊 ｜ Saussurea nivea Turcz 图169-31

多年生草本。根状茎斜升。茎直立，被稀疏蛛丝毛或后脱毛，上部有伞房花房状分枝。基生叶花期脱落；下部与中部茎叶有长柄，叶披针状三角形、心形或戟形，基部心形、戟形或截形；上部茎叶渐小，与中下部茎叶同形或卵状椭圆形、长椭圆形至披针形，有短柄或几无柄，全部叶两面异色。头状花序在茎枝顶端排列成伞房花序，有线形苞叶；总苞钟状；小花紫色。花果期7~9月。

产于神农架房县（上房山），生于海拔2200m的山坡草丛。

20. 利马川风毛菊 ｜ Saussurea leclerei H. Léveillé 图169-32

多年生草本。茎直立，有条棱，无毛，叶长圆形或长卵形，顶端尾状渐尖，边缘有稀疏的小尖头；最上部叶更小，披针形或长披针形，边缘微波状或全缘，全部叶纸质，两面异色。头状花序小，多数，在茎枝顶端排列成圆锥花序，花序梗细；总苞小，钟状；小花紫色。瘦果圆柱状，无毛；冠毛淡褐色，2层，外层短，糙毛状，内层长，羽毛状。花果期8月。

产于神农架各地，生于海拔1500~2500m的山坡林缘。

图169-31　银背风毛菊

21. 大耳叶风毛菊 ｜ Saussurea macrota Franchet 图169-33

多年生草本。根状茎粗壮；茎单生，直立，被短糙毛或无毛。基生叶花期凋落；下部与中部茎叶无柄，叶椭圆形或卵状椭圆形；上部茎叶渐小，无柄，长圆状披针形，顶端渐尖。头状花序2~10个在茎枝顶端排成稠密的伞房花序，被稠密的或稀疏的短腺毛；总苞卵球形或花后圆柱状，总苞片5~6层，厚革质。冠毛2层，淡褐色，外层短，糙毛状，内层长，羽毛状。花果期7~8月。

产于神农架高海拔地区，生于山坡草丛或林缘。

图169-32　利马川风毛菊

图169-33　大耳叶风毛菊

22. 翼柄风毛菊 | Saussurea alatipes Hemsley　图169-34

多年生草本。根状茎斜升。茎单生，直立，被稀疏的白色绵毛或脱毛。基生叶与下部茎叶有翼柄，边缘有锯齿；中上部茎叶渐小，有翼柄，叶卵形或披针形。头状花序单生于茎顶，或茎生2个头状花序，或头状花序多数，在茎枝顶端呈圆锥花序状排列；总苞圆柱状或钟状；小花淡紫色，无毛。冠毛白色，2层，外层短，糙毛状，内层长，羽毛状。花果期7~8月。

产于神农架各地，生于海拔900~2200m的山坡草丛。

23. 湖北风毛菊 | Saussurea hemsleyi Lipschitz　图169-35

多年生草本。根状茎粗短，横走，生多数须根。茎直立，有纵细棱，密被黑褐色腺点，有稀疏的短柔毛或几无毛。中下部茎叶有短叶柄，叶长椭圆形或长圆形，基部楔形；上部茎叶渐小，长椭圆形或披针形。头状花序通常5个，在茎枝顶端排列成伞房花序，花序梗紫褐色，无毛；总苞狭钟状，外层卵圆形。瘦果圆柱状，无毛；冠毛淡褐色，2层，外层短，糙毛状，内层羽毛状。花果期7~9月。

产于神农架各地，生于海拔1400~2400m的山坡草丛。

图169-34　翼柄风毛菊

图169-35　湖北风毛菊

9. 牛蒡属Arctium Linnaeus

多年生草本。叶互生，通常大型，不分裂，基部通常心形。头状花序在茎枝顶端排成伞房状或圆锥状花序，同型，含有多数两性管状花；总苞卵形或卵球形，总苞片多层，具黏毛，钻形或披针形，顶端有钩刺。瘦果压扁，倒卵形或长椭圆形，顶端截形；冠毛多层，短，糙毛状，基部不连合成环。

约10种。我国产2种，湖北产1种，神农架产1种。

牛蒡 │ **Arctium lappa** Linnaeus 图169-36

二年生或多年生草本。有粗壮的根。叶互生，心形，具长柄，背面被白色绵毛。头状花序同型，多数，簇生；花全部管状，两性，紫色至白色；总苞球形或壶形；苞片先端有钩刺；花序托有刺毛。瘦果长椭圆形或倒卵形，光滑无毛；冠毛短，丰富，有锯齿，脱落。

神农架广布，生于海拔800～2500m的山坡荒地、路边，也有栽培。根、茎叶、果实入药。

图169-36 牛蒡

图169-37 山牛蒡

10. 山牛蒡属Synurus Iljin

多年生草本。叶大型，卵形或心形，两面异色，上面绿色，下面灰白色，被密厚绒毛。头状花序大，下垂，同型；总苞球形，被稠密的蛛丝毛，总苞片13～15层，披针形或线状披针形；花托有长托毛；全部小花两性，管状，花冠紫色；花丝分离，无毛；花柱短2裂，贴合。瘦果长椭圆形，光滑，顶端有果线；冠毛多层，不等长；冠毛糙毛状。

单种属。我国产1种，湖北产1种，神农架产1种。

山牛蒡 ｜ Synurus deltoides (Aiton) Nakai   图169-37

特征同属的描述。

产于神农架高海拔地区，生于山坡林缘、林下。根入药。

11. 蓟属Cirsium Miller

多年生草本。茎直立，全部茎枝有条棱，被稠密或稀疏的多细胞长节毛。基生叶卵形、长倒卵形或长椭圆形；全部茎叶两面同色，绿色。头状花序直立；总苞钟状，总苞片约6层，全部苞片外面有微糙毛并沿中肋有黏腺。瘦果偏斜，楔状倒披针状；冠毛浅褐色，羽毛状。花果期4～11月。

约250～300种。我国产50余种，湖北产7种，神农架均产。

分种检索表

```
1. 雌雄同株；果期冠毛与小花花冠等长或短于小花花冠。
    2. 全部总苞片顶端不扩大，边缘无膜质的撕裂边。
        3. 总苞近等长。
            4. 总苞片外缘有针刺，小花红色或紫色。
                5. 叶两面同色或近同色 ·············· 1. 刺苞蓟C. henryi
                5. 叶上面绿色，下面灰白色 ·············· 2. 等苞蓟C. fargesii
            4. 总苞片外缘无针刺，小花白色或淡黄色·············· 3. 马刺蓟C. monocephalum
        3. 总苞向内渐长·············· 4. 蓟C. japonicum
    2. 全部总苞片顶端膜质扩大，边缘有膜质的撕裂边。
        6. 叶羽状浅裂、半裂或深裂·············· 5. 牛口蓟C. shansiense
        6. 叶不分裂·············· 6. 线叶蓟C. lineare
1. 雌雄异株；果期冠毛通常长于小花花冠·············· 7. 刺儿菜C. arvense var. integrifolium
```

1. 刺苞蓟 ｜ Cirsium henryi (Franchet) Diels   图169-38

多年生草本。基部叶和下部茎叶倒披针形、椭圆形或长椭圆形，羽状半裂、深裂或几全裂，基部渐狭成短或长柄，侧裂片5～8对，边缘具不等大的三角形刺齿，自下部向上的叶渐小。头状花序通常作伞房花序式排列；总苞钟状，总苞片顶端有短针刺，边缘有平展的针刺；小花紫色。瘦果浅褐色。

神农架高海拔地区广布，生于山坡草丛中。全草及根入药。

图169-38　刺苞蓟

2. 等苞蓟 │ **Cirsium fargesii** (Franchet) Diels　图169-39

多年生草本。茎直立，上部分枝，全部茎枝有条棱，被稀疏的蛛丝毛及多细胞长节毛。中部茎叶全形椭圆形、长椭圆形，羽状深裂，无柄；上部茎叶与中部茎叶同形或披针形。总苞宽钟状至半球形，被稀疏的蛛丝毛，总苞片约8层，近等长。瘦果褐色，楔状倒长卵形；冠毛浅褐色；冠毛刚毛长羽毛状。

神农架广布，生于海拔1600～2200m的山谷溪边。全草及根可入药。

图169-39　等苞蓟

3. 马刺蓟 │ **Cirsium monocephalum** (Vaniot) H. Léveillé　图169-40

多年生草本。中部茎叶椭圆形，羽状深裂，无柄，基部耳状扩大半抱茎，基部或下部两侧边缘有1～3枚三角形刺齿，齿顶有针刺或1～3枚长针刺；上部茎叶与中部茎叶同形或渐小。头状花序在茎枝顶端排成圆锥状花序；总苞宽钟状至半球形，全部苞片线状钻形，边缘无针刺；小花白色或淡黄色。瘦果褐色。花果期7～10月。

产于神农架宋洛，生于海拔1200～1800m的山谷沟边。全草及根入药。

4. 蓟 | **Cirsium japonicum** Candolle 图169-41

多年生草本。茎直立,全部茎枝有条棱,被稠密或稀疏的多细胞长节毛。基生叶全形卵形、长倒卵形或长椭圆形;全部茎叶两面同色,绿色。头状花序直立;总苞钟状,总苞片约6层,全部苞片外面有微糙毛并沿中肋有黏腺。瘦果偏斜楔状倒披针状;冠毛浅褐色;冠毛刚毛长羽毛状。

神农架广布,生于海拔400～2000m的山坡林中及路边。地上部分或根入药。

图169-40 马刺蓟

图169-41 蓟

5. 牛口蓟 | **Cirsium shansiense** Petrak 图169-42

多年生草本。茎通常中部以上有稠密的绒毛。中部茎叶卵形至线状长椭圆形,羽状浅裂至深裂,基部扩大抱茎,全部裂片顶端或齿裂顶端及边缘有针刺,叶两面异色,上面绿色,下面灰白色,被密厚的绒毛。头状花序茎枝顶端排成伞房花序;总苞卵形或卵球形,总苞片顶端渐尖成针刺;小花粉红色或紫色。瘦果冠毛浅褐色。花果期5～11月。

神农架广布,生于海拔2000m的山坡、路旁。

图169-42 牛口蓟

6. 线叶蓟 | **Cirsium lineare** (Thunberg) Schultz Bipontinus 图169-43

多年生草本。根直伸;茎直立,有条棱,全部茎枝被稀疏的蛛丝毛及多细胞长节毛。下部和中部茎叶长椭圆形、披针形或倒披针形,边缘有细密的针刺,针刺内弯。头状花序生于花序分枝顶端;总苞卵形或长卵形,总苞片约6层。瘦果倒金字塔状;冠毛刚毛长羽毛状。

神农架广布,生于海拔400～2600m的山坡、路旁。全草入药。

7. 刺儿菜（变种）| **Cirsium arvense** var. **integrifolium** Wimmer et Grabowski 图169-44

　　多年生草本。茎直立，花序分枝无毛或有薄绒毛。基生叶和中部茎叶椭圆形、长椭圆形；叶缘有细密的针刺，针刺紧贴叶缘，或叶缘有刺齿。头状花序单生于茎端；总苞卵形或长卵形或卵圆形；总苞片约6层。瘦果淡黄色，椭圆形或偏斜椭圆形；冠毛污白色。

　　神农架低海拔地区广布，生于山坡、河旁及荒地中。全草及根（小蓟）入药。

图169-43　线叶蓟

图169-44　刺儿菜

12. 飞廉属Carduus Linnaeus

　　一年生至多年生草本。茎有翼。叶互生，边缘及顶端有针刺。头状花序同型同色；总苞卵状至扁球形，总苞片顶端有刺尖；小花红色、紫色或白色。瘦果压扁，具多数纵细线纹，有果喙；冠毛多层，基部连合成环。

　　约95种。我国产35种，湖北产1种，神农架产1种。

丝毛飞廉 | **Carduus crispus** Linnaeus 图169-45

　　一年生或二年生直立草本。茎有翼。叶互生，常下延，不分裂至全裂，边缘及顶端有针刺。头状花序同型同色，单生；全部小花两性，结实；总苞片多层，覆瓦状排列，直立，紧贴，向内层渐长，最内层苞片膜质，全部苞片扁平或弯曲，顶端有刺尖；花冠管状或钟状，檐部5深裂，花冠裂片其中1枚较其他4裂片长。瘦果

图169-45　丝毛飞廉

平滑或具6～10棱，有果喙，冠毛多层，不等长，基部连合成环，整体脱落。

产于神农架新华，生于海拔400～1500m的山坡荒地、路边。全草及根入药。

13. 漏芦属Rhaponticum Vaillant

多年生草本。头状花序同型，单生于茎端或茎枝顶端；总苞半球形，总苞片多层，向内层渐长，覆瓦状排列，顶端有膜质附属物；全部小花两性，管状；花冠紫红色，很少为黄色，花冠5裂，裂片线形。瘦果长椭圆形，压扁，4棱，冠毛2至多层，基部连合成环。

约26种。我国产4种，湖北产1种，神农架产1种。

华漏芦 ｜ Rhaponticum chinense (S. Moore) L. Martins et Hidalgo　图169-46

多年生草本。头状花序同型，大，单生于茎端或茎枝顶端；总苞半球形，总苞片多层多数，向内层渐长，覆瓦状排列，顶端有膜质附属物；全部小花两性，管状；花冠5裂，裂片线形。瘦果长椭圆形，压扁，4棱，棱间有细脉纹，顶端有果喙，侧生着生面；冠毛2至多层，外层较短，向内层渐长，褐色，基部连合成环，整体脱落；冠毛刚毛糙毛状或短羽毛状。

产于神农架松柏，生于海拔500～1200m的山谷或溪边潮湿地。根入药。

图169-46　华漏芦

图169-47　华北鸦葱

14. 鸦葱属Scorzonera Linnaeus

多年生草本。叶不分裂，全缘，叶脉平行。头状花序同型，舌状，单生于茎顶或少数头状花序在茎枝顶端排成花序；总苞圆柱状或长椭圆状或楔状，总苞片多层，覆瓦状排列；舌状小花黄色。瘦果圆柱状或长椭圆状，具冠毛。

约175种。我国产23种，湖北产1种，神农架产1种。

华北鸦葱 | Scorzonera albicaulis Bunge 图169–47

多年生草本。叶不分裂，全缘，叶脉平行，或羽状半裂或全裂。头状花序大或较大，同型，舌状，单生于茎顶或少数头状花序在茎枝顶端排成伞房花序；总苞圆柱状或长椭圆状或楔状，总苞片多层，覆瓦状排列；舌状小花黄色，顶端截形，5齿裂。瘦果圆柱状或长椭圆状，有多数钝纵肋；冠毛中下部或大部羽毛状，上部锯齿状，通常有超长冠毛3～10枚，基部连合成环，整体脱落或不脱落。

产于神农架松柏、宋洛，生于海拔600～1200m的山地疏林下或草丛中。茎叶入药。

15. 假福王草属Paraprenanthes C. C. Chang ex C. Shih

一年生或多年生草本。茎直立。叶不分裂或羽状分裂。头状花序小，同型，舌状，含4～15枚舌状小花，多数或少数在茎枝顶端排成圆锥状或伞房状花序；总苞圆柱状，总苞片3～4层，外层及最外层小，全部总苞片外面通常淡红紫色；舌状小花红色或紫色，舌片顶端5齿裂。瘦果黑色，无喙或有不明显喙状物，每面有4～6条高起的纵肋。

15种，我国全产，湖北产3种，神农架均产。

分种检索表

```
1. 叶不分裂 ······················································· 1. 林生假福王草P. diversifolia
1. 叶羽状或大头羽状分裂。
    2. 叶的顶裂片大 ············································· 2. 蕨叶假福王草P. polypodiifolia
    2. 叶的全部裂片等大或近等大 ····························· 3. 密毛假福王草P. glandulosissima
```

1. 林生假福王草 | Paraprenanthes diversifolia (Vaniot) N. Kilian 图169–48

多年生草本。基生叶及中下部茎叶三角状戟形或卵状戟形，不分裂，全部叶两面光滑无毛。总苞片4层，外层及最外层最短，卵状三角形或长三角形；舌状小花约11枚，紫红色或紫蓝色。瘦果粗厚，纺锤状，顶端白色，无喙，每面有5～6条不等粗的细肋；冠毛白色。花果期2～8月。

产于神农架各地，生于海拔500～1400m的山谷、山坡林下潮湿地。

图169-48　林生假福王草

2. 蕨叶假福王草 | Paraprenanthes polypodiifolia (Franchet) C. C. Chang ex C. Shih　图169-49

多年生草本。基生叶小，与中下部茎叶大头羽状全裂，顶裂片大，三角状或三角状戟形，最上部茎叶线形，无柄。头状花序多数，在茎枝顶端排列成圆锥花序或圆锥状伞房花序；舌状小花约10枚，紫红色。瘦果黑色，纺锤形，有粗短的喙状物，每面有7条高起的不等粗纵肋。花果期5～6月。

产于神农架巫山县（T. P. Wang 10538，官渡河），生于海拔1000m的山坡路旁、山谷林下。

图169-49　蕨叶假福王草

3. 密毛假福王草 ｜ Paraprenanthes glandulosissima (C. C. Chang) C. Shih　图169-50

多年生草本。全部叶羽状全裂或几全裂。头状花序沿茎枝顶端排列成伞房状花序，花序梗被稠密的多细胞节毛。总苞圆柱状，全部苞片外面无毛；舌状小花蓝紫色。瘦果黑色，纺锤状，有短缩喙状物，每面有5条高起的不等粗纵肋。花果期4～5月。

分布于神农架木鱼（九冲），生于海拔500～800m的山坡溪边。

16. 莴苣属Lactuca Linnaeus

一年生或多年生草本。总苞卵球形，总苞片4～5层，向内层渐长，覆瓦状排列，绿色；舌状小花9～25枚，黄色，极少白色，舌片顶端截形，顶端5齿裂，喉部有白色柔毛；花药基部附属物箭头形；花柱分枝细。瘦果倒卵形、椭圆形或长椭圆形，黑色、压扁或黑棕色、棕红色、黑褐色，边缘有宽厚或薄翅，顶端有粗短喙，极少有细丝状喙；冠毛2层，白色。

约50～70种。我国产12种，湖北产4种，神农架产4种。

图169-50　密毛假福王草

分种检索表

1. 头状花序果期卵球形，总苞片质地厚；瘦果边缘加宽成厚翅。
　2. 瘦果每面有3条细脉纹 ·· 1. 毛脉翅果菊L. raddeana
　2. 瘦果每面有1条细脉纹。
　　3. 叶不分裂，线形至长椭圆形；果喙粗短 ···················· 2. 翅果菊L. indica
　　3. 叶羽状分裂；果喙细长 ···································· 3. 台湾翅果菊L. formosana
1. 头状花序果期不为卵球形，总苞片质地薄；瘦果边缘不加宽成厚翅 ········· 4. 莴苣L. sativa

1. 毛脉翅果菊 ｜ Lactuca raddeana Maximowicz　图169-51

多年生草本。茎直立，单生，紫红色或带紫红色斑纹，上部狭圆锥花序状或总状圆锥花序状分枝。向上的叶与中下部茎叶同形或披针形，有长或短具宽翼或狭翼的叶柄；全部叶两面粗糙，边缘有锯齿或无齿。头状花序果期卵球形；总苞片4层，外层卵形。瘦果椭圆形或长椭圆形，黑褐色；

冠毛纤细。花果期6~10月。

　　神农架广布，生于海拔800~1500m的山地疏林下。根入药。

2. 翅果菊 | Lactuca indica Linnaeus　图169-52

　　二年生草本。根垂直直伸。茎直立，单生，全部茎枝无毛，线形。中部茎叶边缘大部全缘；中下部茎叶边缘有三角形锯齿或偏斜卵状大齿。头状花序果期卵球形；总苞片4层，外层卵形或长卵形，全部苞片边缘染紫红色。瘦果椭圆形，黑色，每面有1条细纵脉纹；冠毛2层，白色。花果期6~10月。

　　神农架广布，生于海拔400~1500m的荒地、山坡草地。根入药；嫩茎叶可作蔬菜。

图169-51　毛脉翅果菊

图169-52　翅果菊

3. 台湾翅果菊 | Lactuca formosana Maximowicz　图169-53

　　一年生草本。茎直立，单生，上部伞房花序状分枝。下部及中部茎叶全形椭圆形、披针形；上部茎叶与中部茎叶同形并等样分裂或不裂而披针形。头状花序在茎枝顶端排成伞房状花序；总苞果期卵球形，总苞片4~5层，外层宽卵形。瘦果椭圆形，棕黑色，每面有1条高起的细脉纹；冠毛2层。

　　产于神农架新华、宋洛、阳日，生于海拔400~1000m的山地疏林、旷野、房边。全草入药。

4. 莴苣 | Lactuca sativa Linnaeus　图169-54

　　二年生草本。根垂直直伸。茎直立，单生，上部圆锥状花序分枝，全部茎枝白色。基生叶及下部茎叶大，不分裂。头状花序多数，在茎枝顶端排成圆锥花序；总苞果期卵球形，总苞片5层；舌状小花约15枚。瘦果倒披针形，喙细丝状，与瘦果几等长；冠毛2层，纤细。

　　神农架广为栽培。茎、叶、种子入药；茎、叶可作蔬食。

图169-53 台湾翅果菊

图169-54 莴苣

17. 苦苣菜属Sonchus Linnaeus

一年或多年生草本。叶互生。头状花序稍大，含多数同型舌状小花，在茎枝顶端排成伞房花序或伞房圆锥花序；总苞卵状至碟状，花后常下垂，总苞片3～5层，覆瓦状排列，花黄色，两性，结实，舌状顶端截形，5齿裂。瘦果卵形或椭圆形，极压扁或粗厚，无喙；冠毛多层，白色。

约50种。我国产8种，湖北产4种，神农架均产。

分种检索表

1. 瘦果无横皱纹······························3. 花叶滇苦菜S. asper
1. 瘦果有横皱纹。
  2. 瘦果每面有3条细纵肋······················2. 苦苣菜S. oleraceus
  2. 瘦果每面有5条细纵肋。
    3. 叶不分裂······························1. 苣荬菜S. wightianus
    3. 叶羽状分裂··························4. 南苦苣菜S. lingianus

1. 苣荬菜 | Sonchus wightianus Candolle 图169-55

多年生草本。根垂直直伸。茎直立，有细条纹，上部或顶部有伞房状花序分枝。基生叶与中下部茎叶全形倒披针形或椭圆形；全部叶基部渐窄成长或短翼柄。头状花序在茎枝顶端排成伞房状花序；总苞钟状，总苞片3层，外层披针形，全部总苞片顶端渐尖。瘦果长椭圆形；冠毛白色。花果期1～9月。

神农架广布，生于海拔400～1500m的山坡草地、溪边、旷野、路旁。全草入药。

图169-55 苣荬菜

2. 苦苣菜 | Sonchus oleraceus Linnaeus 图169-56

一年生草本。根圆锥状。茎直立，单生，有纵棱或条纹。基生叶羽状深裂；中下部茎叶羽状深裂或大头状羽状深裂，全形椭圆形或披针形；全部叶或裂片边缘有大小不等的急尖锯齿或大锯齿。总苞宽钟状，总苞片3～4层，覆瓦状排列，向内层渐长。瘦果褐色，长椭圆形或长椭圆状倒披针形；冠毛白色。

产于神农架各地，生于海拔400～1000m的山坡草地、溪边、旷野、路旁。全草药用。

3. 花叶滇苦菜 | **Sonchus asper** (Linnaeus) Hill 图169-57

一年生草本。根倒圆锥状，垂直直伸。茎单生或少簇生，茎直立，有纵棱或条纹。基生叶与茎生叶同型；上部茎叶披针形，不裂；下部叶或全部茎叶羽状浅裂或半深裂或深裂；全部叶或裂片边缘有急尖齿刺。总苞宽钟状，总苞片3~4层，向内层渐长。瘦果倒披针形，褐色，两面各有3条细纵肋。

产于神农架各地，生于海拔800~2500m的山坡林缘、路边。全草可入药。

图169-56 苦苣菜

图169-57 花叶滇苦菜

4. 南苦苣菜 | Sonchus lingianus C. Shih 图169-58

一年生草本。茎直立，茎分枝与花梗被头状具柄的腺毛及稠密或稍密的白色绒毛。基生叶多数，匙形、长椭圆形或长倒披针状椭圆形，向上的叶渐小，全部叶两面光滑无毛。头状花序少数，在茎枝顶端排成伞房状花序；总苞宽钟状，全部总苞片顶端急尖或渐尖，背面沿中脉有1行头状具柄的腺毛；舌状小花黄色。瘦果长椭圆形，顶端无喙。花果期7~10月。

产于神农架红坪板桥，生于海拔1400m的荒地中。全草可入药。

图169-58 南苦苣菜

18. 黄鹌菜属Youngia Cassini

一年生或多年生草本。头状花序小，同型，舌状；总苞圆柱状至宽圆柱状；总苞3～4层，外层及最外层短，顶端急尖，内层及最内层长；花托平，蜂窝状，无托毛；舌状小花两性，黄色，1层，舌片顶端截形，5齿裂；花柱分枝细；花药基部附属物箭头形。瘦果纺锤形，向上收窄，近顶端有收送；冠毛白色，少数灰色，1～2层，单毛状或糙毛状，有时基部连合成环。

约40种。我国产37种，湖北产5种，神农架均产。

分种检索表

1. 多年生草本；茎基有残存叶柄 ··· 1. 川西黄鹌菜Y. prattii
1. 一年生或二年草本；茎基无残存叶柄。
  2. 头状花序较大，总苞长6～8mm
    3. 叶的中部侧裂片基部下侧有一三角形长或短齿 ················· 2. 长裂黄鹌菜Y. henryi
    3. 叶的中部侧裂片基部下侧无长三角形齿 ················· 3. 异叶黄鹌菜Y. heterophylla
  2. 头状花序较小，总苞长4～6mm。
    4. 瘦果顶端并不收窄成粗短喙状物 ································· 4. 黄鹌菜Y. japonica
    4. 瘦果顶端渐窄成粗短喙状物 ································· 5. 红果黄鹌菜Y. erythrocarpa

1. 川西黄鹌菜 | Youngia prattii (Babcock) Babcock et Stebbins 图169-59

多年生草本。根垂直直伸或歪斜。茎单生，直立，茎基被褐色残存的叶柄，无毛。基生叶全形倒披针形、长椭圆形；下部及中部和上部茎叶与基生叶同形并等样分裂；全部叶的裂片或叶顶端急尖或长尖，两面无毛。头状花序多数或少数在茎枝顶端排成伞房花序或伞房圆锥花序，约含11枚舌状小花；花序梗纤细，无毛；舌状小花黄色；花冠管外面被微柔毛。瘦果褐色，向顶端稍窄，圆柱状。花果期6～7月。

产于神农架红坪，生于海拔1800m的山坡林下。

图169-59 川西黄鹌菜

图169-60 长裂黄鹌菜

2. 长裂黄鹌菜 ｜ **Youngia henryi** (Diels) Babcock et Stebbins   图169-60

多年生草本。茎单生，直立，茎基有残存的褐色叶柄，全部茎枝无毛。基生叶二型，有具狭翼的长或短叶柄，晚期的基生叶全形披针形，羽状深裂或全裂；中下部茎叶全形长椭圆形、披针形、线形、狭线形或镰刀形。头状花序含7~10枚舌状小花，少数或多数在茎枝顶端排成伞房花序或伞房圆锥花序。瘦果浅褐色，纺锤状，向顶端稍渐窄；冠毛白色或微黄色，花果期7~8月。

产于神农架各地，生于海拔2000~3000m的山坡草地或林缘石缝中。

3. 异叶黄鹌菜 ｜ **Youngia heterophylla** (Hemsley) Babcock et Stebbins   图169-61

一年生或二年生草本。茎直立，单生或簇生，全部茎枝有稀疏的多细胞节毛。基生叶大头羽状深裂或几全裂，基部与羽轴宽融合或基部收窄成宽短的翼柄；全部基生叶的叶柄及叶两面有稀疏的短柔毛；中下部茎叶与基生叶同形并等样分裂或戟形，不裂。总苞圆柱状，总苞片4层。瘦果纺锤形，黑褐色。

神农架广布，生于海拔400~1400m的山地疏林、灌丛中。全草入药。

4. 黄鹌菜 ｜ **Youngia japonica** (Linnaeus) Candolle   图169-62

一年生草本。茎直立，单生或少数茎成簇生，粗壮或细，顶端伞房花序状分枝或下部有长分枝。基生叶大头羽状深裂或全裂，全部侧裂片边缘有锯齿或细锯齿或边缘有小尖头；全部叶及叶柄被皱波状长或短柔毛。总苞圆柱状，总苞片4层，外层短，内层长；舌状小花黄色。瘦果纺锤形，褐色或红褐色。

神农架广布，生于海拔400~1500m的荒地、疏林、灌丛中。全草入药。

图169-61　异叶黄鹌菜　　　　　　　　　　图169-62　黄鹌菜

5. 红果黄鹌菜 | Youngia erythrocarpa (Vaniot) Babcock et Stebbins

图169-63

一年生草本。基生叶倒披针形，大头羽状全裂，茎生叶与基生叶同形并等样分裂，全部叶两面被毛。头状花序多数或极多数，在茎枝顶端排成伞房圆锥花序，花序梗纤细；总苞圆柱状，总苞片4层，全部总苞片外面无毛；舌状小花黄色。瘦果红色，纺锤形，顶渐窄成粗短的喙状物；冠毛白色。花果期4~8月。

神农架广布，生于海拔400~1500m的荒地、疏林、灌丛中。

19. 稻槎菜属Lapsana Linnaeus

草本。叶互生，齿状或下部的羽状分裂。头状花序小，同型，黄色，排成疏散、伞房花序式或圆锥花序式；花全部舌状，黄色；外层的总苞片小，少数，内层的草质，结果时稍硬；花序托平坦，秃裸。瘦果倒披针形，有棱20~30条，无冠毛。

约10种。我国产4种，湖北产1种，神农架产1种。

稻槎菜 | Lapsanastrum apogonoides (Maximowicz) Pak et K. Bremer

图169-64

一年生或多年生草本。叶边缘有锯齿或羽状深裂或全裂。头状花序同型，舌状，在茎枝顶排列成疏松的伞房状花序或圆锥状花序；总苞圆柱状钟形或钟形，总苞片2层，3~5枚，卵形；舌状小花黄色，两性。瘦果长椭圆形、长椭圆状披针形或圆柱状，有12~20条细小纵肋，顶端无冠毛。

产于神农架低海拔山区，生于田间湿地中。全草入药。

图169-63　红果黄鹌菜　　　　　　图169-64　稻槎菜

20. 假还阳参属Crepidiastrum Nakai

一年生或二年生草本。叶互生，基生叶花期枯萎，极少生存。头状花序同型；总苞圆柱状，外层小，卵形，内层长，基部沿中脉海绵质增厚或无海绵质增厚；花托平，无托毛；舌状小花5~19枚，黄色或橘黄色；花柱分枝细；花药基部附属物箭头状。瘦果黑色或褐色，有10~12条高起纵肋，上部沿肋有小刺毛，顶端渐尖成粗喙；冠毛白色，糙毛状，1层，易脱落。

约15种。我国产9种，湖北产3种，神农架均产。

分种检索表

1. 瘦果顶端急尖成细丝状的喙 ······································· 1. 尖裂假还阳参C. sonchifolium
1. 瘦果顶端急尖成粗喙。
　　2. 茎直立；叶无柄，耳状抱茎 ································· 2. 黄瓜假还阳参C. denticulatum
　　2. 茎倾卧；叶有长柄，不抱茎 ································· 3. 心叶假还阳参C. humifusum

1. 尖裂假还阳参 │ Crepidiastrum sonchifolium (Maximowicz) Pak et Kawano

分亚种检索表

1. 植物无毛 ································ 1a. 尖裂假还阳参C. sonchifolium subsp. sonchifolium
1. 植物密被柔毛 ····················· 1b. 柔毛假还阳参C. sonchifolium subsp. pubescens

1a. 尖裂假还阳参（原亚种）Crepidiastrum sonchifolium subsp. sonchifolium　图169-65

多年生草本。根垂直直伸。根状茎极短；茎单生，直立，全部茎枝无毛。基生叶莲座状，匙形、长倒披针形或长椭圆形；中下部羽状浅裂或半裂，极少大头羽状分裂；上部茎叶极少有锯齿或小锯齿。总苞圆柱状，总苞片3层，卵形或长卵形。瘦果黑色，纺锤形。

神农架低海拔地区广布，生于山地疏林下、草丛。全草入药。

图169-65　尖裂假还阳参

图169-66　柔毛假还阳参

1b. 柔毛假还阳参（亚种）Crepidiastrum sonchifolium subsp. **pubescens** (Stebbins) N. Kilian 图169-66

多年生草本。全株被白色长柔毛。叶具柄，羽状分裂。头状花序呈伞房花序式排列于枝顶；总苞片长；花全部舌状，黄色。瘦果圆柱状，无喙，有纵肋10条；冠毛白色。花果期10月。

产于神农架红坪（红坪画廊），生于海拔2000m的悬崖干旱石壁上。全草入药。

2. 黄瓜假还阳参 | Crepidiastrum denticulatum (Houttuyn) Pak et Kawano 图169-67

二年生草本。根垂直直伸。茎单生，直立，上部或中部伞房花序状分枝，全部茎枝无毛。基生叶及下部茎叶花期枯萎脱落；上部及最上部茎叶与中下部茎叶同形，边缘具大锯齿或重锯齿或全缘。总苞圆柱状，总苞片2层，卵形；舌状小花黄色。瘦果长椭圆形，黑色或黑褐色，上部沿脉有小刺毛。

神农架广布，生于海拔400～2500m的山坡林缘、林下、坎上、石缝。全草入药。

3. 心叶假还阳参 | Crepidiastrum humifusum (Dunn) Sennikov 图169-68

多年生草本。茎倾卧，近基部有细长匍匐枝，全部茎枝被稀疏的多细胞节毛。基生叶花期生存，有极狭的翼，侧裂片极小，对生或互生。总苞圆柱状，总苞片3层，卵形，全部苞片外无毛。瘦果椭圆形，褐色。

产于神农架宋洛、阳日、新华、老君山，生于海拔1000～2500m的山坡密林下。全草入药。

图169-67 黄瓜假还阳参

图169-68 心叶假还阳参

21. 蒲公英属Taraxacum F. H. Wiggers

多年生莲状草本。具白色乳状汁液。叶基生，密集成莲座状。茎花莲状。花莛1至数个，直立、中空，无叶状苞片叶；头状花序单生于花莛顶端，总苞钟状或狭钟状；总苞片数层，有时先端背部增厚或有小角；全为舌状花，两性、结实，舌片通常黄色。瘦果纺锤形或倒锥形，有纵沟，果体上部或几全部有刺状或瘤状凸起；冠毛多层，白色。

2000余种。我国产70种，湖北产3种，神农架均产。

分种检索表

1. 最外层苞片明显，弧形，内弯或反折·····································1. 蒙古蒲公英T. mongolicum
1. 外苞片贴伏或直立，少数明显直立。
   2. 外苞片明显，弧形，直立或近下弯，几乎不直立··················2. 丑蒲公英T. damnabile
   2. 外苞片紧贴伏、松散贴伏，或直立···································3. 短茎蒲公英T. abbreviatulum

---

1. 蒙古蒲公英 ｜ Taraxacum mongolicum Handel-Mazzetti
图169–69

多年生草本。具白色乳状汁液。茎花莲状，无叶状苞片叶，上部被蛛丝状柔毛或无毛。叶基生，叶片匙形或披针形。头状花序单生于花莛顶端；总苞钟状或狭钟状，外层总苞片短于内层总苞片；花序托有小窝孔，无托片；舌状花，两性、结实；雄蕊5枚，呈筒状；花柱细长，伸出聚药雄蕊外，柱头2裂，裂瓣线形。瘦果纺锤形或倒锥形，有纵沟，果体上部或几全部有刺状或瘤状凸起。

神农架广布，生于海拔400～2000m的荒野、田间空地、路旁。全草入药；嫩苗可食。

图169–69 蒙古蒲公英

2. 丑蒲公英 ｜ Taraxacum damnabile Kirschner et Štěpánek

本种外形上与蒙古蒲公英相似，但外苞片明显、弧形、直立或近下弯、几乎不直立。产于神农架高海拔地区，生于山坡草丛。

3. 短茎蒲公英 ｜ Taraxacum abbreviatulum Kirschner et Štěpánek

图169-70

本种外形上与蒙古蒲公英相似，但外苞片紧贴伏、松散贴伏或直立。

产于神农架高海拔地区，生于山坡草丛。

22. 小苦荬属Ixeridium (A. Gray) Tzvelev

多年生草本。茎直立，上部伞房花序状分枝，或有时自基部分枝。基生叶花期生存，极少枯萎脱落。头状花序多数或少数在茎枝顶端排成伞房状花序，同型，舌状；总苞圆柱状，总苞片2～4层，外层及最外层短，内层长。舌状小花7～27枚. 黄色，极少白色或紫红色；花柱分枝细；花药基部附属物箭头形。瘦果压扁或几压扁，褐色，少黑色，有8～10条高起的钝肋，上部通常有上指的小硬毛；冠毛白色或褐色，不等长，糙毛状。

约15种。我国产8种，湖北产3种，神农架产2种。

分种检索表

1. 叶线形、狭线形、线状长椭圆形，边缘无锯齿 ································· 1. 细叶小苦荬I. gracile
1. 叶长椭圆形、椭圆形或倒披针形，边缘有锯齿或羽状深裂 ·············· 2. 小苦荬I. dentatum

1. 细叶小苦荬 ｜ Ixeridium gracile (Candolle) Pak et Kawano   图169-71

多年生草本。根状茎极短；茎直立，上部伞房花序状分枝或自基部分枝。基生叶基部有长或短的狭翼柄；茎生叶少，狭披针形、线状披针形或狭线形。头状花序梗极纤细；总苞圆柱状，总苞片2层，卵形。瘦果褐色，长圆锥状，喙弯曲；冠毛褐色或淡黄色。花果期3～10月。

神农架广布，生于山坡山谷林下、草丛中。全草入药。

图169-70 短茎蒲公英

图169-71 细叶小苦荬

2. 小苦荬 | Ixeridium dentatum (Thunberg) Tzvelev 图169-72

多年生草本。根状茎缩短；茎直立，单生，上部伞房花序状分枝或自基部分枝。基生叶通常在中下部边缘或仅基部边缘有稀疏的缘毛状或长尖头状锯齿；茎生叶等于或大于基生叶。头状花序梗纤细；总苞圆柱状，总苞片2层，外层宽卵形。瘦果纺锤形，喙细丝状；冠毛麦秆黄色或黄褐色。

神农架广布，生于海拔500～800m的山坡林下、潮湿处。

图169-72　小苦荬

23. 苦荬菜属Ixeris (Cassini) Cassini

多年生草本。头状花序同型，排成疏散的圆锥花序或伞房花序式，全由舌状花组成；内层总苞片近等长，狭窄，草质，外层的小或极小；花序托平坦，秃裸；花冠舌状，顶部具截平形的5齿裂。瘦果狭窄或阔，有等形的锐纵肋，上端狭窄而成一明显的喙，喙顶有冠毛。

约8种。我国产46种，湖北产3种，神农架均产。

分种检索表

1. 瘦果有10条高起的尖翅肋。
　　2. 叶基部不扩大抱茎 ···1. 剪刀股I. japonica
　　2. 叶基部扩大，箭头状抱茎 ··2. 苦荬菜I. polycephala
1. 瘦果有9～12条高起的钝翅肋 ··3. 中华苦荬菜I. chinensis

1. 剪刀股 | Ixeris japonica (N. L. Burman) Nakai 图169-73

多年生草本。全株无毛，具匍匐茎。基生叶莲座状，叶基部下延成叶柄，叶片匙状倒披针形至倒卵形，先端钝，基部下延，全缘或具疏锯齿或下部羽状分裂，花茎上的叶仅1~2枚，全缘，无叶柄。头状花序1~6，有梗；总苞片2~3层，外层总苞片卵形，内层总苞片长圆状披针形，先端钝；舌状花黄色。瘦果成熟后红棕色；冠毛白色。花期4~5月。

产于神农架新华、木鱼坪、老君山、盘龙、田家山，生于海拔800m的荒地中。全草入药。

图169-73 剪刀股

2. 苦荬菜 | Ixeris polycephala Cassini ex Candolle 图169-74

一年生或多年生草本。基生叶花期生存。头状花序同型，舌状，多数或少数在茎枝顶端排成伞房状花序；总苞花期圆柱状或钟状，果期有时卵球形，总苞片2~3层；舌状小花黄色，舌片顶端5齿裂。瘦果压扁，褐色，纺锤形或椭圆形，无毛，有10条尖翅肋；冠毛白色，2层，纤细，不等长。

神农架广布，生于海拔400~1800m的山坡林缘、灌草丛。全草入药。

图169-74 苦荬菜

3. 中华苦荬菜 | Ixeris chinensis (Thunberg) Kitagawa

分亚种检索表

1. 植株至少含有羽状分裂的叶··········3a. 中华苦荬菜I. chinensis subsp. chinensis
1. 叶不分裂··········3b. 多色苦荬I. chinensis subsp. versicolor

3a. 中华苦荬菜（原亚种）Ixeris chinensis subsp. chinensis　图169-75

多年生草本。根垂直直伸。根状茎极短缩；茎直立单生或少簇生，上部伞房花序状分枝。茎生叶2～4片，长披针形或长椭圆状披针形，不裂，边缘全缘；全部叶两面无毛。头状花序在茎枝顶端排成伞房花序；总苞圆柱状，总苞片3～4层，外层及最外层宽卵形。瘦果褐色，长椭圆形。花果期1～10月。

产于神农架木鱼、松柏，生于海拔1400～1800m的山坡、田野及路旁。全草可入药。

3b. 多色苦荬（亚种）Ixeris chinensis subsp. versicolor (Fischer ex Link) Kitamura　图169-76

一年生草本。根垂直。茎直立，自基部或上部分枝，全部茎枝无毛。基生叶簇生，莲座状，长圆状披针形至宽线形，基部渐狭成柄或翼柄，边缘有刺齿，刺齿并生，成双排列，极少边缘无并生刺齿；茎生叶2～4片，与基生叶同形，基部无柄或有短柄，上部茎叶基部常扩大半抱茎。头状花序多数在茎枝顶端排成伞房状花序或伞房圆锥花序；舌状小花淡黄色。花果期6～10月。

产于神农架下谷，生于海拔1400～2000m的荒地或路边。全草入药。

图169-75　中华苦荬菜　　　　　　　图169-76　多色苦荬

24. 耳菊属Nabalus Cassini

多年生草本。叶羽状分裂。头状花序同型，舌状，有25～35枚舌状小花，沿茎枝顶端排成总状花序或圆锥花序；总苞钟状，总苞片3～4层，三角形或长披针形；舌状小花黄色或白色。瘦果肉红色或褐色，顶端截形，无喙，每面有多数高起的细肋；冠毛2～3层，褐色。

15种。我国产2种，湖北产1种，神农架产1种。

盘果菊｜Nabalus tatarinowii (Maximowicz) Nakai　图169-77

多年生草本。叶薄纸质，心形或卵形，基部心形，边缘具不规则齿，两面均被疏刚毛，脉羽状，上部叶渐小，具短柄，披针形，常具1对卵形耳状小叶。头状花序在枝上部排成圆锥花序，总花序梗上具数个小苞片，总苞圆柱形，外层总苞片3，卵状披针形，内层5，条形；舌状花白色或带黑色。花期7～8月，果期9～10月。

神农架广布，生于山坡林下、林缘。全草入药。

25. 毛连菜属Picris Linnaeus

多年生草本。全部茎枝被钩状硬毛或硬刺毛。头状花序同型，在茎枝顶端成伞房花序或圆锥花序式排列或不呈明显的花序式排列；总苞片约3层，覆瓦状排列或不明显；小花舌状，黄色；花药基部箭头形。瘦果椭圆形或纺锤形，有5~14条高起的纵肋，但无喙或喙极短；冠毛2层，外层短或极短。

约40种。我国产5种，湖北产1种，神农架亦产。

1. 毛连菜 | Picris hieracioides Linnaeus

分亚种检索表

1. 茎枝被光亮的钩状硬毛 ······························· 1a. 毛连菜P. hieracioides subsp. hieracioides
1. 茎枝被黑色或墨绿色钩状硬毛 ····················· 1b. 日本毛连菜P. hieracioides subsp. japonica

1a. 毛连菜（原亚种）Picris hieracioides subsp. hieracioides 图169-78

二年生草本。茎被亮色分叉的钩状硬毛。基生叶花期枯萎脱落；下部茎叶长椭圆形或宽披针形；中部和上部茎叶披针形或线形，无柄，基部半抱茎；全部茎叶两面特别是沿脉被亮色的钩状分叉的硬毛。头状花序总苞圆柱状钟形；舌状小花黄色；冠筒被白色短柔毛。瘦果纺锤形，有纵肋，肋上有横皱纹；冠毛白色，羽毛状。花果期6~9月。

神农架广布，生于山坡山谷林下、草丛。根及全草入药。

图169-77 盘果菊　　　　　　　　　　　图169-78 毛连菜

1b. 日本毛连菜（亚种）Picris hieracioides subsp. japonica (Thunberg) Krylov　图169-79

多年生草本。茎被钩状硬毛，硬毛黑色或黑绿色。基生叶花期枯萎；下部茎叶倒披针形；中部叶披针形；上部茎叶渐小，线状披针形，两面被分叉的钩状硬毛。总苞圆柱状钟形，总苞片黑绿色；舌状小花黄色。瘦果椭圆状，棕褐色，有高起的纵肋。花果期6~10月。

神农架高海拔地区广布，生于山坡草丛。根及全草入药。

图169-79　日本毛连菜

26. 菊苣属Cichorium Linnaeus

多年生、二年生或一年生草本植物。叶互生，基生叶莲座状，茎生叶无柄，基部抱茎。头状花序同型，含8~20枚小花，着生于茎中部或上部叶腋中或单生于茎枝顶端；总苞圆柱状，总苞片2层，外层披针形至卵形，下半部坚硬，上半部草质；全部小花舌状。瘦果倒卵形或椭圆形或倒楔形，外层瘦果压扁，紧贴内层总苞片，三至五棱形，有3~5条高起的棱，顶端截形；冠毛极短，膜片状，2~3层。

15种。我国产2种，湖北产1种，神农架产1种。

菊苣 | Cichorium intybus
Linnaeus 图169-80

多年生草本。基生叶莲座状，花期生存，倒披针状长椭圆形，茎生叶少数，较小，卵状倒披针形至披针形，无柄，基部圆形或戟形扩大半抱茎。头状花序多数，单生或数个集生于茎顶或枝端，或2~8个沿花枝排列成穗状花序；总苞圆柱状；舌状小花蓝色。瘦果倒卵状、椭圆状或倒楔形；冠毛极短，膜片状。花果期5~10月。

神农架木鱼至松柏公路两边有逸生。植物的地上部分及根可供药用；苗供蔬食。

图169-80 菊苣

27. 山柳菊属Hieracium Linnaeus

多年生草本。头状花序同型，总苞钟状或圆柱状，总苞片3~4层，覆瓦状排列，向内层渐长；舌状小花多数，黄色，舌片顶端截形，5齿裂。瘦果圆柱形或椭圆形，有8~14条椭圆状高起的等粗的纵肋，顶端截形，无喙，近顶端亦无收缢；冠毛1~2层，污黄白色，易折断。

约1000种。我国产9种，湖北产1种，神农架产1种。

山柳菊 | Hieracium umbellatum Linnaeus 图169-81

多年生草本。茎单生或少数茎簇生，分枝或不分枝。叶不分裂，边缘有各式锯齿或全缘。头状花序同型，舌状；总苞钟状或圆柱状；总苞片3~4层，覆瓦状排列，向内层渐长；花托平，蜂窝状，孔缘有明显的小齿或无小齿；舌状小花黄色，圆柱形。瘦果圆柱形或椭圆形；冠毛1~2层。

产于神农架各地，生于海拔1400~2800m的山坡草灌丛。根、叶入药。

28. 斑鸠菊属Vernonia Schreber

草本或乔木。叶互生，羽状脉。具同型的两性花，全部结实；总苞钟状，总苞片顶端钝，向外渐短，常具腺；花粉红色或紫色；花冠管状，常具腺，管部细，檐部钟状或钟状漏斗状，上端具5裂片；花药顶端尖，基部箭形或钝；花柱分枝细，钻形，顶端稍尖，被微毛。瘦果圆柱状或陀螺状，具棱，或具肋，顶端截形，常具腺；冠毛通常2层，内层细长，糙毛状。

约1000种。我国产27种，湖北产2种，神农架产2种。

色。瘦果圆柱形。花果期7~9月。

　　神农架高海拔地区广布，生于海拔2200m以上的山坡溪沟边。根入药。

5. 大头橐吾 ｜ Ligularia japonica (Thunberg) Lessing　图169-88

　　多年生草本。根肉质，粗壮，茎直立，被枯叶柄纤维。头状花序辐射状，排列成伞房状花序，常无苞片及小苞片；舌状花黄色，舌片长圆形，管状花多数，檐部筒形。瘦果细圆柱形，具纵肋，光滑；冠毛红褐色。花果期4~9月。

　　产于神农架宋洛至兴山一带，生于海拔1600~2000m的山坡溪沟湿地上。根或全草入药；花供观赏。

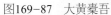

图169-87　大黄橐吾　　　　　　　　　　图169-88　大头橐吾

6. 橐吾 ｜ Ligularia sibirica (Linnaeus) Cassini　图169-89

　　多年生草本。茎直立，连同花序被白色蛛丝状毛和黄褐色有节短柔毛。茎下部叶卵状心形至宽心形，先端圆形或钝，边缘具整齐的细齿，基部心形，两侧裂片长圆形或近圆形，叶脉掌状；茎中部叶与下部者同形，具短柄，鞘状膨大。总状花序；苞片卵形或卵状披针形，总苞宽钟形；舌状花6~10条，黄色，舌片倒披针形或长圆形；瘦果长圆形；冠毛白色。花果期7~10月。

　　神农架极广布，生于海拔1600~3000m的山坡草丛中。根及根茎入药。

图169-89　橐吾　　　　　　　　　　　　　　　　图169-90　川鄂橐吾

7. 川鄂橐吾 │ Ligularia wilsoniana (Hemsley) Greenman　图169-90

多年生草本。丛生叶与茎下部叶肾形，叶脉掌状，网脉在下面明显；茎中部叶与下部者同形，较小，茎上部叶减缩。总状花序；苞片丝状，向上渐短，小苞片丝状钻形，极小或不明显，总苞钟状陀螺形；舌状花5～6朵，舌片长圆形，管状花多数。冠毛白色与花冠等长。花期7～9月。

产于神农架大九湖，生于海拔2500m的潮湿之地。根茎入药。

8. 蹄叶橐吾 │ Ligularia fischeri (Ledebour) Turczaninow　图169-91

多年生草本。最高可达2m，根肉质。丛生叶与茎下部叶具柄，叶片肾形，边缘有整齐的锯齿；茎中上部叶具短柄，鞘膨大，宽超过于长。总状花序；舌状花5～9朵，黄色长圆形。瘦果圆柱形，光滑。

产于神农架大九湖，生于海拔1800～2500m的湿地中。根入药。

9. 离舌橐吾 │ Ligularia veitchiana (Hemsley) Greenman　图169-92

多年生草本。根肉质，多数。茎直立。舌状花黄色，疏离，舌片狭倒披针形，管状花多数，檐部裂片先端被密的乳突。瘦果光滑；冠毛黄白色，有时污白色。花期7～9月。

神农架广布，生于海拔2000～2500m的山坡林下潮湿地。根茎入药。

图169-91　蹄叶橐吾

图169-92　离舌橐吾

10. 窄头橐吾 | Ligularia stenocephala (Maximowicz) Matsumura et Koidzumi 图169-93

多年生草本。根肉质，细而长。茎直立，光滑。叶片心状戟形、肾状戟形或罕为箭形。总苞狭筒形至宽筒形，总苞片5（6～7）枚，苞片卵状披针形或线形，长圆形，先端三角形，急尖，背部光滑。瘦果倒披针形；冠毛白色、黄白色或有时为褐色。花果期7～12月。

产于神农架千家坪，生于海拔2200～2500m的山坡林下。根、全草及叶入药。

图169-93　窄头橐吾

11. 矢叶橐吾 | Ligularia fargesii (Franchet) Diels 图169-94

多年生草本。丛生叶与茎基部叶卵状或心状戟形，叶脉掌状，两面光滑；茎生叶与基部叶同形，较小，具短柄，基部鞘状抱茎。总状花序狭窄，总苞细筒形，总苞片背部光滑，苞片及小苞片线形。舌状花2朵，黄色。瘦果圆柱形，光滑。花果期7～9月。

产于神农架高海拔地区，生于山坡林下或草丛中。根及根状茎入药。

12. 狭苞橐吾 | Ligularia intermedia Nakai 图169-95

多年生草本。茎直立，上部被白色蛛丝状柔毛，下部光滑。丛生叶与茎下部叶具柄，叶片肾形或心形，边缘有整齐的有小尖头的三角状齿或小齿；茎中上部叶与下部叶同形。头状花序辐射状；总苞片6～8枚，长圆形，苞片线形或线状披针形。瘦果圆柱形；冠毛紫褐色，有时白色，比花冠部短。

产于神农架各地，生于海拔1800～2800m的山坡林下、草地。根茎入药。

图169-94　矢叶橐吾

图169-95　狭苞橐吾

13. 簇梗橐吾 ｜ Ligularia tenuipes (Franchet) Diels 　图169-96

多年生草本。茎高大，上部被白色蛛丝状柔毛和黄褐色有节短柔毛。丛生叶和茎下部叶具柄，叶片盾状着生，肾形，叶脉掌状；茎上部叶具极度膨大的鞘。复伞房状聚伞花序开展，分枝极多，花序梗黑紫色；总苞狭筒形，背部光滑，内层具宽的褐色或黄色膜质边缘。花期7～9月。

产于神农架松柏至九冲一线，生于海拔1000～2000m的山坡溪边潮湿地。根可入药；花供观赏。

30. 华蟹甲属Sinacalia H. Robinson et Brettell

多年生直立草本。具粗大地下块状根状茎。头状花序单生或多数排列成复圆锥状花序；总苞狭圆柱形至倒锥状钟形，总苞片线状长圆形至线状披针形；舌状花的舌片黄色，长圆形或线状长圆形，顶端具2或3枚小齿。瘦果圆柱形，具肋，无毛；冠毛丝状，宿存。

4种，均为我国特有，湖北产1种，神农架亦产。

华蟹甲 ｜ Sinacalia tangutica (Franchet) B. Nordenstam 　图169-97

多年生直立草本。具粗大地下块状根状茎和多数纤维状根。叶片卵形至近圆形，基部心形或近截形，掌状或羽状脉。头状花序单生或数个至多数排列成顶生疏伞房花序或复圆锥状花序；总苞狭圆柱形至倒锥状钟形，总苞片4～8枚，1层；舌状花2～8朵，舌片黄色，顶端具2或3枚小齿。瘦果圆柱形，具肋，无毛；冠毛丝状，宿存。

产于神农架各地，生于海拔1400～2800m的山坡林下或荒地。根入药。

图169-96　簇梗橐吾　　　　　　　　　　　图169-97　华蟹甲

31.　蟹甲草属 Parasenecio W. W. Smith et J. Small

多年生草本。根状茎粗壮，直立或横走，有多数纤维状被毛的根。茎单生，直立。叶互生，具叶柄，不分裂或掌状或羽状分裂，盘状。有同形的两性花，小花全部结实，少数至多数，在茎端或上部叶腋排列成总状或圆锥状花序，下部常有小苞片；总苞圆柱形或狭钟形，稀钟状，总苞片1层，离生。瘦果圆柱形，无毛而具纵肋；冠毛刚毛状，1层，白色。

约60余种。我国产51种，湖北产17种，神农架产15种。

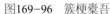

分种检索表

1. 叶基生，茎生叶1枚···**1.　秋海棠叶蟹甲草 P. begoniifolius**
1. 基生叶在花期枯萎，茎生叶少数或多数。
　　2. 叶片边缘具粗齿或浅裂。
　　　　3. 叶下面无毛或被柔毛。
　　　　　　4. 头状花序多数，花冠大或较大，花冠白色或紫色。
　　　　　　　　5. 总苞长5~10mm，总苞片和小花4~8枚。
　　　　　　　　　　6. 叶柄具翅。
　　　　　　　　　　　　7. 叶柄具窄翅或不明显的翅，基部不扩大成耳。
　　　　　　　　　　　　　　8. 头状花序下垂；叶柄具窄翅·······················**2.　山尖子 P. hastatus**
　　　　　　　　　　　　　　8. 头状花序直立；叶柄具不明显的翅··**3.　披针叶蟹甲草 P. lancifolius**
　　　　　　　　　　　　7. 叶柄具宽翅，基部扩大成耳··························**4.　耳翼蟹甲草 P. otopteryx**
　　　　　　　　　　6. 叶柄无翅···**5.　川鄂蟹甲草 P. vespertilio**
　　　　　　　　5. 总苞长10~15mm，总苞片7~12枚，小花8~38朵 ····················
　　　　　　　　　　··**6.　矢镞叶蟹甲草 P. rubescens**
　　　　　　4. 头状花序极多数，花冠较小·······························**7.　兔儿风蟹甲草 P. ainslaeflorus**

3．叶下面密被蛛丝状毛或绵毛。
　　9．叶片卵状三角形、卵形或心形，基出脉3条。
　　　　10．总苞片2～3枚，小花1～3朵·······················8．蛛毛蟹甲草P. roborowskii
　　　　10．总苞片5枚，小花5～6朵。
　　　　　　11．茎生叶4～5片，叶柄有翅。
　　　　　　　　12．叶柄具明显的翅·······················9．深山蟹甲草P. profundorum
　　　　　　　　12．叶柄具不明显的翅或无翅·····················10．苞鳞蟹甲草P. phyllolepis
　　　　　　11．茎生叶2～4片，叶柄无翅。
　　　　　　　　13．叶背面白色·························11．白头蟹甲草P. leucocephalus
　　　　　　　　13．叶背面紫色·························12．紫背蟹甲草P. ianthophyllus
　　9．叶片宽卵圆形或心形，基出脉5～7条········13．珠芽蟹甲草P. bulbiferoides
2．叶片掌状分裂。
　　14．叶片掌状深裂·······························14．翠雀叶蟹甲草P. delphiniifolius
　　14．叶片掌状中裂·······························15．湖北蟹甲草P. dissectus

333

1．秋海棠叶蟹甲草 ｜ Parasenecio begoniifolius (Franchet) Y. L. Chen

多年生草本。茎单生，不分枝，具1枚基生叶和数枚鳞片状小叶。基生叶具长柄，宽卵形或卵状圆形，基部深心形，两面被红褐色短柔毛；茎生叶数枚，苞片状，披针形。头状花序通常3～4朵在茎端或花序枝上排列成狭圆锥花序；总苞狭钟状；花冠黄色。瘦果圆柱形，无毛，具肋；冠毛白色。

产于神农架红坪阴峪河，生于海拔1400m的山坡林下。

2．山尖子 ｜ Parasenecio hastatus (Linnaeus) H. Koyama

分变种检索表

1．叶下面和总苞片外面被密腺状短柔毛························2a．山尖子P. hastatus var. hastatus
1．叶下面和总苞片外面无毛或被微毛························2b．无毛山尖子P. hastatus var. glaber

2a．山尖子（原变种）Parasenecio hastatus var. hastatus　图169-98

多年生草本。茎下部叶花期枯萎；中部叶三角状戟形，先端渐尖，基部截形或近心形，在叶柄处下延成翼，边缘具不整齐的尖齿；上部叶渐小，三角形或矩圆状菱形。头状花序多数，下垂，于茎顶排列成狭金字塔形；总苞筒状，总苞片8枚，披针形；花两性，皆为管状。瘦果黄褐色；冠毛白色。

产于神农架下谷，生于海拔1600～2000m的山坡林下。全草入药。

2b. 无毛山尖子（变种）Parasenecio hastatus var. glaber (Ledebour) Y. L. Chen　图169-99

多年生草本。与原变种的主要区别：叶下面无毛或仅沿脉被疏短柔毛；总苞片外面无毛或仅基部被微毛。

产于神农架下谷，生于海拔1400~1800m的山坡林下。全草入药。

图169-98　山尖子

图169-99　无毛山尖子

3. 披针叶蟹甲草 │ **Parasenecio lancifolius** (Franchet) Y. L. Chen　图169-100

多年生草本。叶片三角状披针形至披针形，侧生的裂片小，叶柄无翅或有不明显的狭翅。头状花序多数，在茎端和上部叶腋排列成大型圆锥花序；总苞圆柱形，总苞片5~6枚，线状披针形；小花5~8朵，花冠黄色。瘦果圆柱形，黄褐色，无毛，具肋；冠毛白色。花期7~8月，果期9月。

产于神农架各地，生于海拔1400~2000m的山地林下、林缘。

图169-100　披针叶蟹甲草

4. 耳翼蟹甲草 │ **Parasenecio otopteryx** (Handel-Mazzetti) Y. L. Chen
图169-101

多年生草本。根状茎平卧；茎单生，直立或常弯曲，具纵槽棱。下部茎叶片肾形；上部茎叶片肾形至三角肾形，基部深凹或微凹。头状花序在茎端排列成疏散的狭总状花序；总苞圆柱形，紫色或紫绿色；总苞片5枚，稀4枚，长圆形；小花花冠黄色。瘦果圆柱形，淡黄色，无毛，具肋；冠毛白色。花期6~7月。

产于神农架各地，生于海拔1400~2500m的山地林下、林缘。全草入药。

图169-101 耳翼蟹甲草

5. 川鄂蟹甲草 | Parasenecio vespertilio (Franchet) Y. L. Chen 图169-102

多年生草本。茎粗壮,直立。叶少数,具长叶柄,薄纸质,下部茎叶极大,叶片五角状肾形,顶端短尖或圆钝,基部宽深心形。裂片卵状披针形,顶端被微毛;花药伸出花冠,基部具长尾;花柱分枝外弯,顶端截形,被笔状乳头状微毛。瘦果圆柱形,无毛,具肋;冠毛白色。花期7~8月,果期9月。

产于神农架各地,生于海拔1400~2000m的山地林下、林缘。

6. 矢镞叶蟹甲草 | Parasenecio rubescens (S. Moore) Y. L. Chen

多年生草本。茎直立,绿色或有时带紫色,有明显条纹。下部和中部茎叶片具长柄,叶片宽三角形,两面均无毛或下面沿脉被微毛,叶柄无翅,无毛;最上部叶卵状披针形。头状花序在茎端或上部叶腋排列成叉状宽圆锥花序;总苞窄钟形;总苞片7~8(~10)枚,长圆形或长圆披针形。瘦果圆柱形,淡黄褐色。

产于神农架各地,生于海拔2500~3000m的山谷林下或林缘灌草丛中。全草入药。

图169-102 川鄂蟹甲草

7. 兔儿风蟹甲草 | Parasenecio ainsliaeiflorus (Franchet) Y. L. Chen

图169-103

多年生草本。茎单生，上部和花序分枝被黄褐色短毛。下部叶在花期凋落，下部叶具长柄，叶片心状肾形或圆肾形，常有5～7枚三角形裂片，边缘有不规则锯齿；上部叶与下部叶同形，但较小，宽卵形，具3～5浅裂。头状花序小，多数，在茎端或上部叶腋排列成总状或复总状花序；总苞圆柱形，总苞片线形或线状披针形。瘦果圆柱形，无毛。花期7～8月，果期9～10月。

产于神农架各地，生于海拔1800～2200m的山坡林下阴湿地。根入药。

8. 蛛毛蟹甲草 | Parasenecio roborowskii (Maximowicz) Y. L. Chen

图169-104

多年生草本。根状茎粗壮，横走。下部叶在花期枯萎，仅有残存的膜质鳞片状叶基，叶片薄膜纸质，卵状三角形，叶下面被白色或灰白色蛛丝状毛，基出脉5条，叶柄无翅；上部叶渐小，与中部叶同形，但叶柄短。头状花序多数，通常在茎端或上部叶腋排列成塔状疏圆锥状花序偏向一侧着生；总苞圆柱形；花冠白色。瘦果圆柱形，无毛，具肋；冠毛白色。花期7～8月，果期9～10月。

产于神农架高海拔地区，生于海拔1800～2500m的山坡林下。根入药。

图169-103　兔儿风蟹甲草　　　　　　　　图169-104　蛛毛蟹甲草

9. 深山蟹甲草 | **Parasenecio profundorum** (Dunn) Y. L. Chen　图169–105

多年生草本。茎单生，直立，下部常裸露，具纵条棱。叶片膜质，宽卵形或卵状菱形，上面被疏短糙毛，下面被疏蛛丝状毛。头状花序在茎端排列成疏散的圆锥花序；总苞圆柱形，总苞片5枚，线状披针形，被微毛；小花花冠黄色；花药伸出花冠。瘦果圆柱形，无毛；冠毛白色。花果期8～9月。

产于神农架各地，生于海拔1400～2000m的山坡或山谷阴湿地。全草入药。

10. 苞鳞蟹甲草 | **Parasenecio phyllolepis** (Franchet) Y. L. Chen
图169–106

多年生草本。茎单生，直立，不分枝，具条纹或沟棱。叶通常集生于茎中部，约5枚，具长柄，叶长宽卵形，卵状三角形或卵状心形，薄纸质，顶端尾状渐尖，基部心形或宽楔形，稀近截形，边缘具不等长的细锯齿。头状花序多数，在茎端或上部叶腋排列成总状或总状窄圆锥花序；小花5～6朵；花冠黄色，裂片披针形。瘦果圆柱形，黄褐色，无毛而具肋；冠毛白色。花果期9～10月。

产于神农架各地，生于海拔2000～3000m的山地林下、林缘。

图169–105　深山蟹甲草

图169–106　苞鳞蟹甲草

11. 白头蟹甲草 | Parasenecio leucocephalus (Franchet) Y. L. Chen

图169-107

多年生草本。根状茎平卧；茎单生，下部常带紫色。叶具长柄，下部叶在花期凋落；中部叶卵状三角形或戟状三角形，边缘有不规则的锯齿，下面被白色或灰白色蛛丝状毛，掌状3～5脉，侧脉弧状向上分叉，叶柄无翅。头状花序较多数，在茎端和上部叶腋排成窄圆锥花序；总苞圆柱形或圆柱状窄钟形；花黄色。瘦果圆柱形，无毛，具肋；冠毛雪白色。花期8～9，果期10月。

神农架高海拔地区广布，生于海拔1800～2500m的山坡林下。全草入药。

12. 紫背蟹甲草 | Parasenecio ianthophyllus (Franchet) Y. L. Chen

图169-108

多年生草本。根状茎细短，具少数被绒毛的须根。茎单生，细弱，直立或斜上，无毛。茎叶通常2～3枚，集生于中部，外部叶在花期凋落，叶具长柄，叶片薄纸质，宽心状圆形或卵状心形侧脉向上叉状分枝。头状花序较多数，在茎端排列成大型的圆锥花序，花序分枝开展，无毛或最上部被微糙毛，头状花序通常向一侧着生，开展或下垂；花冠黄色，裂片披针形。瘦果圆柱形，无毛；冠毛雪白色。花期7～8月。

产于神农架木鱼，生于海拔1400～1800m的山坡林下。

图169-107　白头蟹甲草　　　　　　　　图169-108　紫背蟹甲草

13. 珠芽蟹甲草 | Parasenecio bulbiferoides (Handel-Mazzetti) Y. L. Chen　图169-109

多年生草本。茎单生，具束生的须根，直立坚硬。叶疏生，具叶柄，叶片宽三角状卵形或宽卵状心形，顶端钝或短尖，基部直角状心形，边缘具波状粗圆齿或9～11枚小裂片，无翅，上部的叶柄渐短，全部叶腋有卵圆形小芽。总苞片顶端钝，边缘狭膜质，外面无毛；花冠裂片丝状，檐部圆柱形，较宽；花药伸出花冠，干时紫色，基部具尾。花期9月。

产于神农架各地，生于海拔1000～2000m的山地林下、林缘。

图169-109　珠芽蟹甲草

14. 翠雀叶蟹甲草 │ Parasenecio delphiniifolius (Siebold et Zuccarini) H. Koyama

多年生草本。根状茎未见。茎单生，有明显条纹，下部常变紫色，裸露，被短柔毛或近无毛。叶具叶柄，下部叶在花期枯萎；中部叶片全形宽肾形或宽卵状肾形。头状花序多数，在茎端排列成狭圆锥花序，花序轴和花序梗均被密腺状短毛；总苞圆柱形，总苞片5枚，长圆状披针形，顶端钝或尖，边缘窄膜质，外面被疏短柔毛；小花5朵，花冠黄色，裂片卵状披针形。瘦果圆柱形，暗褐色。花期7～8月，果期9～10月。

产于神农架红坪，生于海拔1800～2500m的山坡林下。

15. 湖北蟹甲草 │ Parasenecio dissectus Y. S. Chen　图169-110

多年生草本。茎单生，粗壮，直立，下部常裸露。叶圆肾形或扇形，通常5～7掌状深裂，裂片披针形，无毛，边缘有不规则波状粗齿。头状花序多数，在茎端或上部叶腋排成圆锥花序；总苞圆柱形，总苞片7～8枚，线状披针形；花冠淡黄色。瘦果长圆状圆柱形，无毛，具肋，褐色；冠毛红褐色。花期7～8月，果期9月。

产于神农架红坪、木鱼，生于海拔2500～2800m的山坡林下。

图169-110　湖北蟹甲草

菊科 │ Asteraceae

339

32. 兔儿伞属Syneilesis Maximowicz

多年生草本。基生叶盾状，掌状分裂，具长叶柄，幼时被密卷毛，叶片在开展前子叶内卷；茎生叶互生，少数，叶柄基部抱茎。头状花序盘状，小花全部管状，多数在茎端排列成伞房状或圆锥状花序；总苞狭筒状或圆柱状；小花花冠淡白色至淡红色。瘦果圆柱形，无毛，具多数肋。子叶1枚，微裂。

5种。我国产4种，湖北产1种，神农架亦产。

兔儿伞 | Syneilesis aconitifolia (Bunge) Maximowicz　图169-111

多年生草本。根生叶1枚，幼时伞形，下垂，茎生叶互生，叶片圆盾形，掌状分裂，直达中心，裂片复作羽状分裂。头状花序多数，密集成复伞房状，顶生，基部有条形苞片；总苞圆筒状。瘦果圆柱形；冠毛灰白色或带淡红褐色。花期7~9月，果期9~10月。

产于神农架松柏、宋洛，生于海拔900~1400m的山坡疏林下。根或全草入药。

图169-111　兔儿伞

33. 款冬属Tussilago Linnaeus

多年生草本。基生叶广心脏形或卵形，掌状网脉，主脉5~9条，近基部的叶脉和叶柄带红色；花茎小叶长椭圆形至三角形。头状花序顶生；舌状花在周围1轮，鲜黄色，单性；筒状花两性。瘦果长椭圆形，具纵棱；冠毛淡黄色。花期2~3月，果期4月。

单种属，神农架也有。

款冬 | Tussilago farfara Linnaeus　图169-112

特征同属的描述。

神农架广布，也有栽培，生于海拔1400～2500m的山坡路边或溪沟边。花序入药。

34. 蜂斗菜属Petasites Miller

多年生草本。有根茎。叶基生，常大，心形或肾形。头状花序异型，放射状或盘状，花雌雄异株，总状花序式或聚伞圆锥花序式排列于花茎之顶；雌花多数，全部结实，雄花或两性花不结实；总苞钟状或圆柱状，总苞片1列，外面常附加有较小的苞片；花序托平坦，秃裸；雌花冠丝状，顶部截平形或多少延伸成一短舌；两性花冠辐射对称，管状，5裂。瘦果线形，5～10棱；冠毛丰富。

18种。我国产6种，湖北产1种，神农架亦产。

毛裂蜂斗菜 │ Petasites tricholobus Franchet　图169-113

多年生草本。根状茎与茎同粗或较粗。基生叶具长柄，叶片宽心形或肾状心形；茎生叶苞片状，无柄。头状花序近雌雄异株，辐射状或盘状。总苞钟状；总苞片1～5层，等长；花序托平，无毛，锯盾状；雌花花冠丝状，顶端截形；两性花不结实，花冠管状，顶端5裂，花药基部全缘或钝；花柱顶端棒状、锥状，2浅裂；雌花的花柱丝状。瘦果圆柱状；冠毛白色糙毛状

神农架广布，生于海拔800～2800m的山地林下、沟边。根茎入药。

图169-112　款冬　　　　　　　　　　　图169-113　毛裂蜂斗菜

35. 蒲儿根属Sinosenecio B. Nordenstam

多年生草本。基生叶莲座状，叶具齿，棱角或近全缘；茎生叶叶柄下部有翅。头状花序单生至多数排列成顶生近伞形简单或复伞房状聚伞花序，具异形小花，辐射状，具花序梗；总苞片草质；小花全部结实；舌状花雌性，舌片黄色；管状花多数，两性，花冠黄色，檐部钟状，5裂；花药内壁细胞壁增厚两极状。瘦果圆柱形或倒卵状，具肋；冠毛同形，白色；全部小花的瘦果有冠毛，或舌状花或全部小花无冠毛。

36种。我国产35种，湖北产7种，神农架亦产。

1. 单头蒲儿根 ｜ Sinosenecio hederifolius (Dümmer) B. Nordenstam

图169-114

多年生具莲草本。根状茎短粗，直立或斜升。茎单生，莲状，直立，被密黄褐色绒毛，花后变无毛或多少脱毛。叶基生，具长柄，叶片宽卵形或卵状心形，顶端圆形，基部深心形，全缘或具浅波状齿。头状花序单生，花莲上部具少数线状披针形小苞片；总苞倒锥状钟形，卵状长圆形或线状长圆形，顶端尖，紫色，被流苏状缘毛，边缘宽干膜质；舌状花舌片黄色，长圆形或倒披针状长圆形，顶端钝至圆形。花期4~5月。

产于神农架阳日寨湾，生于海拔600m的山坡密林下。

图169-114 单头蒲儿根

2. 毛柄蒲儿根 ｜ Sinosenecio eriopodus C. Jeffrey et Y. L. Chen 图169-115

多年生草本。根状茎上升或横走。茎单生，花莲状，直立或稍弯曲，被黄褐色或绢状绵毛。叶少数，基生，具长柄，叶片卵状心形，顶端尖至近钝，具硬小尖头，边缘具小尖头的波状齿，基部心形，厚纸质，上面被疏绢状长柔毛及贴生密短柔毛，下面被黄褐色绢状绵毛。总苞片通常紫色，被密绒毛或花后多少脱毛，无毛，具肋。冠毛白色。花期4~7月。

产于神农架新华、阳日，生于海拔700m的山坡石缝中。花供观赏。

图169-115　毛柄蒲儿根

3. 川鄂蒲儿根｜Sinosenecio dryas (Dunn) C. Jeffrey et Y. L. Chen　图169-116

多年生具莲草本。茎单生，莲状，被密褐色长柔毛。叶基生，莲座状，叶片圆形，基部心形，边缘具5～7掌状浅裂，下面沿脉被褐色长柔毛或近无毛。头状花序单生于茎端；总苞倒锥状钟形；花冠黄色。瘦果圆柱形，无毛，具3～5肋；冠毛白色。花期5～6月。

产于神农架高海拔地区，生于海拔约2800m的山坡密林下。

4. 黔西蒲儿根｜Sinosenecio bodinieri (Vaniot) B. Nordenstam　图169-117

多年生具莲草本。茎被红褐色具节长柔毛，下部毛较密。叶数片，基生，莲座状，叶片圆形，边缘波状或浅裂，下面被疏长柔毛或沿脉被短柔毛。头状花序排列成顶生伞房状；总苞钟状，总苞片披针形或宽披针形；花黄色。瘦果圆柱形，无毛，具5肋；冠毛白色。花期4～6月。

产于神农架宋洛，生于海拔800m的山坡沟边。

图169-116　川鄂蒲儿根　　　　　　图169-117　黔西蒲儿根

5. 耳柄蒲儿根 │ Sinosenecio euosmus (Handel-Mazzetti) B. Nordenstam 图169-118

多年生具莲草本。根状茎细长，横走或斜升。茎直立，下部毛较密，上部常脱毛。基生叶花期凋落；中部茎叶具长柄，叶片卵形或宽卵形，浅齿牙或有时深掌状裂，下面沿脉被长柔毛，叶柄基部稍扩大成半抱茎的耳。头状花序排列成顶生复伞房花序；总苞近钟形，总苞片线状披针形，顶端紫色；花冠黄色。瘦果圆柱形，无毛而具肋；冠毛白色。花期7～8月。

产于神农架红坪（金猴岭），生于海拔2200～2800m的冷杉林下。

6. 匍枝蒲儿根 │ Sinosenecio globiger (C. C. Chang) B. Nordenstam 图169-119

多年生具莲草本。匍匐枝细，具长节间。基生叶数片，莲座状，具长柄，叶片卵形或近圆形，顶端圆形，基部心形至近截形，边缘具不规则波状齿，齿端具小尖。头状花序排列成顶生的伞房花序；总苞倒锥状，总苞片草质披针形，顶端紫色或红紫色；花冠黄色。瘦果圆柱形，无毛，无冠毛。花期4～5月。

产于神农架千家坪，生于海拔1400～2000m的林下沟边。

图169-118　耳柄蒲儿根

图169-119　匍枝蒲儿根

7. 蒲儿根 │ Sinosenecio oldhamianus (Maximowicz) B. Nordenstam 图169-120

多年生或二年生草本。茎单生，直立，被白色蛛丝状毛及疏长柔毛。基部叶在花期凋落，具长柄；下部茎生叶卵状圆形或近圆形，上绿，下被白蛛丝状毛。头状花序多排列成顶生复伞房状花序；总苞片长圆状披针形，紫色；裂片卵状长圆形；花药长圆形；舌状花瘦果无毛。冠毛在舌状花缺。

神农架广布，生于海拔400～1800m的路边、屋边、溪沟边。全草入药；花供观赏。

36. 狗舌草属Tephroseris (Reichenbach) Reichenbach

多年生直立草本。叶不分裂，互生，具柄，基生及茎生，基生叶莲座状，在花期生存或凋萎。头状花序通常少数至较多数，排列成顶生近伞形；小花异形，结实，辐射状，或有时同形；总苞半球形、钟状或圆柱状钟形，总苞片18～25枚，1层；舌状花雌性，管状花多数，两性。瘦果圆柱形，具肋；冠毛细毛状，白色或变红色，宿存。

50种。我国产14种，湖北产2种，神农架产1种。

狗舌草 │ *Tephroseris kirilowii* (Turczaninow ex Candolle) Holub　图169-121

多年生草本。茎被密白色蛛丝状毛。基生叶数片，莲座状，具短柄，在花期生存，长圆形或卵状长圆形；茎生叶少数，向茎上部渐小，上部叶小，披针形，苞片状，顶端尖。头状花序排列成顶生伞房花序；总苞近圆柱状钟形；舌状花黄色，管状花多数，黄色。瘦果圆柱形，被密硬毛；冠毛白色。花期2～8月。

产于神农架阳日至新华一线，生于海拔1200m的荒地中。全草入药。

图169-120　蒲儿根

图169-121　狗舌草

37. 千里光属Senecio Linnaeus

多年生草本。茎通常具叶。叶不分裂。头状花序通常少数至多数，排列成顶生简单或复伞房花序或圆锥聚伞花序；总苞具外层苞片；舌状花舌片黄色，通常明显，有时极小，顶端通常具3细齿；管状花3至多数，花冠黄色，裂片5枚，花药长圆形至线形，基部通常钝，花药颈部柱状，花柱分枝截形或多少凸起，中央有或无较长的乳头状毛。瘦果圆柱形，具肋；冠毛毛状，顶端具叉状毛。

约1000种。我国产63种，湖北产6种，神农架均产。

1. 林荫千里光 | Senecio nemorensis Linnaeus 　图169-122

多年生草本。茎单生或有时数个，直立，花序上不分枝，被疏柔毛或近无毛。基生叶和下部茎生叶在花期凋落；中部茎叶披针形或长圆状披针形，边缘具密锯齿。头状花序具舌状花，在茎或枝端或上部叶腋排成复伞房花序；总苞片12~18枚，长圆形，被褐色短柔毛；舌状花舌片黄色，线状长圆形。瘦果圆柱形；冠毛白色。

产于神农架下谷乡，生于海拔2000m的山坡疏林下或山顶草丛中。全草入药；花供观赏。

2. 千里光 | Senecio scandens Buchanan-Hamilton ex D. Don 　图169-123

多年生草本。茎伸长，弯曲，被柔毛或无毛。叶具柄，叶片卵状披针形至长三角形，叶柄具柔毛或近无毛，上部叶披针形或线状披针形。头状花序有舌状花，在茎、枝端排成复聚伞圆锥花序；总苞圆柱状钟形；总苞片12~13枚，线状披针形；舌状花舌片黄色，长圆形。瘦果圆柱形。

神农架广布，生于海拔400~2000m的山坡疏林下、草丛及路边。全草入药。

图169-122　林荫千里光

图169-123　千里光

性，顶端2~4齿裂；中央两性花紫色或淡紫色，檐部狭钟状，顶端4~5齿裂。瘦果压扁，边缘脉状加厚，无冠毛或两性花瘦果有1~2枚极短的刚毛状冠毛。

4种。我国产3种，湖北产1种，神农架亦产。

鱼眼草 │ Dichrocephala integrifolia (Linnaeus f.) Kuntze 图169-132

一年生草本。叶互生或大头羽状分裂。头状花序小，异型，球状或长圆状，在枝端；总苞小，近2层；花托凸起，球形或倒圆锥形，顶端平或尖，无托片；花管状，结实；边花多层，雌性，顶端2~3齿或3~4齿裂；中央两性花紫色或淡紫色，檐部狭钟状，顶端4~5齿裂。瘦果压扁，边缘脉状加厚，无冠毛或两性花瘦果有1~2枚极短的刚毛状冠毛。

产于神农架红坪，生于海拔2000~2400m的路边及田沟边。全草入药。

42. 粘冠草属 Myriactis Lessing

一年生或多年生草本。总苞半球形；总苞片2层；花托凸起，半圆球形或匙状圆球状，无托片；边花雌性，2至多层，舌状；中央两性花管状，檐部狭钟状，顶端5齿裂；花药基部钝，两性花花柱分枝扁平，顶端有披针形的附片；花全部结实。瘦果扁平，边缘脉状加厚，顶端有短喙或钝而无喙，无冠毛，但果顶全有黏质分泌物。

约10种。我国产5种，湖北产1种，神农架亦产。

圆舌粘冠草 │ Myriactis nepalensis Lessing 图169-133

一年生或多年生草本。叶互生。头状花序小，异型，在茎枝顶端排列成伞房状或圆锥状花序有长花梗；总苞半球形，总苞片2层；花托凸起，半圆球形或匙状圆球状，无托片；边花雌性，2至多层，舌状；中央两性花管状，顶端5齿裂；花药基部钝，两性花花柱分枝扁平；花全部结实。瘦果扁平；无冠毛。

产于神农架宋洛，生于海拔600~2000m的山地林下、灌丛中。根茎入药。

图169-132 鱼眼草

图169-133 圆舌粘冠草

43. 女菀属Turczaninovia Candolle

多年生草本。下部叶在花期枯萎，条状披针形，全缘；中部以上叶渐小，披针形或条形。头状花序多数在枝端密集，花序梗纤细，具苞叶；总苞片被密短毛，顶端钝，外层矩圆形，舌状花白色；冠毛约与管状花花冠等长。瘦果矩圆形，被密柔毛或后时稍脱毛。花果期8～10月。

单种属，神农架有分布。

女菀 ｜ **Turczaninovia fastigiata** (Fischer) Candolle 　图169-134

特征同属的描述。

产于神农架新华、红坪、松柏，生于海拔900～1400m的山坡草丛中。全草入药。

44. 翠菊属Callistephus Cassini

一年生或二年生草本。下部茎叶花期脱落或生存；中部茎叶卵形、菱状卵形或匙形或近圆形；上部的茎叶渐小，菱状披针形，或线形而全缘。头状花序单生于茎枝顶端，总苞半球形，总苞片3层；花红色或淡蓝紫色。瘦果长椭圆状倒披针形，稍扁，中部以上被柔毛。花果期5～10月。

单种属，神农架有栽培。

翠菊 ｜ **Callistephus chinensis** (Linnaeus) Nees 　图169-135

特征同属的描述。

在神农架没有野生的。花入药；花供观赏。

图169-134　女菀

图169-135　翠菊

45. 紫菀属Aster Linnaeus

多年生草本。茎直立。叶互生，有齿或全缘。头状花序作伞房状或圆锥伞房状排列，外围有

1～2层雌花，中央有两性花，结实；总苞半球状，钟状或倒锥状，总苞片2至多层，外层渐短，边缘膜质；雌花花冠舌状，狭长，白色，浅红色、紫色或蓝色；两性花花冠管状，黄色或顶端紫褐色，有5等形裂片。瘦果长圆形或倒卵圆形；冠毛宿存，白色或红褐色。

约152种。我国产123种，湖北产17种，神农架产15种。

分种检索表

1. 果有喙，雌花2至多层 ·· 1. 秋分草A. verticillatus
1. 果无喙，雌花通常1层。
　　2. 冠毛短，膜片状或芒状。
　　　　3. 总苞片先端稍尖，瘦果仅上部有短毛。
　　　　　　4. 叶倒卵状矩圆形或倒披针形，有齿或羽状裂片，但上部叶通常全缘。
　　　　　　　　5. 叶质地薄，被疏微毛或无毛；瘦果长1.5～2mm ················ 2. 马兰A. indicus
　　　　　　　　5. 叶质地厚，被毡状短毛；瘦果长2.5～2.7mm ········· 3. 毡毛马兰A. shimadae
　　　　　　4. 叶条状披针形或矩圆形，有时倒披针形，全缘 ········4. 全叶马兰A. pekinensis
　　　　3. 总苞片先端圆钝，瘦果被长疏毛 ·······················5. 蒙古马兰A. mongolicus
　　2. 冠毛长，毛状。
　　　　6. 筒状花两侧对称，1裂片较长。
　　　　　　7. 植株有腺点，头状花序的小花30朵 ······················ 6. 狗娃花A. hispidus
　　　　　　7. 植株无腺点，头状花序的小花20朵 ··············7. 阿尔泰狗娃花A. altaicus
　　　　6. 筒状辐射对称，5裂片等长。
　　　　　　8. 瘦果圆柱形 ···8. 东风菜A. scaber
　　　　　　8. 瘦果长圆形或卵圆形，稍扁。
　　　　　　　　9. 总苞片上部或外层全部草质，边缘有时狭膜质·····9. 琴叶紫菀A. panduratus
　　　　　　　　9. 总苞片干膜质或厚干膜质，或有时上部草质。
　　　　　　　　　　10. 总苞片背部无黑色条纹，外层总苞片不渐转变为苞叶。
　　　　　　　　　　　　11. 多年生草本。
　　　　　　　　　　　　　　12. 叶长圆形或卵状披针形或线形至匙状披针形。
　　　　　　　　　　　　　　　　13. 叶有三或五基出脉或离基三出脉 ·······························
　　　　　　　　　　　　　　　　 ··············11. 三脉紫菀A. trinervius subsp. ageratoides
　　　　　　　　　　　　　　　　13. 叶有2～3对羽状脉············12. 川鄂紫菀A. moupinensis
　　　　　　　　　　　　　　12. 叶圆形或稍心形。
　　　　　　　　　　　　　　　　14. 基生叶叶背绿色 ···············13. 翼柄紫菀A. alatipes
　　　　　　　　　　　　　　　　14. 基生叶叶背紫红色·····10. 神农架紫菀A. shennongjiaensis
　　　　　　　　　　　　11. 灌木 ···························14. 小舌紫菀A. albescens
　　　　　　　　　　10. 总苞片沿脉有黑条纹，外层总苞片渐转变为苞叶··················
　　　　　　　　　　 ··15. 镰叶紫菀A. falcifolius

1. 秋分草 | Aster verticillatus (Reinwardt) Brouillet [*Rhynchospermum verticillatum* Reinw]　图169-136

多年生草本。叶互生。头状花序小，单生于叶腋或分枝顶端，无花序梗或有短花序梗；总苞小，钟状或半球形，总苞片3~3层，覆瓦状，边缘膜质；雌花2~3层，中央有多数两性花，花冠舌状，白色；两性花管状，顶端有5稀4齿裂；花药基部钝，全缘。瘦果压扁；冠毛纤细。花果期8~11月。

产于神农架木鱼（红花），生于海拔600~1400m的山地林缘及沟边。全草药用。

2. 马兰 | Aster indicus Linnaeus

2a. 马兰（原变种）Aster indicus var. indicus　图169-137

多年生草本。叶互生。头状花序较小，单生于枝端或疏散伞房状排列，辐射状，外围有1~2层雌花，中央两性花，结实；总苞片2~3层，覆瓦状；花托凸起成圆锥形，蜂窝状；雌花花冠舌状，白色或紫色；两性花花冠钟状，有分裂片；花药基部钝，全缘；花柱分枝，附片三角形或披针形。瘦果稍扁，倒卵圆形，边缘有肋，无毛或被疏毛；冠毛极短或膜片状，分离或基部结合成杯状。

神农架广布，生于海拔400~1800m的山地林缘、草丛及田埂。全草及根入药。

图169-136　秋分草

图169-137　马兰

2b. 狭苞马兰（变种）Aster indicus var. stenolepis (Handel-Mazzetti) Soejima et Igari　图169-138

多年生草本。本种形态上与原变种相似，唯总苞片狭披针形至条状披针形，顶端尖而相区别。

产于神农架木鱼、新华，生于海拔400~1800m的山坡路边。全草可代马兰入药。

3. 全叶马兰 | **Aster pekinensis** (Hance) F. H. Chen　　图169–139

多年生草本。本种形态上与马兰相似，唯叶条状披针形或矩圆形，有时倒披针形，全缘而相区别。

产于神农架木鱼至兴山一线，生于海拔400～1500m的山坡路边。全草可代马兰入药。

图169–138　狭苞马兰

图169–139　全叶马兰

4. 毡毛马兰 | **Aster shimadae** (Kitamura) Nemoto　　图169–140

多年生草本。本种形态上与马兰相似，唯叶质地厚，被毡状短毛，瘦果较长而相区别。

产于神农架木鱼，生于海拔400～1500m的山坡路边。全草入药。

5. 蒙古马兰 | **Aster mongolicus** Franchet　　图169–141

多年生草本。茎被向上的糙伏毛，上部多分枝。最下部叶花期枯萎；中部及下部叶倒披针形或狭矩圆形，羽状中裂，两面疏生短硬毛或近无毛，边缘具较密的短硬毛；上部分枝上

图169–140　毡毛马兰

的叶条状披针形。头状花序单生于分枝顶端；总苞半球形；舌状花淡蓝紫色、淡蓝色或白色；管状花黄色。瘦果倒卵形，有黄绿色边肋。花果期7～9月。

产于神农架阳日，生于海拔600～800m的山坡林缘。

6. 狗娃花 | Aster hispidus Thunberg 图169-142

多年生草本。叶互生。头状花序疏散伞房状排列或单生，有异型花；总苞半球形，总苞片2～3层，草质；花序托稍凸起，蜂窝状；雌花花冠舌状，蓝色或紫色；两性花管状，黄色，有5枚不等形的裂片，其中1枚裂片较长；花药基部钝，全喙；花柱分枝附片三角形。瘦果倒卵形；冠毛同形。

产于神农架新华至阳日一带，生于海拔300～500m的山坡草丛中。根入药；花供观赏。

图169-141　蒙古马兰

图169-142　狗娃花

7. 阿尔泰狗娃花 | Aster altaicus Willdenow 图169-143

多年生草本。基部叶在花期枯萎；下部叶条形或矩圆状披针形、倒披针形或近匙形；上部叶渐狭小，条形。头状花序单生于枝端或排成伞房状；总苞半球形；舌状花舌片浅蓝紫色；冠毛污白色或红褐色。花果期5～9月。

产于神农架松柏至房县一带，生于海拔400～900m的路边。全草入药；花供观赏。

图169-143　阿尔泰狗娃花

8. 东风菜 | Aster scaber Thunberg
图169-144

多年生草本。茎高大直立，仅被微毛。基部叶在花期枯萎，叶片心形；中部叶较小，卵状三角形，基部圆形或稍截形，有具翅的短柄；上部叶小，矩圆披针形或条形。头状花序排成圆锥伞房状；总苞半球形；舌状花舌片白色，条状矩圆形。瘦果倒卵圆形或椭圆形，无毛；冠毛污黄白色。花期6～10月，果期8～10月。

产于神农架松柏（黄连架），生于海拔900m的山坡疏林地。根状茎及全草入药。

9. 琴叶紫菀 | Aster panduratus Nees ex Walpers 图169-145

多年生草本。茎直立，单生或丛生。下部叶渐狭成长柄；中部叶长圆状匙形，全缘或有疏齿；上部叶渐小，常全缘。头状花序在枝端单生或疏散伞房状排列；总苞半球形，总苞片3层，长圆披针形，草质；舌状花舌片浅紫色。瘦果卵状长圆形，被柔毛；冠毛白色或稍红色。花期2～9月，果期6～10月。

产于神农架新华，生于海拔900～1500m的山地草丛中。全草入药。

图169-144 东风菜

图169-145 琴叶紫菀

10. 神农架紫菀 | Aster shennongjiaensis W. P. Li et Z. G. Zhang
图169-146

多年生草本。无水平根状茎，茎直立，具长绒毛。叶具明显3脉，下表面具黄色腺点；基生叶莲座状，渐狭，在叶柄处常形成翅，在花期枯萎，下部茎生叶椭圆形或倒卵形，叶柄具翅，花期枯萎；中部的叶倒卵形，无柄或近无柄，全缘或具数对牙齿；茎生叶小，卵形或椭圆形，叶全缘或具细锯齿，无柄或几无柄。头状花序多排列成总状花序或伞状花序，舌状花白色，管状花黄色。瘦果披针状卵形或倒卵形；冠毛污白色。花期6～9月，果期9～11月。

图169-146 神农架紫菀

产于神农架红坪、阳日，生于海拔600～800m的悬崖石壁上。

11. 三脉紫菀（亚种）| Aster trinervius subsp. ageratoides (Turczaninow) Grierson

多年生草本。茎直立，有棱及沟，被柔毛或粗毛。下部叶急狭成长柄；中部叶椭圆形或长圆状披针形，边缘有3～7对浅或深锯齿；上部叶渐小，有浅齿或全缘，纸质。头状花序排列成伞房或圆锥伞房状；总苞倒锥状或半球状，总苞片3层，覆瓦状；舌状花舌片紫色、浅红色或白色。瘦果被短粗毛；冠毛浅红褐色或污白色。

分变种检索表

1. 植株具匍匐枝 ·················· 11a. 狭叶三脉紫菀A. ageratoides var. gerlachii
1. 植株无匍匐枝。
 2. 头状花序较小，总苞片3～4mm ····································
  ·················· 11b. 小花三脉紫菀A. trinervius subsp. ageratoides var. micranthus
 2. 头状花序较大。
  3. 茎被黄褐色或灰白色密茸毛 ····································
   ·················· 11c. 毛枝三脉紫菀A. trinervius subsp. ageratoides var. lasiocladus
  3. 茎和叶不被黄褐色或灰色密茸毛。
   4. 叶下面密被短柔毛，有较密的腺点 ····································
    ·················· 11d. 微糙三脉紫菀A. trinervius subsp. ageratoides var. scaberulus
   4. 叶下面被疏毛或近无毛，有疏腺点或无腺点。
    5. 叶网脉明显，叶面在上面呈泡状凸起 ····································
     ·················· 11e. 坚叶三脉紫菀A. trinervius subsp. ageratoides var. firmus
    5. 叶面在上面不呈泡状凸起。
     6. 总苞片顶端较钝，边缘有细锯齿 ····································
      ·················· 11f. 卵叶三脉紫菀A. trinervius subsp. ageratoides var. oophyllus
     7. 叶基部急缩成具宽翅的长柄 ····································
      ·················· 11g. 三脉紫菀A. trinervius subsp. ageratoides var. ageratoides
     7. 叶缘具细锯齿，基部渐狭成短柄。
     6. 总苞片顶端较尖，边缘全缘 ····································
      ·················· 11h. 宽伞三脉紫菀A. trinervius subsp. ageratoides var. laticorymbus

11a. 狭叶三脉紫菀（变种）Aster ageratoides var. gerlachii (Hance) C. C. Chang ex Y. Ling
图169-147

多年生草本。茎基部具匍匐枝。叶狭披针形。总苞倒锥状或半球形；舌状花的舌片白色，筒状花黄色。瘦果冠毛浅红褐色或污白色。

产于神农架红坪阴峪河，生于海拔600～1400m的溪边灌丛中。带根全草可药用。

11b. 小花三脉紫菀（变种）Aster trinervius subsp. ageratoides var. micranthus Y. Ling 图169-148
多年生草本。与三脉紫菀的主要区别：花较小，长2～3mm；叶被极疏具节微硬毛，下面常带紫色。

产于神农架阳日，生于海拔600～800m的山坡石壁上。带根全草可药用。

图169-147　狭叶三脉紫菀

图169-148　小花三脉紫菀

11c.　毛枝三脉紫菀（变种）Aster trinervius subsp. **ageratoides** var. **lasiocladus** (Hayata) Handel-Mazzetti　图169-149

多年生草本。茎被黄褐色或灰色密茸毛。叶长圆披针形，常较小，边缘有浅齿，顶端钝或急尖，质厚，上面被密糙毛，或两面被密茸毛，沿脉常有粗毛。总苞片厚质，被密茸毛；舌状花白色。

产于神农架各地，生于海拔400～1800m的山地疏林下。带根全草药用。

11d.　微糙三脉紫菀（变种）Aster trinervius subsp. **ageratoides** var. **scaberulus** (Miquel) Y. Ling　图169-150

多年生草本。叶卵圆形或卵圆披针形，有6～9对浅锯齿，下部渐狭或急狭成具狭翅或无翅的短柄，质较厚，上面密被微糙毛，有明显的腺点，且沿脉常有长柔毛，或下面后脱毛。总苞较大，总苞片上部绿色；舌状花白色或带红色。

产于神农架各地，生于海拔400～2000m的山地疏林下。带根全草药用。

图169-149　毛枝三脉紫菀

图169-150　微糙三脉紫菀

11e. 坚叶三脉紫菀（变种）Aster trinervius subsp. **ageratoides** var. **firmus** (Diels) Handel-Mazzetti

多年生草本。叶卵圆形或长圆披针形，厚纸质，上面被密糙毛，后近无毛且常有光泽，下面沿脉被长粗毛，网脉显明，网隙在叶上面凸起作泡状。舌状花白色或带红色。

产于神农架大九湖，生于海拔2500m的山坡林缘或草丛。

11f. 卵叶三脉紫菀（变种）Aster trinervius subsp. **ageratoides** var. **oophyllus** Y. Ling

多年生草本。叶卵圆形及卵圆披针形。总苞片顶端稍红色，总苞倒锥状或半球形，总苞片3层，条状矩圆形，上部绿色或紫褐色，下部干膜质；舌状花10多朵，舌片紫色、浅红色或白色，筒状花黄色。瘦果冠毛浅红褐色或污白色。

产于神农架阳日至宜昌一线，生于海拔300～600m的山坡路边。带根全草药用。

11g. 三脉紫菀（原变种）Aster trinervius subsp. **ageratoides** var. **ageratoides**　图169-151

多年生草本。茎直立，有棱及沟，被柔毛或粗毛。下部叶急狭成长柄；中部叶椭圆形或长圆状披针形，边缘有3～7对浅或深锯齿；上部叶渐小，有浅齿或全缘，纸质。头状花序排列成伞房或圆锥伞房状；总苞倒锥状或半球状；总苞片3层，覆瓦状；舌片紫色、浅红色或白色；瘦果被短粗毛；冠毛浅红褐色或污白色。

神农架广布，生于海拔400～2500m的山坡疏林下。带根全草入药。

11h. 宽伞三脉紫菀（变种）Aster trinervius subsp. **ageratoides** var. **laticorymbus** (Vaniot) Handel-Mazzetti　图169-152

多年生草本。茎多分枝。中部叶长圆披针形或卵圆披针形，下部渐狭，有7～9对锯齿，下面常脱毛；枝部叶小，卵圆形或披针形，全缘或有齿。总苞片较狭，上部绿色；舌状花常白色。

神农架高海拔地区广布，生于地疏林下。带根全草药用。

图169-151　三脉紫菀

图169-152　宽伞三脉紫菀

12. 川鄂紫菀 | **Aster moupinensis** (Franchet) Handel-Mazzetti

多年生草本。茎直立。叶厚质，两面无毛，仅边缘有伏糙毛。舌状花舌片白色，长椭圆形。瘦果长圆形，被伏柔毛；冠毛白色，有多数等长的细糙毛。花果期7~11月。

产于神农架阳日，生于海拔600~1200m的山坡疏林下。

13. 翼柄紫菀 | **Aster alatipes** Hemsley　图169-153

多年生草本。有根状茎及细长的匐枝。下部叶在花期枯萎，常较小，叶片圆形或稍心形，中部叶卵圆披针形，上部叶渐小，有具宽翅的短柄。头状花序在枝端排列成伞房状花序；总苞半球状；舌状花舌片浅紫色或白色；冠毛污白色或浅红色。瘦果长圆形，稍扁，一面有肋，被短粗毛。花果期7~10月。

产于新华至兴山一线，生于海拔600~800m的山坡疏林林缘。全草入药。

图169-153　翼柄紫菀

14. 小舌紫菀 | **Aster albescens** (Candolle) Wallich ex Handel-Mazzetti
图169-154

多年生灌木。叶卵圆、椭圆或长圆状，基部楔形或近圆形，全缘或有浅齿，顶端尖或渐尖。头状花序在茎和枝端排列成复伞房状；花梗有钻形苞叶；总苞倒锥状，总苞片3~4层，被疏柔毛或茸毛或近无毛；舌状花舌片白色，浅红色或紫红色，管状花黄色；花柱附片宽三角形。瘦果被白色短绢毛；冠毛有近等长微糙毛。

神农架广布，生于海拔1000~2500m的山地疏林下。全草入药。

15. 镰叶紫菀 | **Aster falcifolius** Handel-Mazzetti　图169-155

多年生草本。茎直立或斜升。头状花序在花枝上顶生，或腋生而有短花序梗或无梗；苞叶披针状线形，常密集且渐转变为总苞片；总苞近倒锥状，总苞片3~4层，覆瓦状排列，外层草质，被密微毛及缘毛，内层有明显的3~5条纹，边缘宽膜质，有缘毛；舌状花舌片线形，浅红紫色或白色。瘦果长圆形。花期8~10月。

产于神农架阳日，生于海拔300~600m的山坡林下石缝中。带根全草药用。

图169-154　小舌紫菀　　　　　　　　　　　图169-155　镰叶紫菀

46. 一枝黄花属Solidago Linnaeus

多年生草本。叶互生。头状花序小或中等大小，异型，辐射状，多数在茎上部排列成各式花序。总苞狭钟状或椭圆状，总苞片多层，覆瓦状；边花雌性，舌状花1层，或边缘雌花退化而头状花序同型，盘花两性，管状，顶端5齿裂；全部小花结实。瘦果近圆柱形，有8～12条纵肋；冠毛多数，细毛状，1～2层。

120余种。我国产4种，湖北产1种，神农架亦产。

一枝黄花 │ **Solidago decurrens** Loureiro　　图169-156

多年生草本。叶互生。头状花序小或中等大小，异型，辐射状；总苞狭钟状或椭圆状，总苞片多层，覆瓦状；花托小，通常蜂窝状；边花雌性，1层，盘花两性，管状，顶端5齿裂；小花结实，花药基部钝；两性花花柱分枝扁平，顶端有披针形附片。瘦果圆柱形，有8～12条纵肋。

生于海拔300～1700m的山坡草丛、疏林及空旷地。带根全草入药；花供观赏。

图169-156　一枝黄花

47. 飞蓬属Erigeron Linnaeus

一至多年生草本。叶互生。头状花序异形，多数排列成总状、伞房状或圆锥状花序，少有单生；总苞半球形至圆柱形，总苞片2～4层，披针形或线状披针形，草质，具膜质边缘；花结实，外围雌花多数，花冠丝状；中央的两性花，花冠管状，顶端5齿裂，花柱分枝具短披针形附器。瘦果长圆形，极扁，无肋；冠毛污白色或变红色，细刚毛状，1层，近等长或稀2层，外层极短。

约400种。我国产39种，湖北产5种，神农架产4种。

分种检索表

1. 雌花有显著开展的舌状雌花。
　2. 叶具明显锯齿 ·· 1. 一年蓬E. annuus
　2. 叶全缘或基生叶具少数锯齿 ················· 4. 长茎飞蓬E. acris subsp. politus
1. 雌花无显著开展的舌状雌花。
　3. 头状花序舌状花不明显 ························· 2. 香丝草E. bonariensis
　3. 头状花序舌状花可见 ··························· 3. 小蓬草E. canadensis

---

1. 一年蓬 ｜ Erigeron annuus (Linnaeus) Persoon 图169-157

一至多年生草本。叶基生及互生。头状花序组成圆锥状花序；总苞半球形或钟形，总苞片数层，具1条红褐色中脉，狭长，近等长；雌花多层，舌状，舌片狭小，白色；两性花管状，檐部狭，管状至漏斗状，上部具5裂片；花药线状长圆形，基部钝，顶端具卵状披针形附片。瘦果长圆状披针形，压扁，常有边脉；冠毛2层，有时雌花冠毛退化而成少数鳞片状膜片的小冠。

产于神农架各地，生于海拔400～2500m的荒草地及田边。全草药用。

图169-157　一年蓬

2. 香丝草 ｜ Erigeron bonariensis Linnaeus 图169-158

一至二年生草本。叶密集，下部叶倒披针形或长圆状披针形，基部渐狭成长柄；中、上部叶具短柄或无柄。头状花序在茎端排列成总状或总状圆锥花序；总苞椭圆状卵形，总苞片2～3层；花托稍平，有蜂窝孔；雌花多层，白色，无舌片或顶端仅有3～4枚细齿；两性花淡黄色，上端5齿裂。冠毛1层，淡红褐色。

产于神农架各地，生于海拔400～1500m的山坡荒地、路旁、田边。全草药用。

图169-158　香丝草

3. 小蓬草 │ Erigeron canadensis Linnaeus　图169-159

一年生草本。根纺锤状，具纤维状根。茎直立，多少具棱，有条纹。叶顶端尖或渐尖，基部渐狭成柄。头状花序排列成顶生的大圆锥花序；总苞近圆柱状，总苞片2～3层，淡绿色，线状披针形或线形，顶端渐尖；雌花多数，白色，顶端具2枚钝小齿；两性花淡黄色。瘦果线状披针形。花期5～9月。

产于神农架各地，生于海拔400～2000m的荒地及田边、村寨边。全草入药。

4. 长茎飞蓬（亚种） │ Erigeron acris subsp. politus (Fries) H. Lindberg　图169-160

二年生或多年生草本。基部叶密集，莲座状，花期常枯萎；基部及下部叶倒披针形或长圆形；中部和上部叶无柄，长圆形或披针形。头状花序排列成伞房状或伞房状圆锥花序；总苞半球形，紫红色，稀绿色；舌状花舌片淡红色或淡紫色，两性花管状，黄色。瘦果长圆状披针形，密被多少贴生的短毛。花期7～9月。

产于神农架木鱼、红坪，生于海拔2800～3100m的高山草甸中。全草入药。

图169-159　小蓬草

图169-160　长茎飞蓬

48. 联毛紫菀属Symphyotrichum Nees

一年生或多年生草本。头状花序排成总状或总状圆锥花序；总苞半球状，总苞片2~3层，线形或线状披针形，不等长，外层常叶质，绿色；花全部结实。瘦果倒卵形或长圆形；冠毛白色或污白色，2层，糙毛状，外层极短。

90余种。我国产3种，湖北产1种，神农架亦产。

钻叶紫菀 ｜ Symphyotrichum subulatum (Michaux) G. L. Nesom　图169-161

多年生草本。茎直立，单生，上部多分枝，全株无毛。叶线状披针形。头状花序排成圆锥花序；总苞锥形，外层总苞片绿色，披针形；花冠淡紫色或白色。

神农架有逸生，生于荒野、路边、沟边、洼地。全草入药。

49. 石胡荽属Centipeda Loureiro

一年生匍匐状小草本。叶互生，边缘有锯齿。头状花序小，单生于叶腋，无梗或有短梗，异型，盘状；总苞半球形，总苞片2层，平展矩圆形，近等长，具狭的透明边缘；边缘花雌性能育，多层，花冠细管状，顶端2~3齿裂；盘花两性，能育，数朵，花冠宽管状；花药短，基部钝，顶端无附片；花柱分枝短，顶端钝或截形；花托半球形，蜂窝状。瘦果四棱形，棱上有毛；无冠状冠毛。

6种。我国产1种，湖北产1种，神农架亦产。

石胡荽 ｜ Centipeda minima (Linnaeus) A. Braun et Ascherson　图169-162

一年生小草本。茎多分枝，匍匐状，微被蛛丝状毛或无毛。叶互生，楔状倒披针形，顶端钝，基部楔形，边缘有少数锯齿。头状花序小，扁球形，单生于叶腋，无花序梗或极短，总苞半球形，总苞片2层，椭圆状披针形，绿色，边缘透明膜质，外层较大；边缘花雌性，多层，花冠细管状；盘花两性，花冠管状。瘦果椭圆形，具4棱，棱上有长毛，无冠毛。花果期6～10月。

产于神农架低海拔地区，生于房边坪坝周围。全草入药。

图169-161 钻叶紫菀

图169-162 石胡荽

50. 亚菊属 Ajania Poljakov

多年生草本、小半灌木。叶互生，羽状或掌式羽状分裂，极少不裂。头状花序小，异形，多数或少数在枝端或茎顶排列成复伞房花序、伞房花序，少有头状花序单生；边缘雌花，中央两性花多数，管状，全部小花结实，黄色，花冠外面有腺点；总苞钟状或狭圆柱状，总苞片4～5层。瘦果无冠毛，有4～6条脉肋。

50种。我国产35种，湖北产2种，神农架产1种。

异叶亚菊 │ Ajania variifolia (C. C. Chang) Tzvelev 图169-163

落叶半灌木。老枝顶端有密集的叶簇，中部叶全形卵形，羽状3～5全裂或几全裂，裂片线形或狭线形，上部及下部和叶簇上的叶较小，3全裂，叶两面异色，上面绿色，下面灰白色，被稠密的绢毛。头状花序多数，在枝端排成复伞房花序；总苞钟状；花冠细管状，花冠外面有腺点。花果期8～9月。

产于神农架高海拔地区，生于高山草甸中。全草入药。

图169-163 异叶亚菊

51. 菊属Chrysanthemum Linnaeus

多年生草本。头状花序异型。边缘花雌性，舌状，1层（在栽培品种中多层）；中央盘花两性，管状；总苞浅碟状，极少为钟状，总苞片4~5层；花托凸起，半球形或圆锥状，无托毛；舌状花黄色、白色或红色；管状花全部黄色，顶端5齿裂；花柱分枝线形，顶端截形；花药基部钝，顶端附片披针状卵形或长椭圆形。全部瘦果同形，近圆柱状而向下部收窄，有5~8条纵脉纹，无冠状冠毛。

约37种。我国产22种，湖北产5种，神农架皆产。

分种检索表

1. 叶边缘具浅波状疏锯齿或边缘有单齿或全缘 ·············· 1. 毛华菊C. vestitum
1. 叶3~7掌状或羽状浅裂或半裂成3~7掌式羽状浅裂、半裂或深裂及二回羽状分裂。
  2. 叶3~7掌状或羽状浅裂或半裂成3~7掌式羽状浅裂、半裂或深裂。
    3. 舌状花单瓣 ·············· 2. 野菊C. indicum
    3. 舌状花重瓣 ·············· 3. 菊花C. morifolium
  2. 叶二回羽状分裂。
    4. 舌状花黄色 ·············· 4. 甘菊C. lavandulifolium
    4. 舌状花白色 ·············· 5. 小山菊C. oreastrum

1. 毛华菊｜Chrysanthemum vestitum (Hemsley) Stapf 图169-164

多年生草本。茎直立。全部茎枝被稠密厚实的贴伏短柔毛。下部茎叶花期枯萎；中部茎叶边缘自中部以上有浅波状疏钝锯齿；全部叶下面灰白色，被稠密厚实贴伏的短柔毛。头状花序在茎枝顶端排成伞房花序；总苞浅碟状，总苞片4层，边缘褐色膜质。舌状花白色。花果期8~11月。

产于神农架新华、宋洛、松柏，生于海拔600~800m的山坡林缘石上。花序入药；花供观赏。

图169-164　毛华菊

2. 野菊｜Chrysanthemum indicum Linnaeus 图169-165

多年生草本。茎直立或铺散。茎枝被稀疏的毛。基生叶和下部叶花期脱落；中部茎叶卵形、长卵形或椭圆状卵形，基部截形或稍心形或宽楔形。头状花序在茎枝顶端排成疏松的伞房圆锥花序或少数在茎顶排成伞房花序；总苞片5层，全部苞片边缘白色或褐色宽膜质，顶端钝或圆。舌状花黄色。花果期6～11月。

生于海拔400～2800m的山地疏林下或灌丛中。花序入药；花供观赏。

3. 菊花 │ Chrysanthemum morifolium Ramatuelle　图169-166

多年生草本。茎直立，分枝或不分枝，被柔毛。叶卵形至披针形，羽状浅裂或半裂，有短柄，叶下面被白色短柔毛。头状花序大小不一；总苞片多层，外层外面被柔毛；舌状花颜色各种；管状花黄色。花期多为秋冬季。

原产于我国，神农架各地有栽培。传统观赏花卉；花、叶可入药。

图169-165　野菊　　　　　　　　　　　图169-166　菊花

4. 甘菊 │ Chrysanthemum lavandulifolium (Fischer ex Trautvetter) Makino　图169-167

多年生草本，有地下匍匐茎。茎直立，被稀疏的柔毛。中部茎叶卵形、宽卵形或椭圆状卵形，二回羽状分裂，一回全裂或几全裂，二回为半裂或浅裂，最上部的叶或接花序下部的叶羽裂、3裂或不裂。头状花序在茎枝顶端排成疏松或稍紧密的复伞房花序；总苞碟形，总苞片约5层；舌状花黄色，舌片椭圆形。花果期5～11月。

产于神农架新华、大九湖、宋洛、红坪，生于海拔2500m的山坡灌丛地。全草入药；花供观赏。

5. 小山菊 │ Chrysanthemum oreastrum Hance　图169-168

多年生草本。有地下匍匐根状茎。基生及中部茎叶菱形、扇形或近肾形，二回掌状或掌式羽状分裂，一二回全部全裂；上部叶与茎中部叶同形，但较小，最上部及接花序下部的叶羽裂或3裂。头状花序单生于茎顶，2～3个排成伞房花序；总苞浅碟状；舌状花白色。花果期6～8月。

产于神农谷一带，生于海拔2800m的山坡草甸中。花可入药；亦供观赏。

图169-167　甘菊

图169-168　小山菊

52. 蒿属Artemisia Linnaeus

　　草本，半灌木或小灌木。叶互生，常有假托叶。头状花序小，基部常有小苞叶；花序托半球形或圆锥形；花异型，花柱线形，伸出花冠外，先端2叉，伸长或向外弯曲；子房下位，2心皮，1室，具1枚胚珠；中央花两性，雄蕊5枚，2室，纵裂，孕育的两性花开花时花柱伸出花冠外，上端2叉，柱头具睫毛及小瘤点，花柱极短，先端不叉开。瘦果小，无冠毛。

　　约200多种。我国产186种，湖北产40种，神农架产25种。

分种检索表

1. 中央花为两性花，结实，开花时两性花的花柱与花冠等长、近等长或略长于花冠，子房明显（蒿亚属）。
 2. 花序托具毛状或鳞片托毛，雌花冠檐部4裂⋯⋯⋯⋯⋯⋯⋯⋯⋯⋯⋯⋯**17. 大籽蒿A. sieversiana**
 2. 花序托无托毛，雌花冠檐部2～3裂或无齿裂。
  3. 茎、枝、叶及总苞片背面无毛被；外、中层总苞片背面革质，有毛或无毛，常有绿色中肋，边缘膜质。
   4. 头状花序通常球形，稀少半球形或卵球形（艾蒿组）。
    5. 植株呈灌木状⋯⋯⋯⋯⋯⋯⋯⋯⋯⋯⋯⋯⋯⋯⋯**1. 白莲蒿A. stechmanniana**
    5. 一至二年生草本。
     6. 总苞片背面疏被短柔毛⋯⋯⋯⋯⋯⋯⋯⋯⋯**19. 商南蒿A. shangnanensis**
     6. 总苞片背面无毛。
      7. 叶长7～15cm，叶轴具栉齿⋯⋯⋯⋯⋯⋯**2. 青蒿A. caruifolia**
      7. 叶长4～7cm，叶轴无栉齿⋯⋯⋯⋯⋯⋯**3. 黄花蒿A. annua**
   4. 头状花序椭圆形、长圆球形或长卵球形，稀半球形、近球形或卵钟形（艾组）。
    8. 叶上面具密而明显的白色腺点或小凹点。
     9. 茎中部叶一至二回羽状深裂或半裂或浅裂⋯⋯⋯⋯**4. 艾A. argyi**
     9. 茎中部叶一至二回羽状全裂或至少一回为羽状全裂。
      10. 茎中部叶宽3～8cm，叶的小裂片宽3mm以上⋯⋯⋯⋯⋯
       ⋯⋯⋯⋯⋯⋯⋯⋯⋯⋯⋯⋯**6. 野艾蒿A. lavandulifolia**
      10. 茎中部叶宽在4cm以下，叶的小裂片宽不及3mm⋯**12. 矮蒿A. lancea**
    8. 叶上面无白色腺点，或疏被腺点，无小凹点。
     11. 总苞片背面密被绒毛、绵毛或柔毛⋯⋯⋯⋯⋯**20. 灰苞蒿A. roxburghiana**
     11. 总苞片背面无毛或疏被柔毛。
      12. 头状花序长圆球形或椭圆形。
       13. 总苞和花冠紫红色⋯⋯⋯⋯⋯⋯⋯⋯**13. 红足蒿A. rubripes**
       13. 总苞绿色，花冠淡黄绿色。
        14. 茎中部叶每侧具3～4裂片，基部裂片小⋯⋯⋯⋯⋯
         ⋯⋯⋯⋯⋯⋯⋯⋯⋯⋯⋯⋯**5. 五月艾A. indica**
        14. 茎中部叶每侧具2～3裂片，基部裂片较大⋯⋯⋯⋯
         ⋯⋯⋯⋯⋯⋯⋯⋯⋯⋯⋯⋯**7. 魁蒿A. princeps**
      12. 头状花序近球形⋯⋯⋯⋯⋯⋯⋯⋯⋯⋯**16. 阴地蒿A. sylvatica**
  3. 植株无明显的腺毛或黏毛；外、中、内层总苞片全为半透明、膜质，背面无毛亦无绿色中肋。
   15. 植株有明显的腺毛或黏毛；头状花序基部具明显的小苞叶。
    16. 茎中部叶一至三回羽状分裂，每侧有裂片4～6枚。
     17. 茎中部叶一回羽状全裂⋯⋯⋯⋯⋯⋯**9. 神农架蒿A. shennongjiaensis**

1. 白莲蒿 ｜ **Artemisia stechmanniana** Besser　图169-169

　　落叶半灌木状草本。根稍粗大，木质，垂直；根状茎粗壮。茎褐色或灰褐色，具纵棱，下部木质。茎下部与中部叶长卵形、三角状卵形或长椭圆状卵形；苞片叶栉齿状羽状分裂或不分裂。头状花序近球形；总苞片3～4层；雌花花冠狭管状或狭圆锥状；两性花花冠管状。瘦果狭椭圆状卵形或狭圆锥形。花果期8～10月。

　　产于神农架新华至兴山一线，生于海拔400～800m的山坡林缘，多长于石上。全草入药。

图169-169　白莲蒿　　　　　　　　图169-170　青蒿

2. 青蒿 | *Artemisia caruifolia* Buchanan-Hamilton ex Roxburgh 图169–170

一年生草本。主根单一，垂直。茎单生，幼时绿色，有纵纹。基生叶与茎下部叶三回栉齿状羽状分裂；中部叶二回栉齿状羽状分裂，第一回全裂；上部叶与苞片叶一至二回栉齿状羽状分裂，无柄。头状花序半球形或近半球形；总苞片3~4层；花序托球形；花淡黄色；雌花花冠狭管状；两性花花冠管状。瘦果长圆形至椭圆形。花果期6~9月。

产于神农架新华，生于海拔600~800m的屋边荒地中。全草入药。

3. 黄花蒿 | *Artemisia annua* Linnaeus 图169–171

一年生草本。植株有浓烈的挥发性香气。根单生，垂直，狭纺锤形。茎单生，有纵棱。茎下部叶宽卵形或三角状卵形，三（至四）回栉齿状羽状深裂；中部叶二（至三）回栉齿状羽状深裂；上部叶与苞片叶一（至二）回栉齿状羽状深裂。头状花序球形；总苞片3~4层。瘦果椭圆状卵形。花果期8~11月。

神农架广布，生于海拔400~2000m的荒地、河滩、屋旁、旷野。全草入药。

4. 艾 | *Artemisia argyi* H. Léveillé et Vaniot 图169–172

多年生草本。植株有浓烈香气。主根明显，略粗长。茎单生，有明显纵棱，褐色或灰黄褐色。茎、枝均被灰色蛛丝状柔毛。茎下部叶近圆形或宽卵形，羽状深裂；中部叶一（至二）回羽状深裂至半裂；上部叶与苞片叶羽状半裂、浅裂。头状花序椭圆形；总苞片3~4层。瘦果长卵形或长圆形。花果期7~10月。

神农架广布，生于海拔400~2500m的山地草丛、荒坡。全草入药；干草燃烧可驱蚊。

图169–171 黄花蒿

图169–172 艾

5. 五月艾 | **Artemisia indica** Willdenow 图169-173

半灌木状草本。主根明显；根状茎稍粗短，常有短匍茎。茎单生，褐色或上部微带红色，纵棱明显；叶上面初时被灰白色或淡黄色绒毛；基生叶与茎下部叶卵形或长卵形；中部叶卵形、长卵形；上部叶羽状全裂。苞片叶3全裂或不分裂；头状花序卵形、长卵形或宽卵形；总苞片3~4层。瘦果长圆形或倒卵形。

神农架广布，生于海拔400~1400m的山坡灌草丛、路边。全草入药。

6. 野艾蒿 | **Artemisia lavandulifolia** Candolle 图169-174

多年生草本。主根稍明显，侧根多。叶纸质，上面绿色，背面除中脉外密被灰白色密绵毛；基生叶与茎下部叶宽卵形或近圆形，二回羽状全裂；中部叶卵形、长圆形，（一至）二回羽状全裂；上部叶羽状全裂。头状花序多椭圆形或长圆形；总苞片3~4层。瘦果长卵形或倒卵形。花果期8~10月。

产于神农架各地，生于海拔400~2000m的山坡草丛中。全草药用。

图169-173　五月艾　　　　　　　　　　图169-174　野艾蒿

7. 魁蒿 | **Artemisia princeps** Pampanini 图169-175

多年生草本。主根稍粗。茎少数，成丛或单生，纵棱明显。叶厚纸质或纸质，叶面深绿色，无毛；下部叶卵形或长卵形，一至二回羽状深裂；中部叶卵形或卵状椭圆形；上部叶羽状深裂或半裂。头状花序长圆形或长卵形；总苞片3～4层；两性花花柱与花冠近等长。瘦果椭圆形或倒卵椭圆形。花果期7～11月。

产于神农架各地，生于海拔400～1500m的山坡灌丛、林缘及沟边。全草药用；嫩叶可食。

8. 白苞蒿 | **Artemisia lactiflora** Wallich ex Candolle

8a. 白苞蒿（原变种）**Artemisia lactiflora** var. **lactiflora** 图169-176

多年生草本。主根明显。根状茎短。茎通常单生，直立，绿褐色或深褐色。叶薄纸质或纸质；基生叶与茎下部叶宽卵形或长卵形，二回或一至二回羽状全裂；中部叶卵圆形或长卵形，二回或一至二回羽状全裂。头状花序长圆形；总苞片3～4层；两性花花冠管状，花药椭圆形，有睫毛。瘦果倒卵形或倒卵状长圆形。

神农架广布，生于海拔400～800m的山地林下。全草入药；嫩叶可食。

图169-175 魁蒿

图169-176 白苞蒿

8b. 细裂叶白苞蒿（变种）**Artemisia lactiflora** var. **incisa** (Pampanini) Y. Ling et Y. R. Ling
图169-177

多年生草本。本种与原变种的主要区别：本变种的中部叶二至三回羽状全裂，小裂片先端具长尖头，边缘常有不规则的细裂齿或深尖锯齿，叶柄基部具明显的假托叶；上部叶与苞片叶一至二回羽状深裂或全裂，裂片边缘均有细锯齿。

神农架广布，生于山地林下。全草入药；嫩叶可食。

9. 神农架蒿 | Artemisia shennongjiaensis Y. Ling et Y. R. Ling　图169-178

多年生草本。叶上面深绿色，被腺毛，背面除叶脉外，密被灰白色蛛丝状绵毛，脉上具腺毛；茎下部叶花期凋谢；中部叶宽卵形或近圆形，羽状全裂，裂片线状披针形或线形。头状花序多数；总苞宽卵形或卵形，总苞片3（~4）层，外层略短小，外、中层总苞片卵形或长卵形，背面疏被淡黄色蛛丝状柔毛，中肋绿色，边膜质，内层总苞片长卵形，半膜质。花果期8~10月。

产于神农架大九湖，生于海拔2500m的荒地或水岸边。全草入药。

图169-177　细裂叶白苞蒿

图169-178　神农架蒿

10. 茵陈蒿 | Artemisia capillaris Thunberg　图169-179

半灌木状草本。主根明显木质。茎单生或少数，红褐色或褐色，基部木质。营养枝端有密集叶丛，茎下部叶卵圆形或卵状椭圆形；中部叶宽卵形、近圆形或卵圆形；上部叶与苞片叶羽状5全裂或3全裂。头状花序卵球形；总苞片3~4层；花序托小；两性花柱短。瘦果长圆形或长卵形。花果期7~10月。

神农架广布，生于海拔400~1000m的草丛荒坡或沟边石上。幼叶药用。

图169-179　茵陈蒿

11. 牡蒿 | Artemisia japonica Thunberg 图169-180

多年生草本。主根稍明显，常有块根；根茎直立或斜向上。茎单生或少数，紫褐色或褐色。茎、枝初时被微柔毛，后渐稀疏或无毛。基生叶与茎下部叶倒卵形或宽匙形；中部叶匙形；上部叶上端具3浅裂或不分裂。头状花序卵球形或近球形；总苞片3~4层，背面无毛。瘦果倒卵形。

神农架广布，生于海拔400~1100m的山坡林缘或草丛。全草入药。

12. 矮蒿 | Artemisia lancea Vaniot 图169-181

多年生草本。茎、枝初时微被蛛丝状微柔毛，后渐脱落。叶上面初时微有蛛丝状短柔毛及白色腺点，后毛与腺点渐脱落，背面密被灰白色或灰黄色蛛丝状毛；基生叶与茎下部叶卵圆形，二回羽状全裂，每侧有裂片3~4枚，基部裂片再次羽状深裂，每侧具小裂片2~3枚，小裂片线状披针形或线形。头状花序多数，花冠狭管状。瘦果小，长圆形。花果期8~10月。

神农架广布，生于海拔400~2200m的山坡林缘或草丛。根入药。

图169-180 牡蒿

图169-181 矮蒿

13. 红足蒿 | Artemisia rubripes Naka 图169-182

多年生草本。茎、枝初时微被短柔毛，后脱落无毛。营养枝叶与茎下部叶近圆形或宽卵形，二回羽状全裂或深裂；中部叶卵形、长卵形或宽卵形，一至二回羽状分裂；上部叶椭圆形，羽状全裂，每侧具裂片2~3枚，裂片线状披针形或线形，先端锐尖。头状花序小，多数；总苞椭圆状卵形或长卵形；花冠狭管状，花柱

图169-182 红足蒿

长，伸出花冠外，先端2叉。花果期8~10月。

神农架高海拔地区广布，生于山坡林缘或草丛。全草入药。

14. 牛尾蒿 │ Artemisia dubia Wallich ex Besser

分变种检索表

1. 茎、枝、叶背面初时被毛，叶背毛不脱落····························14a. 牛尾蒿A. dubia var. dubia
1. 茎、枝、叶背面初时被毛，后全部脱落············14b. 无毛牛尾蒿A. dubia var. subdigitata

14a. 牛尾蒿（原变种）Artemisia dubia var. dubia 图169–183

半灌木状草本。基生叶与茎下部叶大，卵形或长圆形，羽状5深裂，有时裂片上还有1~2枚小裂片，无柄，花期叶凋谢；中部叶卵形，上部叶与苞片叶指状3深裂或不分裂；裂片或不分裂的苞片叶椭圆状披针形或披针形。头状花序多数；总苞宽卵球形或球形，总苞片3~4层，外层总苞片略短小，外、中层总苞片卵形、长卵形，有绿色中肋，边膜质，内层总苞片半膜质。花果期8~10月。

产于神农架新华、宋洛、木鱼坪、官门山、田家山，生于海拔800~1500m的山坡林缘及路边。全草入药。

14b. 无毛牛尾蒿（变种）Artemisia dubia var. subdigitata (Mattfeld) Y. R. Ling 图169–184

半灌木状草本。与原变种的主要区别：本变种茎、枝、叶背面初时被灰白色短柔毛，后脱落无毛。

产于神农架新华、宋洛、木鱼坪、官门山、田家山，生于海拔800~1500m的山坡林缘及路边。全草入药。

图169–183 牛尾蒿

图169–184 无毛牛尾蒿

15. 暗绿蒿 | **Artemisia atrovirens** Handel-Mazzetti 图169-185

多年生草本。叶纸质或厚纸质，面深绿色。瘦果小，倒卵形或近倒卵形。花果期8~10月。

产于神农架各地，生于海拔700~1500m的山坡林缘。

16. 阴地蒿 | **Artemisia sylvatica** Maximowicz 图169-186

多年生草本。植株有香气。叶薄纸质或纸质，上面绿色。瘦果小，狭卵形或狭倒卵形。花果期9~10月。

产于神农架各地，生于海拔800~1600m的山坡林下。

图169-185 暗绿蒿

图169-186 阴地蒿

17. 大籽蒿 | **Artemisia sieversiana** Ehrhart ex Willdenow 图169-187

一年生或越年生草本。茎中、下部叶具柄，叶片宽卵形或宽三角形，二至三回羽状深裂，小裂片条形或条状披针形，先端渐尖或钝，两面被伏柔毛和腺点；上部叶渐变小，羽状全裂；最顶端的叶不裂而为条形或条状披针形。头状花序排列成中度扩展的圆锥形，头状花序半球形，有梗，下垂；总苞片3~4层，被白色伏柔毛或无毛；花托凸起，密被毛；边缘小花雌性，中央小花为两性。瘦果卵形或椭圆形。

产于神农架红坪，生于海拔1600~2000m的山坡林缘。全草入药。

图169-187 大籽蒿

18. 南牡蒿 | Artemisia eriopoda Bunge 图169-188

多年生草本。根状茎稍粗短，肥厚，常成短圆柱状，并有短的营养枝，枝上密生叶。基生叶与茎下部叶近圆形、宽卵形或倒卵形，一至二回大头羽状深裂或全裂或不分裂；中部叶近圆形或宽卵形；上部叶渐小，卵形或长卵形，羽状全裂。头状花序多数；总苞宽卵形或近球形，总苞片3~4层，外、中层总苞片卵形或长卵形，边膜质，内层总苞片长卵形，半膜质。花果期6~11月。

图169-188 南牡蒿

产于神农架松柏，生于海拔600~800m的山坡林下。全草及根入药。

19. 商南蒿 | Artemisia shangnanensis Ling et Y. R. Ling

一二年生草本。茎单生。瘦果倒卵形或椭圆形，果壁上有细纵纹。花果期8~10月。
产于神农架房县，生于海拔800m的山坡路边。

20. 灰苞蒿 | Artemisia roxburghiana Besser

半灌木状草本。茎少数或单生。瘦果小，倒卵形或长圆形。花果期8~10月。
产于神农架宋洛，生于海拔700~900m的山坡草丛。

21. 粘毛蒿 | Artemisia mattfeldii Pampanini

多年生草本。植株有薄荷香味。茎密被黏质腺毛。茎下部叶二至三回羽状全裂，每侧有裂片5~6枚，再次二回羽状全裂，末回小裂片小，披针形，基部有半抱茎的假托叶。头状花序多数在茎端及短的分枝上密集排成圆锥花序；总苞片披针形或长卵形；花冠管状。瘦果倒卵形或长圆形。花果期7~10月。
产于神农架九湖，生于海拔2500m的荒野草丛。

22. 南毛蒿 | Artemisia chingii Pampanin

多年生草本。叶纸质，上面被腺毛。瘦果倒卵形或卵形。花果期8~10月。
产于神农架房县，生于海拔300~700m的荒野草丛。

23. 中南蒿 | Artemisia simulans Pampanini

多年生草本。叶纸质，具假托叶。瘦果倒卵形。花果期8~11月。
产于神农架红坪，生于海拔2000~2500m的荒野草丛。

24. 侧蒿 ｜ **Artemisia deversa** Diels

多年生草本。叶薄纸质或纸质。瘦果小，长圆形或倒卵状长圆形。花果期8～10月。

产于神农架新华，生于海拔400～800m的山坡草丛。

25. 猪毛蒿 ｜ **Artemisia scoparia** Waldstein et Kitaibel 图169–189

多年生草本或近一二年生草本。植株有浓烈的香气。瘦果倒卵形或长圆形，褐色。花果期7～10月。

产于神农架竹溪，生于海拔400～800m的荒野草丛。

53. 蓍属**Achillea** Linnaeus

多年生草本。叶互生，羽状浅裂至全裂或不分裂而仅有锯齿。头状花序小，异型多花，排成伞房状花序；总苞片2～3层，边缘膜质；边花雌性，通常1层，舌状，盘花两性。瘦果小，腹背压扁，顶端截形，光滑，无冠状冠毛。

约200种。我国产10种，湖北产1种，神农架亦产。

云南蓍 ｜ **Achillea wilsoniana** (Heimerl ex Handel-Mazzetti) Heimerl
图169–190

多年生草本。叶互生，羽状浅裂至全裂或不分裂而仅有锯齿。头状花序小，排成伞房状花序，少单生；总苞片2～3层；花托凸起或圆锥状；边花雌性，1层，舌状，舌片比总苞短或等长，或超过总苞；盘花两性，花冠管状，5裂；花柱分枝顶端截形，画笔状；花药基部钝，顶端附片披针形。瘦果小，光滑，无冠状冠毛。

神农架有栽培。全草入药。

图169–189　猪毛蒿

图169–190　云南蓍

54. 春黄菊属**Anthemis** Linnaeus

多年生草本，稀为亚灌木。叶常为一至三回羽状深裂，有时仅有齿。头状花序异形，小，有短梗，排成稠密的伞房状花序；总苞片多数；缘花舌状，雌性而结实；盘花黄色，两性，结实。瘦果长圆形，强压扁，有明显边缘，顶端有冠毛。

约200种。我国产10种，湖北产1种，神农架亦产。

臭春黄菊 │ **Anthemis cotula** Linnaeus 图169-191

一年生草本。有臭味。叶全形卵状矩圆形，二回羽状全裂，小裂片狭条形，顶端短尖，有腺点，近无毛。头状花序单生于枝端，有长梗；总苞片矩圆形，顶端钝，边缘狭膜质；花托长圆锥形，下部小花无托片，托片条状钻形；舌状花舌片白色，椭圆形；管状花两性，5齿裂，基部翅状扩大。瘦果矩圆状陀螺形，有多数小瘤状凸起，无冠毛，但各条肋在顶部边缘形成圆齿状。花果期6～7月。

神农架官门山有栽培。全草入药。

55. 茼蒿属 Glebionis Cassini

一年生草本或常绿灌木。叶互生，羽状分裂或边缘锯齿。头状花序异型，单生于茎顶，或少数生于茎枝顶端；边缘雌花舌状；中央盘花两性管状；总苞宽杯状，总苞片、舌状花和两性花黄色。边缘舌状花瘦果有2～3条硬翅肋及明显或不明显的2～6条间肋；两性花瘦果有6～12条等距排列的肋，其中1条强烈凸起成硬翅状，或腹面及背面各有1条强烈凸起的肋，而其余诸肋不明显；无冠状冠毛。

约5种。我国产3种，湖北产1种，神农架亦产。

南茼蒿 │ **Glebionis segetum** (Linnaeus) Fourreau 图169-192

一年生草本。叶互生，羽状分裂或边缘锯齿。头状花序异型，单生于茎顶，或少数生于茎枝顶端；边缘雌花舌状，1层；中央盘花两性管状；总苞宽杯状，总苞片4层，硬草质；舌状花黄白色；两性花黄色，顶端5齿；花药基部钝；花柱分枝线形，顶端截形。瘦果有6～12条等距排列的肋，其中1条强烈凸起成硬翅状，或腹面及背面各有1条强烈凸起的肋，而其余诸肋不明显；无冠状冠毛。

神农架民间多有栽培。茎叶入药；花供观赏；嫩叶供蔬食。

图169-191 臭春黄菊　　　　　　　　　图169-192 南茼蒿

56. 火绒草属Leontopodium R. Brown ex Cassini

多年生草本或亚灌木，有时垫状。全株被白色、灰色或黄褐色绵毛或茸毛。叶互生，全缘，苞叶围绕花序开展，形成星状苞叶群。头状花序多数，排列成密集或较疏散的伞房花序，各有多数同形或异形的小花，或雌雄同株，即中央的小花雄性，外围的小花雌性，雌雄异株时，全部头状花序仅有雄性或雌性小花；总苞片中部草质，顶端及边缘褐色或黑色，膜质或几干膜质，外层总苞片被绵毛或柔毛。瘦果长圆形或椭圆形，稍扁，具冠毛。

约56种。我国产40余种，湖北产3种，神农架产2种。

分种检索表

1. 植株高达40cm以上，呈散生状··1. 薄雪火绒草L. japonicum
1. 植株高仅15cm，呈密集垫状··2. 火绒草属一种L. sp.

1. 薄雪火绒草 │ Leontopodium japonicum Miquel 图169-193

多年生草本。根状茎分枝稍长，有数个簇生的花茎和幼茎；茎直立，不分枝或有伞房状花序枝。叶狭披针形，或下部叶倒卵披针形；苞叶多数，较茎上部叶短小，卵圆形或长圆形，排列成疏散的苞叶群，或有长花序梗而开展成复苞叶群。总苞钟形或半球形，总苞片3层，顶端钝，无毛。花期6~9月。

神农架广布，生于山顶草丛、林缘及荒坡。花入药。

图169-193 薄雪火绒草

2. 火绒草属一种 │ Leontopodium sp. 图169-194

多年生草本。根出条在枝端簇生，当年生根出条全部被密集鳞状的叶或下部被稍疏而枯萎宿存的叶，并紧密聚集成垫状体。叶线状匙形，下部被灰白色厚茸毛；苞叶白色。头状花序排成伞房状；小花异形，在雌花序中心有1朵雄花，或雌雄异株；雄花花冠狭管状，雌花花冠丝状。冠毛白色。花期7~8月。

图169-194 火绒草属一种

产于神农架红坪（神农谷、金丝燕垭）、木鱼（老君山），生于海拔2800～3000m的山坡石缝中。

57. 鼠麴草属Gnaphalium Linnaeus

多年生草本。叶互生，全缘，无或具短柄。头状花序小，排列成聚伞花序或开展的圆锥状伞房花序；花异型，外围雌花多数，中央两性花少数，全部结实；总苞片2～4层，覆瓦状排列，金黄色、淡黄色或黄褐色，顶端膜质或几乎全部膜质，背面被绵毛。瘦果无毛或罕有疏短毛或有腺体，具冠毛。

约80种。我国产7种，湖北产1种，神农架亦产。

细叶鼠麴草 │ Gnaphalium japonicum Thunberg　图169-195

多年生草本。茎稍直立，不分枝，基部有细沟纹。基生叶在花期宿存，线状剑形或线状倒披针形，边缘多少反卷，上面绿色，下面白色，厚被白色绵毛，叶脉1条。头状花序少数，在枝端密集成球状，作复头状花序式排列；总苞近钟形，总苞片3层，带红褐色。瘦果纺锤状圆柱形，密被棒状腺体。花期1～5月。

产于神农架新华、木鱼、宋洛，生于山地阳坡草丛。全草入药。

图169-195　细叶鼠麴草

58. 香青属Anaphalis Candolle

多年生草本。被白色或灰白色绵毛或腺毛。叶互生，全缘，线形、长圆形或披针形。头状花序常多数排列成伞房或复伞房花序；有多数同型或异型的花，即外围有多层雌花而中央有少数或1朵雄花即两性不育花，或中央有多层雄花而外围有少数雌花或无雌花，仅雌花结果实；总苞钟状、半球状或球状，总苞片多层，上部常干膜质，白色、黄白色，稀红色。瘦果长圆形或近圆柱形。

80种。我国产50余种，湖北产4种，神农架均产。

分种检索表

1. 叶基不下延成翅。
  2. 叶线形至线状披针形，叶基部不沿茎下延成狭翅·············1. 珠光香青A. margaritacea
  2. 叶线形，基部宽大抱茎··························2. 旋叶香青A. contorta
1. 叶基沿茎下延成翅。
  3. 茎全部有较密的叶，单脉或离基三出脉·············3. 香青A. sinica
  3. 茎上部有较疏的叶，离基三至五出脉·············4. 黄腺香青A. aureopunctata

1. 珠光香青 | Anaphalis margaritacea (Linnaeus) Bentham et J. D. Hooker

分变种检索表

1. 叶具1条脉或边缘有2条不明显边脉。
  2. 叶线状披针形··········1a. 珠光香青A. margaritacea var. margaritacea
  2. 叶线形··········1b. 线叶珠光香青A. margaritacea var. angustifolia
1. 叶三或五出脉··········1c. 黄褐珠光香青A. margaritacea var. cinnamomea

1a. 珠光香青（原变种）Anaphalis margaritacea var. margaritacea 图169-196

多年生草本。根状茎横走或斜升，木质，具褐色鳞片的短匍枝。茎被灰白色绵毛，下部木质。头状花序极多数，在枝端密集成复伞房状；总苞宽钟状或半球状，总苞片5~7层，上部白色，外层长达总苞全长的1/3；花托蜂窝状；雌花细丝状。冠毛较花冠稍长。花果期8~11月。

神农架广布，生于海拔1800~2800m的山坡林下、草丛。

1b. 线叶珠光香青（变种）Anaphalis margaritacea var. angustifolia (Franchet et Savatier) Hayata 图169-197

多年生草本。本变种与原变种的主要区别：叶为线形。

产于神农架各地，生于海拔1800~2800m的山坡草丛中。

图169-196　珠光香青

图169-197　线叶珠光香青

1c. 黄褐珠光香青（变种）Anaphalis margaritacea var. cinnamomea (Candolle) Herder ex Maximowicz　图169-198

多年生草本。本变种与原变种的主要区别：叶具明显的三或五出脉，叶脉在背面明显凸起。

神农架广布，生于海拔1800~2800m的山坡草丛中。

2. 旋叶香青 | Anaphalis contorta (D. Don) J. D. Hooker　图169-199

多年生草本。根状茎木质，有单生或丛生的根出条及花茎。茎直立，下部有时脱毛或有被绵毛的腋芽，下部叶线形。头状花序极多数，在茎和枝端密集成复伞房状；总苞宽钟状，总苞片5~6层，外层浅黄褐色。瘦果长圆形；冠毛约与花冠等长。

神农架广布，生于海拔1800~3000m的山顶草丛。

图169-198　黄褐珠光香青

图169-199　旋叶香青

3. 香青 | Anaphalis sinica Hance　图169-200

多年生草本。根状茎细或粗壮，木质；茎直立，被白色或灰白色绵毛。下部叶在花期枯萎；中部叶长圆形。头状花序密集成复伞房状或多交复伞房状；总苞片6～7层；雄株的总苞片常较钝；雌株头状花序有多层雌花；冠毛常较花冠稍长。瘦果被小腺点。花期6～9月，果期8～10月。

神农架广布，生于海拔1800～2500m的山地灌草丛。

4. 黄腺香青 │ **Anaphalis aureopunctata** Lingelsheim et Borza

分变种检索表

1. 叶下面被蛛丝状毛或脱毛。
    2. 叶狭小，有离基三出脉或单脉·········· **4a.** 黄腺香青A. aureopunctata var. aureopunctata
    2. 叶较宽大，五出脉长达叶尖······ **4b.** 车前叶黄腺香青A. aureopunctata var. plantaginifolia
1. 叶下面被蛛丝状厚绵毛······················ **4c.** 绒毛黄腺香青A. aureopunctata var. tomentosa

4a. 黄腺香青（原变种）Anaphalis aureopunctata var. **aureopunctata** 图169-201

多年生草本。根状茎细或稍粗壮，有匍枝。茎被白色或灰白色蛛丝状绵毛。莲座状叶宽匙状椭圆形，下部渐狭成长柄，常被密绵毛；下部叶在花期枯萎，匙形或披针状椭圆形，有具翅的柄。头状花序多数密集成复伞房状；总苞片约5层，卵圆形，被绵毛；雌株头状花序有多数雌花，中央有3～4朵雄花；雄株头状花序全部有雄花或外围有3～4朵雌花。花期7～9月，果期9～10月。

产于神农架各地，生于海拔1800～2500m的山坡林下。

图169-200　香青

图169-201　黄腺香青

4b. 车前叶黄腺香青（变种）Anaphalis aureopunctata var. **plantaginifolia** F. H. Chen
图169-202

多年生草本。茎粗壮，被蛛丝状毛，下部常脱毛。下部及中部叶宽椭圆形，急狭成长柄，两面初被蛛丝状毛和具柄腺毛，后除下面沿脉外脱毛，有长达顶端的五出脉及侧脉；上部叶小，椭圆形至线状披针形，有三出脉或单脉。

产于神农架各地，生于海拔2000～3000m的山坡林下。

4c.　绒毛黄腺香青（变种）Anaphalis aureopunctata var. tomentosa Handel-Mazzetti　图169–203

多年生草本。茎粗壮，被蛛丝状毛。下部及中部叶宽椭圆形，匙状至披针状椭圆形，下部急狭成宽翅，长5～9cm，宽2～4cm，上面被蛛丝状毛及具柄头状腺毛，下面被白色或灰白色密绵毛及沿脉的锈色毛，有长达叶端的三出脉。总苞基部浅褐色。

产于神农架各地，生于海拔2000～3000m的山坡林下。

图169–202　车前叶黄腺香青　　　　　　　　图169–203　绒毛黄腺香青

59.　拟鼠麴草属Pseudognaphalium Kirpicznikov

一年生草本。茎被白色绵毛或绒毛。叶互生，全缘。头状花序小，排列成聚伞花序或开展的圆锥状伞房花序，顶生或腋生，异型，盘状；外围雌花多数，中央两性花少数，全部结实；总苞卵形或钟形，总苞片2～4层，覆瓦状排列，背面被绵毛；花冠黄色或淡黄色；雌花花冠丝状，顶端3～4齿裂；两性花花冠管状，檐部稍扩大，5浅裂；花药基部箭头形，有尾部；两性花花柱分枝近圆柱形，有乳头状凸起。冠毛1层。

近90种。我国产6种，湖北产4种，神农架均产。

> **分种检索表**
>
> 1. 总苞片为黄白色或亮褐色。
>   2. 小草本；叶仅具中脉 ···································· 3. 丝棉草 P. luteoalbum
>   2. 草本高达1m；叶具明显3脉 ···························· 4. 宽叶拟鼠麴草 P. adnatum
> 1. 总苞片为金黄色或黄色。
>   3. 叶匙状倒披针形或倒卵状匙形，基部渐狭成柄 ············· 1. 拟鼠麴草 P. affine
>   3. 叶线状披针形或基部无柄，抱茎 ······················· 2. 秋拟鼠麴草 P. hypoleucum

1. 拟鼠麹草 | Pseudognaphalium affine (D. Don) Anderberg 图169-204

粗壮草本。茎直立。基生叶花期凋落；中部及下部叶倒披针状长圆形或倒卵状长圆形；上部花序枝的叶小，线形，两面密被白色绵毛。头状花序，在茎上部排成大的伞房花序；总苞近球形，总苞片3~4层，淡黄色或黄白色；雌花多数，两性花较少。瘦果圆柱形，具乳头状凸起；冠毛白色。花期8~10月。

神农架广布，生于海拔400~1800m的林缘草丛中。全草入药；嫩叶可食。

2. 秋拟鼠麹草 | Pseudognaphalium hypoleucum (Candolle) Hilliard et B. L. Burtt 图169-205

一年生草本。茎直立，基部通常木质；上部有斜升的分枝，有沟纹。下部叶线形，无柄，上面有腺毛，下面厚被白色绵毛。头状花序，在枝端密集伞房花序；花黄色；总苞球形，总苞片4层，全部金黄色或黄色；雌花多且顶端3裂；两性花少且檐部5浅裂。瘦果卵形或卵圆柱形；冠毛绢毛状。花期8~12月。

产于神农架阳日（zdg 3463），生于海拔700~1500m的山坡草丛、溪边、田边荒地。全草入药。

图169-204 拟鼠麹草

图169-205 秋拟鼠麹草

3. 丝棉草 | Pseudognaphalium luteoalbum (Linnaeus) Hilliard et B. L. Burtt 图169-206

一年生草本。茎直立或基部倾斜，高10~40cm或更高，不分枝或基部罕有少数分枝。头状花序较多或较少；花淡黄色。瘦果圆柱形或倒卵状圆柱形，有乳头状凸起；冠毛粗糙，污白色。花期5~9月。

神农架广布，生于海拔600~1500m的林缘草丛中。全草入药。

4. 宽叶拟鼠麴草 | Pseudognaphalium adnatum (Candolle) Y. S. Chen
图169-207

多年生草本。茎高大直立，密被紧贴的白色绵毛。基生叶花期凋落；中部及下部叶倒披针状长圆形或倒卵状长圆形，叶柄下延抱茎，两面密被白色绵毛；上部花序枝的叶小，线形。头状花序在茎上部排成大的伞房花序；总苞近球形，总苞片3～4层，干膜质，淡黄色或黄白色。瘦果圆柱形；冠毛白色。花期8～10月。

产于神农架木鱼，生于山坡林缘。叶入药。

图169-206　丝棉草

图169-207　宽叶拟鼠麴草

60. 金盏花属Calendula Linnaeus

一年生或多年生草本。叶互生，全缘或具波状齿，单叶。头状花序顶生；总苞阔钟状或半球形，总苞片1～2层，披针形至线状披针形，顶端渐尖，边缘干膜质；花序具异形小花，外围的花雌性，舌状，结实，中央的小花两性，不育；花冠管状，檐部5浅裂。瘦果异形，外层的瘦果形状和结构与中央和内层的不同，秃净，无冠毛。

约20种。我国产1种，神农架亦产。

金盏花 | Calendula officinalis Linnaeus　图169-208

一年生或多年生草本。被腺状柔毛。叶互生，全缘或具波状齿。头状花序顶生，总苞钟状或半球形，总苞片1～2层，披针形至线状披针形，顶端渐尖；花序托平或凸起，无毛；外围的花雌性，舌状，2～3层，舌片顶端具3齿裂；花柱线形2裂；花药基部箭形，球形。瘦果2～3

图169-208　金盏花

层，异型，向内卷曲。

神农架广为栽培。花、根入药；花供观赏。

61. 天名精属Carpesium Linnaeus

多年生草本。茎直立，多有分枝；叶互生。头状花序顶生或腋生，通常下垂；苞片3~4层，干膜质或外层的草质，呈叶状；花黄色，异型，外围的雌性，结实，花冠筒状，顶端3~5齿裂；盘花两性，花冠筒状或上部扩大呈漏斗状，通常较大，5齿裂。瘦果细长，有纵条纹，先端收缩成喙状，顶端具软骨质环状物，无冠毛。

约20种。我国产16种，湖北产10种，神农架均产。

分种检索表

1. 外层总苞片草质或叶状，比内层苞片长或至少等长，常与苞叶无明显区别。
  2. 头状花序盘状或半球形，较大。
    3. 花冠无毛。
      4. 头状花序直径2.5~3.5cm ·············· **8. 大花金挖耳C. macrocephalum**
      4. 头状花序直径1~2 cm ·················· **1. 烟管头草C. cernuum**
    3. 花冠有毛 ············· **10. 棉毛尼泊尔天名精C. nepalense var. lanatum**
  2. 头状花序钟状，较小 ······················· **2. 暗花金挖耳C. triste**
1. 外层总苞片短，向内层逐渐增长，常与苞叶有明显区别。
  5. 花冠被稀疏的柔毛 ······················· **9. 金挖耳C. divaricatum**
  5. 花冠无毛。
    6. 头状花序较小，钟状，直径3~6mm，花序梗纤细。
      7. 下部茎叶椭圆形或椭圆状披针形，头状花序具长梗 ··· **6. 小花金挖耳C. minus**
      7. 下部茎叶卵圆形或卵状披针形，头状花序无梗或具短梗 ············
        ·· **7. 中日天名精C. faberi**
    6. 头状花序较大，卵球形或扁球形，直径6~8mm，花序梗较粗。
      8. 下部茎叶卵形，基部浅心形；外层苞片先端锐尖 ············
        ·· **3. 四川天名精C. szechuanense**
      8. 下部茎叶椭圆形或披针形，基部渐狭；外层苞片干膜质，先端钝。
        9. 下部茎叶长圆状披针形至披针形，近于无毛 ···· **4. 长叶天名精C. longifolium**
        9. 下部茎叶广椭圆形至长椭圆形，密被短柔毛 ··· **5. 天名精C. abrotanoides**

1. 烟管头草 | Carpesium cernuum Linnaeus   图169–209

多年生草本。茎下部密被白色长柔毛及卷曲的短柔毛。基部叶于开花前凋萎；茎下部叶较大，具长柄，叶片长椭圆形或匙状长椭圆形；中部叶椭圆形至长椭圆形，上部叶渐小，椭圆形至椭圆状披针形，近全缘。头状花序单生于茎端及枝端，开花时下垂；总苞壳斗状，苞片4层，外苞片叶状披针形。瘦果。

神农架广布，生于海拔400～1400m的山谷、林缘及路边。根及全草入药。

2. 暗花金挖耳 | **Carpesium triste** Maximowicz 图169–210

多年生草本。茎被开展的疏长柔毛，近基部及叶腋较稠密。基叶宿存或于开花前枯萎，具长柄，柄与叶片等长或更长。头状花序生于茎、枝端及上部叶腋；总苞钟状，苞片约4层，近等长；花冠筒部被疏柔毛。

神农架广布，生于海拔1500～2500m的山坡上部林下、溪边及山谷路边。全草入药。

图169–209　烟管头草

图169–210　暗花金挖耳

3. 四川天名精 | **Carpesium szechuanense** F. H. Chen et C. M. Hu 图169–211

多年生草本。根茎粗短，茎直立，圆柱形，具不明显的纵条纹。基部叶于开花前枯萎；茎下部及中部叶广卵形，基部心形或截形；上部叶椭圆形或椭圆状披针形，近全缘，具短柄或近无柄。头状花序穗状花序式排列，生于茎、枝端者具苞叶；苞叶2～4枚，大小不等，总苞半球形，苞片4层；雌花狭筒状，两性花筒状。

产于神农架木鱼、下谷坪、阳日、大九湖，生于海拔1400～2500m的山坡林缘及草丛中。全草入药。

4. 长叶天名精 | **Carpesium longifolium** F. H. Chen et C. M. Hu 图169–212

多年生草本。茎直立，圆柱形，基部木质，有明显纵条纹。基部叶于开花前枯萎；茎下部及中部叶椭圆形或椭圆状披针形；上部叶披针形至狭披针形，近全缘，具短柄或近无柄。头状花序穗状花序式排列，腋生者通常无苞叶；着生于茎、枝端者具苞叶，苞叶2～4枚，总苞半球形，苞片4层。

产于神农架宋洛，生于海拔1400～2000m的山地林下、灌丛。全草入药。

图169-211　四川天名精　　　　　　　　　　　图169-212　长叶天名精

5. 天名精 | Carpesium abrotanoides Linnaeus　图169-213

多年生草本。茎圆柱形，下部木质，有明显的纵条纹。茎下部叶广椭圆形或长椭圆形，先端钝或锐尖，密被短柔毛，边缘具不规整的钝齿。头状花序多数，生于茎端及沿茎、枝生于叶腋，成穗状花序式排列，着生于茎、枝端者具椭圆形或披针形的苞叶2～4枚；总苞钟球形，苞片3层。雌花狭筒状，两性花筒状。

神农架广布，生于海拔400～2000m的山地草丛及村边荒地。全草、果实入药。

6. 小花金挖耳 | Carpesium minus Hemsley　图169-214

多年生草本。茎下部叶椭圆形或椭圆状披针形，先端锐尖或钝，基部渐狭，上面深绿色，下面淡绿色，边缘中上部有不明显的疏锯齿，齿端有腺体；上部叶较小，披针形或条状披针形，近全缘，具短柄或无柄。头状花序单生于茎枝顶端，具长柄，直立或下垂；苞叶2～4枚，2枚较大，条状披针形，苞片3～4层，外层较短，卵形至卵状披针形，内层条状披针形。

产于神农架红坪（阴峪河），生于海拔600～800m的溪边阴湿的灌丛下。全草用于治蛇伤。

图169-213　天名精　　　　　　　　　　　　图169-214　小花金挖耳

7. 中日天名精 | Carpesium faberi C. Winkler　图169-215

多年生草本。基部叶于开花前枯萎；茎下部叶卵形至卵状披针形，先端渐尖，基部阔楔形或近圆形，稍下延，边缘具疏齿，两面被柔毛，上部由于叶基下延而具狭翅；中部叶披针形，上部叶渐变小，披针形至条状披针形，近全缘。头状花序多数，生于茎、枝端及生于下部枝条的叶腋，几无梗；苞片2～3枚，椭圆形至椭圆状披针形，总苞钟状。

产于神农架下谷、松柏、新华、红坪，生于海拔400～600m的溪边旷地及林缘湿地。全草入药。

图169-215　中日天名精

8. 大花金挖耳 | Carpesium macrocephalum Franchet et Savatier　图169-216

多年生草本。茎被卷曲短柔毛。茎叶于花前枯萎；茎下部叶大，叶柄具狭翅，叶片广卵形至椭圆形；中部叶椭圆形至倒卵状椭圆形，先端锐尖，中部以下收缩渐狭，无柄，基部略呈耳状，半抱茎；上部叶长圆状披针形，两端渐狭。头状花序单生于茎端及枝端，开花时下垂；苞叶多枚，椭圆形至披针形，叶状，边缘有锯齿，总苞盘状；两性花筒状，白色。

产于神农架红坪（刘家屋场），生于海拔1800～2000m的路边。全草入药。

9. 金挖耳 | Carpesium divaricatum Siebold et Zuccarini　图169-217

多年生草本。叶互生，茎下部叶大，卵状长圆形，边缘有不整齐锯齿；茎上部叶小，愈上则愈小，披针形，几乎全缘。头状花序，单生于茎端或分枝的顶端，下垂；总苞扁球形，外层苞片长披针形，内层苞片膜质，椭圆状披针形；全部管状花，黄色，外围数层为雌性花，中央为两性花。瘦果细长，无冠毛。花期秋季。

神农架广布，生于海拔600~1000m的山坡林下及旷地。根及全草入药。

图169-216 大花金挖耳

图169-217 金挖耳

10. 棉毛尼泊尔天名精 | Carpesium nepalense var. lanatum (J. D. Hooker et Thomson ex C. B. Clarke) Kitamura 图169-218

多年生草本。茎被稀薄绵毛。茎下部叶卵形至卵状椭圆形，基部圆形或心形；中部叶椭圆形或椭圆状披针形；上部叶渐小，披针形，先端渐尖，基部楔形，几无柄。头状花序单生于茎、枝端，开花时下垂；苞叶4~6枚，椭圆形或披针形，大小不等；总苞盘状，苞片4层，外层草质，披针形，中层干膜质，先端稍带绿色，内层干膜质，先端有不规整的小齿。

产于神农架九湖乡坪阡至东溪公路一线，生于海拔1200~1400m的路边草丛中。全草入药。

62. 旋覆花属Inula Linnaeus

多年生草本。叶互生或仅生于茎基部。头状花序多数，雌雄同株；中央有多数两性花；总苞片多层，覆瓦状排列，内层常狭窄，干膜质；最外层有时较长大，叶质；花托平或稍凸起，有蜂窝状孔或浅窝孔，无托片；花药上端

图169-218 棉毛尼泊尔天名精

圆形或稍尖，有细长渐尖的尾部。瘦果近圆柱形，有4～5个多少显明的棱或更多的纵肋或细沟；冠毛1～2层，稀较多层。

约100种。我国产14种，湖北产5种，神农架产4种。

1. 旋覆花 │ Inula japonica Thunberg　图169-219

多年生草本。根状茎短。茎直立，单生或2～3个簇生。基部叶长椭圆形或披针形；中部叶长椭圆形；中脉和侧脉被较密的长柔毛；上部叶渐小。头状花序1～5个，生于茎端或枝端；总苞半球形；总苞片4～5层，外层线状披针形，基部稍宽；舌状花舌片线形，黄色。瘦果圆柱形；冠毛1层，白色。花期7～9月。

产于神农架低海拔山区，生于海拔400～1000m的土边、路旁。全草或花序入药；花供观赏。

2. 湖北旋覆花 │ Inula hupehensis (Y. Ling) Y. Ling　图169-220

多年生草本。叶较大，倒卵圆状椭圆形至匙形，下部渐狭成具翅的叶柄，在头状花序下有小型的苞叶。头状花序直径2～3cm，常无花序梗；总苞半球形，总苞片多层，线状长圆形，顶端紫色；舌状花黄色。瘦果长圆形，有10～12条纵肋，无毛；冠毛红褐色。

产于九湖乡，生于海拔2500m的湿地草丛中。花序全草入药；花供观赏。

图169-219　旋覆花

图169-220　湖北旋覆花

3. 线叶旋覆花 | Inula linariifolia Turczaninow　图169-221

多年生草本。叶稍密生，基生叶及茎下部叶线状披针形，基部渐狭成柄，半抱茎；茎中部叶线状披针形或线形；茎上部叶向上渐小，无柄，锐尖。头状花序小，多数排列成伞房状聚伞花序；总苞半球形，总苞片4层，覆瓦状排列，直立，有时反卷，外层较短，中、内层近等长，线状披针形。瘦果圆筒形，具10条纵肋。花期7~8月，果期8~9月。

产于神农架红坪，生于海拔1000~1800m的荒草地中。以干燥根入药；花供观赏。

4. 总状土木香 | Inula racemosa J. D. Hooker　图169-222

多年生草本。全株被毛。茎直立，有纵沟纹。基生叶丛生，具长柄，边缘有锯齿，上面粗糙，下面密被绒毛。茎生叶较小，近无柄，叶片长圆形；上部叶基部抱茎。头状花序排成总状，总苞片4~5层；边缘为舌状花，黄色，中央为管状花。冠毛浅黄色，呈放射状。

神农架有栽培。根入药；花供观赏。

图169-221　线叶旋覆花　　　　　　　　图169-222　总状土木香

63. 万寿菊属Tagetes Linnaeus

一年生草本。茎直立，有分枝，无毛。叶通常对生，少有互生，羽状分裂，具油腺点。花序单生，少有排列成聚伞花序，花托圆柱形或杯形；总苞片1层，几全部连合成管状或杯状，有半透明的油点；舌状花1层，雌性；管状花两性，全部结实。瘦果线形或线状长圆形，具棱；冠毛具鳞片或刚毛，连合或多少离生。

约40种。我国产2种，湖北产1种，神农架亦产。

万寿菊 | Tagetes erecta Linnaeus　图169-223

一年生草本。茎直立，粗壮，具纵细条棱。叶羽状分裂，裂片长椭圆形或披针形，边缘具锐锯齿，上部叶裂片的齿端有长细芒。头状花序单生，花序梗顶端棍棒状膨大；总苞片杯状，顶端具齿尖；舌状花黄色或暗橙色，舌片倒卵形，基部收缩成长爪，顶端微弯缺；管状花花冠黄色。瘦果线形，黑色或褐色。

神农架多有栽培。花序、叶入药；花供观赏。

64. 秋英属Cosmos Cavanilles

一年或多年生草本。茎直立。叶对生，全缘，二次羽状分裂。头状花序较大，单生或排列成疏伞房状，各有多数异型的小花，外围有1层无性的舌状花，中央有多数结果实的两性花；总苞近半球形，总苞片2层，基部联合，顶端尖；舌状花舌片大，全缘或近顶端齿裂。瘦果狭长，有4～5棱，背面稍平，有长喙，顶端有2～4枚具倒刺毛的芒刺。

约25种。我国产2种，湖北产1种，神农架亦产。

秋英 │ Cosmos bipinnatus Cavanilles　图169-224

一年生或多年生草本。根纺锤状，多须根。茎无毛或稍被柔毛。叶二次羽状深裂，裂片线形或丝状线形。头状花序单生；总苞片外层披针形或线状披针形，近革质，淡绿色，具深紫色条纹；舌状花紫红色、粉红色或白色，舌片椭圆状倒卵形；管状花黄色。瘦果黑紫色，无毛，上端具长喙，有2～3枚尖刺。花期6～8月，果期9～10月。

神农架多有栽培。花序、种子或全草入药；花供观赏。

图169-223　万寿菊　　　　　　　图169-224　秋英

65. 大丽花属Dahlia Cavanilles

多年生草本。有块根。叶对生，一至三回羽状复叶。头状花序异型，放射状，具长柄；总苞片2列；盘花两性而结实，黄色；缘花舌状，中性或雌性，红色、紫色或白色。瘦果压扁，冠毛缺或为不明显的小齿。

约15种。我国产1种，神农架亦产。

大丽花 │ Dahlia pinnata Cavanilles　图169-225

多年生草本。茎直立，粗壮。叶互生，一至三回羽状分裂。头状花序大，有长花序梗，外围有无性或雌性小花，中央有多数两性花；总苞半球形，总苞片2层；花托平，半抱雌花；无性花或雌花舌状，舌片全缘或先端有3齿；两性花管状；花柱分枝顶端有线形或长披针形而且具硬毛的长附器。瘦果长圆形或披针形。

神农架有栽培。根入药；花供观赏。

66. 鬼针草属Bidens Linnaeu

一年生或多年生草本。茎通常有纵条纹。叶对生或有时在茎上部互生。总苞钟状或近半球形，苞片通常1～2层，基部常合生，外层草质，短或伸长为叶状，内层通常膜质，近扁平，干膜质。花杂性；盘花筒状，两性，可育，冠筒壶状，整齐，4～5裂；花柱分枝扁，被细毛。瘦果扁平或具4棱，有芒刺2～4枚，其上有倒刺状刚毛，果体褐色或黑色，光滑或有刚毛。

230余种。我国产10种，湖北产6种，神农架均产。

图169-225　大丽花

分种检索表

1. 瘦果较宽，楔形或倒卵状楔形，顶端截形。
  2. 茎中部叶为羽状复叶；盘花花冠5裂·····················1. 大狼杷草B. frondosa
  2. 茎中部叶羽状深裂；盘花花冠4裂······················2. 狼杷草B. tripartita
1. 瘦果条形，先端渐狭。
  3. 瘦果顶端芒刺2枚，盘花花冠4裂·····················4. 小花鬼针草B. parviflora
  3. 瘦果顶端芒刺3～4枚，盘花花冠5裂。
    4. 叶为三出复叶；总苞外层苞片匙形；舌状花白色或无舌状花········3. 鬼针草B. pilos
    4. 叶二至三回羽状分裂，两面被柔毛；总苞外层苞片披针形；舌状花黄色。
      5. 顶生裂片卵形，先端短渐尖，边缘具密而均匀的锯齿······5. 金盏银盘B. biternata
      5. 顶生裂片狭窄，先端渐尖，边缘具不整齐的稀疏锯齿······6. 婆婆针B. bipinnata

1. 大狼杷草 │ Bidens frondosa Linnaeus　　图169-226

一年生草本。茎直立，分枝，被疏毛或无毛，常带紫色。叶对生，具柄，为一回羽状复叶，披针形，边缘有粗锯齿，常背面被稀疏短柔毛。头状花序单生于茎端和枝端；总苞钟状或半球形，外层苞片披针形或匙状倒披针形，内层苞片长圆形。瘦果扁平，狭楔形，顶端芒刺2枚，有倒刺毛。

神农架低海拔地区广布，生于田间或水沟边湿润处。全草入药。

2. 狼杷草 | **Bidens tripartita** Linnaeus　图169-227

一年生草本。茎圆柱状或具钝棱而稍呈四方形，绿色或带紫色。叶对生，不分裂，边缘具锯齿；中部叶具柄，有狭翅；上部叶较小，披针形，三裂或不分裂。头状花序单生于茎端及枝端，具较长花序梗；总苞盘状，外层苞片条形或匙状倒披针形，内层苞片长椭圆形或卵状披针形。瘦果扁，楔形或倒卵状楔形。

神农架广布，生于海拔400~800m的田路边荒野及水边湿地。全草、根入药。

图169-226　大狼杷草　　　　　　　　　　　图169-227　狼杷草

3. 鬼针草 | **Bidens pilosa** Linnaeus　图169-228

一年生草本。茎直立，钝四棱形，无毛或上部被极稀疏的柔毛。茎下部叶3裂或不分裂；中部叶具无翅的柄，小叶3枚，很少为具5（~7）小叶的羽状复叶，两侧小叶椭圆形或卵状椭圆形。总苞基部被短柔毛，苞片7~8枚，条状匙形，边缘疏被短柔毛或无毛；无舌状花，盘花筒状，冠檐5齿裂。瘦果黑色，具倒刺毛。

神农架低海拔地区广布，生于山坡荒地及村边。全草入药。

图169-228　鬼针草

4. 小花鬼针草 | **Bidens parviflora** Willdenow　图169-229

一年生草本。叶对生，有长柄，叶片为二至三回羽状全裂，裂片条形或条状披针形，有齿或全缘，疏生细毛或无毛。头状花序，有细长梗；总苞片2~3层，黄褐色，外层绿色短小，内层膜质较长；花黄色，筒状，先端4裂。瘦果条形有4棱，先端有刺状刚毛2枚。

神农架低海拔地区广布，生于路边湿润处。全草入药。

5. 金盏银盘 | **Bidens biternata** (Loureiro) Merrill et Sherff　图169–230

一年生草本。茎直立，略具4棱，无毛或被稀疏卷曲的短柔毛。叶为一回羽状复叶，顶生小叶卵形至长圆状卵形或卵状披针形，边缘具稍密且近于均匀的锯齿。总苞基部有短柔毛，外层苞片8~10枚，条形，内层苞片长椭圆形或长圆状披针形；舌状花通常3~5朵，舌片淡黄色。瘦果条形，黑色，4棱，具倒刺毛。

产于神农架各地，生于海拔400~1500m的山坡荒草地、村边。全草药用。

图169–229　小花鬼针草　　　　　　图169–230　金盏银盘

6. 婆婆针 | **Bidens bipinnata** Linnaeus　图169–231

一年生草本。茎下部叶通常在开花前枯萎；中部叶三出，小叶3枚，很少为具5（~7）小叶的羽状复叶，两侧小叶椭圆形或卵状椭圆形，上部叶小，3裂或不分裂，条状披针形。头状花序总苞苞片7~8枚，外层托片披针形，干膜质，背面褐色，具黄色边缘，内层较狭，条状披针形；无舌状花，盘花筒状。瘦果黑色，条形，略扁，具棱，上部具稀疏瘤状凸起及刚毛，顶端芒刺3~4枚。

神农架低海拔地区广布，生于山坡荒地及村边。全草入药。

67. 金鸡菊属Coreopsis Linnaeus

一年或多年生草本。叶对生或上部叶互生，全缘或一次羽状分裂。头状花序较大，有长花序梗，各有多数异型的小花，外层有1层无性或雌性结果实的舌状花，中央有多数结实的两性管状花；总苞半球形，总苞片2层；舌状花的舌片黄色，中性，盘花两性，结实。瘦果扁，边缘有翅或无翅，顶端截形，或有2枚尖齿或2枚小鳞片或芒。

约15种。我国产1种，神农架亦产。

剑叶金鸡菊 | **Coreopsis lanceolata** Linnaeus　图169–232

多年生草本。有纺锤状根。叶片匙形或线状倒披针形，茎上部叶少数，全缘或三深裂，裂片长圆形或线状披针形，顶裂片较大，上部叶无柄，线形或线状披针形。头状花序在茎端单生；总苞片内外层近等长，披针形；舌状花黄色，舌片倒卵形或楔形，管状花狭钟形。瘦果圆形或椭圆形，边缘有宽翅，顶端有2枚短鳞片。

原产于北美洲，神农架有栽培。全草入药；花供观赏。

图169-231　婆婆针

图169-232　剑叶金鸡菊

68.　百日菊属 Zinnia Linnaeus

一年或多年生草本。叶对生，全缘，无柄。头状花序小或大，辐射状，单生于茎顶或二歧式分枝枝端，外围有1层雌花，中央有多数两性花；总苞钟状或狭钟状，总苞片3至多层，覆瓦状，宽大；雌花舌状，舌片开展；两性花管状，顶端5浅裂；花柱分枝顶端尖或近截形；雌花瘦果扁三棱形；雄花瘦果扁平或外层的三棱形。冠毛有1~3枚芒或无冠毛。

约17种。我国栽培有3种，湖北栽培1种，神农架亦有栽培。

百日菊 ｜ *Zinnia elegans* Jacquin　图169-233

一年生草本。茎直立，被糙毛或长硬毛。叶宽卵圆形或长圆状椭圆形，两面粗糙，下面被密的短糙毛，基出三脉。头状花序单生于枝端，总苞宽钟状；总苞片多层，宽卵形或卵状椭圆形；舌状花深红色、玫瑰色、紫堇色或白色，舌片倒卵圆形，先端2~3齿裂或全缘；管状花黄色或橙色，上面被黄褐色密茸毛。雌花瘦果倒卵圆形，管状花瘦果倒卵状楔形。花期6~9月，果期7~10月。

神农架有栽培。全草入药；花供观赏。

图169-233　百日菊

69. 牛膝菊属 Galinsoga Ruiz et Pavon

一年生草本。叶对生。头状花序小，具柄，近顶生和腋生，异型，放射状；舌状花少数，雌性，1列，舌片白色；盘花两性，管状，5裂；总苞片少数，1~2列；花序托圆锥状或伸长，有托片。瘦果有角，顶冠以全缘或睫毛状的鳞片。

约5种。我国产2种，湖北产1种，神农架亦产。

牛膝菊 | Galinsoga parviflora
Cavanilles 图169-234

一年生草本。叶对生，全缘或有锯齿。头状花序小，放射状，顶生或腋生，多数头状花序在茎枝顶端排成疏松的伞房花序；雌花1层，舌状，白色；盘花两性，黄色；总苞宽钟状或半球形，卵形或卵圆形；花托圆锥状或伸长。瘦果有棱；管状花瘦果冠毛膜片状，舌状花瘦果冠毛毛状。

在神农架逸生，生于海拔400~1400m的荒地及路边。全草入药。

图169-234　牛膝菊

70. 豨莶属 Sigesbeckia Linnaeus

一年生草本。叶对生，边缘有锯齿。头状花序小，排列成疏散的圆锥花序，有多数异型小花，外围有1~2层雌性舌状花，中央有多数两性管状花，全结实或有时中心的两性花不育；总苞片2层，背面被头状具柄的腺毛；雌花花冠舌状，舌片顶端3浅裂；两性花花冠管状，顶端5裂。瘦果倒卵状四棱形或长圆状四棱形，顶端截形，黑褐色，无冠毛，外层瘦果通常内弯。

约4种。我国产3种，神农架均产。

分种检索表

1. 花梗和枝上部无紫褐色头状具柄的腺毛和长柔毛。
　　2. 花梗和枝上部密生短柔毛；叶边缘有不规则的浅裂或粗齿················1. 豨莶S. orientalis
　　2. 花梗和枝上部疏生短柔毛；叶边缘有规则的齿或全缘················2. 毛梗豨莶S. glabrescens
1. 花梗和分枝的上部被紫褐色头状具柄的密腺毛和长柔毛··············3. 腺梗豨莶S. pubescens

1. 豨莶 | Sigesbeckia orientalis Linnaeus 图169-235

一年生草本。茎直立，上部分枝常成复二歧状，全部分枝被灰白色短柔毛。中部叶三角状卵圆形或卵状披针形，基部阔楔形，边缘有规则的浅裂或粗齿；上部叶卵状长圆形，边缘浅波状或全缘。头状花序多聚生于枝端；总苞阔钟状；总苞片2层。瘦果倒卵圆形，4棱，顶端有灰褐色环状凸出。花期4～9月。

神农架广布，生于海拔400～2000m的荒地、田野及林下。全草药用。

2. 毛梗豨莶 │ Sigesbeckia glabrescens (Makino) Makino　图169-236

一年生草本。茎直立，较细弱，被平伏短柔毛。基部叶花期枯萎；中部叶卵圆形、三角状卵圆形或卵状披针形，基部阔楔形或钝圆形，边缘有规则的齿；上部叶卵状披针形，边缘有疏齿或全缘。总苞钟状，总苞片2层，背面密被紫褐色头状有柄的腺毛。瘦果倒卵圆形，4棱。花期4～9月。果期6～11月。

神农架广布，生于海拔400～2000m的荒地、田野及林下。全草入药。

图169-235　豨莶

图169-236　毛梗豨莶

3. 腺梗豨莶 │ Sigesbeckia pubescens (Makino) Makino　图169-237

一年生草本。茎直立，粗壮，被开展的灰白色长柔毛和糙毛。基部叶卵状披针形，花期枯萎；中部叶卵圆形或卵形，开展，基部阔楔形，边缘有头状规则或不规则的齿；上部叶披针形或卵状披针形；全部叶上面深绿色，下面淡绿色，沿脉有长柔毛。总苞宽钟状，总苞片2层，外层线状匙形或宽线形。瘦果倒卵圆形。

神农架广布，生于海拔400～1500m的山坡草丛、疏林及旷野。全草入药。

图169-237　腺梗豨莶

71. 鳢肠属Eclipta Linnaeus

一年生草本。茎匍匐状，被粗毛。叶对生，全缘或稍有齿缺。头状花序小，异型，放射状，腋生和顶生，具柄；缘花舌状，白色，雌性，2列；盘花管状，两性，极多数，总苞钟形，有苞片数枚。瘦果压扁，顶部全缘或有2枚芒刺，无冠毛。

4种。我国产1种，神农架亦产。

鳢肠 | Eclipta prostrata (Linnaeus) Linnaeus 图169-238

一年生草本。叶对生，全缘或具齿。头状花序小，常生于枝端或叶腋，放射状；总苞钟状，总苞片2层；花托凸起，披针形或线形；外围的雌花2层，花冠舌状白色，开展，舌片短而狭，全缘或2齿裂；中央的两性花多数，顶端具4齿裂，花药基部具极短2浅裂；花柱分枝扁。瘦果三角形或扁四角形。

神农架广布，生于海拔400～1500m的田边、路边阴湿地。全草药用。

72. 孪花菊属Wollastonia Candolle ex Decaisne

多年生草本。叶对生，具齿，稀全缘。头状花序辐射状，腋生或顶生，异型，黄色。边缘花舌状，1列，雌性，舌片长开展，顶端2～3齿裂；中央两性花管状，顶端5浅裂；总苞2层，覆瓦状，外层叶质；花序托平或凸，托片折叠，包裹两性小花；花药基部戟形；两性花花柱分枝有多数乳头状凸起。瘦果倒卵形或楔状长圆形，压扁，或舌状花瘦果三棱形；无冠毛或退化为有齿或无齿的冠毛环。

2种。我国全有，湖北产1种，神农架亦产。

山蟛蜞菊 | Wollastonia montana (Blume) Candolle 图169-239

多年生草本。叶片卵形或卵状披针形，近基出三脉，上部叶小，披针形。头状花序通常单生于叶腋和茎顶；总苞钟形，总苞片2层，外层绿色，叶质，长圆形，内层长圆形至披针形；舌状花1层，黄色，舌片长圆形；管状花向上端渐扩大。瘦果倒卵状三棱形，红褐色而具白色疣状凸起，冠毛短刺芒状，生于冠毛环上。花期4～10月。

产于神农架下谷，生于海拔400m的溪边湿地灌丛中。全草药用。

图169-238　鳢肠

图169-239　山蟛蜞菊

73. 金光菊属Rudbeckia C. C. Chang ex C. Shih

多年生草本。叶互生，稀对生，全缘或羽状分裂。头状花序大或较大，有多数异型小花，周围有1层不结实的舌状花，中央有多数结实的两性花；舌状花黄色，管状花黄色或黑色。瘦果具4棱或近圆柱形；冠毛短冠状或无冠毛。

45种。我国栽培10余种，湖北2种，神农架均产。

分种检索表

1. 叶不分裂···1. 黑心菊R. hirta
1. 叶羽状或大头羽状分裂···2. 金光菊R. laciniata

1. 黑心菊 | Rudbeckia hirta Linnaeus　图169-240

多年生草本。全株被粗刺毛。单叶不分裂。头状花序直径5~7cm；舌状花鲜黄色；管状花暗黑色或暗紫色。瘦果四棱形，无冠毛。

原产于北美，我国各地庭园常见栽培，神农架也有栽培。花供观赏。

2. 金光菊 | Rudbeckia laciniata Linnaeus　图169-241

多年生草本。叶互生，羽状5~7深裂。头状花序单生于枝端，直径7~12 cm；舌状花金黄色；管状花黄色或黄绿色。瘦果无毛，稍有4棱，顶端有具4齿的小冠。花期7~10月。

原产于北美，神农架也有栽培。叶可入药；花供观赏。

图169-240　黑心菊

图169-241　金光菊

74. 向日葵属Helianthus Linnaeus

一年或多年生草本，通常高大，被短糙毛或白色硬毛。叶对生，或上部全部互生，有柄，常有离基三出脉。头状花序大，各有多数异型的小花，外围有1层无性的舌状花；花托平或稍凸起，托片折叠，包围两性花；舌状花的舌片开展，黄色；管状花的管部短，上部钟状，有5裂片。瘦果稍扁或有4厚棱；冠毛膜片状，具2芒，有时附有2～4枚较短的芒刺，脱落。

约100种。我国产3种，湖北产2种，神农架均产。

分种检索表

1. 一年生草本；花序极大，管状花棕色或紫色 ………………………………… 1. 向日葵H. annuus

1. 多年生草本；有块状地下茎；头状花序较小，管状花黄色 ……………… 2. 菊芋H. tuberosus

1. 向日葵 │ Helianthus annuus Linnaeus　图169-242

一年生高大草本。茎直立，粗壮，被白色粗硬毛。叶互生，心状卵圆形或卵圆形，顶端急尖或渐尖，有三基出脉，边缘有粗锯齿，两面被短糙毛。头状花序极大，单生于茎端或枝端，常下倾；总苞片多层，卵形至卵状披针形；舌状花黄色、舌片开展，长圆状卵形或长圆形。瘦果倒卵形或卵状长圆形。

神农架广为栽培。全珠入药；瘦果可食或供榨油。

2. 菊芋 │ Helianthus tuberosus Linnaeus　图169-243

多年生直立草本。茎直立，被白色短糙毛或刚毛。叶通常对生，有叶柄，但上部叶互生；下部叶卵圆形或卵状椭圆形，基部宽楔形或圆形，边缘有粗锯齿；上部叶长椭圆形至阔披针形，基部渐狭。头状花序较大，单生于枝端；总苞片多层，披针形；舌状花舌片黄色，开展，长椭圆形；管状花花冠黄色。瘦果小，楔形。

神农架多有栽培。块根入药，亦可作蔬菜。

图169-242　向日葵

图169-243　菊芋

75. 苍耳属Xanthium Linnaeus

一年生草本。根纺锤状或分枝。茎直立，有时具刺。叶互生，全缘或多少分裂。头状花序单性，雌雄同株，在叶腋单生或密集成穗状，或成束聚生于茎枝的顶端；雄头状花序着生于茎枝的上端，球形；总苞宽半球形，总苞片1~2层，分离，椭圆状披针形；花托柱状，托片披针形；雌花无花冠，裂片线形，具伸出总苞的喙。瘦果2枚，倒卵形，藏于总苞内，无冠毛。

25种。我国产3种，湖北产2种，神农架产1种。

苍耳 ｜ Xanthium strumarium Linnaeus　图169–244

一年生草本。茎直立，被灰白色糙伏毛。叶三角状卵形或心形，近全缘，或有3~5枚不明显浅裂，顶端尖或钝，基部稍心形或截形。雄性的头状花序球形，雌性的头状花序椭圆形；外层总苞片小，披针形，内层总苞片结合成囊状，宽卵形或椭圆形，绿色，在瘦果成熟时变坚硬，外面有疏生的具钩状的刺，喙坚硬，锥形，上端略呈镰刀状。瘦果2枚，倒卵形。花期7~8月，果期9~10月。

神农架广布，生于海拔400~2500m的荒地、屋边及田间。全株入药。

76. 下田菊属Adenostemma J. R. Forster et G. Forster

一年生草本。叶对生，三出脉，边缘有锯齿。头状花序排列成伞房状圆锥花序。总苞钟状或半球形，总苞片草质，2层，近等长，分离或结合；花全部为结实的两性花；花冠白色，管状，辐射对称，有短管部；檐部钟状，顶端有5枚裂齿。瘦果顶端钝圆；冠毛毛状，坚硬，棒槌状，果期分叉。

20种。我国产1种，神农架亦有。

下田菊 ｜ Adenostemma lavenia (Linn.) Kuntze　图169–245

一年生草本。叶对生，三出脉，边缘有锯齿。头状花序排列成伞房状或伞房状圆锥花序，总苞钟状或半球形；总苞片2层，近等长，分离或全部结合；全部为结实的两性花；花冠白色，管状，辐射对称。瘦果顶端钝圆，3~5棱；冠毛毛状，3~5枚，坚硬，果期分叉，基部结合成短环状。

产于神农架各地，生于海拔400~1600m的水沟边和林缘阴湿地。全草药用。

图169–244　苍耳

图169–245　下田菊

77. 藿香蓟属Ageratum Linnaeus

　　一年生或多年生草本。叶对生或上部叶互生。头状花序小，同型，有多数小花，在茎枝顶端排成紧密伞房状花序；总苞钟状，总苞片2～3层，线形，草质，不等长；花全部管状，檐部顶端有5齿裂。瘦果有5纵棱；冠毛膜片状或鳞片状，5枚，急尖或长芒状渐尖，分离或联合成短冠状。

　　30余种。我国产2种，湖北产1种，神农架亦产。

藿香蓟 ｜ Ageratum conyzoides Linnaeus　　图169-246

　　一年生草本。全部茎、枝被毛。叶对生，有时上部互生，中部茎叶卵形或椭圆形，向上渐小，两面被白色稀疏的短柔毛且有黄色腺点。头状花序在茎顶排成伞房状花序；总苞钟状或半球形，总苞片2层，外面无毛，边缘撕裂；花冠檐部5裂，淡紫色。瘦果黑褐色，5棱，有白色稀疏细柔毛；冠毛顶端急狭或渐狭成长或短芒状。花果期几乎全年。

　　在神农架逸生于荒地中。全草入药。

图169-246　藿香蓟

78. 泽兰属 Eupatorium Linnaeus

多年生草本。叶对生，少有互生，具锯齿或3裂。头状花序在茎枝顶端排成复伞房花序或单生于长花序梗上；花两性，管状，结实，花多数，少有1~4朵；总苞长圆形、卵形、钟形或半球形，总苞片多层或1~2层，覆瓦状排列，外层渐小或全部苞片近等长；花紫红色或白色；花冠钟状，顶端5裂或5齿。瘦果5棱，顶端截形；冠毛多数，刚毛状，1层。

600种。我国产14种，湖北产6种，神农架均产。

1. 佩兰 | Eupatorium fortunei Turczaninow　图169-247

多年生草本。根茎横走，淡红褐色。茎直立，绿色或红紫色，分枝少或仅在茎端有伞房状花序分枝。全部茎叶两面光滑，边缘有粗齿或不规则的细齿。头状花序多数在茎顶及枝端排成复伞房花序；总苞钟状，总苞片2~3层，覆瓦状排列，长椭圆形；花白色或带微红色。瘦果黑褐色。花果期7~11月。

产于神农架新华、松柏、阳日，生于海拔600~1400m的山坡林下或草丛。全草药用。

图169-247　佩兰　　　　　　　　　　　图169-248　林泽兰

2. 林泽兰 | **Eupatorium lindleyanum** Candolle 图169-248

多年生草本。茎直立，下部及中部红色或淡紫红色。全部茎枝被稠密的白色长或短柔毛，茎叶基出三脉，边缘有深或浅犬齿，无柄或几乎无柄。头状花序多数在茎顶或枝端排成紧密的伞房花序，紫色；总苞钟状，含5朵小花，苞片绿色或紫红色；花白色、粉红色或淡紫红色，外面散生黄色腺点。花果期5～12月。

产于神农架新华、阳日，生于海拔400～1500m的山谷阴处湿地或林下湿地。枝叶入药。

3. 南川泽兰 | **Eupatorium nanchuanense** Y. Ling et C. Shih 图169-249

多年生草本。根状茎横走。地上茎直立，茎枝被皱波状白色短柔毛。叶不规则对生，叶腋处常有发育的叶芽；叶上面深绿色，下面色淡，两面被稀疏的白色短毛和黄色腺点。头状花序在茎枝顶端排成复伞房花序；总苞片3层，全部苞片顶端圆形，染紫红色；花白色或带红色，外被稀疏黄色小腺点。花果期6～7月。

产于神农架木鱼，生于海拔1500～1800m的山坡悬崖石上。枝叶入药。

4. 多须公 | **Eupatorium chinense** Linnaeus 图169-250

多年生草本。茎草质，基部、下部或中部以下茎木质。全部茎枝被污白色短柔毛。叶对生，无柄或几无柄；中部茎叶卵形、宽卵形，羽状脉3～7对，被白色短柔毛及黄色腺点；茎叶边缘有规则的圆锯齿。头状花序在茎顶及枝端排成大型疏散的复伞房花序；花白色、粉色或红色，外被稀疏黄色腺点。瘦果淡黑褐色。

神农架广布，生于海拔400～1800m的山坡草丛、疏林及村庄田边。全草有毒；根入药。

图169-249 南川泽兰　　　　　　　　　　　图169-250 多须公

5. 异叶泽兰 | **Eupatorium heterophyllum** Candolle   图169-251

多年生草本。小半灌木状，中下部木质。茎枝直立，被白色或污白色短柔毛，花序分枝及花梗上的毛较密。叶两面被稠密的黄色腺点，羽状脉3～7对，在叶下面稍凸起，边缘有深缺刻状圆钝齿。总苞钟状，全部苞片紫红色或淡紫红色；花白色或微带红色。瘦果黑褐色，长椭圆形。花果期4～10月。

神农架广布，生于海拔600～2000m的山坡常绿阔叶混交林下。全草入药。

6. 白头婆 | **Eupatorium japonicum** Thunberg   图169-252

多年生草本。根茎短，茎直立，通常不分枝，全部茎枝被白色皱波状柔毛。叶对生，有叶柄；全部茎叶两面粗涩，边缘有粗或重粗锯齿。头状花序在茎顶或枝端排成紧密的伞房花序；苞片绿色或带紫红色，顶端钝或圆形；花白色或带红紫色或粉红色，外有较稠密的黄色腺点。冠毛白色。花果期6～11月。

神农架广布，生于海拔400～1800m的山坡草丛、疏林下。全草或根入药。

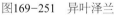

图169-251　异叶泽兰　　　　　　　　图169-252　白头婆

79. 雏菊属 Bellis Linnaeus

多年生或一年生草本，莲状丛生或茎分枝而疏生。叶基生或互生，全缘或有波状齿。头状花序常单生，有异型花，放射状，外围有1层雌花，中央有多数两性花，都结果实；总苞半球形或宽钟形，总苞片近2层，稍不等长，草质；雌花舌状。瘦果扁，有边脉；冠毛不存在或有连合成环且与花冠管部或瘦果合生的微毛。

7种。我国栽培1种，神农架也有栽培。

雏菊 | **Bellis perennis** Linnaeus   图169-253

常作二年生栽培的草本花卉。叶基生，匙形，顶端圆钝，基部渐狭成柄，上半部边缘有疏钝齿或波状齿。头状花序单生，总苞半球形或宽钟形；总苞片近2层，稍不等长，长椭圆形，顶端钝，外面被柔毛；舌状花1层，雌性，舌片白色带粉红色，开展，全缘或有2～3齿；管状花多数，两性，均能结实。瘦果倒卵形，扁平，有边脉，被细毛，无冠毛。

原产于欧洲，神农架庭园栽培为花坛观赏植物。

80. 虾须草属Sheareria S. Moore

一年生草本。茎多分枝。叶互生，全缘。头状花序小，顶生或腋生，有异形花，周围有2朵能育的雌花，中央有1～3朵不发育的两性花；总苞钟形，总苞片2层，宽卵形，外层2枚较小；雌花舌状，两性花管状，上部钟形，有5枚裂片。瘦果长圆形，有3枚狭窄的翅，翅缘具细齿，无冠毛。

单种属，神农架有分布。

虾须草 │ Sheareria nana S. Moore　图169-254

特征同属的描述。
产于神农架巴东、兴山，生于海拔150～200m的河流近水岸边。

图169-253　雏菊

图169-254　虾须草

81. 大吴风草属Farfugium Lindley

多年生草本。有极长的根状茎。茎花葶状，无叶或有少数苞片状叶。叶全部基生，幼时内卷成拳状，被密毛，莲座状，叶柄基部膨大成鞘状，叶片肾形或近圆肾形，叶脉掌状。头状花序排列成疏的伞房状花序；总苞钟形，2层，有白色膜质边缘；边花雌性，舌状，1层，中央花两性，管状。瘦果圆柱形，被短毛；冠毛白色，糙毛状，多数。

单种属，神农架仅有栽培。

大吴风草 | **Farfugium japonicum** (Linnaeus) Kitamura　图169–255

特征同属的描述。

原产于日本和华中至东部各地区，神农架庭园偶栽培。全草处方药；亦可作观赏植物。

82. 垂头菊属Cremanthodium Bentham

多年生草本。叶大部或全部基生，叶柄基部鞘状；茎生叶苞叶状，少或多数，基部有鞘或无鞘。头状花序单生或多数排列成总状花序，下垂；总苞半球形，基部近圆形，总苞片常1~2层，先端被睫毛；边花舌状，1层，雌性，结实，中央花多数，管状，两性，结实。瘦果无喙，具肋，光滑；冠毛存在，糙毛状。

64种，我国全部都产，湖北产1种，只分布于神农架。

紫茎垂头菊 | **Cremanthodium smithianum** (Handel-Mazzetti) Handel-Mazzetti　图169–256

多年生草本。茎直立，高10~25cm，常紫红色，光滑无毛。叶片肾形，紫红色，先端圆形或凹缺，边缘具整齐的小齿，两面光滑；茎中上部叶小，1~2枚。头状花序单生，下垂或近直立；舌状花黄色，舌片长圆形，管状花多数，黄色，冠毛白色，与花冠等长。瘦果倒披针形，光滑。花果期7~9月。

产于神农架红坪（金猴岭、神农谷），生于海拔2800~3000m的山坡草地。

图169-255　大吴风草　　　　　　　　图169-256　紫茎垂头菊

83. 合耳菊属 Synotis (C. B. Clarke) C. Jeffrey et Y. L. Chen

直立灌木状草本。根状茎木质。茎在花期下部通常无叶，上部具叶或花序基部具莲座状叶，叶不分裂。头状花序少数至多数，具花序梗或有时近无梗；总苞钟状或圆柱状，具外层苞片；管状花1至多数，两性，黄色，裂片5枚；花药线状长圆形或线形。瘦果圆柱形，具肋，无毛，或稀被柔毛；冠毛毛状，同形，白色，禾秆黄色或变红色。

54种，我国43种，湖北1种，神农架也有。

锯叶合耳菊 | Synotis nagensium
(C. B. Clarke) C. Jeffrey et Y. L. Chen
图169-257

多年生草本。茎直立，不分枝或上部具花序枝。叶倒卵状椭圆形至椭圆形。头状花序盘状，通常无舌状花，或稀边缘花具极小的舌片；总苞片线形，外面被极密的绒毛。瘦果圆柱形，被疏柔毛；冠毛白色。花期8月至翌年3月。

产于神农架下谷、阳日，生于海拔600~800m的山坡林下。

图169-257 锯叶合耳菊

84. 帚菊属 Pertya Schultz Bipontinus

灌木、亚灌木或多年生草本。枝纤细，斜展呈帚状或罕有近攀援状。叶在长枝上的互生，在短枝上的数枚簇生，或叶全为互生。头状花序腋生、顶生或生于簇生叶丛中，单生、双生至排成伞房花序，全为两性能育的小花；总苞钟形、狭钟形或圆筒状；花冠管状，冠檐5深裂，裂片狭而长，外卷。瘦果具5~10纵棱，被柔毛；冠毛为具细齿的糙毛，1层，白色、污白色至褐色。

24种。我国有17种，湖北3种，神农架2种。

分种检索表

1. 总苞片3~4层，少有5层，少数；叶片扁平·····················1. 华帚菊 P. sinensis
1. 总苞片多数，达16~18层之多；叶片略背卷·····················2. 巫山帚菊 P. tsoongiana

1. 华帚菊 | Pertya sinensis Oliver   图169-258

落叶灌木。枝有长短枝之别，长枝纤细，具显著纵棱和沟槽，老枝的皮易开裂，长枝上的叶互生；短枝上的叶4~6枚簇生，大小常不等。头状花序单生于短枝簇生叶丛中，雌雄异株；雌花花冠管状，雄花花冠檐部扩大呈钟状。瘦果纺锤形，具10纵棱，密被粗毛。花期7~8月。

产神农架红坪、下谷，生于海拔2500~2800m的山坡林中。

2. 巫山蟊菊 | Pertya tsoongiana Y. Ling

落叶灌木。枝有长短枝之别，长枝上的叶于花期早落；短枝上的叶近无柄，扁平，全缘而略背卷。头状花序极少数，单生于当年生的短枝之顶或少有生于长枝的叶腋内；头状花序的总苞由16~18层总苞片所组成，紧密覆瓦状排列而成一假柄。冠毛多数，白色，粗糙，刚毛状。花期4~5月。

产于神农架巫山县，生于海拔300~700m的坡地。模式标本采自四川巫山。

图169-258　华蟊菊

85. 兔耳一枝箭属 Piloselloides (Lessing) C. Jeffrey ex Cufodontis

多年生草本。本属与大丁草属极相似，但雌花2层，外层花冠舌状，舌片长，伸出冠毛之外，内层的管状二唇形，与冠毛等长或略长；花莛无苞叶。

2种。我国1种，神农架也有。

兔耳一枝箭 | Piloselloides hirsuta (Forsskål) C. Jeffrey ex Cufodontis

多年生草本。叶基生，莲座状，顶端圆，全缘，上面被疏粗毛，老时脱毛，下面密被白色蛛丝状绵毛，边缘有灰锈色睫毛。花莛单生或有时数个丛生，无苞叶；总苞盘状，总苞片2层，线形或线状披针形；雌花舌片上面白色，背面微红色，中央两性花多数。瘦果纺锤形，具6纵棱，被白色细刚毛；冠毛橙红色或淡褐色。花期2~5月及8~12月。

产于神农架红坪，生于海拔1600~2000m的山坡林缘。

86. 六棱菊属 Laggera Schultz Bipontinus ex Bentham et J. D. Hooker

一年生或多年生草本。叶互生，无柄，全缘或有不同的齿刻，基部沿茎下延成茎翅。头状花序多数，异型，盘状，在茎、枝顶端排成圆锥状花序或腋生；外围雌花多层，结实，中央两性花略少，结实，全部花冠黄色或玫瑰色。瘦果圆柱形，有10棱，无毛或被疏柔毛；冠毛1层，刚毛状，分离或基部有极短的连合，白色，易脱落。

约20种。我国有3种，湖北1种，神农架也有。

六棱菊 | Laggera alata (D. Don) Schultz Bipontinus ex Oliver

多年生草本。茎粗壮，基部木质，上部多分枝。叶长圆形或匙状长圆形，无柄，基部渐狭，沿茎下延成茎翅，边缘有疏生的细齿或有时不显著。头状花序多数，下垂；总苞近钟形，总苞片约6层，顶端通常紫红色，线形；花冠淡紫色。瘦果圆柱形，有10棱，被疏白色柔毛；冠毛白色。花期10月至翌年2月。

产于神农架松柏（大岩屋），生于海拔1200m的荒地中。全草入药。

87. 蓝花矢车菊属Cyanus Miller

多年生、二年生或一年生草本。头状花序异型；总苞多型，总苞片多层，质地坚硬，形状不一，顶端有各种各样的附属物，极少无附属物；全部小花管状，花色种种；边花无性或雌性，通常为细丝状或细毛状，中央盘花两性，全部小花冠光滑无毛。瘦果无肋棱，顶端截形，有果喙，果喙边缘有锯齿；冠毛2列，多层，白色或褐色。

25种。我国栽培1种，神农架也有栽培。

蓝花矢车菊 │ Cyanus segetum Hill　图169-259

一年生或二年生草本。茎枝灰白色，被薄蛛丝状卷毛。基生叶及下部茎叶边缘全缘，具疏锯齿至大头羽状分裂；中部茎叶无叶柄，全缘，下面灰白色，被薄绒毛。头状花序在茎枝顶端排成伞房花序或圆锥花序；总苞椭圆状，全部苞片顶端有浅褐色或白色的附属物，附属物边缘流苏状锯齿；边花多色，盘花浅蓝色或红色。瘦果椭圆形；冠毛白色或浅土红色，2列。花果期2～8月。

原产于欧洲，神农架有栽培。花可入药；瘦果可供榨油。

88. 红花属Carthamus Linnaeus

一年生草本。茎枝坚硬，被各式毛，稀无毛。叶互生，无柄，半抱茎或有时全抱茎，通常有腺点。头状花序同型，为头状花序外围苞叶包绕，含多数小花，在茎枝顶端排成伞房花序；总苞球形、卵形或长椭圆状，总苞片多层，边缘有刺齿；全部小花两性，管状。瘦果四棱形；冠毛多层或无冠毛。

47种。我国栽培1种，神农架也有栽培。

图169-259　蓝花矢车菊

图169-260　红花

红花 ｜ **Carthamus tinctorius** Linnaeus　　图169–260

一年生草本。茎枝白色或淡白色，光滑无毛。中下部茎叶边缘有各式锯齿至无锯齿而全缘，齿顶有针刺，叶质地坚硬，基部无柄，半抱茎。头状花序在茎枝顶端排成伞房花序，为苞叶所围绕；苞片顶端及边缘有针刺，总苞卵形，总苞片4层，边缘无针刺或有篦齿状针刺；小花红色、橘红色，全部为两性。瘦果倒卵形，乳白色，有4棱。花果期5～8月。

原产于中亚地区，神农架有引种栽培。花入药，亦作色素原料；种子含油率极高，可供榨食用油。

89.　松香草属Silphium Linnaeus

多年生草本。茎四棱形。叶对生，叶片大，长椭圆形，叶缘有疏锯齿，叶面有刚毛。头状花序的边缘花舌形，中间为管状雄花；雄花褐色，雌花黄色。种子扁心形，褐色，边缘具薄翅。

属种数不详，我国栽培1种，神农架也有栽培。

串叶松香草 ｜ **Silphium perfoliatum** Linnaeus　　图169–261

多年生草本。茎高大，具粗的根状茎。叶对生，卵状椭圆形，穿茎，边缘具不整齐粗锯齿。头状花序排成聚伞花序，具异型花；边缘舌状花黄色。

原产于北美洲，神农架有引种栽培。嫩茎叶作饲料，但具毒性，不宜多喂。

90.　合冠鼠麹草属Gamochaeta Weddell

本属植物外部形态与鼠麹草属极为相似，唯头状花序排成紧密或疏松的穗状花序，总苞片草质或稀为膜质，冠毛由细毛或刚毛所组成，基部连合成环而相区别。

53种。我国有7种，湖北2种，神农架全产。

图169–261　串叶松香草

分种检索表

1. 叶线形或线状……………………………………………1. 南川合冠鼠麴草G. nanchuanensis
1. 叶匙形或倒披针形………………………………………2. 匙叶合冠鼠麴草G. pensylvanica

1. 南川合冠鼠麴草 │ Gamochaeta nanchuanensis (Y. Ling et Y. Q. Tseng) Y. S. Chen et R. J. Bayer 图169-262

一年生草本。茎细弱不分枝。基生叶簇生，较短，在花期凋萎；茎生叶线形，上面绿色，被疏毛，下面被白色厚绵毛，叶脉1条，明显，上部叶渐小，近丝状。头状花序在顶端密集排列成具叶的穗状花序；总苞圆筒状，总苞片3～4层，草质，顶端通常有齿裂；雌花花冠丝状，两性花花冠管状。瘦果圆柱形，被白色疏毛；冠毛污白色，糙毛状，基部连合成环。花期7～8月。

产于神农架木鱼、宋洛，生于海拔2500～2800m的山坡湿润草丛中。

2. 匙叶合冠鼠麴草 │ Gamochaeta pensylvanica (Willdenow) Cabrera 图169-263

一年生草本。茎有沟纹，被白色绵毛。下部叶无柄，倒披针形或匙形，上面被疏毛，下面密被灰白色绵毛；中部叶倒卵状长圆形或匙状长圆形；上部叶小，与中部叶同形。头状花序多数，排列成顶生或腋生的穗状花序；总苞卵形，总苞片2层；雌花花冠丝状，两性花花冠管状。瘦果长圆形；冠毛绢毛状，污白色，基部连合成环。花期12月至翌年5月。

产于神农架各地，生于海拔500～1700m的田野或荒地中。全草入药；嫩茎叶可食。

图169-262 南川合冠鼠麴草　　　　　　　　　　图169-263 匙叶合冠鼠麴草

91. 紫菊属 Notoseris C. Shih

多年生草本。茎上部通常圆锥状花序分枝。叶分裂或不分裂。头状花序同型，舌状，有3～5朵舌状小花；总苞狭钟状，总苞片3～5层，紫红色；舌状小花紫红色，舌片顶端5齿裂；花冠筒喉部有白色柔毛。瘦果长倒披针形，压扁，紫色，顶端截形，无喙，每面有6～9条椭圆状高起的纵肋，被糙毛；冠毛2层，白色。

11种。我国有10种，湖北2种，神农架全产。

分种检索表

1. 叶不分裂···1. 光苞紫菊 N. macilenta
1. 叶大头或稍呈大头羽状分裂·······································2. 黑花紫菊 N. melanantha

---

1. 光苞紫菊 │ Notoseris macilenta (Vaniot et H. Léveillé) N. Kilian　　图169–264

多年生草本。茎枝无毛。基生叶及中下部茎叶箭头状心形或卵状心形或心形，边缘有细锯齿，齿顶有小尖头。头状花序在茎枝顶端排列成狭窄或开展的圆锥花序；总苞圆柱状，总苞片3层，紫红色，外面无毛；舌状小花紫红色，5枚。瘦果长披针形，压扁，黑紫色，无喙；冠毛白色。花果期9～11月。

产于神农架各地，生于海拔1000～1800m的山坡林下。

图169–264　光苞紫菊

2. 黑花紫菊 | Notoseris melanantha (Franchet) C. Shih 图169-265

多年生草本。茎直立，上部圆锥花序状分枝，被棕褐色多细胞节毛。中下部茎叶大头羽状浅裂或深裂，顶裂片三角状戟形，侧裂片2对，叶柄及羽轴有翼。头状花序排成长圆锥状花序，花序分枝及花序梗被棕褐色的多细胞节毛；总苞圆柱状，外面紫色，无毛；舌状小花5朵，紫色。瘦果紫色；冠毛白色。花果期7月。

产于神农架各地，生于海拔1500～2700m的山坡林下。

图169-265 黑花紫菊

170. 五福花科 | Adoxaceae

灌木，稀多年生草本或小乔木。叶对生，单叶或复叶。花序为顶生圆锥花序或伞形花序，穗状花序，或头状的聚伞花序；花两性；花萼和花冠均合生，3～5裂；雄蕊5，4，或3枚，着生于花冠筒上，雄蕊的花丝裂成2瓣，花药1室，盾形，外向，纵向开裂；雌蕊子房半下位至下位，1或3～5室，花柱5，4，或3枚，合生或离生，或无，柱头头状或2～3裂。核果。种子1或3枚。

4属约220种。我国产4属81种，湖北产2属28种，神农架均产。

分属检索表

1. 复叶；子房3～5室；核果通常具3～5枚种子 ·················· 1. 接骨木属Sambucus
1. 单叶；子房1室；核果具1枚种子 ·································· 2. 荚蒾属Viburnum

1. 接骨木属Sambucus Linnaeus

落叶乔木或灌木，稀多年生高大草本。茎干常有皮孔。单数羽状复叶，对生；托叶叶状或退化成腺体。花序由聚伞花序合成顶生的复伞式或圆锥式；花小，整齐；萼筒短，萼齿5枚；花冠辐状，5裂；雄蕊5枚，开展，稀直立；子房3～5室，柱头2～3裂。浆果状核果红黄色或紫黑色，具3～5枚核。种子三棱形或椭圆形。

约10种。我国产4种，湖北产3种，神农架均产。

分种检索表

1. 灌木或小乔木；枝具明显的皮孔；聚伞花序圆锥形 ··············· 1. 接骨木S. williamsii
1. 多年生高大草本；嫩枝具棱条；聚伞花序平散，伞形。
  2. 花序全为两性花 ··· 2. 血满草S. adnata
  2. 花序具杯形不孕花 ··· 3. 接骨草S. chinensis

1. 接骨木 | Sambucus williamsii Hance　图170–1

落叶灌木或小乔木。羽状复叶有小叶2～3对，小叶片卵圆形至披针形，边缘具不整齐锯齿；托叶狭带形，或退化成带蓝色的凸起。花与叶同出，圆锥聚伞花序顶生；花小而密；萼筒杯状，萼齿三角状披针形；花冠蕾时带粉红色，开后白色或淡黄色；雄蕊与花冠裂片等长，开展；子房3室，花柱短，柱头3裂。果实红色。花期4～5月，果期9～10月。

产于神农架各地，生于海拔540～2400m的山坡林下、灌丛、沟边、路旁及宅边。茎枝、根及根皮、叶、花入药；果供观赏。

图170-1　接骨木

2. 血满草 │ Sambucus adnata Wallich ex Candolle　图170-2

多年生高大草本或半灌木。根和根茎红色，折断后流出红色汁液。茎草质，具明显的棱条。羽状复叶小叶3～5对，长卵形或披针形，边缘有锯齿；小叶的托叶退化成瓶状凸起的腺体。聚伞花序顶生；花小，有恶臭；萼被短柔毛；花冠白色；子房3室，花柱极短，柱头3裂。果实红色或橙色，干时黑色，圆球形。花期5～7月，果期9～10月。

产于神农架各地，生于海拔1600～3000m的林下、沟边、灌丛中、山坡湿地及高山草地上。根及全草入药。

图170-2　血满草

3. 接骨草 | Sambucus chinensis Blume 图170-3

高大草本或半灌木。茎有棱条。羽状复叶小叶2～3对，互生或对生，狭卵形，边缘具细锯齿，近基部或中部以下边缘常有1或数枚腺齿。复伞形花序顶生，大而疏散，分枝三至五出；杯形不孕性花不脱落，可孕性花小；萼筒杯状，萼齿三角形；花冠白色，仅基部联合；花药黄色或紫色。果实红色，近球形。花期4～5月，果期8～9月。

产于神农架各地，生于海拔300～2700m的山坡林下、沟边或灌丛中。全草或根、果实入药。

图170-3　接骨草

2. 荚蒾属Viburnum Linnaeus

灌木或小乔木。单叶，对生，稀3枚轮生；托叶通常微小，或不存在。花小，两性，整齐；花序由聚伞合成顶生或侧生的伞形式、圆锥式或伞房式，有时具白色大型的不孕边花或全部由大型不孕花组成；萼齿5枚，宿存；花冠裂片5枚；雄蕊5枚，着生于花冠筒内；子房1室。果实为核果，冠以宿存的萼齿和花柱，内含1枚种子。

约200种。我国产73种，湖北产26种，神农架产25种。

1．冬芽裸露；植物体被簇状毛而无鳞片；果实成熟时由红色转为黑色。
  2．花序无总梗；果核有1条背沟和1条深腹沟；胚乳深嚼烂状。
    3．花序无大型的不孕花 ······ 1．显脉荚蒾V. nervosum
    3．花序周围有大型的不孕花 ······ 2．合轴荚蒾V. sympodiale
  2．花序有总梗；果核有2条背沟和1～3条腹沟，或有时背沟退化而不明显；胚乳坚实。
    4．叶临冬凋落，通常边缘有齿。
      5．叶的侧脉近叶缘时虽分枝，但直达齿端。
        6．雄蕊稍高出花冠 ······ 3．聚花荚蒾V. glomeratum
        6．雄蕊不高出花冠 ······ 10．醉鱼草状荚蒾V. buddleifolium
      5．叶的侧脉近叶缘时互相网结而非直达齿端，或至少大部分如此。
        7．花序有大型的不孕花 ······ 4．绣球荚蒾V. macrocephalum
        7．花序全由两性花组成，无大型的不孕花 ······ 5．陕西荚蒾V. schensianum
    4．叶大多常绿，全缘或有时具不明显的疏浅齿。
      8．萼筒无毛；叶上面小脉不凹陷 ······ 6．烟管荚蒾V. utile
      8．萼筒多少被簇状毛。
        9．花冠外面疏被簇状毛 ······ 7．金佛山荚蒾V. chinshanense
        9．花冠外面几无毛 ······ 8．皱叶荚蒾V. rhytidophyllum
1．冬芽有1～2对；植物体如为裸露，则芽、幼枝、叶下面、花序、萼、花冠及果实均被鳞片状毛。
10．果核圆形，果实成熟时蓝黑色 ······ 9．球核荚蒾V. propinquum
10．果核不如上述，果实成熟时红色，或由红色转为黑色或酱黑色，少有黄色。
  11．冬芽为2对合生的鳞片所包围 ······ 11．鸡树条V. opulus subsp. calvescens
  11．冬芽有1～2对分离的鳞片。
    12．花序有大型的不孕花；果核腹面有1条上宽下窄的沟 ······ 12．粉团V. plicatum
    12．花序种种，不具大型不孕花；果核通常不如上述。
      13．花序为由穗状或总状花序组成圆锥花序，或因圆锥花序的主轴缩短而近似伞房式。
        14．花冠辐状，裂片长于筒。
          15．叶的侧脉至少一部分直达齿端 ······ 13．巴东荚蒾V. henryi
          15．叶的侧脉近叶缘时弯拱而互相网结，不直达齿端。
            16．萼和花冠均无毛 ······ 14．珊瑚树V. odoratissimum
            16．萼和花冠或至少萼外面被簇状短毛 ······ 15．短序荚蒾V. brachybotryum
        14．花冠漏斗形或高脚蝶形，裂片短于筒。
          17．叶下面脉腋无趾蹼状小孔 ······ 16．红荚蒾V. erubescens
          17．叶下面脉腋有趾蹼状小孔 ······ 17．短筒荚蒾V. brevitubum

13．花序复伞形式或稀可为由伞形花序组成的尖塔形圆锥花序。

　　18．冬芽有1对鳞片，极少裸露。

　　　　19．花冠钟状·······················18．水红木V. cylindricum

　　　　19．花冠辐状·······················19．三叶荚蒾V. ternatum

　　18．冬芽有2对鳞片。

　　　　20．叶的侧脉2～4对··············20．直角荚蒾V. foetidum var. rectangulatum

　　　　20．叶的侧脉5对以上。

　　　　　　21．花冠外面被疏或密的簇状短毛··············21．荚蒾V. dilatatum

　　　　　　21．花冠外面无毛，极少蕾时有毛而花开后变秃净。

　　　　　　　　22．花序或果序下垂··············22．茶荚蒾V. setigerum

　　　　　　　　22．花序或果序不下垂。

　　　　　　　　　　23．总花梗的第一级辐射枝通常七出·······23．桦叶荚蒾V. betulifolium

　　　　　　　　　　23．总花梗的第一级辐射枝通常五出。

　　　　　　　　　　　　24．果核多少呈浅杓状··············24．黑果荚蒾V. melanocarpum

　　　　　　　　　　　　24．果核不为浅杓状··············25．宜昌荚蒾V. erosum

1. 显脉荚蒾 | **Viburnum nervosum** D. Don　图170-4

　　落叶灌木或小乔木。叶纸质，卵形至宽卵形，边缘常有不整齐的锯齿。聚伞花序与叶同时开放，无大型的不孕花，连同萼筒均有红褐色小腺体；萼筒筒状钟形，萼齿卵形；花冠白色或带微红，辐状，矩圆形；雄蕊花药宽卵圆形，紫色；花柱略高出萼齿。果实先红色后变黑色，卵圆形。花期4～6月，果期9～10月。

　　产于神农架各地，生于海拔800～2400m的疏林中、灌丛中及河滩上。根、叶入药。

425

图170-4　显脉荚蒾

2. 合轴荚蒾 | **Viburnum sympodiale** Graebner 图170-5

落叶灌木或小乔木。叶纸质，卵形，边缘有不规则牙齿状尖锯齿。聚伞花序，周围有大型、白色的不孕花，芳香；萼筒近圆球形，萼齿卵圆形；花冠白色或带微红，辐状，裂片卵形；雄蕊花药宽卵圆形，黄色；花柱不高出萼齿。果实红色，成熟时变紫黑色，卵圆形。花期4~5月，果期8~9月。

产于神农架各地，生于海拔800~2600m的山坡林下、林缘、灌丛中或沟旁。根入药；庭院观赏植物。

3. 聚花荚蒾 | **Viburnum glomeratum** Maximowicz 图170-6

落叶灌木或小乔木。叶纸质，卵形，边缘有牙齿。聚伞花序；萼筒被白色簇状毛，萼齿卵形；花冠白色，辐状，裂片卵圆形；雄蕊稍高出花冠裂片，花药近圆形。果实红色，成熟时变黑色；核长圆状球形。花期4~6月，果期7~9月。

产于神农架各地，生于海拔1100~3000m的山谷林中、灌丛中或阴湿地。根入药。

图170-5 合轴荚蒾　　　　　　　　图170-6 聚花荚蒾

4. 绣球荚蒾 | **Viburnum macrocephalum** Fortune

落叶或半常绿灌木。叶临冬至翌年春季逐渐落尽，纸质，卵形至椭圆形，边缘有小齿。聚伞花序全部由大型不孕花组成；萼筒筒状，矩圆形；花冠白色，辐状，裂片圆状倒卵形；雄蕊花药小，近圆形。果实红色，成熟时黑色，椭圆状。花期4~5月，果期9~10月。

栽培于神农架各地。茎入药；庭院观赏植物。

5. 陕西荚蒾 | **Viburnum schensianum** Maximowicz 图170-7

落叶灌木。叶纸质，卵状椭圆形或近圆形，边缘有较密的小尖齿。聚伞花序；萼筒圆筒形，萼齿卵形；花冠白色，辐状，裂片圆卵形；雄蕊花药圆形。果实红色，成熟时变黑色，椭圆形。花期

5～7月，果期8～9月。

生于海拔700～2200m的山谷混交林、松林下及山坡灌丛中。果实、全株入药。

6. 烟管荚蒾 ｜ **Viburnum utile** Hemsley 图170-8

常绿灌木。叶革质，卵圆形至卵圆状披针形，全缘或很少有少数不明显疏浅齿，边稍内卷。聚伞花序；萼筒筒状，萼齿卵状三角形；花冠白色，花蕾时带淡红色，辐状，裂片圆卵形；雄蕊与花冠裂片几等长，花药近圆形；花柱与萼齿近于等长。果实红色，成熟时变黑色，椭圆形。花期3～4月，果期8月。

产于神农架阳日、新华、宋洛、老君山，生于海拔500～1800m的山坡林缘或灌丛中。根、全株、花入药。

图170-7 陕西荚蒾

图170-8 烟管荚蒾

7. 金佛山荚蒾 ｜ **Viburnum chinshanense** Graebner 图170-9

灌木。叶纸质至厚纸质，矩圆形，全缘。聚伞花序；萼筒矩圆状卵圆形，萼齿宽卵形；花冠白色，辐状；裂片圆卵形或近圆形；雄蕊略高出花冠，花药宽椭圆形；花柱略高出萼齿，红色。果实红色，成熟时变黑色，长圆状卵圆形。花期4～5月，果期7月。

产于神农架新华，生于海拔400～1900m的疏林内或灌丛中。全株药用。

8. 皱叶荚蒾 ｜ **Viburnum rhytidophyllum** Hemsley 图170-10

常绿灌木或小乔木。叶革质，卵状矩圆形至卵状披针形，全缘或有不明显小齿。聚伞花序稠密；萼筒筒状钟形，萼齿微小，宽三角状卵形；花冠白色，在芽时和花瓣背面粉红色，辐状，裂片圆卵形；雄蕊花药宽椭圆形。果实红色，成熟时变黑色，宽椭圆形。花期4～5月，果期9～10月。

产于神农架各地，生于海拔800～2400m的山坡林下、溪边或灌丛中。根、茎、叶入药；果供观赏。

图170-9 金佛山荚蒾

图170-10 皱叶荚蒾

9. 球核荚蒾 | Viburnum propinquum Hemsley

9a. 球核荚蒾（原变种）Viburnum propinquum var. propinquum 图170-11

常绿灌木。幼叶带紫色，成长后革质，卵形至矩圆形，边缘通常疏生浅锯齿。聚伞花序；萼齿宽三角状卵形；花冠绿白色，辐状，裂片宽卵形；雄蕊常稍高出花冠，花药近圆形。果实蓝黑色，有光泽，近球形或卵圆形。

产于神农架阳日、新华、宋洛、板仓、木鱼，生于海拔500～1300m的山谷林中或灌丛中。根皮、叶、全株入药。

图170-11 球核荚蒾

9b. 狭叶球核荚蒾（变种）Viburnum propinquum var. mairei W. W. Smith 图170-12

常绿灌木。幼叶带紫色，成长后革质，叶较狭，条状披针形至倒披针形，边缘通常疏生浅锯齿。聚伞花序；萼齿宽三角状卵形；花冠绿白色，辐状，裂片宽卵形；雄蕊常稍高出花冠，花药近圆形。果实蓝黑色，有光泽，近圆形或卵圆形。

产于神农架兴山县（高岚），生于海拔420～450m的山地。根皮、叶入药。

10. 醉鱼草状荚蒾 | **Viburnum buddleifolium** C. H. Wright 图170-13

落叶灌木。全株均被黄白色或带褐色簇状毛。叶纸质，矩圆状披针形，基部微心形或圆形，边缘有波状小齿，老叶齿不明显。聚伞花序，萼筒筒状倒圆锥形，萼齿三角形；花冠白色，辐状钟形。果实椭圆形，果核有2条背沟和3条腹沟。花期3月，果期7月。

产于神农架松柏、新华、阳日，生于海拔1000～1400m的山坡林中。

图170-12　狭叶球核荚蒾　　　　图170-13　醉鱼草状荚蒾

11. 鸡树条（亚种）| **Viburnum opulus** subsp. **calvescens** (Rehder) Sugimoto 鸡树条子 图170-14

落叶灌木。叶浓绿色，单叶对生，卵形至阔卵圆形，边缘具不整齐的大齿。伞形聚伞花序顶生，能孕花在中央，外围有不孕的辐射花；花冠杯状，辐状开展，乳白色，5裂；花药紫色；不孕性花白色，深5裂。核果近球形，黄色，成熟时鲜红色。种子圆形，扁平。花期5～6月。果期9～10月。

产于神农架各地，生于海拔1000～1650m的溪谷边疏林下或灌丛中。庭院观赏植物；嫩枝、叶、根、果实入药。

图170-14　鸡树条

12. 粉团 | **Viburnum plicatum** Thunberg 图170-15

落叶灌木。叶纸质，宽卵形或倒卵形，边缘有不整齐三角状锯齿；无托叶。聚伞花序伞形式，球形，全部由大型的不孕花组成或由能育花与6～8朵大型不孕花组成；萼筒倒圆锥形，萼齿卵形；

花冠白色，辐状，裂片有时仅4枚，倒卵形或近圆形。果红色，成熟时黑色，阔卵球形。花期4～5月，果期8～9月。

栽培于神农架各地庭园中。庭院观赏植物；根、枝入药。

13. 巴东荚蒾 | **Viburnum henryi** Hemsley　图170-16

灌木或小乔木。叶亚革质，矩圆形，边缘除中部或中部以下处全缘外有浅的锐锯齿。圆锥花序顶生；苞片和小苞片迟落或宿存而显著，条状披针形，绿白色；萼筒筒状至倒圆锥筒状，萼檐波状或具宽三角形的齿；花冠白色，辐状，裂片卵圆形；雄蕊花药黄白色，矩圆形；柱头头状。果实红色，成熟时变紫黑色，椭圆形。花期6月，果期8～9月。

生于海拔900～2600m的山坡密林中或湿润草坡上。根、枝、叶入药；果供观赏。

图170-15　粉团

图170-16　巴东荚蒾

14. 珊瑚树 | **Viburnum odoratissimum** Ker Gawler

分变种检索表

1. 花冠辐状，裂片长于筒·················· **14a. 珊瑚树V.** odoratissimum var. odoratissimum
1. 花冠漏斗形或高脚蝶形，裂片短于筒········ **14b. 日本珊瑚树V.** odoratissimum var. awabuki

14a. 珊瑚树（原变种）Viburnum odoratissimum var. odoratissimum　图170-17

常绿灌木或小乔木。叶革质，椭圆形至倒卵形，边缘上部有波状锯齿或近全缘。圆锥花序顶生或生于侧生短枝上，宽尖塔形；萼筒筒状钟形，萼檐碟状，齿宽三角形；花冠白色，后变黄白色，辐状，裂片反折，圆卵形；雄蕊花药黄色，矩圆形；柱头头状。果实红色，成熟时变黑色，卵圆形或卵状椭圆形。花期3～5月，果期6～9月。

图170-27 桦叶荚蒾

25. 宜昌荚蒾 ｜ Viburnum erosum Thunberg　图170-29

　　落叶灌木。叶纸质，形状变化很大，不分裂，边缘有波状小尖齿。复伞形式聚伞花序生于具1对叶的侧生短枝之顶；萼筒筒状，萼齿卵状三角形；花冠白色，辐状，裂片圆卵形；雄蕊略短于至长于花冠，花药黄白色，近圆形；花柱高出萼齿。果实红色，宽卵圆形。花期4～5月，果期8～10月。

　　产于神农架各地，生于海拔300～2300m的山坡林下或灌丛中。茎、叶及根入药；庭院观赏植物。

图170-28 黑果荚蒾　　　　　　　　　图170-29 宜昌荚蒾

171. 忍冬科 | Caprifoliaceae

灌木或木质藤本，稀小乔木或草本。叶对生，稀轮生，不分裂或羽状半裂，对折或内卷在幼叶卷叠式；叶柄间托叶缺如或稀发达。花序为聚伞圆锥花序，腋生或顶生，聚伞花序1~3花，有时为1对花；花两性，辐射对称或左右对称；花萼4或5裂；花冠上位，合瓣，裂片4或5枚，平展，有时二唇形；雄蕊（4或）5枚，二强雄蕊；子房下位，心皮2~8枚，融合，中轴胎座。果为浆果、核果或革质瘦果。1至多枚种子。

36属约980种。我国产18属176种，湖北产13属51种，神农架产12属41种。

分属检索表

1. 灌木或木质藤本。
  2. 子房由能育和败育的心皮构成；果实具1~3枚种子。
    3. 花单生或者成对组成穗状花序或总状花序······················1. 毛核木属Symphoricarpos
    3. 花序聚伞状。
      4. 两苞片果期增大并且变为翅状；4室子房中2室可育···········5. 双盾木属Dipelta
      4. 苞片在果期不变为翅状；子房3或4室，可育室1或2。
        5. 苞片和小苞片被毛，在果期增大并且和子房相融合······6. 蝟实属Kolkwitzia
        5. 苞片和小苞片无毛且小，在果期不增大。
          6. 相对叶的叶柄不膨大，腋芽外露···················7. 糯米条属Abelia
          6. 相对叶的叶柄扩大并且基部合生，包围腋芽···········4. 六道木属Zabelia
  2. 子房心皮全部能育；果实具多数种子。
    7. 果为圆柱状蒴果···································8. 锦带花属Weigela
    7. 果为球状浆果···································2. 忍冬属Lonicera
1. 草本。
  8. 核果浆果状······································3. 莛子藨属Triosteum
  8. 果为蒴果。
    9. 小苞片和花萼先端变为刺状······················9. 川续断属Dipsacus
    9. 小苞片和花萼先端不为刺状。
      10. 瘦果贴生于果时增大的膜质苞片上。
        11. 萼齿直立或外展，果时不为冠毛状···········11. 败酱属Patrinia
        11. 花萼多裂，开花时内卷，果期成羽毛状冠毛·······12. 缬草属Valeriana
      10. 瘦果包藏在囊状小总苞内·····················10. 双参属Triplostegia

1. 毛核木属Symphoricarpos Duhamel

落叶灌木。叶对生，全缘或具波状齿裂，有短柄，无托叶。花簇生或单生于侧枝顶部叶腋成穗状或总状花序；萼杯状，5～4裂；花冠淡红色或白色，钟状至漏斗状或高脚碟状，5～4裂，整齐，筒基部稍呈浅囊状；雄蕊5～4枚，着生于花冠筒；子房4室，柱头头状或稍2裂。果实为具2核的浆果状核果。

16种。我国产1种，神农架亦产。

毛核木 │ Symphoricarpos sinensis Rehd. 图171-1

直立灌木。叶菱状卵形至卵形，全缘，近基部三出脉。花小，无梗，单生于短小、钻形苞片的腋内，组成一短小的顶生穗状花序；萼齿5枚，卵状披针形；花冠白色，钟形裂片卵形；雄蕊5枚，着生于花冠筒中部；花柱无毛，柱头头状。果实卵圆形，顶端有一小喙，蓝黑色，具白霜；分核2枚，密生长柔毛。花期7～9月，果期9～11月。

产于神农架兴山县（峡口）、神农等林区（阳日寨湾），生于海拔610～2200m的干旱山坡及灌丛中。全株能清热解毒。

图171-1　毛核木

2. 忍冬属Lonicera Linnaeus

直立灌木或矮灌木，有时为缠绕藤本。叶对生，稀3（～4）枚轮生，纸质、厚纸质至革质，常全缘。花通常成对生于腋生的总花梗顶端，简称"双花"，或花无柄而呈轮状排列于小枝顶；花萼萼檐5裂或有时口缘浅波状或环状；花冠钟状、筒状或漏斗状，基部常一侧肿大或具囊；雄蕊5枚，花药"丁"字着生；子房2～3（～5）室，柱头头状。果实为浆果。

约180种。我国产57种，湖北产23种，神农架产18种。

分种检索表

1. 花序下的1～2对叶基部相连成盘状。
　　2. 花冠非唇形 ···8. 川黔忍冬L. subaequalis
　　2. 花冠唇形 ···1. 盘叶忍冬L. tragophylla
1. 对生二叶的基部均不相连成盘状。
　　3. 缠绕灌木，如为匍匐灌木，则叶革质。
　　　　4. 至少幼叶下面被毡毛，毛之间无空隙 ···············2. 细毡毛忍冬L. similis
　　　　4. 叶下面无毛或被疏或密的糙毛、短柔毛或短糙毛，但不密集成毡毛，毛之间有空隙。

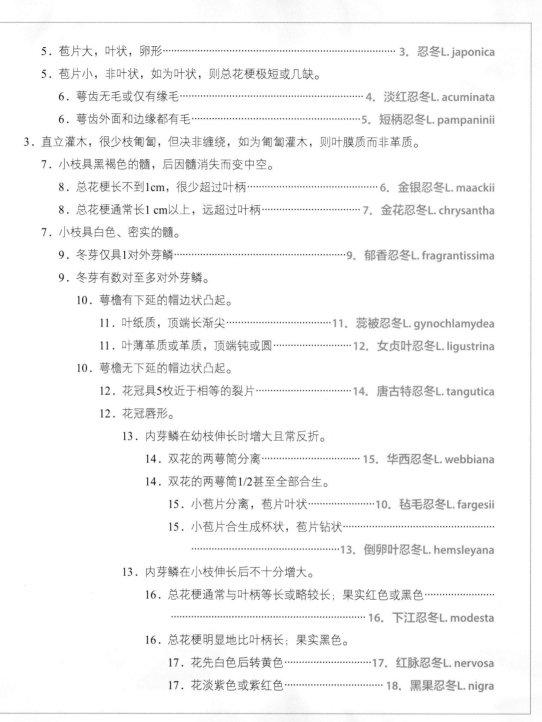

　　　5．苞片大，叶状，卵形 ⋯⋯⋯⋯⋯⋯⋯⋯⋯⋯⋯⋯⋯⋯⋯⋯⋯ 3．忍冬L. japonica

　　　5．苞片小，非叶状，如为叶状，则总花梗极短或几缺。

　　　　　6．萼齿无毛或仅有缘毛 ⋯⋯⋯⋯⋯⋯⋯⋯⋯⋯⋯⋯⋯⋯⋯ 4．淡红忍冬L. acuminata

　　　　　6．萼齿外面和边缘都有毛 ⋯⋯⋯⋯⋯⋯⋯⋯⋯⋯⋯⋯⋯ 5．短柄忍冬L. pampaninii

　　3．直立灌木，很少枝匍匐，但决非缠绕，如为匍匐灌木，则叶膜质而非革质。

　　　　7．小枝具黑褐色的髓，后因髓消失而变中空。

　　　　　8．总花梗长不到1cm，很少超过叶柄 ⋯⋯⋯⋯⋯⋯⋯⋯⋯ 6．金银忍冬L. maackii

　　　　　8．总花梗通常长1 cm以上，远超过叶柄 ⋯⋯⋯⋯⋯⋯⋯ 7．金花忍冬L. chrysantha

　　　　7．小枝具白色、密实的髓。

　　　　　9．冬芽仅具1对外芽鳞 ⋯⋯⋯⋯⋯⋯⋯⋯⋯⋯⋯⋯⋯⋯ 9．郁香忍冬L. fragrantissima

　　　　　9．冬芽有数对至多对外芽鳞。

　　　　　　10．萼檐有下延的帽边状凸起。

　　　　　　　11．叶纸质，顶端长渐尖 ⋯⋯⋯⋯⋯⋯⋯⋯ 11．蕊被忍冬L. gynochlamydea

　　　　　　　11．叶薄革质或革质，顶端钝或圆 ⋯⋯⋯⋯⋯ 12．女贞叶忍冬L. ligustrina

　　　　　　10．萼檐无下延的帽边状凸起。

　　　　　　　12．花冠具5枚近于相等的裂片 ⋯⋯⋯⋯⋯⋯ 14．唐古特忍冬L. tangutica

　　　　　　　12．花冠唇形。

　　　　　　　　13．内芽鳞在幼枝伸长时增大且常反折。

　　　　　　　　　14．双花的两萼筒分离 ⋯⋯⋯⋯⋯⋯⋯ 15．华西忍冬L. webbiana

　　　　　　　　　14．双花的两萼筒1/2甚至全部合生。

　　　　　　　　　　15．小苞片分离，苞片叶状 ⋯⋯⋯⋯ 10．毡毛忍冬L. fargesii

　　　　　　　　　　15．小苞片合生成杯状，苞片钻状 ⋯⋯⋯⋯⋯⋯⋯⋯⋯⋯⋯

　　　　　　　　　　　⋯⋯⋯⋯⋯⋯⋯⋯⋯⋯⋯⋯⋯⋯⋯⋯ 13．倒卵叶忍冬L. hemsleyana

　　　　　　　　13．内芽鳞在小枝伸长后不十分增大。

　　　　　　　　　16．总花梗通常与叶柄等长或略较长；果实红色或黑色 ⋯⋯⋯⋯⋯

　　　　　　　　　　⋯⋯⋯⋯⋯⋯⋯⋯⋯⋯⋯⋯⋯⋯⋯⋯ 16．下江忍冬L. modesta

　　　　　　　　　16．总花梗明显地比叶柄长；果实黑色。

　　　　　　　　　　17．花先白色后转黄色 ⋯⋯⋯⋯⋯⋯⋯⋯ 17．红脉忍冬L. nervosa

　　　　　　　　　　17．花淡紫色或紫红色 ⋯⋯⋯⋯⋯⋯ 18．黑果忍冬L. nigra

1. 盘叶忍冬 │ Lonicera tragophylla Hemsley　　图171–2

　　落叶藤本。叶纸质，矩圆形，花序下方1～2对叶连合成近圆形或圆卵形的盘。由3朵花组成的聚伞花序密集成头状花序生于小枝顶端；萼筒壶形，萼齿小，三角形或卵形；花冠黄色至橙黄色，唇形，筒稍弓弯；雄蕊着生于唇瓣基部；花柱伸出，无毛。果实成熟时由黄色变红黄色或深红色，近圆形。花期5～7月，果期7～10月。

　　产于神农架新华、老君山、宋洛、木鱼坪、盘水、大九湖，生于海拔900～1850m的山坡或沟谷。花蕾入药；花供观赏。

图171-2 盘叶忍冬

2. 细毡毛忍冬 | Lonicera similis Hemsley 图171-3

落叶藤本。叶纸质，卵形或披针形，两侧稍不等。苞片披针形；萼筒椭圆形至长圆形，萼齿近三角形；花冠先白色后变淡黄色，唇形，筒细，超过唇瓣，上唇裂片矩圆形，下唇条形；雄蕊与花冠几等高；花柱稍超出花冠，无毛。果实蓝黑色，卵圆形。花期5~6（~7）月，果期9~10月。

产于神农架阳日、新华、老君山和板仓，生于海拔500~950m的山坡或沟谷。花蕾入药；花供观赏。

图171-3 细毡毛忍冬

3. 忍冬 | Lonicera japonica Thunberg 图171-4

半常绿藤本。叶纸质，卵形。苞片大，叶状；萼齿三角形；花冠白色，有时基部向阳面呈微红，后变黄色，唇形，筒稍长于唇瓣，上唇裂片顶端钝形，下唇带状而反曲；雄蕊和花柱均高出花冠。果实圆形，熟时蓝黑色，有光泽。花期4~6月（秋季亦常开花），果期10~11月。

产于神农架各地，生于海拔1500m以下的山坡灌丛或疏林中、村庄篱笆边。茎叶、花蕾、果实入药；花供观赏。

4. 淡红忍冬 | Lonicera acuminata Wallich 图171–5

落叶或半常绿藤本。叶薄革质至革质，矩圆形至披针形。苞片钻形；萼筒椭圆形或倒壶形，萼齿卵形至披针形；花冠黄白色而有红晕，漏斗状，唇形，基部有囊，上唇直立，下唇反曲；雄蕊略高出花冠；花柱除顶端外均有糙毛。果实蓝黑色，卵圆形。花期5～7月，果期10～11月。

产于神农架各地，生于海拔600～1900m的山坡或沟边。花蕾、茎叶入药。

图171–4　忍冬　　　　　　　　图171–5　淡红忍冬

5. 短柄忍冬 | Lonicera pampaninii H. Léveillé 图171–6

藤本。叶薄革质，披针形。花芳香；苞片披针形，有时呈叶状；萼筒短，萼齿三角形，比萼筒短；花冠白色而常带微紫红色，后变黄色，唇形，唇瓣略短于筒，上下唇均反曲；雄蕊和花柱略伸出；花柱无毛。果实圆形，蓝黑色或黑色。花期5～6月，果期10～11月。

产于神农架阳日、新华和松柏，生于海拔150～1400m的林下或灌丛中。花蕾入药。《Flora of China》第19卷的作者将本种并至淡红忍冬下作异名，笔者认为应承认本种的分类地位。

6. 金银忍冬 | Lonicera maackii (Ruprecht) Maximowicz 图171–7

落叶灌木。叶纸质，形状变化较大，通常椭圆形至披针形。花芳香，生于幼枝叶腋，苞片条形；相邻两萼筒分离，萼檐钟状，干膜质，萼齿宽三角形或披针形；花冠先白色后变黄色，唇形；花丝中部以下和花柱均有向上的柔毛。果实暗红色，圆形。花期5～6月，果期8～10月。

产于神农架木鱼坪、下谷和红坪，生于海拔1800m以下的林中或林缘溪流附近的灌丛中。庭院观赏树木；根、茎叶、花入药。

图171-6　短柄忍冬

图171-7　金银忍冬

7. 金花忍冬 | *Lonicera chrysantha* Turczaninow ex Ledebour

分变种检索表

1. 幼枝和总花梗被开展的直糙毛和微糙毛⋯⋯⋯⋯7a. 金花忍冬L. chrysantha var. chrysantha
1. 幼枝和总花梗被多少弯曲的短柔毛⋯⋯⋯⋯⋯⋯7b. 须蕊忍冬L. chrysantha var. koehneana

7a. 金花忍冬（原变种）Lonicera chrysantha var. chrysantha　图171-8

落叶灌木。叶纸质，菱状卵形或披针形，下面疏被糙毛。苞片条形或披针形；相邻两萼筒分离，萼齿卵形；花冠先白色后变黄色，唇形，基部有一深囊或有时囊不明显；雄蕊和花柱短于花冠；花柱全被短柔毛。果实红色，圆形。花期5～6月，果期7～9月。

产于神农架各地，生于海拔250～2000m的沟谷、林下或林缘灌丛中。花蕾、叶入药。

7b. 须蕊忍冬（变种）Lonicera chrysantha var. koehneana (Rehder) Q. E. Yang　图171-9

本变种与原变种形态极相近，仅幼枝、叶柄和总花梗均被多少弯曲的短柔毛，叶下面被绒状短柔毛或近无毛相区别。此区别特征在鉴别时很难把握，建议把此变种并入原变种。

产于神农架下谷、大九湖和老君山，生于

图171-8　金花忍冬

图171-9　须蕊忍冬

海拔750～3000m的沟谷、林下或林缘灌丛中。花蕾入药。

8. 川黔忍冬 | Lonicera subaequalis Rehder

落叶藤本。叶椭圆形、卵状椭圆形至矩圆状倒卵形或矩圆形。无总花梗；花冠黄色，漏斗状。果实红色，近圆形。种子带白色具细网纹。花期5～6月。

产于神农架红坪（大神农架韭菜垭子），生于海拔2500m的山坡林缘。

9. 郁香忍冬 | Lonicera fragrantissima Lindley et Paxton

分变种检索表

1. 叶无毛或仅下面中脉有少数刚伏毛·········9a. 郁香忍冬L. fragrantissima var. fragrantissima
1. 叶两面或至少下面中脉密被刚伏毛······················9b. 苦糖果L. fragrantissima var. lancifolia

9a. 郁香忍冬（原变种）Lonicera fragrantissima var. **fragrantissima**　图171-10

半常绿灌木。叶厚纸质，卵形，宽1～4.5cm。花先于叶或与叶同时开放，芳香；苞片披针形至近条形；相邻两萼筒约连合至中部，萼檐近截形或微5裂；花冠白色或淡红色，唇形，基部有浅囊，上唇裂片深达中部，下唇舌状反曲；雄蕊内藏，花丝长短不一；花柱无毛。果实鲜红色，矩圆形。花期1～4月，果期4～6月。

产于神农架阳日和松柏，生于海拔300～700m的山坡灌丛中。根、嫩枝、叶入药。

9b. 苦糖果（变种）Lonicera fragrantissima var. **lancifolia** (Rehder) Q. E. Yang　图171-11

落叶灌木。小枝和叶柄有时具短糙毛。叶卵形、椭圆形或卵状披针形，通常两面被刚伏毛及短腺毛或至少下面中脉被刚伏毛。花柱下部疏生糙毛。花期1～4月，果期4～6月。

产于神农架阳日、红坪和老君山，生于海拔250～2000m的山坡灌丛中。根、嫩枝、叶入药。

图171-10　郁香忍冬　　　　　　　　　图171-11　苦糖果

10. 毡毛忍冬 | Lonicera fargesii Franchet　图171-12

落叶灌木。叶纸质，倒卵状椭圆形、倒卵状矩圆形至椭圆状矩圆形。花冠红色或白色，唇形，外被柔毛。果实红色，卵圆形，内含2～3枚种子。种子橘黄色，椭圆形。花期5～6月，果期9～10月。

产于神农架九湖（大九湖），生于海拔2500m的山坡上林中。

11. 蕊被忍冬 | Lonicera gynochlamydea Hemsley　图171-13

落叶灌木。叶纸质，披针形，上面散生暗紫色腺。苞片钻形；杯状小苞包围2枚分离的萼筒，顶端为一由萼檐下延而成的帽边状凸起所覆盖；萼齿小而钝，三角形或披针形，有睫毛；花冠白色带淡红色或紫红色，唇形，基部具深囊；雄蕊稍伸出；花柱比雄蕊短，全部有糙毛。果实紫红色至白色。花期5月，果期8～9月。

产于神农架木鱼坪、老君山和红坪，生于海拔1200～2400m的沟谷灌丛、山坡或林中。花蕾入药。

图171-12　毡毛忍冬

图171-13　蕊被忍冬

12. 女贞叶忍冬 | Lonicera ligustrina Wallich

分变种检索表

　　1. 叶上面中脉凹陷或平，基部圆形至宽楔形·········12a. 女贞叶忍冬L. ligustrina var. ligustrina

　　1. 叶上面中脉明显凸起，基部楔形··················12b. 蕊帽忍冬L. ligustrina var. pileata

12a. 女贞叶忍冬（原变种）Lonicera ligustrina var. ligustrina 图171-14

常绿或半常绿灌木。叶薄革质，披针形，上面有光泽。苞片钻形；相邻两萼筒分离，萼齿大小不等，卵形，顶端钝，有缘毛和腺；花冠黄白色，稀紫红色，漏斗状，筒基部有囊肿，裂片稍不相等，卵形；花丝伸出。果实紫红色，后转黑色，圆形。花期5～6月，果期8～12月。

产于神农架下谷、宋洛和老君山，生于海拔650～2000m的灌丛及常绿阔叶林中。花蕾入药。

图171-14 女贞叶忍冬

12b. 蕊帽忍冬（变种）Lonicera ligustrina var. pileata (Oliver) Franchet 图171-15

常绿或半常绿灌木。叶革质，形状变异很大，通常卵形至矩圆状披针形。苞片钻形或条状披针形；杯状小苞包围2枚分离的萼筒，顶端为由萼檐下延而成的帽边状凸起所覆盖，萼齿小而钝，卵形；花冠白色，漏斗状，基部具浅囊，裂片卵形；雄蕊与花柱均略伸出。果实透明蓝紫色，圆形。花期4～6月，果期9～12月。

产于神农架阳日、新华、老君山、红坪和宋洛，生于海拔500～1500m的沟边。花蕾入药；植株可作盆景观赏。

13. 倒卵叶忍冬 | Lonicera hemsleyana Rehder

落叶灌木。叶纸质，倒卵形、倒卵状矩圆形至椭圆状矩圆形。果实红色，圆形。花期4月，果期6月。

产于神农架红坪（黄宝坪），生于海拔1800～2400m的山坡林中。

14. 唐古特忍冬 | Lonicera tangutica Maximowicz 图171-16

落叶灌木。叶纸质，倒披针形至椭圆形。苞片狭细，有时叶状；相邻两萼筒中部以上至全部合生，椭圆形或矩圆形，萼檐杯状；花冠白色、黄白色或有淡红晕，筒状漏斗形，筒基部稍一侧肿大或具浅囊，裂片近直立，圆卵形；雄蕊花药内藏；花柱高出花冠裂片。果实橙色或红色。花期5～8月，果期7～9月。

产于神农架田家山、木鱼坪、老君山和红花，生于海拔1100～2200m的山坡或沟谷。根及根皮能用于治子痫；去皮枝条入药。

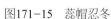

图171-15　蕊帽忍冬

图171-16　唐古特忍冬

15. 华西忍冬 | Lonicera webbiana Wallich ex Candolle　图171-17

落叶灌木。叶纸质，椭圆形至披针形，边缘常不规则波状起伏或有浅圆裂。苞片条形；相邻两萼筒分离，萼齿微小；花冠紫红色或绛红色，唇形，筒甚短，基部较细，具浅囊，上唇直立，具圆裂，下唇反曲；花丝和花柱下半部有柔毛。果实先红色后转黑色，圆形。花期5～6月，果期8～9月。

产于神农架红坪、阴峪河、老君山，生于海拔1800～3000m的针阔混交林、山坡灌丛中或草坡上。花蕾入药。

16. 下江忍冬 | Lonicera modesta Rehder　图171-18

落叶灌木。叶厚纸质，椭圆形。苞片钻形，有缘毛及疏腺；相邻两萼筒合生至1/2～2/3，上部具腺，萼齿条状披针形；花冠白色，基部微红，后变黄色，唇形，基部有浅囊；雄蕊长短不等；花柱长约等于唇瓣，全有毛。相邻两果实几全部合生，由橘红色转为黑色。花期5～6月，果期7～10月。

产于神农架阳日和红坪，生于海拔500～1300m的杂木林下或灌丛中。茎、叶、花蕾入药。

图171-17　华西忍冬

图171-18　下江忍冬

17. 红脉忍冬 │ **Lonicera nervosa** Maximowicz　图171-19

落叶灌木。叶纸质，椭圆形至卵状矩圆形，上面脉均带紫红色。苞片钻形；相邻两萼筒分离，萼齿小，三角状钻形；花冠先白色后变黄色，筒略短于裂片，基部具囊；雄蕊约与花冠上唇等长；花柱端部具短柔毛。果实黑色，圆形。花期6~7月，果期8~9月。

产于神农架老君山，生于海拔2100~3000m的山麓林下灌丛和山坡草地上。果实入药。

图171-19　红脉忍冬

18. 黑果忍冬 │ **Lonicera nigra** Linnaeus

落叶灌木。叶薄纸质，矩圆形或倒卵状披针形。苞片小，披针形；相邻两萼筒分离，萼齿宽披针形；花冠淡紫色或紫红色，唇形，筒基部有囊肿；花丝与花冠等长；花柱中部以下有柔毛。果实蓝黑色，圆形。花期4~7月，果期8~10月。

产于神农架下谷（板壁岩），生于海拔1700m左右的针叶林中或林缘。

3. 莛子藨属Triosteum Linnaeus

多年生草本。地下具根茎。叶对生，基部常相连，倒卵形，全缘至深裂。聚伞花序成腋生轮伞花序或于枝顶集合成穗状花序；萼檐5裂，宿存；花冠筒状钟形，基部一侧膨大成囊状，裂片5枚，不等，二唇形，上唇四裂，下唇单一；雄蕊5枚，花药内藏；子房3~5室，花柱丝状，柱头盘形，3~5裂。浆果状核果近球形，革质或肉质。

约6种。我国产3种，湖北产2种，神农架均产。

> **分种检索表**
>
> 1. 叶全缘，基部成对相连，茎贯穿其中·····················1. 穿心莛子藨T. himalayanum
> 1. 叶羽状深裂，基部不相连······································2. 莛子藨T. pinnatifidum

1. 穿心莛子藨 │ **Triosteum himalayanum** Wallich　图171-20

多年生草木。叶通常全株9~10对，基部连合，倒卵状椭圆形至倒卵状矩圆形。聚伞花序2~5轮在茎顶或有时在分枝上作穗状花序状；萼裂片三角状圆形，萼筒与萼裂片间缢缩；花冠黄绿色，筒内紫褐色，筒基部弯曲；雄蕊着生于花冠筒中部。果实白色，成熟时红色，近圆形，冠以由宿存萼齿和缢缩的萼筒组成的短喙，被毛。花期5~7月，果期7~9月。

产于神农架各地，生于海拔1800~3000m的山坡、林缘、沟边或草地上。全株入药。

半边月 ｜ **Weigela japonica** Thunberg 　图171–28

　　落叶灌木。叶长卵形，边缘具锯齿。单花或具3朵花的聚伞花序生于短枝的叶腋或顶端；萼齿条形，深达萼檐基部；花冠白色或淡红色，花开后逐渐变红色，漏斗状钟形；花丝白色，花药黄褐色；花柱细长，柱头盘形，伸出花冠外。果实顶端有短柄状喙。花期4～5月，果期8～12月。

　　产于神农架新华、宋洛、木鱼镇、官门山，生于海拔450～1000m的山坡林下、山顶灌丛或沟边。根入药；花供观赏。

图171-27　溲梗花

图171-28　半边月

9. 川续断属Dipsacus Linnaeus

　　二年生或多年生草本。基生叶具长柄，叶缘常具齿或浅裂；茎生叶对生，常3～5裂。头状花序呈长圆形、球形或卵状球形，顶生，基部具叶状总苞片1～2层；花萼整齐，浅盘状，顶端4裂；花冠基部常紧缩成细管状，顶端4裂，裂片不等；雄蕊4枚，着生于花冠管上；雌蕊由2枚心皮组成，子房下位，花柱线形。瘦果藏于革质的囊状小总苞内，小总苞具4～8棱。

　　约20种。我国产7种，湖北产3种，神农架均产。

分种检索表

　　1. 叶面被白色刺毛或疏被乳头状刺毛，背面沿脉被钩刺和白色刺毛。
　　　　2. 花白色或淡黄色，花冠管窄漏斗状·················· 1. 川续断D. asperoides
　　　　2. 花常为紫红色，花冠漏斗状·················· 2. 日本续断D. japonicus
　　1. 叶背面光滑，脉上不具钩刺和刺毛·················· 3. 天目续断D. tianmuensis

1. 川续断 ｜ Dipsacus asperoides Wallich ex C. B. Clarke　图171-29

多年生草本。基生叶稀疏丛生，叶片琴状羽裂；茎生叶在茎之中下部为羽状深裂，上部叶披针形，不裂或基部3裂。头状花序球形；总苞片5～7枚，叶状，披针形或线形，小苞片倒卵形；花萼4棱、皿状；花冠淡黄色或白色；雄蕊4枚，花药椭圆形，紫色；柱头短棒状。瘦果长倒卵柱状，包藏于小总苞内。花期7～9月，果期9～11月。

产于神农架各地，生于海拔500～3000m的山坡草丛、路旁、沟边或林缘。根入药。

图171-29　川续断

2. 日本续断 ｜ Dipsacus japonicus Miquel　图171-30

多年生草本。基生叶具长柄，叶片长椭圆形；茎生叶对生，叶片椭圆状卵形至长椭圆形。头状花序顶生，圆球形；总苞片线形，小苞片倒卵形；花萼盘状，4裂；花冠管基部细管明显；雄蕊稍伸出花冠外；子房下位，包于囊状具4棱小总苞内。瘦果长圆楔形。花期8～9月，果期9～11月。

产于神农架新华、板仓、宋洛、红坪，生于山坡阴湿草丛、灌丛、河谷两岸、沟边及路旁。根入药。

3. 天目续断 ｜ Dipsacus tianmuensis C. Y. Cheng et Z. T. Yin　图171-31

多年生草本。基生叶未见；茎生叶对生，具柄，叶片通常3～5裂，边缘具锯齿。小苞片长倒卵形；花黄白色，花萼浅盘状，4裂；花冠4裂，裂片不相等；雄蕊伸出花冠；子房下位，包于囊状具4棱小总苞内。瘦果顶端稍外露于小总苞外。花期8～9月，果期9～10月。

产于神农架各地，生于林下草坡和荒草地上。根、叶入药。

图171-30　日本续断

图171-31　天目续断

10.　双参属Triplostegia Wallich ex Candolle

多年生直立草本。叶交互对生，无托叶；基生叶成假莲座状；茎生叶和基生叶同形。花成二歧疏松聚伞圆锥花序，分枝处有1对苞片；小总苞2层，4裂，顶端具钩；花小，两性，5数，近辐射对称；萼细小，坛状，具4～5齿；花冠筒状漏斗形，顶端4～5裂，裂片几相等；雄蕊4枚，等长；子房下位，1室。瘦果具1枚种子，包藏在囊状小总苞内。

2种。我国产2种，湖北产1种，神农架亦产。

双参 │ Triplostegia glandulifera Wallich ex Candolle 　图171-32

柔弱多年生直立草本。茎方形。叶近基生，成假莲座状，叶片倒卵状披针形，二至四回羽状中裂；茎上部叶渐小，浅裂，无柄。花在茎顶端成疏松窄长圆形聚伞圆锥花序；各分枝处有苞片1对；小总苞裂片披针形；萼筒壶状，具8条肋棱；花冠白色或粉红色，5裂；雄蕊4枚，着生于花冠近口部。瘦果包于囊状小总苞内。花果期7～10月。

产于神农架红坪、新华、田家山、大九湖，生于海拔1500～4000m的林下、溪旁、山坡、草甸、林缘或草丛中。根入药。

图171-32　双参

11.　败酱属Patrinia Jussieu

多年生，稀二年生草本。基生叶丛生，茎生叶对生，边缘常具粗锯齿或牙齿。花序为二歧聚伞花序组成的伞房花序或圆锥花序，具叶状总苞片；花小，萼齿5枚，宿存；花冠黄色、淡黄色或白色，裂片5枚，稍不等形；雄蕊（1～）4枚，常伸出花冠，花药长圆形，花丝不等长；花柱单一，有时上部稍弯曲，柱头头状或盾状。瘦果，卵形或卵状长圆形。种子扁椭圆形。

20种。我国产11种，湖北产6种，神农架产4种。

分种检索表

1. 果无翅状苞片；花序梗仅上方一侧被开展的白色粗糙毛⋯⋯⋯⋯⋯⋯ 1. 败酱 P. scabiosaefolia
1. 果有增大的翅状苞片；花序梗四周被毛或仅两侧具毛。
  2. 花序梗被微糙毛或短糙毛⋯⋯⋯⋯⋯⋯⋯⋯⋯⋯⋯⋯⋯⋯⋯⋯⋯ 2. 墓回头 P. heterophylla
  2. 花序梗被较长的粗毛。
    3. 花冠黄色或淡黄色，较小，盛开时直径常1～4mm ⋯⋯⋯⋯ 3. 少蕊败酱 P. monandra
    3. 花冠白色，盛开时直径常4～5mm ⋯⋯⋯⋯⋯⋯⋯⋯⋯⋯⋯⋯ 4. 攀倒甑 P. villosa

1. 败酱 │ Patrinia scabiosaefolia Link 图171-33

图171-33 败酱

多年生草本。基生叶莲座状，卵形或椭圆状披针形，不分裂至全裂，边缘具粗锯齿；茎生叶对生，宽卵形至披针形，常羽状深裂或全裂。花序为聚伞花序组成的大型伞房花序，顶生，具5～7级分枝；总苞线形，甚小；花小，萼齿不明显；花冠钟形，黄色，基部一侧囊肿不明显，花冠裂片卵形。瘦果长圆形，具3棱。花期7～9月，果期9～10月。

产于神农架大九湖、官门山、田家山，生于海拔400～2900m的山谷、山坡草地、林灌丛、林下、路边或田边。根、全草入药。

2. 墓回头 │ Patrinia heterophylla Bunge 图171-34

多年生草本。基生叶莲座状，不分裂或羽状分裂至全裂；茎生叶对生，羽状全裂。花黄色，组成顶生伞房状聚伞花序；总苞叶常具1或2（～4）对线形裂片；萼齿5枚；花冠钟形，裂片卵形；雄蕊4枚伸出，花丝2长2短；子房倒卵形或长圆形，花柱稍弯曲。瘦果长圆形或倒卵形，顶端平截；翅状果苞干膜质。花期7～9月，果期8～10月。

产于神农架新华、老君山、红坪、盘龙、大九湖，生于海拔300～2600m的山地岩缝中、草丛、路边、沙质山坡、山沟灌丛或疏林下。根或全草能入药。

3. 少蕊败酱 | **Patrinia monandra** C. B. Clarke　图171-35

二年生或多年生草本。单叶对生，长圆形，不分裂或大头羽状深裂。花序圆锥状或伞房状；总苞叶线状披针形或披针形；花萼小，五齿状；花冠黄色或淡黄色，稀白色，漏斗形，基部一侧囊肿不明显，花冠裂片卵形至卵状长圆形；雄蕊1～4枚，常1枚最长，伸出花冠外；子房倒卵形。瘦果卵状球形；果苞薄膜质。花期8～9月，果期9～10月。

产于神农架新华、宋洛，生于海拔300～3100m的山坡草丛、灌丛、林下、田野溪边或路旁。全草入药。

图171-34　墓回头

图171-35　少蕊败酱

4. 攀倒甑 | **Patrinia villosa** (Thunberg) Dufresne　图171-36

二年生或多年生草本。基生叶莲座状，叶片卵形至长圆状披针形；茎生叶对生，与基生叶同形，或菱状卵形，边缘具粗齿。圆锥花序或伞房花序顶生，分枝达5～6级；总苞叶卵状披针形至线

图171-36　攀倒甑

形；花萼小，萼齿5枚，浅波状或浅钝裂状；花冠钟形，白色，5深裂，裂片不等形，卵形、卵状长圆形或卵状椭圆形。瘦果倒卵形，与宿存增大苞片贴生。花期8~10月，果期9~11月。

产于神农架官门山，生于海拔400~2000m的山地林下、林缘、灌丛、山谷、草丛或路旁。根状茎、带根全草入药。

12. 缬草属Valeriana Linnaeus

多年生草本。叶对生，羽状分裂，稀不裂。花序圆锥状或伞房状；花两性，有时杂性；花萼裂片在花时向内卷曲，不显著；花小，白色或粉红色；花冠筒基部一侧偏凸成囊距状，花冠裂片5枚；雄蕊3枚，着生于花冠筒上；子房下位，3室。果为一扁平瘦果，前面3脉、后面1脉，顶端有冠毛状宿存花萼。

约300种。我国产21种，湖北产4种，神农架均产。

分种检索表

1. 根茎块茎状 ·······1. 蜘蛛香V. jatamansi
1. 根茎其他形状。
   2. 花序开花后向四周疏展 ·······2. 缬草V. officinalis
   2. 花序在开花后向上延伸，果序长而疏展。
      3. 植株较粗壮，根茎短缩呈块柱状 ·······3. 长序缬草V. hardwickii
      3. 植株较柔细，根茎细柱状 ·······4. 柔垂缬草V. flaccidissima

1. 蜘蛛香 | Valeriana jatamansi W. Jones　图171–37

草本。基生叶发达，叶片心状圆形至卵状心形，边缘具疏浅波齿；茎生叶不发达。花序伞房状；苞片和小苞片长钻形；花白色或微红色，杂性；雌花小，不育花药着生在极短的花丝上，位于花冠喉部；雌蕊伸长于花冠之外，柱头深3裂；两性花较大。瘦果长卵形。花期5~7月，果期6~9月。

产于神农架木鱼、新华、阳日，生于海拔3000m以下的山顶草地、林中、灌丛、山沟草地、溪边等阴湿肥沃土壤。根状茎、根或全草入药；根可供提取芳香油。

2. 缬草 | Valeriana officinalis Linnaeus　图171–38

多年生高大草本。茎生叶卵形至宽卵形，羽状深裂，裂片7~11枚。花序顶生，成伞房状；小苞片中央纸质，两侧膜质；花冠淡紫红色、粉红色或白色，漏斗状，裂片椭圆形；雌、雄蕊约与花冠等长。瘦果长卵形，基部近平截。花期5~7月，果期6~10月。

产于神农架各地，生于海拔500~3000m的山坡草地、林下、沟边、河谷岸边或水沟边湿草地。根及根状茎入药；根可供提取芳香油；花供观赏。

图171-37 蜘蛛香

图171-38 缬草

3. 长序缬草 | **Valeriana hardwickii** Wallich　图171-39

大草本。基生叶多为3～5（～7）羽状全裂或浅裂；茎生叶与基生叶相似。花序圆锥状，顶生或腋生；苞片线状钻形；花小，白色、淡粉色或紫色；花冠漏斗状或钟形，裂片卵形；雌、雄蕊常与花冠等长或稍伸出。果序极度延展；瘦果宽卵形至卵形。花期6～8月，果期7～10月。

产于神农架各地，生于海拔1000～1300m的草坡、林缘、林间草地或溪边。根或全草入药。

图171-39　长序缬草

4. 柔垂缬草 | *Valeriana flaccidissima* Maximowicz 图171-40

细柔草本。基生叶与匍枝叶同形，有时3裂；茎生叶卵形，羽状全裂。花序圆锥状，顶生，或有时自上部叶腋出；苞片和小苞片线形；花冠淡红色、紫色或白色，漏斗状，裂片长圆形至卵状长圆形；雌、雄蕊常伸出花冠之外。瘦果线状卵形。花期4～6月，果期5～8月。

产于神农架松柏、田家山等地，生于海拔800～3000m的山坡、林缘、溪边等水湿环境中。全草入药。

图171-40 柔垂缬草

172. 鞘柄木科 | Toricelliaceae

乔木或灌木。单叶互生，叶柄基部扩大成鞘，叶片阔心形至近圆形，无毛或被短柔毛，掌状脉5～7（～9）条。总状圆锥花序，顶生；花单性；雄花花萼5齿，不等，花瓣5枚，先端内折，雄蕊5枚；雌花花萼裂片3～5枚，不等长，锐三角形，花瓣缺，下位子房，3～4室，胚珠1枚，柱头3，常弯曲且向下延伸。果核果状，紫红色或黑色，具宿存的花萼和花柱；果核具单个三角形萌发孔。种子线形，弯曲，先端具肉质胚乳。

1属2种。我国产2种，湖北产1种，神农架亦产。

鞘柄木属Toricellia de Candolle

形态特征及地理分布同科。

2种。我国全产，湖北产1种，神农架亦产。

角叶鞘柄木 | Toricellia angulata Oliver 图172-1

小乔木。叶互生，阔卵形或近于圆形，有裂片5～7枚，近基部的裂片较小，掌状叶脉5～7条，在两面均凸起。总状圆锥花序顶生，下垂；雄花序长5～30cm，密被短柔毛；雌花序较长，花较稀疏。果实核果状，卵形，花柱宿存。花期4月，果期6月。

产于神农架宋洛、新华（zdg 4572和zdg 6876），生于海拔600～1000m的林缘或溪边。根、根皮及叶入药。

图172-1 角叶鞘柄木

173. 海桐花科 | Pittosporaceae

常绿灌木或小乔木。枝条近轮生。单叶互生，有时在枝顶簇生，全缘，边缘反卷，厚革质，表面浓绿有光泽。花白色或淡黄色，成顶生伞形花序，花5基数；花萼钟状或辐状；雄蕊与花瓣对生；子房上位。蒴果或浆果，成熟时3瓣裂。种子红色。

9属约200种。我国产1属约40种，湖北产1属9种，神农架均产。

海桐花属Pittosporum Banks ex Gaertner

乔木或灌木。被毛或秃净。叶互生，全缘或有波状浅齿。花两性，单生或排成伞形、伞房或圆锥花序，生于枝顶或枝顶叶腋；萼片5枚；雄蕊5枚；子房上位，心皮2～3枚，胚珠1枚至多数。蒴果。种子有黏质或油状物包着。

约160种。我国约产40种，湖北产9种，神农架均产。

分种检索表

1. 胎座3～5个，稀2个；蒴果片（2～）3～5片。
  2. 胎座3～5个；果片3～5片。
    3. 果片木质。
      4. 子房有毛；蒴果椭圆形或卵圆形 ························ 1. 木果海桐P. xylocarpum
      4. 子房无毛或有毛；蒴果圆球形。
        5. 叶先端尖；蒴果宽1.5～2cm，无毛 ············ 2. 厚圆果海桐P. rehderianum
        5. 叶先端圆或钝；蒴果直径1.2cm，有毛 ················ 3. 海桐P. tobira
    3. 果片薄革质。
      6. 蒴果圆球形，或略呈三角球形 ················ 4. 海金子P. illicioides
      6. 蒴果椭圆形、倒卵形或长筒形。
        7. 子房无毛，或仅有稀疏微毛 ········· 5. 狭叶海桐P. glabratum var. neriifolium
        7. 子房密被柔毛。
          8. 蒴果有长5mm的子房柄 ················ 6. 柄果海桐P. podocarpum
          8. 子房柄长1～2mm ················ 7. 棱果海桐P. trigonocarpum
  2. 胎座2个，果片2片，或有时3数。
    9. 果片木质；种子4～8枚 ················ 1. 木果海桐P. xylocarpum
    9. 果片薄革质；种子8～16枚
      10. 果长6～12mm；子房柄极短 ········· 9. 突肋海桐P. elevaticostatum
      10. 果长2～3cm；子房柄5mm ········· 6. 柄果海桐P. podocarpum
1. 胎座2个，2片裂开 ················ 8. 崖花子P. truncatum

1. 木果海桐 | **Pittosporum xylocarpum** Hu et F. T. Wang 图173-1

常绿灌木。蒴果卵圆形，果片木质，内侧有横格。种子4～8枚，红色，干后变黑色；种柄短。产于神农架低海拔地区，生于海拔500～1200m的山谷林下灌木丛中。

2. 厚圆果海桐 | **Pittosporum rehderianum** Gowda 小籽海桐 图173-2

常绿灌木。有皮孔。叶簇生于枝顶。蒴果圆球形，有棱，3片裂开，果片木质，阔卵形。种子2～3枚，红色，干后变黑色。

产于神农架红坪、木鱼、松柏、新华、阳日，生于海拔500～1200m的山谷林下灌木丛中。根皮入药。

图173-1 木果海桐

图173-2 厚圆果海桐

海桐花科 | Pittosporaceae

461

3. 海桐 | **Pittosporum tobira** (Thunberg) W. Taiton 图173-3

常绿灌木或小乔木。有皮孔。叶聚生于枝顶。蒴果圆球形，有棱或呈三角形，果片木质，内侧黄褐色，有光泽，具横格。种子多数，多角形，红色。

原产于中国东南沿海地区及朝鲜、日本，神农架有栽培。园林观赏树种。

4. 海金子 | **Pittosporum illicioides** Makino 崖花海桐 图173-4

灌木。老枝有皮孔。叶生于枝顶，3～8枚簇生呈假轮生状，倒卵状披针形或倒披针形，先端渐尖，基部窄楔形，常向下延；侧脉6～8对，边缘平展，或略皱折。伞形花序顶生，有花2～10朵；苞片细小，早落；萼片卵形；子房被糠秕或有微毛，子房柄短；侧膜胎座，胚珠5～8枚。蒴果，有3条纵沟，3片裂开，果片薄木质。

产于神农架各地（阳日长青，zdg 5695、zdg 5921），生于海拔400～1400m的山坡沟边林下灌木丛中。根、叶、种子入药。

图173-3　海桐

图173-4　海金子

5. 狭叶海桐（变种）│ Pittosporum glabratum var. neriifolium Rehder et E. H. Wilson　图173-5

　　灌木。叶散生或聚生于枝顶，呈假轮生，狭披针形或披针形，先端渐尖，基部楔形，全缘，叶脉不明显，中脉在上面微凹，在下面隆起。伞房花序生于枝顶；花淡黄色；萼片5枚，三角形；花瓣5枚；雄蕊5枚；雌蕊无毛。蒴果梨形或椭圆球形，成熟时裂为3片。种子黄红色。

　　产于神农架红坪、木鱼、九湖，生于海拔1200～1800m的山谷沟边林下灌木丛中。根、叶、种子入药。

图173-5　狭叶海桐

6. 柄果海桐 | **Pittosporum podocarpum** Gagnepain

6a. 柄果海桐（原变种）Pittosporum podocarpum var. **podocarpum**　图173-6

常绿灌木。叶簇生于枝顶，薄革质，倒卵形或倒披针形。蒴果梨形或椭圆形，果片薄，革质，外表粗糙，内侧有横格，每片有种子3～4枚。种子扁圆形，干后淡红色。

产于神农架各地（长青，zdg 5924；麻湾，zdg 5157），生于海拔950～1300m的山坡林下。根皮和种子入药。

图173-6　柄果海桐

6b. 线叶柄果海桐（变种）Pittosporum podocarpum var. **angustatum** Gowda　图173-7

灌木。嫩枝无毛。叶簇生于枝顶，无毛。伞形花序顶生。蒴果梨形或椭圆形，果片薄，革质，有种子6枚。种子红色。

产于神农架各地，生于海拔950～1300m的山坡林下。

7. 棱果海桐 | **Pittosporum trigonocarpum** H. Léveillé　图173-8

常绿灌木。嫩枝无毛，嫩芽有短柔毛。叶簇生于枝顶，革质，倒卵形或矩圆倒披针形，侧脉约6对，在上、下两面均不明显。伞形花序3～5枝顶生。蒴果常单生，椭圆形，子房柄短，3片裂开，果片薄。种子红色。

产于神农架各地（阳日—新华，zdg 4550；长青，zdg 5696；龙门河、峡口，zdg 7896），木鱼官门山数量较多，生于海拔1000～1500m的山坡林下。

图173-7　线叶柄果海桐

图173-8　棱果海桐

8. 崖花子 ｜ Pittosporum truncatum Pritzel　菱叶海桐　图173-9

灌木。叶簇生于枝顶，呈对生或轮生状，革质，狭窄倒披针形。花序伞形，顶生或近于顶生；萼片卵形。果序有蒴果1～2枚；蒴果近于长球形。

神农架广布，生于海拔200～1500m的石灰岩山坡林下。

9. 突肋海桐 ｜ Pittosporum elevaticostatum H. T. Chang et S. Z. Yan　图173-10

常绿灌木。叶簇生于枝顶，硬革质，倒卵形或菱形。萼片卵形，无毛；花瓣倒披针形；子房被褐毛，卵圆形，侧膜胎座2个，胚珠16～18枚。蒴果短椭圆形，2片裂开，果片薄，内侧有小横格。种子16～18枚，种柄扁而细。

产于神农架松柏（鄂神农架植考队 21874），生于海拔950m的山坡林中。

图173-9　崖花子

图173-10　突肋海桐

174. 五加科 | Araliaceae

多为木本。茎常具刺。叶多互生；单叶，羽状或掌状复叶，常具托叶。花小，辐射对称，两性或杂性，稀单性异株；伞形或头状花序，常集成圆锥状复花序；萼齿5枚；花瓣5枚，稀10枚，常分离；雄蕊与花瓣同数，互生，稀为花瓣的2倍或更多，常着生在花盘的边缘；上位花盘；心皮2~15枚，常合生，通常2~5室，子房下位，胚珠1枚，倒生。浆果或核果。

50属1350多种。我国产23属180种，湖北产13属36种，神农架产13属30种。

分属检索表

1. 叶互生。
  2. 藤本植物；茎上具气生根·······················2. 常春藤属Hedera
  2. 乔木或灌木，少数蔓生状灌木或草本。
    3. 木本；叶为单叶、掌状复叶或羽状复叶。
      4. 茎无刺。
        5. 叶为单叶。
          6. 植株全体被绒毛·················5. 通脱木属Tetrapanax
          6. 植株光滑无毛·················13. 八角金盘属Fatsia
        5. 叶为掌状复叶或羽状复叶。
          7. 叶为掌状复叶。
            8. 花梗有关节；植株无毛或仅具疏柔毛。
              9. 花柱仅合生至中部·················6. 梁王茶属Metapanax
              9. 花柱全部合生成柱状·················8. 大参属Macropanax
            8. 花梗无关节；植株多具星状毛·················11. 鹅掌柴属Schefflera
          7. 叶为羽状复叶。
            10. 叶为三出羽状复叶·················9. 萸叶五加属Gamblea
            10. 叶为一回羽状复叶·················4. 羽叶参属Pentapanax
      4. 茎具刺。
        11. 叶为单叶，掌状分裂·················7. 刺楸属Kalopanax
        11. 叶为掌状或羽状复叶。
          12. 叶为二回羽状复叶·················3. 楤木属Aralia
          12. 叶为掌状复叶，小叶3~5枚·················1. 五加属Acanthopanax
    3. 草本。
      13. 叶为二至多回羽状复叶·················3. 楤木属Aralia
      13. 叶为单叶·················12. 天胡荽属Hydrocotyle
1. 叶轮生，掌状复叶·················10. 人参属Panax

五加科 | Araliaceae

465

1. 五加属Acanthopanax Maximowicz

灌木或小乔木。常有刺。掌状复叶，有小叶3～5枚。花两性或杂性；伞形花序或头状花序通常组成复伞形花序或圆锥花序；花萼5齿裂；花瓣5枚，稀4枚；雄蕊与花瓣同数；子房下位，2～5室，花柱分离或合生成柱，宿存。果近球形，核果状，有5～2棱。

40种。我国产18种，湖北产12种，神农架产6种。

分种检索表

```
1. 子房5室，稀3～4室。
    2. 伞形花序单生；花柱离生或合生至中部。
        3. 小叶片边缘有不整齐的细重锯齿；花柱基部合生···················1. 红毛五加A. giraldii
        3. 小叶片边缘有钝齿；花柱合生至中部··························2. 匙叶五加A. rehderianus
    2. 伞形花序组成复伞形或短圆锥花序；子房5室，花柱合生成柱状。
        4. 枝刺细长，直而不弯··································3. 藤五加A. 1eucorrhizus
        4. 枝刺粗壮，通常弯曲··································4. 糙叶五加A. henryi
1. 子房2或4室。
    5. 叶有小叶5枚··········································5. 细柱五加A. gracilistylus
    5. 叶有小叶3枚··········································6. 白簕A. trifoliatus
```

1. 红毛五加 ｜ Acanthopanax giraldii (Harms) Nakai　图174-1

落叶灌木。小枝密生下向的细针刺。叶有小叶5枚，稀3枚，无毛，倒卵状长圆形，稀卵形，先端尖或短渐尖，基部狭楔形，两面均无毛，边缘有不整齐细重锯齿，侧脉约5对，网脉不明显。伞形花序单个顶生，总花梗粗短，有时几无总花梗；花白色；花瓣5枚；花柱5，基部合生。果实球形，有5棱。花期6～7月，果期8～9月。

产于神农架各地（南天门，zdg 7353），生于海拔2500～2900m的山坡冷杉林下。树皮入药。

图174-1　红毛五加

图174-2　匙叶五加

2. 匙叶五加 | **Acanthopanax rehderianus** (Harms) Nakai　图174-2

落叶灌木。枝铺散而拱形下垂，小枝有淡棕色微毛，疏生下向刺。叶有小叶5枚，稀4～3枚，小叶卵状披针形，先端尖至短渐尖，两面均无毛，上面有光泽，边缘除下部外有钝齿。伞形花序单个顶生；花瓣5枚，开花时反曲；花柱5，合生至中部，先端离生，反曲。果实球形，有浅棱。花期6～7月，果期7～8月。

产于神农架各地（冲坪—老君山，zdg 7015），生于海拔1500～2200m的山坡。根皮及茎皮入药。

3. 藤五加 | **Acanthopanax leucorrhizus** Oliver

分变种检索表

1. 叶通常有小叶3枚，稀4～5枚·················· 3b. 蜀五加A. leucorrhizus var. setchuenensis
1. 叶有小叶5枚，稀3～4枚。
　　2. 小叶上面粗糙或有糙毛，下面叶脉上有黄色短柔毛。
　　　　3. 小叶上面有糙毛，小叶柄密生黄色短柔毛······ 3c. 糙叶藤五加A. leucorrhizus var. fulvescens
　　　　3. 小叶上面粗糙，中脉及小叶柄有刺···3d. 狭叶藤五加A. leucorrhizus var. scaberulus
　　2. 小叶两面均无毛·················· 3a. 藤五加A. leucorrhizus var. leucorrhizus

3a. 藤五加（原变种）**Acanthopanax leucorrhizus** var. **leucorrhizus**　图174-3

落叶灌木。叶有小叶5枚，稀3～4枚，无毛，小叶长圆形至披针形，先端渐尖，基部楔形，两面均无毛，边缘有锐利重锯齿，侧脉6～10对。伞形花序单个顶生，或数个组成短圆锥花序；花绿黄色；花瓣5枚，开花时反曲；花柱全部合生成柱状。果实卵球形，有5棱。花期7～8月，果期8～10月。

产于神农架九湖、红坪、木鱼、下谷坪，生于海拔1100～1800m的山坡。根皮入药。

图174-3　藤五加

图174-4　蜀五加

五加科 | Araliaceae

467

3b. 蜀五加（变种）Acanthopanax leucorrhizus var. **setchuenensis** (Harms) C. B. Shang et J. Y. Huang 图174-4

落叶灌木。叶通常有小叶3枚，稀4～5枚，长圆状椭圆形至长圆状卵形，先端渐尖至尾尖，下面灰白色，边缘全缘或疏生齿牙状锯齿或不整齐细锯齿，侧脉约8对。伞形花序单个顶生，或数个组成短圆锥状花序；花白色；花瓣5枚，开花时反曲；花柱合生成柱状。果实球形，有5棱，黑色。花期6～8月，果期9～10月。

产于神农架各地（长岩屋—茶园，zdg 6925；板仓—坪堑，zdg 7301），生于海拔1500～1900m的山坡疏林地。根皮入药。

3c. 糙叶藤五加（变种）Acanthopanax leucorrhizus var. **fulvescens** (Harms et Rehder) Nakai 图174-5

落叶灌木。本变种与原变种的主要区别：小叶片边缘有锐利锯齿，稀重锯齿状，上面有糙毛，下面脉上有黄色短柔毛，小叶柄密生黄色短柔毛。花期6～8月，果期9～10月。

产于神农架红坪、木鱼、松柏，生于海拔1700～2600m的山坡疏林中。茎皮及根皮入药。

3d. 狭叶藤五加（变种）Acanthopanax leucorrhizus var. **scaberulus** (Harms et rehder) Nakai 图174-6

落叶灌木。本种与原变种的主要区别：小叶上面粗糙，中脉及小叶柄有刺。花期6～8月，果期9～10月。

产于神农架红坪、木鱼，生于海拔1700～2600m的山坡疏林中。茎皮及根皮入药。

图174-5 糙叶藤五加

图174-6 狭叶藤五加

4. 糙叶五加 ｜ Acanthopanax henryi Oliver 图174-7

落叶灌木。枝疏生下曲粗刺，小枝密生短柔毛。叶有小叶5枚，密生粗短毛，椭圆形，上面粗糙，脉上有短柔毛，中部以上有细锯齿，侧脉6～8对。伞形花序数个组成短圆锥花序；花瓣5枚，开花时反曲；花柱合生成柱状。果实椭圆球形，有5浅棱，黑色。花期6～8月，果期9~10月。

产于神农架各地，生于海拔1000~2000m的山坡灌丛中或林下。茎皮及根皮入药。

5. 细柱五加 │ **Acanthopanax gracilistylus** W. W. Smith 图174-8

落叶灌木。小枝、叶常有疏生反曲的扁刺。掌状复叶，在长枝上互生，在短枝上簇生，小叶常5片，叶无毛或仅在叶脉上疏生刚毛。伞形花序，腋生或顶生于短枝上；花黄绿色；花柱2，丝状，分离。浆果近球形，熟时黑色。花期6~7月，果期8~10月。

产于神农架各地，生于海拔200~800m的山坡林缘或灌丛中。根皮入药；幼叶可作蔬菜。

图174-7 糙叶五加　　　　　　　　图174-8 细柱五加

6. 白簕 │ **Acanthopanax trifoliatus** (Linnaeus) S. Y. Hu 图174-9

落叶灌木。枝软弱铺散，常依持他物上升，疏生下向刺，先端钩曲。叶有小叶3枚，稀4~5枚，椭圆状卵形，两面无毛，或上面脉上疏生刚毛，边缘有细锯齿或钝齿，侧脉5~6对。伞形花序组成顶生复伞形花序；花瓣5枚，开花时反曲；花柱基部或中部以下合生。果实扁球形，黑色。花期8~11月，果期9~12月。

产于神农架各地（阳日寨湾，zdg 7958），生于海拔500~1300m的山坡林缘或灌丛中。根及根皮入药；幼叶可作蔬菜。

2. 常春藤属Hedera Linnaeus

常绿攀援灌木。有气生根。叶为单叶，叶片在不育枝上的通常有裂片或裂齿，在花枝上的常不分裂；叶柄细长，无托叶。伞形花序单个顶生，或几个组成顶生短圆锥花序；苞片小；花梗无关节；花两性；萼筒近全缘或有5枚小齿；花瓣5枚，在花芽中镊合状排列；雄蕊5枚；子房5室，花柱合生成短柱状。果实球形。种子卵圆形。

约5种。我国产1种，神农架亦产。

常春藤（变种）| Hedera nepalensis K. Koch var. sinensis (Tobler) Rehder
图174-10

攀援灌木。有气生根。叶革质，在不育枝上通常为三角状卵形或三角状长圆形，花枝上的叶片通常为椭圆状卵形，略歪斜而带菱形，先端渐尖，基部楔形，全缘或有1～3浅裂，或疏生鳞片。伞形花序单个顶生，或2～7个总状排列成圆锥花序；花药紫色。果实球形，红色或黄色。花期7～11月，果期翌年3～6月。

产于神农架各地，生于海拔1700m以下的山地林下或路旁。庭院观赏植物；全株入药。

图174-9　白簕

图174-10　常春藤

3. 楤木属Aralia Linnaeus

小乔木、灌木或多年生草本。通常有刺。叶大，一至数回羽状复叶；托叶和叶柄基部合生。花杂性，聚生为伞形花序，稀为头状花序，再组成圆锥花序；花梗有关节；萼筒边缘有5枚小齿；花瓣5枚，在花芽中覆瓦状排列；雄蕊5枚；子房5室，稀4～2室；花柱2～5，离生或基部合生；花盘小。果实球形，具棱。种子白色。

40种。我国产29种，湖北产9种，神农架产8种。

分种检索表

1. 灌木或小乔木。
  2. 小枝具刺。
    3. 花明显地有花梗，聚生为伞形花序，再组成圆锥花序。
      4. 圆锥花序的主轴长，一级分枝在主轴上总状排列。
        5. 叶背灰白色，无毛 ·· 1. 棘茎楤木A. echinocaulis
        5. 叶背密生黄棕色绒毛 ·· 2. 黄毛楤木A. chinensis
      4. 圆锥花序的主轴短，一级分枝在主轴上指状或伞房状排列 ········ 3. 楤木A. elata
    3. 花无梗或几无梗，聚生为头状花序，再组成圆锥花序 ······ 4. 头序楤木A. dasyphylla
  2. 小枝近无刺；花序主轴和分枝具短柔毛 ···················· 5. 披针叶楤木A. stipulata
1. 草本，无刺。
  6. 小叶两面脉上有毛。
    7. 地下茎粗短；茎疏生长柔毛；小叶两面脉上疏生长柔毛 ················
      ·· 6. 柔毛龙眼独活A. henryi
    7. 地下茎肥厚而长；茎无毛；小叶两面脉上有糙毛 ·············· 7. 龙眼独活A. fargesii
  6. 小叶上面无毛，下面脉上疏生短柔毛 ······················ 8. 食用土当归A. cordata

1. 棘茎楤木 ｜ Aralia echinocaulis Handel-Mazzetti　　图174-11

小乔木。小枝密生细长直刺。叶为二回羽状复叶，疏生短刺，托叶和叶柄基部合生，羽片有小叶5～9枚，长圆状卵形至披针形，先端长渐尖，无毛，下面灰白色，边缘疏生细锯齿，侧脉6～9对，在上面较在下面明显，网脉在上面略下陷。圆锥花序顶生；主轴和分枝有糠屑状毛；苞片卵状披针形，小苞片披针形；花白色，5基数；子房下位，5室；花柱5，离生。果实球形，有5棱；宿存花柱长1～1.5mm，基部合生。花期6～8月，果期9～10月。

产于神农架各地（长青，zdg 5540），生于海拔1500m以下的山地灌丛中。根皮入药；幼叶可作野菜。

471

图174-11　棘茎楤木

图174-12　黄毛楤木

2. 黄毛楤木 | **Aralia chinensis** Linnaeus　图174-12

灌木。茎皮灰色，有刺。叶为二回羽状复叶，疏生细刺和黄棕色绒毛，托叶和叶柄基部合生，小叶片革质，卵形至长圆状卵形，小叶无柄或有长达5mm的柄，顶生小叶柄长达5cm。圆锥花序大，伞形花序直径约2.5cm，有花30～50朵；苞片线形，小苞片宿存；花淡绿白色；萼无毛；花瓣卵状三角形；雄蕊5枚。果实球形，黑色，有5棱，直径约4mm。花期10月至翌年1月，果期12月至翌年2月。

产于神农架各地，生于海拔1000m以下的山地灌丛中。根皮入药；幼叶可作野菜。

3. 楤木 | **Aralia elata** Linnaeus　图174-13

灌木或乔木，疏生直刺。小枝有黄棕色绒毛。二回或三回羽状复叶，托叶与叶柄基部合生，羽片有小叶5～11枚，卵形、阔卵形或长卵形，先端渐尖或短渐尖，上面疏生糙毛，下面有淡黄色或灰色短柔毛，脉上更密。圆锥花序密生淡黄棕色或灰色短柔毛，伞形花序密生短柔毛；苞片锥形，外面有毛；花瓣5枚；雄蕊5枚；子房下位，5室；花柱离生或基部合生。果实球形，有5棱，花柱宿存。花期7～8月，果期8～9月。

产于神农架各地，生于海拔1900m以下的山地灌丛中。根皮入药；幼叶可作野菜。

4. 头序楤木 | **Aralia dasyphylla** Miquel　图174-14

灌木或小乔木。高2～10m。小枝有刺，新枝密生淡黄棕色绒毛。叶为二回羽状复叶，托叶和叶柄基部合生，羽片有小叶7～9枚，薄革质，卵形至长圆状卵形，先端渐尖，基部圆形至心形，侧生小叶片基部歪斜，边缘有细锯齿，齿有小尖头，小叶柄密生黄棕色绒毛。圆锥花序大；苞片和小苞片都呈长圆形；花无梗；花瓣5枚；雄蕊5枚。果实球形，紫黑色。花期8～10月，果期10～12月。

产于神农架巫溪（杨光辉65332），生于海拔1300m的山沟或溪边、林缘。

图174-13　楤木

图174-14　头序楤木

5. 披针叶楤木 | **Aralia stipulata** Franchet　图174-15

灌木或小乔木。枝近无刺，具膨胀、圆锥形皮刺。叶二回羽状复叶，无毛，无刺，羽片有3～11枚小叶，卵形到狭卵形，圆锥花序顶生，无刺，雄花、两性花同株；末级花序轴具一两性花的顶生伞形花序和1至数个雄花的侧生伞形花序，具短柔毛；苞片披针形；子房5室；花柱5，顶部离生。果球状；花柱宿存，下弯。

产于神农架红坪、木鱼，生于海拔1500～2500m的山坡疏林中。根皮入药。

6. 柔毛龙眼独活 | **Aralia henryi** Harms　图174-16

多年生草本。有纵纹，疏生长柔毛。根茎短。叶为二回或三回羽状复叶，羽片有3枚小叶，长圆状卵形，先端长尾尖，基部钝形至浅心形，两面脉上疏生长柔毛，边缘有钝锯齿，侧脉6～8对，网脉不明显。伞房状圆锥花序，顶生；花序轴有长柔毛，基部有叶状总苞；花瓣5枚；雄蕊5枚；子房5室；花柱离生。果实近球形，有5棱；花柱宿存；果梗丝状。花期6～7月，果期7～9月。

产于神农架木鱼（彩旗乌龟峡），生于海拔1400m的山坡密林下。根茎及根入药。

图174-15　披针叶楤木　　　　　　　图174-16　柔毛龙眼独活

7. 龙眼独活 | **Aralia fargesii** Franchet　图174-17

草本。茎有纵纹，有肉质纺锤根1～2条。茎上部叶为一回或二回羽状复叶，下部叶为二回或三回羽状复叶，羽片有小叶3～5枚，阔卵形或长圆状卵形，先端渐尖，基部心形，两面脉上有糙毛，下面沿脉有短柔毛，边缘有重锯齿，侧脉5～6对。伞房状圆锥花序，无毛或疏生糙毛；基部有叶状总苞；花梗密生糙毛；花紫色；萼被疏生糙毛；花瓣5枚；雄蕊5枚；子房5室；花柱离生。果实近球形，有5棱。花期6～8月，果期7～9月。

产于神农架九湖、红坪、松柏、宋洛，生于海拔1400～2200m的山坡草丛中。根及根茎入药。

图174-17　龙眼独活

8.　食用土当归 | Aralia cordata Thunberg　图174-18

草本。茎具纵条纹。叶为二回或三回羽状复叶，无毛或疏生短柔毛，托叶和叶柄基部合生，羽片有小叶3~5枚，长卵形至长圆状卵形，先端突尖，基部圆形至心形，上面无毛，下面脉上疏生短柔毛。圆锥花序大，有短柔毛；花白色；萼无毛；花瓣5枚，开花时反曲；雄蕊5枚；子房下位，5室；花柱5，离生。果实球形，有5棱；宿存花柱长约2mm。花期6~9月，果期9~10月。

产于神农架宋洛，生于海拔1200~1600m的山坡草丛中或林中。根入药；叶可作野菜。

4.　羽叶参属Pentapanax Seemann

无刺乔木或蔓生灌木。叶为一回奇数羽状复叶，有小叶3~9枚，无托叶。花两性或杂性，聚生成总状花序或伞形花序，再组成圆锥花序或复伞形花序，花序基部常有托叶状、革质、覆瓦状排列的苞片；苞片宿存；花梗有关节；萼筒边缘有5齿；花瓣5枚，稀7~8枚，在花芽中覆瓦状排列；雄蕊与花瓣同数；子房5室，稀7~8室；花柱合生成柱状，或上部离生。果实球形，有5棱。

约18种。我国约产16种，湖北产1种，仅分布于神农架。

锈毛羽叶参 | Pentapanax henryi Harms　图174-19

灌木或小乔木。叶有小叶3~5枚，卵形至卵状长圆形，先端尖或短渐尖，基部圆形至钝形，下面脉腋间有簇毛，边缘有锯齿，齿有刺尖，侧脉6~8对，下面隆起而明显，网脉不明显。圆锥花序顶生，主轴和分枝密生锈色长柔毛，伞形花序总花梗密生锈色长柔毛；苞片卵形，外面有锈色长柔毛；花白色；萼无毛；花瓣5枚，开花时反曲；雄蕊5枚。果实卵球形，黑色。花期8~10月，果期11~12月。

产于神农架木鱼（官门山，zdg 7623），生于海拔1700m的山坡林下。根皮入药。

图174-18 食用土当归   图174-19 锈毛羽叶参

5. 通脱木属Tetrapanax (K. Koch) K. Koch

无刺灌木或小乔木。地下有匍匐茎。叶为单叶，叶片大，掌状分裂，叶柄长，托叶和叶柄基部合生，锥形。花两性，聚生为伞形花序，再组成顶生的圆锥花序；花梗无关节；萼筒全缘或有齿；花瓣5～4枚，在花芽中镊合状排列；雄蕊5～4枚；子房2室；花柱2，离生。果实浆果状核果。

2种。我国特有属，湖北产1种，神农架亦产。

通脱木 | Tetrapanax papyrifer (Hooker) K. Koch   图174-20

常绿灌木或小乔木。小枝幼时密生黄色星状厚绒毛。叶大，集生于茎顶，长50～75cm，宽50～70cm，掌状5～11裂，裂片倒卵状长圆形或卵状长圆形，通常再分裂为2～3枚小裂片。圆锥花序，密生白色星状绒毛；花淡黄白色；萼密生白色星状绒毛；花瓣4枚，稀5枚，外面密生星状厚绒毛；雄蕊和花瓣同数；子房2室；花柱2，离生，先端反曲。果实球形，紫黑色。花期10～12月，果期翌年1～2月。

产于神农架木鱼、松柏、新华、阳日、黄连架（zdg 7784），生于海拔500～1500m的山坡、沟谷林下或林缘。茎髓入药。

6. 梁王茶属Metapanax J. Wen et Frodin

常绿无刺乔木或灌木。叶为单叶或掌状复叶，叶柄细长，无托叶或在叶柄基部有小型附属物。花聚生为伞形花序，再组成顶生圆锥花序；花梗有明显的关节；萼筒边缘全缘或有5枚小齿；花瓣5枚，在花芽中镊合状排列；雄蕊5枚；子房2室，稀3～4室；花柱2，稀3～4，离生或中部以下合生。果实球形，侧扁。

2种，我国均产，湖北产1种，神农架亦产。

异叶梁王茶 | Metapanax davidii (Franchet) J. Wen et Frodin   图174-21

灌木或乔木。叶为单叶，稀在同一枝上有3枚小叶的掌状复叶，叶长圆状卵形至长圆状披针形，不分裂、掌状2～3浅裂或深裂，有主脉3条，边缘疏生细锯齿，侧脉6～8对。圆锥花序顶生；花梗有关节；花白色或淡黄色，芳香；萼齿5枚；花瓣5枚；雄蕊5枚；子房2室，花盘稍隆起；花柱2，上部离生，反曲。果实球形，侧扁，黑色；花柱宿存。花期7～9月，果期8～11月。

产于神农架红坪（板仓至百步梯哨所，zdg 7675），生于海拔1800m的疏林或灌木林的林缘或路边。根入药。

图174-20　通脱木

图174-21　异叶梁王茶

7. 刺楸属Kalopanax Miquel

有刺灌木或乔木。叶为单叶，在长枝上疏散互生，在短枝上簇生；叶柄长，无托叶。花两性，聚生为伞形花序，再组成顶生圆锥花序；花梗无关节；萼筒边缘有5枚小齿；花瓣5枚，在花芽中镊合状排列；子房2室；花柱2，合生成柱状，柱头离生。果实近球形。种子扁平；胚乳匀一。

单种属。分布于亚洲东部，神农架亦产。

刺楸 ｜ Kalopanax septemlobus (Thunberg) Koidzumi　图174-22

落叶乔木。高约10m，最高可达30m，胸径达70cm以上。树皮暗灰棕色。小枝散生粗刺。叶圆形或近圆形，直径9～25cm，稀35cm，掌状5～7浅裂，裂片阔三角状卵形至长圆状卵形，无毛或几无毛。花期7～8月，果期8～10月。

产于神农架各地（阳日镇大坪村，zdg 7886），生于海拔700～1800m的山坡。茎皮、根、根皮入药。

8. 大参属Macropanax Miquel

常绿乔木或小乔木，无刺。叶为掌状复叶，托叶和叶柄基部合生或不存在。花杂性，聚生为伞形花序，再组成顶生圆锥花序；苞片小，早落；花梗有关节；萼筒边缘有5枚小齿，稀7～10枚小齿，或近全缘；花瓣5枚，稀7～10枚，在花芽中镊合状排列；雄蕊与花瓣同数；子房2室，稀3室，花柱合生成柱状，稀先端离生。果实球形或卵球形。种子扁平。

20种。我国产7种，湖北产1种，神农架亦产。

短梗大参 | **Macropanax rosthornii** (Harms) C. Y. Wu ex G. Hoo 图174–23

灌木或小乔木。叶有小叶3～5枚，稀7枚，倒卵状披针形，先端短渐尖或长渐尖，基部楔形，边缘疏生钝齿或锯齿，侧脉8～10对，在两面明显，网脉不明显。圆锥花序顶生，主轴和分枝无毛；花白色；萼齿5枚；花瓣5枚；雄蕊5枚，花丝长2～2.5mm；子房2室，花盘隆起，花柱合生成柱状。果实卵球形；宿存花柱长1.5～2mm。花期7～9月，果期10～12月。

产于神农架木鱼（龙门河、九冲）、阳日（武山湖），生于海拔600m的山坡林中。根、叶入药。

图174–22　刺楸

图174–23　短梗大参

9. 萸叶五加属Gamblea C. B. Clarke

灌木或乔木，无刺。叶有3枚小叶，在长枝上互生，在短枝上簇生，小叶片下面脉腋有簇毛。叶柄长5～10cm，仅叶柄先端和小叶柄相连处有锈色簇毛。伞形花序有多数或少数花，通常几个组成顶生复伞形花序，稀单生；花瓣5枚，开花时反曲；子房4～2室，花柱4～2，仅基部合生。果实球形或略长，直径5～7mm，黑色，有4～2浅棱；花柱宿存。

4种。我国产2种，湖北产1种，神农架亦产。

吴茱萸五加（变种）| **Gamblea ciliata** var. **evodiifolia** (Franchet) C. B. Shang et al. 图174–24

灌木或乔木。枝暗色，新枝红棕色。叶有3枚小叶，在长枝上互生，在短枝上簇生，叶柄密生淡棕色短柔毛，仅叶柄先端和小叶柄相连处有锈色簇毛；中央小叶片椭圆形或倒披针形，下面脉腋有簇毛，全缘或有锐尖小锯齿，侧脉6～8对，在两面明显。复伞形花序顶生；花瓣5枚，开花时反曲；雄蕊5枚；子房4～2室，花柱4～2，基部合生，中部以上离生，反曲。果实球形或略长，黑色，有4～2浅棱；花柱宿存。花期5～7月，果期6～9月。

产于神农架大九湖，生于海拔1700m的山坡林缘。叶入秋变黄，可作庭院观赏树种；根皮入药。

五加科 | Araliaceae

477

图174-24　吴茱萸五加

10. 人参属Panax Linnaeus

多年生草本。具肉质根或直立而短的根状茎，或肉质根不发达，根状茎长而呈竹鞭状或串珠状。地上茎单一。掌状复叶轮生于枝顶。花两性或杂性，排成顶生的伞形花序；花萼5枚；花瓣5枚；子房下位，2室，花盘肉质。核果状浆果。

8种。我国产7种，湖北产2种，神农架均产。

1. 三七｜Panax notoginseng (Burkill) F. H. Chen ex C. Chow et W. G. Huang

多年生草本。根状茎短，肉质根圆柱形。地上茎有纵纹，无毛。叶为掌状复叶，小叶片3～4枚，长圆形至倒卵状长圆形，两面脉上均有刚毛，托叶卵形或披针形。伞形花序单个顶生，伞形花序有80～100朵或更多的花；花梗被微柔毛；苞片不明显；花黄绿色；萼杯状；花瓣5枚；雄蕊5枚；子房2室；花柱2，离生，反曲。花期6～8月，果期8～10月。

神农架有栽培。根、叶、花、种子均可入药。

2. 竹节参｜Panax japonicus (T. Nees) C. A. Meyer

2a. 竹节参（原变种）Panax japonicus var. japonicus　图174-25

多年生草本。根状茎竹鞭状或串珠状，或兼有竹鞭状和串珠状。根通常不膨大，纤维状，稀侧根膨大成圆柱状肉质根。中央小叶片椭圆形至倒卵状椭圆形，最宽处常在中部，上面脉上无毛或疏生刚毛，下面无毛或脉上疏生刚毛或密生柔毛。花期7~8月，果期8~9月。

产于神农架各地，生于海拔1000~2000m的山坡沟谷林下。根能药用。

图174-25　竹节参

2b. 疙瘩七（变种）Panax japonicus var. bipinnatifidus (Seemann) C. Y. Wu et K. M. Feng
图174-26

多年生草本。根状茎多为串珠状，稀为典型竹鞭状，也有竹鞭状及串珠状的混合型。叶偶有托叶残存，小叶片长圆形，二回羽状深裂，稀一回羽状深裂，裂片又有不整齐的小裂片和锯齿。

产于神农架红坪（金猴岭）、南天门（zdg 7354）、板仓—坪堑（zdg 7248），生于海拔2000m的山地林下。根入药。

11. 鹅掌柴属Schefflera J. R. Forster et G. Forster

直立无刺乔木或灌木，有时攀援状。小枝粗壮，被星状绒毛或无毛。叶为单叶（我国无分布）或掌状复叶，托叶和叶柄基部合生成鞘状。花组成圆锥花序；子房通常5室，花柱离生，或基部合生而顶端离生。果实球形。

1100种。我国产35种，湖北产4种，神农架栽培1种。

昆士兰伞树 | **Schefflera actinophylla** (Endlicher) Harms 图174-27

常绿灌木。分枝多，枝条紧密。掌状复叶，小叶5～8枚，长卵圆形，革质，深绿色，有光泽。圆锥状花序；小花淡红色。浆果深红色。

神农架木鱼有栽培。庭院观赏树种。

图174-26 疙瘩七

图174-27 昆士兰伞树

12. 天胡荽属 Hydrocotyle Linnaeus

多年生草本。茎细长，匍匐或直立。叶片心形、圆形、肾形或五角形，有裂齿或掌状分裂；叶柄细长，无叶鞘；托叶细小，膜质。花序通常为单伞形花序，细小，有多数小花，密集呈头状；花序梗通常生自叶腋，短或长过叶柄；花白色、绿色或淡黄色；无萼齿；花瓣卵形，在花蕾时镊合状排列。果实心状圆形，两侧扁压，背部圆钝；背棱和中棱显著，侧棱常藏于合生面；表面无网纹；内果皮有1层厚壁细胞，围绕着种子胚乳。

约75种。我国产14种，湖北产7种，神农架产5种。

分种检索表

1. 花序梗短于叶柄，花序数个族生于枝顶端，密生柔毛⋯⋯⋯⋯⋯⋯⋯⋯⋯ 1. 红马蹄草 H. nepalensis
1. 花序梗短或长于叶柄，花序单生，光滑或有毛。
　　2. 叶较小，花序无梗或短于叶柄⋯⋯⋯⋯⋯⋯⋯⋯⋯⋯⋯⋯⋯⋯ 2. 天胡荽 H. sibthorpioides
　　2. 叶较大，花序梗长于或近等长于叶柄。
　　　　3. 叶片明显的5～7中裂至深裂，裂片基部与中部等阔或楔形。
　　　　　　4. 叶片分裂至近基部，裂片基部楔形⋯⋯⋯⋯⋯⋯⋯ 3. 裂叶天胡荽 H. dielsiana
　　　　　　4. 叶片分裂至中部，裂片基部与中部等阔，有毛⋯⋯⋯⋯ 4. 鄂西天胡荽 H. wilsonii
　　　　3. 叶5～7浅裂⋯⋯⋯⋯⋯⋯⋯⋯⋯⋯⋯⋯⋯⋯⋯ 5. 中华天胡荽 H. hookeri subsp. chinensis

1. 红马蹄草 | **Hydrocotyle nepalensis** Hooker 图174-28

草本。叶圆形或肾形，5~7浅裂，掌状脉7~9条，疏生短硬毛；叶柄长4~27cm，上部密被柔毛；托叶膜质。伞形花序数个簇生于茎端叶腋，花序梗短于叶柄，有柔毛；小伞形花序有花20~60朵，常密集成球形的头状花序，花柄极短；小总苞片膜质、卵形或倒卵形；无萼齿；花白色，时有紫红色斑点。果两侧扁压，光滑或有紫色斑点；中棱和背棱显著。花期6~7月，果期8~9月。

产于神农架木鱼、新华、阳日（长青，zdg 5628），生于海拔600m的沟边潮湿处。全草入药。

2. 天胡荽 | **Hydrocotyle sibthorpioides** Lamarck

草本。叶圆形或肾圆形，背面脉上疏被粗伏毛；叶柄长0.7~9cm，无毛或顶端有毛；托叶略呈半圆形。伞形花序与叶对生；小总苞片卵形至卵状披针形，有黄色透明腺点，背部有1条不明显的脉；小伞形花序有花5~18朵，花无柄或有极短的柄；花瓣白色，有腺点。果实心形，两侧扁压；中棱在果熟时极为隆起，有紫色斑点。花期6~7月，果期8~9月。

分变种检索表

```
1. 叶片不裂或掌状5~7浅裂··················2a. 天胡荽 H. sibthorpioides var. sibthorpioides
1. 叶片掌状3~5深裂，几达基部·················2b. 破铜钱 H. sibthorpioides var. batrachium
```

2a. 天胡荽（原变种）Hydrocotyle sibthorpioides var. **sibthorpioides** 图174-29

草本。叶圆形或肾圆形，背面脉上疏被粗伏毛；叶柄长0.7~9cm，无毛或顶端有毛；托叶略呈半圆形。伞形花序与叶对生；小总苞片卵形至卵状披针形，有黄色透明腺点，背部有1条不明显的脉；小伞形花序有花5~18朵，花无柄或有极短的柄；花瓣白色，有腺点。果实心形，两侧扁压，中棱在果熟时极为隆起，有紫色斑点。花期6~7月，果期8~9月。

产于神农架各地，生于海拔300~900m的山坡或沟谷石缝中。全草入药。

图174-28　红马蹄草

图174-29　天胡荽

2b. 破铜钱（变种）Hydrocotyle sibthorpioides var. batrachium (Hance) Handel-Mazzetti ex R. H. Shan　图174-30

本变种与天胡荽的主要区别：叶片较小，3～5深裂几达基部，侧面裂片间有一侧或两侧仅裂达基部1/3处，裂片均呈楔形。花期6～7月，果期8～9月。

产于神农架阳日、古水（zdg 7211），生于海拔600m的山坡林下或路旁沟边。全草入药。

3. 裂叶天胡荽 | Hydrocotyle dielsiana H. Wolff　图174-31

草本。密被白色柔毛。叶掌状5～7深裂，裂口近基部，两面疏被短的粗伏毛；叶柄长2.5～7cm；托叶膜质。花序与叶对生或近腋生，长于叶柄，密生白色柔毛；小伞形花序有花20～35朵；花白色，有1条不明显的脉，果熟时向外反曲。果实近心状圆形，幼时淡紫色，成熟时棕色或棕褐色；背棱及中棱明显凸起，合生面紧缩；果柄长3～5mm。花期6～7月，果期7～8月。

产于神农架红坪（阴峪河和板仓，zdg 7252），生于海拔1200m的山坡路旁阴湿地。全草入药。

图174-30　破铜钱

图174-31　裂叶天胡荽

4. 鄂西天胡荽 | Hydrocotyle wilsonii Diels ex R. H. Shan et S. L. Liou　图174-32

匍匐草本。密被短柔毛。叶革质，圆肾形或心状肾形，5～7深裂，裂口达叶片的中部，中部与基部等阔或较阔，两面均被粗伏毛；叶柄长4～12cm，被柔毛；托叶膜质，有紫色斑点。花序梗纤细，单生于茎的上部，与叶对生，长于叶柄；小伞形花序有多数花；花瓣有紫红色斑点。果实紫黑色，中棱及背棱隆起。花期7月，果期8月。

产于神农架红坪、下谷、新华、阴峪河大峡谷（zdg 7227），生于海拔400～1800m的山坡草丛中。全草入药。

5. 中华天胡荽（亚种）| Hydrocotyle hookeri subsp. chinensis (Dunn ex R. H. Shan et S. L. Liou) M. F. Watson et M. L. Sheh　图174-33

匍匐草本。被反曲柔毛，有时在叶背具紫色疣基的毛。叶圆肾形，掌状5～7浅裂，裂片阔卵形或近三角形；叶柄长4～23cm。伞形花序腋生或与叶对生，花序梗通常长过叶柄；小伞形花序有花25～50朵；小总苞片膜质；花白色，有淡黄色至紫褐色的腺点。果实近圆形，两侧扁压，侧面2棱明显隆起，表面平滑或皱折。花期6～7月，果期8～9月。

产于神农架宋洛、阳日（长青，zdg 5629），生于海拔1600m以下的路旁草丛中和沟边阴湿处。全草入药。

图174-32　鄂西天胡荽

图174-33　中华天胡荽

13. 八角金盘属Fatsia Decaisne et Planchon

灌木或小乔木。叶为单叶，叶片掌状分裂；托叶不明显。花两性或杂性，聚生为伞形花序，再组成顶生圆锥花序；花梗无关节；萼筒全缘或有5枚小齿；花瓣5枚，在花芽中镊合状排列；雄蕊5枚；子房5或10室，花柱5或10，离生，花盘隆起。果实卵形。

2种，我国均产，湖北栽培1种，神农架也有栽培。

八角金盘 ｜ Fatsia japonica (Thunberg) Decaisne et Planchon　图174-34

常绿灌木或小乔木。茎光滑无刺。叶片大，革质，近圆形，掌状7～9深裂；裂片长椭圆状卵形，先端短渐尖，基部心形，边缘有疏离粗锯齿。圆锥花序顶生，花序轴被褐色绒毛；花瓣黄白色，无毛；花柱5，分离。果近球形，熟时黑色。花期10～11月，果期翌年4月。

神农架下谷有栽培。街道绿化树种。

图174-34　八角金盘

175. 伞形科│Apiaceae

　　一至多年生草本。根直生，肉质而粗。茎直立或匍匐上升，空心或有髓。叶互生，叶片通常分裂或掌状、羽状多裂，少为单叶，叶柄的基部有叶鞘。花小，两性或杂性，组成伞形花序，少为头状，基部有总苞片；萼齿5枚或无；花瓣5枚，顶端钝圆或有内折的小舌片或延长如细线；雄蕊5枚；子房下位，2室，花柱2枚，柱头头状。果为双悬果，由2枚心皮合成；成熟时2枚心皮从合生处分离，每枚心皮有1纤细的心皮柄和果柄相连而倒悬其上，心皮的外面有5条主棱（1条背棱、2条中棱、2条侧棱）；外果皮表面平滑或有毛、皮刺、瘤状凸起；棱和棱之间有沟槽。

　　275属约2800种。我国95属600种，湖北产38属106种，神农架产30属73种。

分属检索表

1. 单伞形花序。
　2. 植株矮小；有匍匐茎，通常节上生根·················· 1. 积雪草属Centella
　2. 植株较高大；有直立茎······················· 2. 马蹄芹属Dickinsia
1. 复伞形花序。
　3. 子房和果实有刺毛、皮刺、小瘤、乳头状毛或硬毛。
　　4. 子房和果实有钩刺或具倒刺的刚毛，皮刺或小瘤。
　　　5. 叶通常为掌状分裂，萼齿明显·············· 3. 变豆菜属Sanicula
　　　5. 叶通常为羽状复叶，萼齿小或不明显。
　　　　6. 子房和果实有海绵质的小瘤或皱褶，无刺········ 4. 防风属Saposhnikovia
　　　　6. 子房和果实有钩刺。
　　　　　7. 总苞片和小苞片狭窄··············· 5. 窃衣属Torilis
　　　　　7. 总苞片和小苞片羽状分裂或不裂········ 6. 胡萝卜属Daucus
　　4. 子房和果实的刺状物不呈钩状，有刚毛状硬毛。
　　　8. 果实基部有尾················· 7. 香根芹属Osmorhiza
　　　8. 果实基部无尾················· 8. 峨参属Anthriscus
　3. 子房和果实无刚毛、皮刺，有时有小瘤柔毛。
　　9. 植株从根茎部多分枝；茎匍匐于地面········ 9. 匍茎芹属Repenticaulia
　　9. 植株有分枝或无；茎直立，或间具匍匐茎。
　　　10. 子房和果横剖面圆形或两侧压扁；果棱无明显的翅。
　　　　11. 一年生植物；栽培或逸生植物。
　　　　　12. 花瓣白色，大而明显；果实不明显或有1条位于次棱的下方·················
　　　　　　···································· 10. 芫荽属Coriandrum
　　　　　12. 花瓣绿色，细小，几不可见；果实有油管。
　　　　　　13. 叶一至三出至羽状分裂，裂片卵形或圆形··········11. 芹属Apium
　　　　　　13. 叶三至多回状分裂，裂片丝线形··· 12. 细叶旱芹属Cyclospermum

11．二年生或多年生植物；野生种，稀为栽培植物。

  14．植株无茎或有短茎；近花莛状或自基部叶丛中抽出细长裸露、不分枝的伞梗。

    15．成熟的果皮层与种子贴合，果实的棱翅不皱褶·········**13．藁本属Ligusticum**

    15．成熟的果皮层与种子分离，果棱皱折··········**14．棱子芹属Pleurospermum**

  14．植株具茎；有少数至多数的茎生叶。

    16．叶片全缘，茎生叶通常无柄而抱茎，叶脉平行·········**15．柴胡属Bupleurum**

    16．叶片分裂，少有全缘，茎生叶通常有柄，不抱茎。

      17．总苞片和小总苞片发达，大而宿存；果棱凸起，木栓质，相等或不等。

        18．花柱短，开展至反折············**16．白苞芹属Nothsmyrnium**

        18．花柱伸长，直立······················**17．水芹属Oenanthe**

      17．总苞片和小总苞片不发达，无或仅少数，狭小而凋落；果棱不明显凸起。

        19．果实圆卵形或圆卵状心形，通常呈双球状；花瓣顶端反折。

          20．胚乳腹面凹陷成沟槽。

            21．花杂性，花瓣中脉显著，花瓣紫色··················

            ········**18．紫伞芹属 Melanosciadium**

            21．花两性，花瓣中脉不显著，花白色···**19．东俄芹属Tongoloa**

          20．胚乳腹面平直或略凹陷。

            22．花柱开展，花柱基分裂几近基部；茎空心·········

            ··········**20．羊角芹属Aepopodium**

            22．花柱基全部靠合；茎实心·········**21．茴芹属Pimpinella**

        19．果实长圆形或卵圆形或卵状球形，花瓣顶端尖锐，略向内弯，但不反折。

          23．果实长圆形、长卵形或卵形，光滑或有柔毛。

            24．叶三出式分裂，裂片宽大······**22．鸭儿芹属Cryptotaenia**

            24．叶一至三回三出或多出式羽状分裂，裂片狭小·········

            ··········**23．囊瓣芹属Pternopetalum**

          23．果实长圆形，很少呈双悬球······················**24．茴香属Foeniculum**

10．子房和果实的横剖面背腹扁压或侧面略扁；果棱全部或部分有翅。

  25．果实的背棱和侧棱都发育成翅或背棱凸起。

    26．萼齿明显，呈三角形或线形，棱翅发育不均匀。

      27．叶夏季生长，冬季枯死·················**25．羌活属Notopterygium**

      27．叶冬季生长，入夏后枯死·················**26．川明参属Chuanminshen**

    26．萼齿通常不明显·················**27．蛇床属Cnidium**

  25．果实通常背腹扁压，背棱无翅或有翅，较侧棱的翅为窄，侧棱有明显或不明显的翅。

    28．果实背腹扁压，背棱有翅；通常有花柱基，圆锥形。

      29．侧棱的翅薄，与果体等宽或较宽·················**28．当归属Angelica**

      29．侧棱的翅稍厚，较果体窄·················**29．前胡属Peucedanum**

    28．果实背腹极扁压，背棱线形，无翅或不明显·················**30．独活属Heracleum**

1. 积雪草属 Centella Linnaeus

多年生草本。有匍匐茎。叶有长柄，圆形、肾形或马蹄形，边缘有钝齿，基部心形；叶柄基部有鞘。单伞形花序，梗极短，伞形花序通常有花3~4朵；花草黄色、白色至紫红色；苞片2枚；萼齿细小；花瓣5枚；雄蕊5枚，与花瓣互生；花柱与花丝等长。果实肾形或圆形，两侧扁压，分果有主棱5条，棱间有小横脉，表面网状。种子侧扁，棱槽内油管不显著。

约20种。我国产1种，神农架亦产。

积雪草 | Centella asiatica (Linnaeus) Urban　图175–1

草本。茎匍匐，节上生根。叶片圆形、肾形或马蹄形，边缘有钝锯齿，基部阔心形，两面无毛或在背面脉上疏生柔毛；叶柄长1.5~27cm；基部叶鞘透明，膜质。伞形花序梗2~4个，聚生于叶腋；苞片通常2枚；每一伞形花序有花3~4朵，聚集呈头状；花瓣卵形，紫红色或乳白色；花丝与花柱等长。果实两侧扁压，圆球形，每侧有纵棱数条，棱间有明显的小横脉，网状，表面有毛或平滑。花期4~5月，果期6~7月。

产于神农架各地，生于海拔1200m以下的路旁、沟边阴湿处。全草入药；嫩茎叶可作野菜。

图175–1　积雪草

2. 马蹄芹属 Dickinsia Franchet

一年生草本。基生叶圆形或肾形，叶有长柄，叶柄基部有鞘。总苞片2枚，叶状，无柄，对生；花序梗3~6个，生于两叶状苞片之间；伞形花序有多数小花；萼齿不显著；花瓣覆瓦状排列；雄蕊5枚，花丝短于花瓣；花柱短，向外反曲，基部圆锥形。果实背腹扁压，近四棱形，分果近方形，背部稍凸起，边缘扩大呈翅状，背部主棱5条，丝状，中棱稍隆起；心皮柄宿存；无油管。

单种属。我国特有属，湖北产1种，神农架亦产。

马蹄芹 | Dickinsia hydrocotyloides Franchet　图175–2

特征同属的描述。

产于神农架木鱼，生于海拔1200~1500m的山坡林下、沟边。全草入药。

图175–2　马蹄芹

3. 变豆菜属Sanicula Linnaeus

草本。叶柄基部有宽的膜质叶鞘；叶近圆形或圆心形至心状五角形，掌状或三出式3裂。单伞形花序或为不规则伸长的复伞形花序；总苞片叶状；小伞形花序中有两性花和雄花；雄花有柄，两性花无柄或有短柄；萼齿卵形，线状披针形或呈刺芒状，外露或为皮刺所掩盖；花瓣顶端内凹而有狭窄内折的小舌片。果实表面密生皮刺或瘤状凸起，顶端尖直或呈钩状；果棱不显著或稍隆起；果实横剖面近圆形或背面扁平，通常在合生面有2个较大的油管。

40种。我国产17种，湖北产7种，神农架产4种。

分种检索表

　　1. 果实圆卵形或倒圆锥形，皮刺顶端钩状。
　　　　2. 皮刺直立，顶端钩状，基部膨大 ·· 1. 变豆菜S. chinensis
　　　　2. 下部皮刺短，上部的皮刺呈钩状 ······························· 2. 川滇变豆菜S. astrantiifolia
　　1. 果实卵形，皮刺短而直立，顶端不呈钩状。
　　　　3. 总苞片钻形；皮刺基部少连成薄膜 ······························· 3. 野鸭脚板S. orthacantha
　　　　3. 总苞片线状披针形；皮刺基部连成薄片 ·························· 4. 薄片变豆菜S. lamelligera

1. 变豆菜 │ Sanicula chinensis Bunge　图175-3

多年生草本。基生叶近圆形、圆肾形至圆心形，通常3裂，中间裂片倒卵形，两侧裂片通常各有1深裂；茎生叶逐渐变小，通常3裂。伞形花序二至三出；总苞片叶状，常3深裂；小总苞片8~10枚；小伞形花序有花6~10朵；雄花3~7枚，稍短于两性花；萼齿窄线形；花白色，顶端内折；两性花3~4朵。果实顶端萼齿成喙状凸出，皮刺顶端钩状，基部膨大。花期6~7月，果期8~9月。

产于神农架各地（新华，zdg 7982），生于海拔800~1600m的山坡及溪边林下。全草入药。

图175-3　变豆菜

2. 川滇变豆菜 │ Sanicula astrantiifolia H. Wolff　图175-4

草本。基生叶圆肾形或宽卵状心形，掌状3深裂，基部有宽膜质鞘；茎生叶最上部的叶片小，3深裂。伞形花序，呈二歧叉状分枝；总苞片2枚，边缘有1~2枚不规则的刺毛状锯齿；小总苞片7~10枚；小伞形花序有花约10朵；雄花6~8枚；萼齿线状披针形或呈喙状，基部稍联合；花瓣绿白色或粉红色；雄蕊略长于花瓣；两性花2~3朵，无柄。果实倒圆锥形，下部皮刺短，上部的皮刺呈钩状，金黄色或紫红色。花期6～7月，果期8～9月。

产于神农架木鱼，生于海拔500～1200m的山坡林下、草丛中。全草入药。

图175-4　川滇变豆菜

3. 野鸭脚板 │ Sanicula orthacantha S. Moore　直刺变豆菜　图175-5

草本。基生叶，圆心形或心状五角形，掌状3全裂，中间裂片楔状倒卵形或菱状楔形，通常2裂至中部或近基部，边缘有不规则的锯齿或刺毛状齿，叶柄基部有阔的膜质鞘；茎生叶掌状3全裂。伞形花序，伞辐长3～8mm；小总苞片线形或钻形；小伞形花序有花6～7朵；雄花5～6朵；萼齿窄线形或刺毛状；花瓣顶端内凹的舌片呈三角状；两性花1朵。果实卵形，外面有直而短的皮刺。花期6～7月，果期8～9月。

产于神农架各地（长青，zdg 5739；红花，zdg 6752），生于海拔600～2200m的沟旁密林下。全草入药。

4. 薄片变豆菜 │ Sanicula lamelligera Hance　图175-6

草本。基生叶圆心形或近五角形，掌状3裂，中间裂片楔状倒卵形或椭圆状倒卵形至菱形，侧面裂片阔卵状披针形或斜倒卵形，基部有膜质鞘。花序通常二至多回二歧分枝或2～3叉；总苞片线状披针形；伞辐3～7；小总苞片4～5枚，线形；小伞形花序有花5～6朵；雄花4～5朵；萼齿线形或呈刺毛状；花瓣顶端内凹；两性花1朵。幼果表面有啮蚀状或微波状的薄层，成熟后成短而直的皮刺，刺不成钩状，基部连成薄片。

产于神农架各地（宋洛—徐家庄，zdg 4735），生于海拔600～1700m的沟旁密林下。全草入药。

图175-5　野鸭脚板

图175-6　薄片变豆菜

4. 防风属Saposhnikovia Schischkin

多年生草本。茎多分枝。叶片二回或三回羽状全裂。复伞形花序，无总苞片；萼齿三角状卵形；花瓣白色，顶端有内折的小舌片；花柱基圆锥形，子房密被横向排列的小凸起，果期逐渐消失，留有凸起的痕迹。双悬果，背部扁压，分生果有明显隆起的尖背棱，侧棱成狭翅状；主棱、棱槽内各有油管1条，合生面有油管2条。

单种属。神农架也有分布。

防风 ｜ Saposhnikovia divaricata (Turczaninow) Schischkin　图175-7

草本。茎基密被褐色纤维状叶柄残基及明显环纹。基生叶二至三回羽状全裂，裂片楔形；茎生叶似基生叶，但较小；顶生叶简化为宽叶鞘。复伞形花序；伞辐5～7，无总苞片，小总苞片4～6枚，线形至披针形；花白色。双悬果狭圆形或椭圆形，幼时有疣状凸起，成熟时渐平滑；每棱槽内有1条油管，合生面2条。花期8～9月，果期9～10月。

产于神农架松柏，生于海拔1000m以下的山坡或大石缝中，也有栽培。根能入药。

图175-7　防风

5. 窃衣属Torilis Adanson

草本。全体被刺毛、粗毛或柔毛。叶一至二回羽状分裂或多裂，末回裂片狭窄。复伞形花序；总苞片数枚或无；小总苞片2～8枚，线形或钻形；伞辐2～12；花白色或紫红色，萼齿三角形；花瓣倒卵形，背部中间至基部有粗伏毛。果实主棱线状，棱间有直立或呈钩状的皮刺；皮刺基部阔展、粗糙；在每一次棱下方有油管1条，合生面油管2条。

20种。我国产2种，神农架均产。

分种检索表

1. 花序梗5～10个；果实圆卵形，长1.5～4mm ·········· 1. 小窃衣T. japonica
1. 花序梗2～4个；果实长圆形，长5～8mm ·········· 2. 窃衣T. scabra

1. 小窃衣 | Torilis japonica (Houttuyn) de Candolle 图175-8

草本。茎有纵条纹及刺毛。叶下部有窄膜质的叶鞘，叶长卵形，一至二回羽状分裂，两面疏生紧贴的粗毛，第一回羽片边缘羽状深裂至全缘。复伞形花序，有倒生的刺毛；总苞片3～6枚，通常线形；伞辐4～12，有向上的刺毛；小总苞片5～8枚，线形或钻形；伞形花序；花白色、紫红色或蓝紫色，有紧贴的粗毛。果实圆卵形，有内弯或呈钩状的皮刺；每棱槽有油管1条。花期6～7月，果期8～9月。

产于神农架各地（冲坪—老君山，zdg 6996），生于海拔1600～2000m的高山草丛中。全草入药。

2. 窃衣 | Torilis scabra (Thunberg) de Candolle 图175-9

本种与小窃衣的主要区别：总苞片通常无，很少有1枚钻形或线形的苞片；伞辐2～4，粗壮，有纵棱及向上紧贴的粗毛。果实长圆形。花期4～9月，果期9～11月。

产于神农架各地，生于海拔600～1500m的山坡或荒地中。果实入药。

图175-8 小窃衣

图175-9 窃衣

6. 胡萝卜属Daucus Linnaeus

草本。具肥大肉质的圆锥根。叶二至三回羽状深裂，末回裂片窄小，叶柄基部扩大成鞘状。花序为疏松的复伞形花序；总苞具多数羽状分裂或不分裂的苞片，小总苞片多数，3裂、不裂或缺乏；花两性，萼齿不明显；花瓣5枚，有1枚内折的小舌片，靠外缘的花瓣为辐射瓣。果实多少背腹压扁；主棱不显著，4条次棱翅状，棱上有刺毛；每棱槽内有油管1条，合生面油管2条。

20种。我国产1种，神农架亦产。

野胡萝卜 | Daucus carota Linnaeus

分变种检索表

1. 根肉质，小圆锥形，多分枝，近白色 ······················ 1a. 野胡萝卜D. carota var. carota
1. 根肉质，为粗壮圆锥形，红色或黄色 ······················ 1b. 胡萝卜D. carota var. sativa

1a. 野胡萝卜（原变种）Daucus carota var. carota 图175-10

草本。全体有白色粗硬毛。基生叶长圆形，二至三回羽状全裂，末回裂片线形或披针形，光滑或有糙硬毛；茎生叶有叶鞘。复伞形花序，有糙硬毛；总苞有多数苞片，呈叶状，羽状分裂，裂片线形；伞辐多数；小总苞片5~7枚，线形。具纤毛；花白色，有时带淡红色。果实圆卵形；棱上有白色刺毛。花期6~7月，果期7~8月。

产于神农架各地，生于海拔1800m以下的山坡、路旁。根、果实入药。

图175-10 野胡萝卜

1b. 胡萝卜（变种）Daucus carota var. sativa Hoffmann 图175-11

本变种与原变种的主要区别：根肉质，长圆锥形，粗肥，呈红色或黄色。

神农架各地有栽培。根、果实入药；根、叶为重要蔬菜。

7. 香根芹属Osmorhiza Rafinesque

多年生草本。叶片二至三回羽状分裂或二回三出式羽状复叶；二回羽片三角状卵形，长圆形至披针形，边缘有粗锯齿、缺刻或呈羽状浅裂或深裂。复伞形花序极松散；总苞片少数或无；伞辐少数；小总苞片通常4～5枚，线形至线状披针形；花多白色；萼齿不显；花瓣顶端有内折的小舌片。双悬果，两侧微扁，合生面有时略收缩；主棱纤细。

约10种。我国产1种，神农架亦产。

香根芹 | Osmorhiza aristata (Thunberg) Rydberg 图175-12

草本。基生叶阔三角形或近圆形，二至三回羽状分裂或二回三出式羽状复叶，末回裂片卵形或卵状披针形，两面被白色粗硬毛。复伞形花序；总苞片1～4枚，早落；伞辐3～5；小总苞片4～5枚，背面或边缘有毛，通常反折；小伞形花序有孕育花1～6朵，不孕花的花柄丝状，短小；花瓣顶端有内曲的小舌片；子房被白色而扁平的软毛。果实线形或棍棒状，果棱有刺毛，基部的刺毛较密；分生果横剖面圆状五角形。花期4～5月，果期6～8月。

产于神农架木鱼、宋洛，生于海拔800～1400m的山坡草丛中。根能入药，亦可供提取香料。

图175-11 胡萝卜

图175-12 香根芹

8. 峨参属Anthriscus Persoon

二或多年生草本。叶膜质，三出式羽状分裂或羽状多裂；叶柄有鞘。复伞形花序疏散；无总苞片，小总苞片通常反折；花杂性，萼齿不明显；花瓣白色或黄绿色，顶端内折，外缘花常有辐射瓣；花柱基圆锥形；心皮柄通常不裂。果实顶端狭窄成喙状，两侧扁压；果棱不明显或仅上部明显；果柄顶端有白色小刚毛。

15种。我国产1种，神农架亦产。

峨参 │ **Anthriscus sylvestris** (Linnaeus) Hoffmann　图175–13

草本。叶卵形，二回羽状分裂；一回羽片有长柄，卵形至宽卵形，二回羽片3～4对，卵状披针形，羽状全裂或深裂，末回裂片卵形或椭圆状卵形，有粗锯齿，背面疏生柔毛；茎上部叶基部呈鞘状毛。复伞形花序；伞辐4～15；小总苞片5～8枚，反折，边缘有睫毛或近无毛；花白色，通常带绿色或黄色。果实长卵形，光滑或疏生小瘤点，顶端渐狭成喙状。花期3～4月，果期5～6月。

产于神农架各地，生于海拔2400m以下的山坡林下、沟边。根入药。

9. 匍茎芹属Repenticaulia T. Deng et D. G. Zhang

多年生草本。根肉质。茎匍匐于地面，向四周多分枝。叶铺散在地面，二回三出羽状分裂；小羽片羽状中裂。花紫色；子房黄绿色。

单种属。神农架特有属。

匍茎芹 │ **Repenticaulia shennongjiaensis** T. Deng et D. G. Zhang　图175–14

特征同属的描述。

产于神农架红坪（神农谷至金丝燕垭一带，zdg 7088、zdg 7409），生于海拔2800～3000m的山顶草丛中。

图175–13　峨参

图175–14　匍茎芹

10. 芫荽属Coriandrum Linnaeus

有强烈气味的草本。叶一回或多回羽状分裂。复伞形花序顶生或与叶对生；总苞片通常无，小总苞片线形；伞辐少数，开展；萼齿小，大小不相等；在伞形花序外缘的花瓣通常有辐射瓣；花柱基圆锥形，花柱细长而开展。果实圆球形；背面主棱及相邻的次棱明显；油管不明显或有1条位于次棱的下方。

单种属。神农架有栽培。

芫荽 | **Coriandrum sativum** Linnaeus　图175-15

特征同属的描述。

神农架各地有栽培。茎叶为重要调味蔬菜；带根全草和果实入药。

图175-15　芫荽

11. 芹属Apium Linnaeus

一年生至多年生草本。叶膜质，一回羽状分裂至三出式羽状多裂；叶柄基部有膜质叶鞘。花序为疏松或紧密的单伞形花序或复伞形花序；总苞片和小总苞片缺乏或显著；花白色或稍带黄绿色；萼齿细小或退化；花瓣顶端有内折的小舌片；花柱基幼时通常扁压，花柱短或向外反曲。果实侧面扁压，合生面有时收缩。

20种。我国产1种，神农架亦产。

旱芹 | **Apium graveolens** Linnaeus　图175-16

草本。叶基部略扩大成膜质叶鞘，叶长圆形至倒卵形，叶一至二回羽状分裂，裂片卵形或圆形，边缘3浅裂或3深裂。上部的茎生叶有短柄，阔三角形，通常分裂为3枚小叶；中部以上边缘疏生钝锯齿。复伞形花序顶生或与叶对生；萼齿小或不明显；花白色或黄绿色，顶端有内折的小舌片。果实圆形或长椭圆形。花期5~6月，果期7~8月。

神农架多有栽培。茎为重要蔬菜；全草药用。

12. 细叶旱芹属Cyclospermum Lagasca y Segura

一年生草本。叶长圆形至长圆状卵形，三至多回羽状分裂，裂片线形至丝状；茎生叶通常三出式羽状多裂，裂片线形。复伞形花序，花瓣白色或略带粉红色，顶端内折。果实圆心脏形或圆卵形；果棱5条，圆钝；每棱槽内有油管1条，合生面油管2条。花期4~5月，果期5~6月。

3种。我国逸生1种，神农架亦产。

细叶旱芹 | Cyclospermum leptophyllum (Persoon) Sprague ex Britton et P. Wilson 图175-17

草本。叶基部边缘略扩大成膜质叶鞘，叶长圆形至长圆状卵形，三至多回羽状分裂，裂片线形至丝状；茎生叶通常三出式羽状多裂，裂片线形。复伞形花序，无总苞片和小总苞片；小伞形花序有花5~23朵；无萼齿；花瓣白色或略带粉红色，顶端内折；花丝短于花瓣，很少与花瓣同长；花柱基扁压，花柱极短。果实圆心脏形或圆卵形；果棱5条，圆钝。心皮柄顶端2浅裂。花期4~5月，果期5~6月。

产于神农架木鱼，生于海拔1400m的路边草地中。系旅游传播而来。

图175-16 旱芹   图175-17 细叶旱芹

13. 藁本属Ligusticum Linnaeus

多年生草本。叶片二至多回羽状全裂，末回裂片卵形、长圆形以至线形；茎上部叶简化。复伞形花序；总苞片少数，早落或无；伞辐后期常呈弧形弯曲；小总苞片多数，线形至披针形，或为羽状分裂；萼齿线形、钻形、卵状三角形，或极不明显；花白色或紫色，先端具内折小舌片。分生果椭圆形至长圆形，横剖面近五角形至背腹扁压。

60种。我国约产40种，湖北产12种，神农架产4种。

分种检索表

1. 叶为三至多回羽状全裂，末回裂片狭窄，常为线状披针形或线形。

  2. 萼齿不发育，小总苞片边缘白色宽膜质 ……………………………… 1. 膜苞藁本L. oliverianum

  2. 萼齿发育，边缘不为宽膜质 …………………………………………… 2. 羽苞藁本L. daucoides

1. 叶为二回羽状全裂，末回裂片较宽，常为卵形至长圆状披针形。

  3. 小羽片5～15m×5～10mm ………………………………………………………… 3. 藁本L. sinense

  3. 小羽片3m×2mm ……………………………………………………… 4. 尖叶藁本L. acuminatum

1. 膜苞藁本 │ Ligusticum oliverianum (H. de Boissieu) R. H. Shan　图175–18

草本。茎多簇生，具细条纹。基生叶及下部叶具长柄，基部略扩大成鞘，叶片长卵形至长圆状披针形，二至三回羽状全裂，羽片5～7对，末回裂片线形；茎上部叶极简化。复伞形花序；总苞片1～3枚，上部羽状分裂；伞辐6～13；小总苞片5～10枚，长4～7mm，边缘膜质，先端一至二回羽状分裂；萼齿不发育；花白色。分生果背腹扁压；背棱略凸起，侧棱稍宽。花期7～8月，果期9～10月。

产于神农架各地，生于海拔2600m以上的山坡草地。全草入药。

2. 羽苞藁本 │ Ligusticum daucoides (Franchet) Franchet　图175–19

草本。茎具纵沟纹。基生叶具长柄，叶片长圆状卵形，三至多回羽状全裂；茎生叶叶柄全部鞘状。复伞形花序；总苞片叶状，早落；伞辐14～23；小总苞片8～10枚，长1～2mm，二回羽状深裂；萼齿1～2枚；花瓣内面白色，外面常呈紫色，具内折小尖头；花丝白色，花药青黑色。分生果背腹扁压；背棱略凸起，侧棱翅状。花期7～8月，果期9～10月。

产于神农架各地（冲坪—老君山，zdg 7021；南天门，zdg 7329），生于海拔2500～2800m的山坡或岩石上。带根全草入药。

图175–18　膜苞藁本　　　　　　　　　　图175–19　羽苞藁本

3. 藁本 │ **Ligusticum sinense** Oliver

分变种检索表

1. 叶为二回羽状全裂，末回裂片卵形至长圆状披针形 ············ 3a. 藁本 L. sinense var. sinense
1. 叶为三至多回羽状全裂，末回裂片常为线状披针形至长卵形 ····································
································ 3b. 川芎 L. sinense 'Chuanxiong'

3a. 藁本（原变种）**Ligusticum sinense** var. **sinense**　图175–20

草本。茎具条纹。叶宽三角形，二回三出式羽状全裂，第一回羽片长圆状卵形，下部羽片具柄，基部略扩大，顶生小羽片先端渐尖至尾状；茎中部叶较大；上部叶简化。复伞形花序；总苞片6~10枚，线形；伞辐14~30；小总苞片10枚，线形，长3~4mm；花白色；萼齿不明显；花瓣具内折小尖头。分生果稍两侧扁压，背腹扁压；背棱凸起，侧棱略扩大呈翅状。花期7~8月，果期9~10月。

产于神农架各地，生于海拔1800~2500m的山谷、沟边或林下。根茎入药。

图175–20　藁本

497

3b. 川芎（栽培变种）**Ligusticum sinense** 'Chuanxiong' S. H. Qiu et al.　图175–21

多年生草本。根茎呈不规则的结节状，具浓烈香气。茎具纵纹，下部茎节膨大呈盘状。茎下部叶具柄，基部扩大成鞘，叶片卵状三角形，三至多回三出式羽状全裂，末回裂片线状披针形至长卵形。复伞形花序；总苞片3~6枚，线形；花瓣白色，先端具内折小尖头。果两侧扁压；背棱槽内油管1~5条，侧棱槽内油管2~3条，合生面油管6~8条。花期8~9月，果期10~11月。

神农架有栽培（龙门河—峡口，zdg 7938）。根茎入药。

4. 尖叶藁本 │ **Ligusticum acuminatum** Franchet

多年生草本。茎上部叶具柄，下部略扩大呈鞘状，叶片轮廓宽三角状卵形，三回羽状全裂，末回羽片近卵形。复伞形花序具长梗；总苞片6枚，线形。分生果背腹扁压，卵形；背棱凸起或呈翅状，侧棱扩大成翅；每棱槽内油管2~4条，合生面油管6~8条。花期7~8月，果期9~10月。

产于神农架红坪、松柏（zdg 7195）、宋洛（鄂神农架植考队 22873），生于海拔1800~2500m的山谷、沟边或林下。根茎入药。

伞形科 │ Apiaceae

图175-21　川芎

14．棱子芹属Pleurospermum Hoffmann

多年生稀二年生草本。叶为一至四回羽状或三出式羽状分裂；叶柄基部常扩大呈膜质鞘状而抱茎。复伞形花序顶生或生自叶腋；总苞片和小总苞片有白色膜质边缘，顶端羽状分裂或全缘；花瓣白色或带紫红色。分生果卵形或长圆形；外果皮常疏松；果棱显著，有时呈波状、鸡冠状或半翅状。

50种。我国产39种，湖北产6种，神农架产3种。

分种检索表

1. 果棱通常有平直或微波状的狭翅································1．太白棱子芹P. giraldii
1. 果棱具宽翅，翅呈波状褶皱或鸡冠状。
　　2．果棱的翅呈微波状或波状褶皱·····················2．松潘棱子芹P. franchetianum
　　2．果棱的翅呈鸡冠状或有明显牙齿·····················3．鸡冠棱子芹P. cristatum

1．太白棱子芹 | Pleurospermum giraldii Diels　图175-22

草本。基生叶或下部叶基部扩展成膜质鞘，叶三角状卵形，三至多回羽状全裂，末回裂片线形。复伞形花序通常单一，稀2~3；总苞片5~7枚，白色膜质，顶端呈叶状细裂，常带紫色；伞辐9~15；小伞形花序有花18~30朵；花瓣白色，顶端有尾状内曲的小舌片，基部有爪；雄蕊长于花瓣。果棱有翅。花期7~8月，果期9~10月。

产于神农架各地，生于海拔2500m以上的山坡草地。全草入药。

2. 松潘棱子芹 | Pleurospermum franchetianum Hemsley 图175-23

草本。基生叶和茎下部叶有长柄，叶柄基部扩展呈膜质鞘状，叶卵形，近三出式三回羽状分裂，末回裂片披针状长圆形，沿叶脉和边缘微被粗糙毛；茎上部的叶简化成鞘状。复伞形花序，侧生复伞形花序花不育；总苞片8~12枚，边缘白色；伞辐多数；小总苞片8~10枚，匙形，有宽的白色边缘；花瓣白色，基部明显有爪。果实表面密生泡状微凸起；主棱波状，侧棱翅状。花期7~8月，果期9月。

产于神农架各地，生于海拔2800m以上的山坡草地。根、果实入药。

图175-22　太白棱子芹

图175-23　松潘棱子芹

3. 鸡冠棱子芹 | Pleurospermum cristatum H. de Boissieu 图175-24

草本。茎中空。基生叶或茎下部叶有长柄，叶三角状卵形，通常三出二回羽状分裂，末回裂片菱状卵形，叶柄基部扩展呈鞘状；茎上部的叶简化，有短柄或近于无柄。复伞形花序；总苞片3~7枚，匙形，有狭的白色边缘；小伞形花序有花15~25朵；花白色；花瓣顶端内凹而有明显内折的小舌片。果实表面密生水泡状

图175-24　鸡冠棱子芹

微凸起；果棱凸起，呈明显鸡冠状。花期7~8月，果期8~10月。

产于神农架九湖、红坪、木鱼、宋洛、官门山（zdg 7536），生于海拔1600~1900m的沟边潮湿处或草丛中。根入药。

15. 柴胡属Bupleurum Linnaeus

草本。单叶，全缘，具叶鞘，叶脉平行或弧形。复伞形花序；总苞片叶状；花常黄色。双悬果卵状长圆形，两侧略扁平；每棱槽内有油管1~3条，稀6条，合生面2~4条，稀6条，或全部不明显。

180种。我国约产42种，湖北产6种，神农架均产。

分种检索表

1. 小总苞片大而阔，似花瓣状，椭圆状长卵形、椭圆形或倒卵形。
　　2. 茎生叶有明显叶柄，长披针形；小总苞片5~7枚 ·············1. 有柄柴胡B. petiolulatum
　　2. 茎生叶无柄，狭长、线形或披针形。
　　　　3. 茎中部和顶部叶基部圆形或心形抱茎 ·····················2. 长茎柴胡B. longicaule
　　　　3. 茎中部和顶部叶基部不扩大成心形 ·····················3. 贵州柴胡B. kweichowense
1. 小总苞片小而狭窄，多为披针形。
　　4. 叶大型，茎中部叶狭卵形至广卵形 ·····················4. 紫花阔叶柴胡B. boissieuanum
　　4. 叶较小，茎中部叶窄线形或披针形。
　　　　5. 叶有白色软骨质边缘；总苞片短于花梗 ·············5. 竹叶柴胡B. marginatum
　　　　5. 叶无白色软骨质边缘；小总苞片长于或等长于花梗 ·············6. 北柴胡B. chinense

1. 有柄柴胡 │ Bupleurum petiolulatum Franchet　图175-25

草本。茎有细纵槽纹。茎下部叶狭长披针形或长椭圆形，中部以下渐狭成长柄，至基部再略扩大抱茎，7~9脉；茎中、下部叶同形，但上部叶柄较短，叶片椭圆形或披针形，7~9脉；茎顶部叶更小而同形，无柄。复伞形花序少数；总苞片1~3枚，5~7脉；伞辐8~11；小总苞片5~7枚；小伞形花序有花8~16朵；花瓣黄色。果棱色浅，极细。

产于神农架各地，生于海拔1800m以上的山坡草地。根入药。

图175-25　有柄柴胡

2. 长茎柴胡 │ **Bupleurum longicaule** de Candolle

2a. 长茎柴胡（原变种）**Bupleurum longicaule** var. **longicaule**

草本。茎有细纵条纹。叶稀疏，茎下部叶线形，顶端渐尖，基部抱茎，11~13脉；茎中部叶长披针形，基部圆形或心形抱茎，21~27脉；上部叶狭卵形至卵形，叶顶端和背部常带紫色，顶端急尖或圆钝，基部深心形，29~35脉。复伞形花序；总苞片1~4枚，小总苞片长等于或略超过小伞形花序；花瓣紫色。果实卵圆形，棱细。

产于神农架各地（猴子石—南天门，zdg 7356），生于海拔2500~2900m的山坡草地或林下。

2b. 空心柴胡（变种）**Bupleurum longicaule** var. **franchetii** H. de Boissieu　图175-26

草本。茎高、挺直，中空。嫩枝常带紫色，节间长，叶稀少。基部叶狭长圆状披针形，（10~19 mm）×（7~15）mm，下部稍窄抱茎，无明显的柄；中部基生叶狭长椭圆形，13~17脉。总苞片1~2枚，不等大或早落；小伞形花序有花8~15朵。果实有浅棕色狭翼。花期7~8月，果期9~10月。

产于神农架各地，生于海拔1600~2700m的山坡草地。全草及根入药。

2c. 秦岭柴胡（变种）**Bupleurum longicaule** var. **giraldii** H. Wolff　图175-27

草本。茎多丛生。少分枝。叶稀疏，下部叶倒披针形，顶端钝或圆，中部以下收缩成长柄；茎生叶无柄，卵圆形到广卵形，上部近心形，顶端钝尖，基部扩大而近心形抱茎，11~15脉。伞辐4~6；总苞片2~3枚，与茎上部叶相似而较小，不等大；小总苞片5~7枚，比花略长。

产于神农架九湖（南天门），生于海拔2800m以上的山坡草丛中。根入药。

图175-26　空心柴胡

图175-27　秦岭柴胡

3. 贵州柴胡 | Bupleurum kweichowense R. H. Shan　图175-28

草本。茎有细纵纹，带紫色，茎上部及节间紫色尤为显著。基生叶狭匙形至披针形；茎上部的叶渐短而小。复伞形花序顶生或腋生；伞辐5～6；顶生小伞形花序常再生出一伞形花序；小总苞片5枚，上部和边缘常带紫色，与果时小伞形花序等长或略短；小伞形花序有花10～14朵。果卵形或椭圆形；棱粗，棱槽油管4～5条，合生面4条，稀6条。

产于神农架红坪（阴峪河大峡谷，zdg 7223）、木鱼（老君山），生于海拔2600的山坡石缝中。全草入药。

图175-28　贵州柴胡

4. 紫花阔叶柴胡 | Bupleurum boissieuanum H. Wolff　图175-29

草本。叶大。伞形花序宽大，花序梗、伞辐、花柄均较细长，花序梗长3～10cm；伞辐长25～55mm；花柄在花期长8～10mm，结果时延长达14～18mm，为果长的3～4倍；花瓣深紫色，花柱基暗紫色。果实长圆形，暗紫褐色。花期7～8月，果期9～10月。

产于神农架各地（板仓，zdg 7237；官门山，zdg 7564），生于海拔1300～1900m的山坡林下。全草入药。

图175-29　紫花阔叶柴胡

5. 竹叶柴胡 │ **Bupleurum marginatum** Wallich ex de Candolle　　图175-30

高大草本。根木质化，直根发达。茎基部常木质化，带紫棕色，茎上有淡绿色的粗条纹，实心。叶革质或近革质，叶缘软骨质，白色；下部叶与中部叶同形，长披针形或线形，基部微收缩抱茎，脉9~13枚；茎上部叶同形，脉7~15枚。复伞形花序；总苞片2~5枚，披针形或小如鳞片；小总苞片5枚，有白色膜质边缘；小伞形花序有花6~12朵；花浅黄色，花柱盘状。果长圆形，棱狭翼状。花期7~8月，果期9~10月。

产于神农架松柏、宋洛、新华、阳日、黄连架（zdg 7791）、八角庙—房县沿线（zdg 7513），生于海拔700~1000m的山坡林缘。带根全草入药。

6. 北柴胡 │ **Bupleurum chinense** de Candolle　　图175-31

草本。根常分枝。茎直立，上部多分枝，略呈"之"字形。基生叶中部叶倒披针形或长圆状披针形，早枯，上部叶渐小；有平行脉7~9条；下面具粉霜。复伞形花序；伞辐4~10；总苞片1~3枚或无，小总苞片5枚，披针形；花黄色。果实卵圆形，略两侧压扁；果棱狭翅状。花期7~8月，果期9~10月。

产于神农架红坪（阴峪河），生于海拔1200~2000m的山坡草林下丛中。根入药。

图175-30　竹叶柴胡　　　　　　　　　　图175-31　北柴胡

16. 白苞芹属 Nothosmyrnium Miquel

多年生草本。茎有纵长条纹。叶二至三回羽状分裂，末回裂片卵形、长圆状卵形或披针状长圆形，边缘有不规则的锯齿；叶柄基部有鞘。复伞形花序；总苞数片，披针形或卵形，小总苞数片，圆卵形，边缘膜质；花白色；萼齿不显。果实双球状卵形，侧面扁平，合生面收缩；背棱和中棱线形，侧棱通常不明显；油管多数。

2种。我国均产，湖北产1种，神农架亦产。

白苞芹 | Nothosmyrnium japonicum Miquel

分变种检索表

1. 末回小裂片边缘有重锯齿·······························1a. 白苞芹 N. japonicum var. japonicum
1. 末回小裂片边缘有不规则的深裂齿··············1b. 川白苞芹 N. japonicum var. sutchuenense

1a. 白苞芹（原变种）Nothosmyrnium japonicum var. japonicum 图175-32

草本。茎有纵纹。叶卵状长圆形，二回羽状分裂，一回裂片有柄，长2～5mm，二回裂片有或无柄，卵形至卵状长圆形，边缘有重锯齿，下面有疏柔毛；叶柄基部有鞘；茎上部的叶羽状分裂，有鞘。复伞形花序；总苞片3～4枚，边缘膜质，小总苞片4～5枚，淡黄色；伞辐7～15；花白色。果实球状卵形；果棱线形；油管多数；分生果侧面扁平。

产于神农架木鱼，生于海拔1500m以下的山坡林下。根入药。

图175-32 白苞芹

1b. 川白苞芹（变种）Nothosmyrnium japonicum var. sutchuenense H. de Boissieu

图175–33

本变种与原变种的主要区别：叶裂片为披针形或披针状椭圆形，边缘有不规则的深裂齿。

产于神农架九湖、木鱼、下谷，生于海拔1500m以下的山坡林下或草丛中。根入药。

图175–33　川白苞芹

17. 水芹属Oenanthe Linnaeus

二至多年生草本。叶基部有叶鞘；叶片羽状分裂至多回羽状分裂，羽片或末回裂片卵形至线形，边缘有锯齿呈羽状半裂，或叶片有时简化成线形管状的叶柄。复伞形花序；总苞缺或有少数窄狭的苞片，小总苞片狭窄；花白色；萼齿披针形，宿存；小伞形花序外缘花的花瓣通常增大为辐射瓣。果实圆卵形至长圆形；果棱钝圆；分生果背部扁压。

25～30种。我国产5种，湖北产4种，神农架产3种。

分种检索表

1. 果实棱槽不显著；叶裂片宽 ··1. 水芹O. javanica
1. 果实棱槽显著；叶裂片狭窄，末回裂片线形。
　2. 叶二回羽状分裂，末回裂片常为卵形或线形 ······················2. 线叶水芹O. linearis
　2. 叶三至多回羽状分裂，末回裂片线形 ····························3. 多裂叶水芹O. thomsonii

1. 水芹 │ Oenanthe javanica (Blume) de Candolle

分亚种检索表

1. 叶裂片2～5cm×1～2cm；小总苞片线形 ······················ 1a. 水芹O. javanica subsp. javanica
1. 叶裂片4～5cm×2～3cm；小总苞片披针形 ········ 1b. 卵叶水芹O. javanica subsp. rosthornii

1a. 水芹（原亚种）Oenanthe javanica subsp. javanica　图175–34

草本。叶片三角形，一至二回羽状分裂，末回裂片卵形至菱状披针形，边缘有牙齿或圆齿状锯齿。复伞形花序；无总苞；伞辐6～16；小总苞片2～8枚，线形；小伞形花序有花20余朵；萼齿线状披针形；花瓣白色，有一长而内折的小舌片。果实近于四角状椭圆形或筒状长圆形；侧棱较背棱和中棱隆起，木栓质；分果横剖面近于五边状半圆形；每棱槽内油管1条，合生面油管2条。花期7～8月，果期8～9月。

产于神农架各地（松柏八角庙村，zdg 7203），生于海拔900m以下的水沟边、水塘边。全草入药；嫩茎叶可为野菜。

1b. 卵叶水芹（亚种）Oenanthe javanica subsp. **rosthornii** (Diels) F. T. Pu　图175-35

多年生草本。茎下部匍匐，上部直立。叶片轮廓为广三角形或卵形，末回裂片菱状卵形或长圆形。复伞形花序顶生和侧生；无总苞，小总苞片披针形；萼齿披针形；花瓣白色。果实椭圆形或长圆形；侧棱较背棱和中棱隆起。花期8～9月，果期10～11月。

产于神农架阳日，生于海拔500～800m的山谷林下、沟边草丛中。根茎入药。

图175-34　水芹　　　　　　　　　　　　　　图175-35　卵叶水芹

2. 线叶水芹 ｜ Oenanthe linearis Wallich ex de Candolle

草本。叶广卵形或长三角形，二回羽状分裂，基部叶末回裂片卵形；茎上部叶末回裂片线形，5～8mm×2.5～3mm。复伞形花序；总苞片1枚或无，线形；伞辐6～12；小总苞片少数，线形；每小伞形花序有花20余朵；萼齿披针状卵形；花瓣白色。果实近四方状椭圆形或球形；侧棱较中棱和背棱隆起，背棱线形；每棱槽内油管1条，合生面油管2条。花期6～8月，果期8～10月。

产于神农架九湖、红坪、木鱼、猴子石—下谷（zdg 7461）、阳日（长青，zdg 5680），生于海拔1600～2900m的山坡阴湿林下。全草入药。

3. 多裂叶水芹 ｜ Oenanthe thomsonii C. B. Clarke　图175-36

多年生草本。茎细弱，匍匐并分枝。叶片三角形或长圆形，三至多回羽状分裂，末回裂片线形。复伞形花序；无总苞；伞辐4～8；小总苞片线形；小伞形花序有花10余朵；萼齿卵形；花瓣白色，有一长而内折的小舌片。幼果近圆球形。花期7～8月，果期8～10月。

产于神农架红坪、木鱼、宋洛，生于海拔600～1000m的山坡阴湿林下。全草入药。

18. 紫伞芹属 Melanosciadium H. de Boissieu

高大草本。茎下部叶有长柄，二回三出分裂。复伞形花序无总苞；伞辐短；小总苞片线形；无萼齿，或极细小；花瓣呈兜状，内折的小舌片呈长方形，深紫色；花柱基扁圆锥形，边缘微波状，紫色，花柱与花柱基近等长，向两侧弯曲，紫色。果实近圆球形，两侧扁压；果棱明显；棱槽中油管2～4条，合生面油管6条。

单种属。神农架有产。

紫伞芹 | Melanosciadium pimpinelloideum H. de Boissieu
图175–37

特征同属的描述。

产于神农架红坪（红河），生于海拔1400～1800m的沟林缘草丛中。根入药。

19. 东俄芹属 Tongoloa H. Wolff

多年生草本。根圆锥形。叶三出式三回羽状分裂或二至三回羽状分裂以至多裂，末回裂片狭窄；叶柄下部扩大成膜质的叶鞘。复伞形花序；总苞片和小总苞片少数，或无；花白色，红色以至暗紫色；萼有齿；花瓣倒卵圆形，基部狭窄或爪状，顶端钝或向内微凹或有内折的小舌片；花柱基平压状，花柱短，向外反曲。双悬果卵圆形或阔卵形，基部心形；主棱5条，丝状，每棱槽有油管2～3条，合生面油管2～4条。

15种，我国全有，湖北产3种，神农架均产。

图175–36 多裂叶水芹

图175–37 紫伞芹

分种检索表

　　1. 花通常白色，稀红色。
　　　　2. 花瓣顶端无内折的小舌片；果柄短而直……………………………1. 宜昌东俄芹 T. dunnii
　　　　2. 花瓣顶端常有内折的小舌片；果柄细弱……………………………2. 纤细东俄芹 T. gracilis
　　1. 花紫红色，顶端略带白色……………………………………………3. 城口东俄芹 T. silaifolia

---

1. 宜昌东俄芹 | Tongoloa dunnii (H. de Boissieu) H. Wolff　图175–38

草本。叶近阔三角形，二至三回羽状全裂或三出式二回羽状全裂；叶柄呈鞘状，边缘膜质。复伞形花序；无总苞片和小总苞片；伞辐7～17；小伞形花序有花10～25朵；萼齿呈卵形或阔卵形；

花瓣白色。分生果卵形以至圆心形；主棱明显；果柄短而直。

产于神农架红坪（锯锯岩）、南天门（zdg 7328），生于海拔2800m的山坡草地。根入药。

2. 纤细东俄芹 | Tongoloa gracilis H. Wolff 图175-39

多年生草本。茎下部略带紫罗兰色。叶片近三出式二至三回羽状分裂，末回裂片细小，线形；序托叶的叶柄呈鞘状。复伞形花序；无总苞片和小总苞片；伞辐5～11；小伞形花序有多数花；萼齿细小，卵状三角形或近半圆形；花瓣白色、淡红色或白色稍带红色，顶端有内折的小舌片；花柱基扁压，花柱向外反折。果实阔卵形。

产于神农架红坪，生于海拔2300～3000m的山坡路旁、林缘草地。

图175-38　宜昌东俄芹　　　　　　　　　　　　　图175-39　纤细东俄芹

3. 城口东俄芹 | Tongoloa silaifolia (H. de Boissieu) H. Wolff 图175-40

草本。叶鞘膜质抱茎，叶阔披针形，一至二回羽状分裂，末回裂片线形，宽1～2mm；序托叶的叶柄呈鞘状，裂片1～3枚，线形。复伞形花序；伞辐8～22；小总苞片无或有时存在；小伞形花序有花10～25朵；萼齿细小，卵形或半圆形；花瓣紫红色，基部狭窄呈爪状，顶端钝或向内微凹。分生果圆心形或阔卵形；主棱5条，丝状，合生面收缩，每棱槽有油管3条。

产于神农架红坪，生于海拔2230～3000m的潮湿草地。

20. 羊角芹属Aegopodium Linnaeus

多年生草本。有匍匐状根茎。叶三出或三出式二至三回羽状分裂，末回裂片卵形或卵状披针形，边缘有锯齿，或浅裂。复伞形花序顶生或侧生；伞辐略开展；无总苞片和小总苞片；萼齿细小或无；花瓣白色或淡红色，倒卵形，先端微凹，有内折的小舌片；花柱基圆锥形，花柱细长，顶端叉开呈羊角状。果实长圆形或卵形，主棱丝状；油管无；心皮柄顶端2浅裂。

7种。我国产5种，湖北产2种，神农架产1种。

巴东羊角芹 | Aegopodium henryi Diels　图175-41

直立草本。基生叶有长柄，柄的下部有膜质的叶鞘；叶阔三角形，长约14cm，三出式二至三回羽状分裂，末回裂片披针形，边缘有不规则的锯齿；最上部的茎生叶一回羽状分裂，叶柄鞘状。复伞形花序顶生或侧生；无总苞片和小总苞片；伞辐8～18；萼齿退化；花瓣白色，先端有内折的小舌片；花柱向下反折。果实长圆状卵形；主棱纤细；心皮柄顶端2浅裂。

产于神农架九湖（板壁岩、南天门和猴子石，zdg 7351）、木鱼（老君山），生于海拔2500～2700m的山坡草丛中。全草入药。

图175-40　城口东俄芹　　　　　　图175-41　巴东羊角芹

21. 茴芹属Pimpinella Linnaeus

草本。基部有叶鞘；叶片不分裂、三出分裂、三出式羽状分裂或羽状分裂；茎生叶通常无柄，有叶鞘。复伞形花序；有或无总苞片及小总苞片，偶有3裂；伞辐近等长、不等长或极不等长；小伞形花序通常有多数花；萼齿通常不明显；花白色，稀为淡红色或紫色，有内折小舌片。果实卵形、长卵形或卵球形，基部心形，两侧扁压，有毛或无毛；果棱线形或不明显；分生果横剖面五角形或近圆形。

150种。我国产44种，湖北产11种，神农架产6种。

1. 城口茴芹 ｜ Pimpinella fargesii H. de Boissieu　图175-42

草本。基生叶有柄，叶羽状分裂，裂片2～3对；茎上部叶较小，无柄，叶片基部有膜质叶鞘，3裂。通常无总苞，线形；伞辐7～15，近等长；小总苞片1～5枚，线形，短于花柄；小伞形花序有花10～20朵；无萼齿；花白色，有内折小舌片；花柱长为花柱基的2～3倍。果实卵球形，基部心形，微被柔毛；果棱不明显；每棱槽内有油管2～3条，合生面油管4条。花期6～8月，果期8～10月。

产于神农架九湖（东溪），生于海拔500m以上的山地林下、沟边。

图175-42　城口茴芹

2. 异叶茴芹 ｜ Pimpinella diversifolia de Candolle

2a. 异叶茴芹（原变种）Pimpinella diversifolia var. diversifolia　图175-43

草本。通常为须根。叶异形，基生叶有长柄，叶三出分裂；茎中、下部叶片三出分裂或羽状分裂；茎上部叶较小，具叶鞘，叶片羽状分裂或3裂。通常无总苞片；伞辐6～15，稀30；小总苞片1～8枚；小伞形花序有花6～20朵；无萼齿；花白色，小舌片内折，背面有毛。果实卵球形；果棱线形；每棱槽内油管2～3条，合生面油管4～6条。花期9～10月，果期10～11月。

产于神农架各地（八角庙—房县沿线，zdg 7530），生于海拔1800m以下的山坡林下草丛中或沟边。全草入药。

2b. 走茎异叶茴芹（变种）Pimpinella diversifolia var. stolonifera Handel-Mazzetti 图175-44

本变种与原变种的主要区别：有长达3～20cm的匍匐茎。

产于神农架木鱼（老君山），生于海拔1800m的山坡林下草丛中或沟边。全草入药。

图175-43　异叶茴芹

图175-44　走茎异叶茴芹

3. 锐叶茴芹｜*Pimpinella arguta* Diels　图175-45

多年生草本。根圆柱形。茎直立。叶片二回三出分裂或三出式二回羽状分裂，末回裂片卵形、倒卵形，边缘有锐锯齿。总苞片线形至披针形，或无，小总苞片3～8枚，线形；花瓣白色。果实卵形，有的仅1枚分生果发育；果棱不明显。花果期6～9月。

产于神农架九湖、木鱼、宋洛、新华、老君山（zdg 7765），生于海拔1100～1800m的山坡沟旁。根入药。

4. 尾尖茴芹 │ Pimpinella caudata (Franchet) H. Wolff　图175-46

草本。叶二回三出分裂或三出式二回羽状分裂，末回裂片卵形，背面叶脉上有毛；茎上部叶较小，无柄，叶片3裂，裂片卵状披针形或披针形。总苞片2~6枚；伞辐9~20；小总苞片3~8枚，线形；小伞形花序有花10~25朵；萼齿三角形或披针形；花白色，有内折小舌片。果实卵形，有的仅1枚分生果发育，无毛；果棱不明显；每棱槽内油管3条，合生面油管4条。花期8~9月，果期9~10月。

产于神农架九湖，生于海拔1500m以下的山坡草丛中。根入药。

图175-45　锐叶茴芹

图175-46　尾尖茴芹

5. 川鄂茴芹 │ Pimpinella henryi Diels　图175-47

高大草本。基生叶有长柄；叶片二回三出分裂，稀三出式二回羽状分裂，裂片长卵形或菱形；茎上部叶较小，仅有膜质叶鞘，叶片3裂。伞形花序；无总苞片和小总苞片；伞辐15~25，不等长；小伞形花序有花15~30朵，杂性花；雌花柄较粗；无萼齿；花瓣无内折小舌片；花柱基较小，圆锥形，花柱短于果实或与之近等长，向两侧弯曲。果柄长2~5mm；果实卵球形，基部心形，顶端收缩，无毛；每棱槽内油管3条，合生面油管4~6条。花期7~8月，果期9~10月。

产于神农架九湖（大九湖，zdg 7783）、新华、阳日，生于海拔1500~2000m的林下、沟边。

6. 菱叶茴芹 │ Pimpinella rhomboidea Diels　图175-48

多年生草本。基生叶少，叶二回三出分裂，两侧的裂片卵形或长卵形，中间的裂片宽卵形或菱形；茎中、下部叶向上逐渐变小；茎上部叶无柄，叶片3裂，沿叶脉有毛。无总苞片，或偶有1~5片，线形；伞辐10~25；小总苞片2~5枚，线形；花杂性；小伞形花序有花15~30朵；无萼齿；花白色。果实果棱不明显，无毛；每棱槽内油管3条，合生面油管6条；胚乳腹面微凹。花期7~8月，果期9~10月。

产于神农架各地（红桦，zdg 7814），生于海拔1200~2400m的山坡林下或沟边草丛中。根入药。

图175-47　川鄂苔芹　　　　　　　　　　　图175-48　菱叶苔芹

22.　鸭儿芹属Cryptotaenia de Candolle

草本。叶柄下部有膜质叶鞘，叶三出式分裂，小叶片倒卵状披针形、菱状卵形或近心形，边缘有重锯齿，缺刻或不规则的浅裂。复伞形花序或呈圆锥状，总苞片和小总苞片存在或无；伞辐少数，不等长；萼齿细小或不明显；花瓣白色，顶端内折；花柱基圆锥形。果实长圆形；主棱5条，圆钝，光滑；横剖面近圆形；每棱槽内油管1～3条，合生面油管4条。

5种。我国产1种，神农架亦产。

鸭儿芹 | Cryptotaenia japonica Hasskarl

草本。基生叶或上部叶有柄，叶三角形至广卵形，通常为3枚小叶；中间小叶片呈菱状倒卵形或心形，两侧小叶片斜倒卵形至长卵形，近无柄，小叶片边缘有不规则的尖锐重锯齿。复伞形花序呈圆锥状；总苞片1枚，呈线形或钻形；伞辐2～3，不等长；小总苞片1～3枚；小伞形花序有花2～4朵；萼齿细小；花瓣白色，顶端有内折的小舌片；花柱基圆锥形。分生果线状长圆形；合生面略收缩；每棱槽内有油管1～3条，合生面油管4条。花期7～8月，果期8～9月。

产于神农架各地，生于海拔600～1800m的山坡林缘、路旁草丛中。茎叶、根、果实入药；嫩茎叶为常见野菜。

23.　囊瓣芹属Pternopetalum Franchet

草本。叶片通常膜质，一至三回三出分裂或三出式羽状分裂；基生叶和茎生叶同形或异形。复伞形花序；无总苞，有1～4枚小总苞片，呈线状披针形；伞形花序有花2～4朵；萼齿钻形、三角形；花瓣白色或带浅紫色，基部狭长，下端通常呈小袋状，有一内折的小舌片；花柱基圆锥形。果实圆卵形至长卵形；果棱光滑或粗糙，有的有丝状细齿；每棱槽中有油管1～3条，合生面油管2～6条；心皮柄2裂至基部。

25种。我国产23种，湖北产8种，神农架产7种。

分种检索表

1. 植株较高大；茎生叶和基生叶同形，一至二回三出分裂或三出式羽状分裂。
　　2. 叶三出羽状分裂；萼齿钻形···1. 散血芹P. botrychioides
　　2. 叶一回三出分裂；萼齿大小不等···2. 五匹青P. vulgare
1. 植株纤细；叶形变化大，茎生叶和基生叶通常异形，很少同形。
　　3. 基生叶与茎生叶异形。
　　　　4. 根茎上无瘤状小节；萼齿明显；花柱较长·····················3. 异叶囊瓣芹P. heterophyllum
　　　　4. 根茎上有瘤状小节；萼齿细小；花柱较短·····················4. 东亚囊瓣芹P. tanakae
　　3. 基生叶与茎生叶如同时存在则同形。
　　　　5. 无基生叶，或偶有1枚基生叶···················5. 短茎囊瓣芹P. longicaule var. humile
　　　　5. 叶几乎全部基生或偶有1枚茎生叶。
　　　　　　6. 全为基生叶，三至多回羽状分裂·····················6. 膜蕨囊瓣芹P. trichomanifolium
　　　　　　6. 具1枚茎生叶，三出式二回羽状分裂·····················7. 纤细囊瓣芹P. gracillimum

1. 散血芹 | Pternopetalum botrychioides (Dunn) Handel-Mazzetti
图175-49

多年生草本。基生叶基部有褐色宽阔膜质叶鞘，叶三出羽状分裂，裂片卵形、长卵形或菱形；茎生叶通常1枚或2～3枚，与基生叶同形。复伞形花序1～3个；无总苞；伞辐6～40；花通常3朵，少数2朵；萼齿钻形；花白色，有内折小舌片；花柱基圆锥形，花柱较花柱基长。果实广卵形；每棱槽内油管1～2条。花期4～5月，果期6～7月。

产于神农架新华，生于海拔800m的山坡灌丛中或沟谷阴湿处。根入药。

2. 五匹青 | Pternopetalum vulgare (Dunn) Handel-Mazzetti
图175-50

草本。中部以上1枚叶片；基生叶通常2～5枚，基部有宽膜质叶鞘，叶片一回三出分裂，或近于二回三出分裂，沿叶脉和叶缘有粗伏毛；茎生叶和基生叶同形。复伞形花序，伞辐15～30；小总苞片1～4枚，线状披针形；小伞形花序有花2～5朵；萼齿大小不等，与花柱基近等长或长于花柱基；花瓣白色至浅紫色。果棱微粗糙或有丝状细齿；每棱槽内油管1～3条。花期4～5月，果期6～7月。

产于神农架阳日，生于海拔900～1200m的山谷林下灌丛中或沟谷阴湿处。全草入药。

图175-49　散血芹

图175-50　五匹青

3. 异叶囊瓣芹 │ Pternopetalum heterophyllum Handel-Mazzetti　图175-51

细柔草本。基生叶基部有阔卵形膜质叶鞘，叶三角形，三出分裂，裂片扇形或菱形；茎生叶1～3枚，一至二回三出分裂，裂片线形。复伞形花序；无总苞；小总苞片1～3枚，线形；小伞形花序有花1～3朵；萼齿钻形或三角形；花瓣顶端不内折；花柱较长。果实卵形，有的仅1枚心皮发育；每棱槽内有油管2条，合生面油管4条。花果期4～9月。

产于神农架九湖（板壁岩），生于海拔2500～2800m的林下、灌丛中潮湿处。

4. 东亚囊瓣芹 │ Pternopetalum tanakae (Franchet et Savatier) Handel-Mazzetti　图175-52

多年生草本。根茎纺锤形，其上有瘤状小节。基生叶基部有阔卵形膜质叶鞘，叶片卵状三角形，近三出式二回羽状分裂，末回裂片倒披针形；茎生叶一至二回三出分裂，裂片线形伸长。复伞形花序，无总苞；伞辐5～25；小总苞片1～3枚，披针形；小伞形花序有花1～3朵；萼齿细小；花柱较短。果实长卵形，果棱不明显；每棱槽内有油管1～2条。花果期4～8月。

产于神农架九湖（大界岭）、猴子石—南天门（zdg 7383），生于海拔1600m的山坡林下阴湿处。

图175-51　异叶囊瓣芹

图175-52　东亚囊瓣芹

5. 短茎囊瓣芹（变种） | Pternopetalum longicaule var. humile R. H. Shan et F. T. Pu 图175-53

多年生草本。偶有1枚基生叶，叶片阔卵形，三出分裂，裂片宽卵形或菱形；最上部茎生叶的裂片常略伸长呈披针形。复伞形花序无总苞；伞辐4～20，不等长，长1～4cm；小总苞片2～3枚；小伞形花序有花2～3朵；萼齿狭窄，近于线形；花柱基短圆锥形。果实圆卵形；每棱槽内油管1～3条。花果期5～9月。

产于神农架各地，生于海拔2500～2800m的林下阴湿处。根入药。

6. 膜蕨囊瓣芹 | Pternopetalum trichomanifolium (Franchet) Handel-Mazzetti 图175-54

草本。茎基部微被柔毛。叶几乎全部基生，基部有深褐色阔膜质叶鞘，叶菱形，近于三出式三至多回羽状分裂，末回裂片狭窄，宽不及1mm。无总苞；伞辐7～40；小总苞片2～4枚，线状披针形；小伞形花序通常有花2～4朵；萼齿钻形；花瓣白色，有内折的小舌片；花柱基圆锥形，花柱伸长。果实狭长卵形，仅1枚心皮发育；每棱槽内油管1～3条。花果期4～8月。

产于神农架阳日，生于海拔600m的山地林下、沟边阴湿处。全草入药。

图175-53 短茎囊瓣芹　　　　图175-54 膜蕨囊瓣芹

7. 纤细囊瓣芹 | Pternopetalum gracillimum (H. Wolff) Handel-Mazzetti 图175-55

植物体纤细。高2.5～8.5cm。茎1～2，光滑，不分枝。基生叶簇生，叶片轮廓卵形，一回羽状分裂，有稀疏的2～4对羽片，下部的羽片三出分裂，裂片扇形。复伞形花序；无总苞，小总苞片钻形；花瓣白色带淡紫色。果实卵形。花果期6～8月。

产于神农架九湖（猴子石），生于海拔2600m的山坡林下阴湿处。

24. 茴香属Foeniculum Miller

一年生或多年生草本。有强烈香味。茎光滑。叶多回羽状分裂，末回裂片呈线形。复伞形花序，花序顶生和侧生；无总苞片和小总苞片；伞辐多数；小伞形花序有多数花；萼齿退化或不明显；花瓣黄色，顶端有内折的小舌片；花柱基圆锥形。果实长圆形，光滑；主棱5条；每棱槽内有油管1条，合生面油管2条；心皮柄2裂至基部。

单种属。神农架有栽培。

茴香 | Foeniculum vulgare Miller　图175-56

特征同属的描述。

原产于地中海，神农架各地有栽培。根、果实入药；嫩叶供作蔬食或调料。

图175-55　纤细囊瓣芹

图175-56　茴香

25. 羌活属Notopterygium H. de Boissieu

多年生草本，有浓郁香气。叶三出式羽状复叶，叶柄基部有抱茎的膜质叶鞘，末回裂片长圆状卵形至披针形，边缘有锯齿至羽状深裂。复伞形花序；总苞片少数，线形，小总苞片线形；萼齿小，卵状三角形；花淡黄色或白色。分生果近圆形，背腹稍压扁，背棱、中棱及侧棱均扩展成翅；合生面窄缩；油管明显，每棱槽油管3~4条，合生面油管4~6条。

2种。我国特有属，神农架均产。

分种检索表

1. 小叶边缘有缺刻状裂片至羽状深裂，末回裂片长圆状卵形至披针形······ 1. 羌活N. incisum

1. 小叶边缘仅有锯齿，基部叶的末回裂片卵状披针形······ 2. 宽叶羌活N. franchetii

1. 羌活 | Notopterygium incisum Ting

草本。茎带紫色。叶为三出式三回羽状复叶，末回裂片长圆状卵形至披针形，边缘缺刻状浅裂至羽状深裂；茎上部叶常简化，叶鞘膜质，抱茎。复伞形花序，侧生者常不育；总苞片3~6枚，早落；伞辐7~30；小总苞片6~10枚，线形；萼齿卵状三角形；花白色；花丝内弯。果背腹稍压扁；主棱扩展成翅；油管明显，每棱槽油管3条，合生面6条。花期7月，果期8~9月。

产于神农架红坪（金丝燕垭），生于海拔2900m的林缘及灌丛中。根入药。

2. 宽叶羌活 | Notopterygium franchetii H. de Boissieu 图175-57

草本。茎带紫色。叶大，三出式二至三回羽状复叶，一回羽片2~3对，末回裂片长圆状卵形至卵状披针形，叶缘有微毛；茎上部叶片简化，仅有3枚小叶，叶鞘发达。复伞形花序；总苞片1~3枚，线状披针形，早落；伞辐10~20；小伞形花序有多数花；小总苞片4~5枚，线形；萼齿三角形；花瓣淡黄色；雄蕊的花丝内弯。分生果背腹稍压扁；背棱、中棱及侧棱均扩展成翅；油管明显，每棱槽油管3~4条，合生面油管4条。花期7月，果期8~9月。

产于神农架红坪（红河），生于海拔1200~2000m的山坡林下草丛中。根入药。

26. 川明参属Chuanminshen M. L. Sheh et R. H. Shan

多年生草本。茎直立，多分枝。基生叶多数，叶片三出式二至三回羽状分裂。复伞形花序多分枝；无总苞和小总苞或偶有1~3枚，早落；伞辐4~8，不等长；花瓣紫色；花柱长，约为花柱基的2倍以上，向下弯曲，花柱基圆锥形；萼齿显著，狭长三角形或线形。果实长椭圆形，背腹扁压；背棱和中棱线形，凸起，侧棱稍宽，增厚；棱槽内油管2~3条，合生面油管4~6条。

单种属。我国特有，神农架亦产。

川明参 | Chuanminshen violaceum
M. L. Shen et R. H. Shan 图175-58

特征同属的描述。

图175-57 宽叶羌活

产于神农架兴山县高岚至黄粮间（zdg 6282）、龙门河（zdg 7919），生于海拔2000m的溪边林下。根入药。

图175-58　川明参

27. 蛇床属Cnidium Cusson

一年生至多年生草本。叶通常为二至三回羽状复叶，稀为一回羽状复叶，末回裂片线形、披针形至倒卵形。复伞形花序顶生或侧生；总苞片线形至披针形；小总苞片线形、长卵形至倒卵形，常具膜质边缘；花白色，稀带粉红色；萼齿不明显；花柱2，向下反曲。果实卵形至长圆形，果棱翅状，常木栓化；分生果横剖面近五角形；每棱槽内油管1条，合生面油管2条。

6种。我国产5种，湖北产2种，神农架产1种。

蛇床 ｜ Cnidium monnieri (Linnaeus) Cusson　图175-59

草本，表面具深条棱。下部叶具短柄，上部叶柄全部鞘状，叶卵形至三角状卵形，二至三回三出式羽状全裂，羽片卵形至卵状披针形，末回裂片线形至线状披针形。复伞形花序；总苞片6～10枚，线形至线状披针形，具细睫毛；伞辐8～20，不等长；小总苞片多数，线形，边缘具细睫毛；小伞形花序具花15～20朵；花瓣白色，先端具内折小舌片；花柱向下反曲。果长圆状，横剖面近五角形；主棱5条，均扩大成翅。花期7月，果期8～9月。

产于神农架兴山县昭君镇，生于海拔200m的溪边河漫滩中。根、果实入药。

28. 当归属Angelica Linnaeus

大型草本。茎常中空。叶柄基部常膨大成囊状的鞘，叶三出羽状分裂或羽状多裂，或羽状复叶。复伞形花序；多具总苞片和小总苞片；花白色或紫色。果背腹压扁；背棱及主棱多条，凸起，侧棱有阔翅；分果横剖面半月形；每棱槽内油管1至多条，合生面2至数条。

约90种。我国产45种，湖北产10种，神农架产7种。

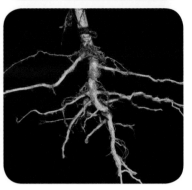

图175-59　蛇床

1. 白芷 | Angelica dahurica (Fischer ex Hoffmann) Bentham et J. D. Hooker ex Franchet et Savatier　图175-60

草本。基生叶一回羽状分裂，叶柄下部有抱茎叶鞘，茎上部叶二至三回羽状分裂，叶片卵形至三角形，末回裂片长圆形，卵形或线状披针形，沿叶轴下延成翅状。复伞形花序，花序下方有膨大的囊状叶鞘，花序有短糙毛；伞辐18～40；总苞片通常缺，小总苞片5～10枚，线状披针形；花白色；无萼齿；花瓣顶端内曲成凹头状。果实背棱扁，较棱槽宽，侧棱翅状；棱槽中有油管1条，合生面油管2条。花期7~8月，果期9~10月。

神农架有栽培。根入药。

2. 大叶当归 | Angelica megaphylla Diels 图175-61

草本。茎带紫色，有细沟纹。叶三角状卵形，二回三出羽状分裂，有羽片1~3对；末回裂片长圆形至长椭圆形，常有不规则的2裂，边缘有近镰刀状的尖锯齿，沿叶脉有稀疏的短刚毛；茎顶部叶简化成具3枚小叶膨大的叶鞘。复伞形花序，密生褐色短刚毛；伞辐20~40；无萼齿；花瓣白色；花柱基盘状。果实顶端和基部均内凹；背棱和中棱线形，侧棱翅状，宽于果体；棱槽内有油管1条，合生面油管2条。花期7~9月，果期8~10月。

产于神农架下谷坪、板桥，生于海拔800~1200m的山坡。根入药。

图175-60　白芷

图175-61　大叶当归

3. 重齿当归 | Angelica biserrata (R. H. Shan et C. Q. Yuan) C. Q. Yuan et R. H. Shan 图175-62

草本。有短糙毛。叶二回三出式羽状全裂，茎生叶基部膨大成半抱茎膜质叶鞘，背面无毛或稍被短柔毛，边缘有尖锯齿或重锯齿，顶生的末回裂片多3深裂，基部常沿叶轴下延成翅状，两面沿叶脉及边缘有短柔毛。复伞形花序；伞辐10~25；伞形花序有花17~30朵；小总苞片5~10枚；花白色；无萼齿；花瓣顶端内凹。果实椭圆形；侧翅与果体等宽或略狭；背棱线形，隆起；棱槽间有油管1~3条，合生面有油管2~4条，稀6条。花期7~8月，果期9~10月。

产于神农架各地（徐家庄，zdg 7049、zdg 7051），生于海拔900~2000m的山谷沟边或草丛中。根入药。

图175-62　重齿当归

4. 拐芹 │ **Angelica polymorpha** Maximowicz　图175-63

草本。节处常为紫色。叶二至三回三出式羽状分裂，卵形至三角状卵形，茎上部叶简化为略膨大的叶鞘，末回裂片有短柄或近无柄、卵形或菱状长圆形，3裂，两侧裂片多为不等的2深裂，边缘有粗锯齿或缺刻状深裂，脉疏被短糙毛。复伞形花序，密生短糙毛；伞辐11～20；总苞片1～3枚或无，小苞片7～10枚，紫色，有缘毛；萼退化；花瓣白色。果实基部凹入；背棱短翅状，侧棱膨大成膜质的翅；棱槽内有油管1条，合生面油管2条，油管狭细。花期7～8月，果期8～10月。

产于神农架各地（阴峪河站，zdg 7740），生于海拔1000～2400m的山地林下或沟边湿地。根入药。

5. 当归 │ **Angelica sinensis** (Oliver) Diels　图175-64

草本。茎有纵深沟纹。叶三出式二至三回羽状分裂，叶柄基部膨大成管状的薄膜质鞘，叶卵形，小叶片3对，近顶端的1对无柄，末回裂片卵形或卵状披针形，2～3浅裂，边缘有缺刻状锯齿，叶下表面及边缘被稀疏的乳头状白色细毛；茎上部叶简化成囊状的鞘或羽状分裂。复伞形花序，密被细柔毛；伞辐9～30；总苞片2枚，线形，或无，小总苞片2～4枚，线形；花白色，花柄密被细柔毛；萼齿5枚；花瓣内折；花柱基圆锥形。果实椭圆至卵形；背棱线形，隆起，侧棱成宽而薄的翅，与果体等宽或略宽，翅边缘淡紫色；棱槽内有油管1条，合生面油管2条。花期7～9月，果期8～10月。

神农架各地有栽培。根入药。

图175-63　拐芹

图175-64　当归

6. 疏叶当归 ｜ *Angelica laxifoliata* Diels　图175-65

草本。茎绿色或带紫色。叶为二回三出式羽状分裂，有排列较疏远的小叶片3～4对，叶鞘半抱茎；小叶裂片披针形至卵状披针形，茎顶端叶简化成长管状的膜质鞘，无毛，或脉上有时有微毛。复伞形花序；伞辐30～50；总苞片3～9枚，带紫色，小总苞片6～10枚，有缘毛；无萼齿；花瓣白色，顶端内折，花柱基略凸出。果实黄白色，边缘常带紫色或紫红色；背棱和中棱线形，稍隆起，侧棱翅状；棱槽内有油管1枚，合生面油管2枚。花期7～8月，果期9～10月。

图175-65　疏叶当归

产于神农架木鱼、下谷、阳日，生于海拔1600～2800m的山坡林缘。根入药。

7. 紫花前胡 ｜ *Angelica decursiva* (Miquel) Franchet et Savatier　图175-66

草本。茎紫色。叶基部膨大成圆形的紫色叶鞘，叶三角形至卵圆形，三全裂或一至二回羽状分裂，末回裂片卵形或长圆状披针形，脉上有短糙毛，表面脉上有短糙毛；茎上部叶简化成囊状膨大的紫色叶鞘。复伞形花序；伞辐10~22；总苞片1~3枚，阔鞘状，小总苞片3~8枚，线形至披针形；伞辐及花柄有毛；花深紫色；萼齿明显。果实背棱线形隆起，尖锐；侧棱有较厚的狭翅，与果体近等宽；棱槽内有油管1~3条，合生面油管4~6条。花期7~8月，果期9~11月。

产于神农架各地（板仓—坪堑，zdg 7245；官门山，zdg 7560），生于海拔800m的山坡林下。根入药。

图175-66　紫花前胡

29. 前胡属 Peucedanum Linnaeus

多年生草本。茎有细纵条纹。叶基部有叶鞘，茎生叶鞘稍膨大。复伞形花序，伞辐多数或少数；总苞片多数或缺，小总苞片多数；花瓣顶端微凹，有内折的小舌片，白色，少为粉红色和深紫色；萼齿短或不明显；花柱基短圆锥形。果实椭圆形或近圆形，背部扁压，光滑或有毛；中棱和背棱丝线形稍凸起，侧棱扩展成较厚的窄翅；合生面紧紧契合，不易分离；棱槽内油管1至数条，合生面油管2至多数。

100~200种。我国产40种，湖北产7种，神农架产3种。

分种检索表

1. 萼齿显著。
　　2. 叶三出式二至三回分裂或二回羽状分裂······················1. 华中前胡 P. medicum
　　2. 叶三出式三回分裂··2. 鄂西前胡 P. henryi
1. 萼齿无或细小而不明显···3. 前胡 P. praeruptorum

1. 华中前胡 | Peucedanum medicum Dunn　图175-67

草本。根茎有明显环状叶痕。叶片广三角状卵形，二至三回三出式分裂或二回羽状分裂，第一回羽片三全裂，两侧的裂片斜卵形，中间裂片卵状菱形，3浅裂或深裂，边缘具粗大锯齿，主脉上有短毛。伞形花序大；伞辐15~30或更多；总苞大，早落；小总苞片多数，线状披针形；小伞形花序有花10~30朵，伞辐及花柄均有短柔毛；花瓣白色。果实椭圆形，背部扁压；中棱和背棱线形凸起，侧棱呈狭翅状；每棱槽内油管3条，合生面油管8~10条。花期7~8月，果期9~10月。

产于神农架木鱼（九冲）、松柏（八角庙—房县沿线，zdg 7527）、官门山（zdg 7610），生于海拔600m的山坡疏林下或岩石上。根入药。

2. 鄂西前胡 | Peucedanum henryi H. Wolff 图175-68

草本。茎略呈空管状。叶三出式三回分裂，小叶楔状倒卵形或卵形，无柄或具短柄，近于深裂。伞形花序很少；花序梗和伞辐等长；无总苞片和小总苞片；伞辐5～6；小伞形花序有花近20朵；萼齿显著，细小；花淡黄色至黄绿色；花柱基非常发达，圆锥形。果实椭圆形，背部十分扁压，分生果有时弯曲，略呈肾形；背棱线形，侧棱极狭窄；棱槽内油管3～4条，合生面油管4条。花期7～8月，果期9～11月。

产于神农架各地（坪堑，zdg 7772），生于海拔1500m以下的山坡草地。根入药。

图175-67 华中前胡

图175-68 鄂西前胡

3. 前胡 | Peucedanum praeruptorum Dunn 图175-69

草本。基生叶具长柄，叶宽卵形或三角状卵形，三出式二至三回分裂，末回裂片菱状倒卵形，边缘具不整齐的3～4枚粗或圆锯齿；茎下部叶具短柄，叶片形状与茎生叶相似；茎上部叶三出分裂，裂片狭窄。复伞形花序；总苞片无或1至数枚，线形；伞辐6～15，内侧有短毛；小总苞片8～12枚；小伞形花序有花15～20朵；花白色；萼齿不显著。果实背部扁压，有稀疏短毛，背棱线形，侧棱呈翅状；棱槽内油管3～5条，合生面油管6～10条。花期8～9月，果期9～10月。

图175-69 前胡

产于神农架木鱼（老君山），生于海拔2000m的山坡林缘或路旁。根入药。

30. 独活属Heracleum Linnaeus

多年生草本。叶片三出式或羽状多裂，边缘有锯齿以至不同程度的半裂和分裂。叶柄有宽展的叶鞘；复伞形花序；总苞片少数或无；小总苞数片；伞辐多数；花白色、黄色或淡红色；萼齿细小或不明显；花瓣先端凹陷，有窄狭的内折小舌片。果实背部扁平；背棱和中棱丝线状，侧棱通常有翅；每棱槽内有油管1条，合生面油管2~4条；心皮柄2裂几达基部。

70种。我国产29种，湖北产7种，神农架产6种。

分种检索表

1. 分生果油管棒状，宽度一致⋯⋯⋯⋯⋯⋯⋯⋯⋯⋯⋯⋯⋯⋯⋯⋯⋯⋯⋯⋯⋯⋯ 1. 白亮独活H. candicans
1. 分生果油管上部狭窄，向下逐渐成棒状。
   2. 叶片一至二回羽状或三出式羽状分裂。
      3. 叶片一至二回羽状分裂。
         4. 无总苞，萼齿三角形或细小⋯⋯⋯⋯⋯⋯⋯⋯⋯⋯⋯ 2. 尖叶独活H. franchetii
         4. 总苞少数，萼齿不明显⋯⋯⋯⋯⋯⋯⋯⋯⋯⋯⋯⋯ 3. 独活H. hemsleyanum
      3. 叶片三出式羽状分裂⋯⋯⋯⋯⋯⋯⋯⋯⋯⋯⋯⋯⋯⋯ 4. 短毛独活H. moellendorffii
   2. 叶片二回至多回羽状分裂。
      5. 叶片二回羽状分裂⋯⋯⋯⋯⋯⋯⋯⋯⋯⋯⋯⋯⋯⋯⋯⋯⋯ 5. 平截独活H. vicinum
      5. 叶片二至三回羽状分裂⋯⋯⋯⋯⋯⋯⋯⋯⋯⋯⋯⋯⋯ 6. 永宁独活H. yungningense

1. 白亮独活 | Heracleum candicans Wallich ex de Candolle 图175-70

图175-70 白亮独活

多年生草本。植物体被有白色柔毛或绒毛。叶宽卵形或长椭圆形，羽状分裂，密被灰白色软毛或绒毛；茎上部叶有宽展的叶鞘。复伞形花序；总苞片1~3枚，线形；伞辐17~23；小总苞片少数，线形；每小伞形花序有花约25朵，花白色；花瓣二型；萼齿线形细小。果实倒卵形，背部极扁平；分生果的棱槽中各具1条油管，合生面油管2条；胚乳腹面平直。花期7~8月，果期9~10月。

产于神农架木鱼，生于海拔1200~2500m的山坡林下或草丛中。根入药。

2. 尖叶独活 | Heracleum franchetii M. Hiroe 图175-71

本种形态与白亮独活相似，区别在于：茎、叶被较多的白色长毛；无总苞片。

产于神农架各地，生于海拔1100~2200m的山坡或沟谷边。根入药。

图175-71　尖叶独活

3. 独活 | **Heracleum hemsleyanum** Diels　图175-72

草本。茎下部叶一至二回羽状分裂，有3～5枚裂片，被稀疏的刺毛，尤以叶脉处较多；茎上部叶卵形，3浅裂至3深裂。复伞形花序；总苞少数，长披针形；伞辐16～18，有稀疏的柔毛；小总苞片5～8枚，线状披针形，被有柔毛；每小伞形花序有花约20朵；萼齿不显；花瓣白色，二型。果实近圆形；背棱和中棱丝线状，侧棱有翅；背部每棱槽中有油管1条，棒状，合生面有油管2条。花期7～8月，果期9～10月。

产于神农架下谷、新华、阳日，生于海拔700～2400m的山坡或沟边。根入药。

4. 短毛独活 | **Heracleum moellendorffii** Hance　图175-73

草本。叶片轮廓广卵形，薄膜质，三出式分裂；茎上部叶有显著宽展的叶鞘。复伞形花序；总苞片少数，线状披针形；伞辐12～30；小总苞片5～10枚，披针形；萼齿不显著；花瓣白色，二型；花柱叉开。分生果背部扁平，有稀疏的柔毛或近光滑；背棱和中棱线状凸起，侧棱宽阔；每棱槽内有油管1条，合生面油管2条，棒形。花期7～8月，果期8～9月。

产于神农架木鱼、下谷、新华、大岩屋（zdg 7951），生于海拔1200～2500m的山坡林下、草丛中。根入药。

图175-72　独活

图175-73　短毛独活

5. 平截独活 ｜ **Heracleum vicinum** H. de Boissieu　图175-74

草本。基生叶有长叶柄，基部具宽展的鞘，抱茎，叶片轮廓椭圆形，二回羽状分裂，两面均被毛；茎中部叶基部有宽展叶鞘，顶端小叶近楔形；茎上部叶渐简化，叶柄基部成宽鞘状。复伞形花序；无总苞；伞辐15～20，被有粗糙毛；小总苞片线形，少数；小伞形花序有花20余朵；萼齿三角形；花瓣白色，二型；子房有毛。棱槽中各具油管1条，合生面有油管2条。花期7～8月，果期9～11月。

产于神农架下谷，生于海拔2600m的山坡林下、沟边。根入药。

6. 永宁独活 ｜ **Heracleum yungningense** Handel-Mazzetti　图175-75

草本。茎表面有稀疏粗毛。叶长椭圆形，二至三回羽状分裂，长15～20cm，宽6～8cm，有粗毛。复伞形花序，被白色粗毛；总苞片少数，线形；伞辐17～30；小总苞片少数，线形；每小伞形花序有花25～30朵；萼齿三角形；花瓣白色，二型。果实背部每棱槽中有油管1条，棒状，合生面有油管2条。花果期9～10月。

产于神农架大九湖，生于海拔1800m的山坡林下。根入药。

图175-74　平截独活

图175-75　永宁独活

参考文献

刘冰，叶建飞，刘夙，等.中国被子植物科属概览：依据APGIII系统[J].生物多样性，2015，23（2）：225-31.

刘启宏，张树藩.神农架菊属一新变种[J].植物科学学报，1983，1（2）：237-238.

刘启宏，张红旗，贾卫疆，等.湖北新资源植物——神农香菊的地理分布、生态习性与蕴藏量的调查研究[J].植物科学学报，1983，1（2）：239-245.

刘胜祥.湖北西部菊科植物（Ⅰ）——斑鸠菊族、泽兰族、紫菀族[J].华中师范大学学报：自然科学版，1990，24（3）：316-322.

刘胜祥.湖北西部菊科植物（Ⅴ）——兰刺头族、菜蓟族、帚菊木族和菊苣族[J].华中师范大学学报：自然科学版，1994，28（1）：99-110.

应俊生.鄂西神农架地区的植被和植物区系[J].中国科学院大学学报，1979，17（3）：41-60.

彭林鹏，铁军.神农架自然保护区野生植物资源现状及保护对策[J].长治学院学报，2010，27（5）：23-26.

方元平，刘胜祥，汪正祥.神农架国家级自然保护区樟科资源植物分析[J].资源开发与市场，2000，16（4）：203-205.

方元平，刘胜祥，雷耘，等.神农架自然保护区唇形科植物区系及资源植物分析[J].黄冈师范学院学报，2000，20（6）：44-48.

昝启杰.鄂西神农架植物区系起源与发展探讨[J].中山大学研究生学刊：自然科学与医学版，1995，16（3）：31-36.

李晓东.神农架常见植物图谱[M].湖北武汉：华中科技大学出版社，2014.

杨娟，刘胜祥.神农架国家级自然保护区毛茛科植物的区系分析[J].西南师范大学学报：自然科学版，2000，25（1）：56-225.

杨敬元，杨开华，廖明尧，等.星叶草科——湖北被子植物一新记录科[J].氨基酸和生物资源，2013，35（1）：25-27.

杨福生，刘胜祥，雷耘.神农架自然保护区百合科植物区系及资源植物分析[J].黄冈师范学院学报，1998，18（4）：26-31.

江明喜，吴金清，葛继稳.神农架南坡送子园珍稀植物群落的区系及生态特征研究[J].植物科学学报，2000，18（5）：368-374.

江明喜，邓红兵，蔡庆华.神农架地区珍稀植物沿河岸带的分布格局及其保护意义[J].应用生态学报，2002，13（11）：1373-1376.

汪小凡.神农架常见植物图谱[M].北京：高等教育出版社，2015.

沈显生. 神农架药用植物资源［J］. 中国野生植物资源，1999，18（1）：15-17.

沈泽昊，胡会峰，周宇，等. 神农架南坡植物群落多样性的海拔梯度格局［J］. 生物多样性，2004，12（1）：99-107.

沈泽昊，赵子恩. 湖北无心菜属（石竹科）一新种——神农架无心菜［J］. 植物分类学报，2005，1（1）：73-75.

熊丹，陈发菊，李雪萍，等. 神农架地区濒危植物香果树的遗传多样性研究［J］. 西北植物学报，2006，26（6）：1272-1276.

熊高明，谢宗强，熊小刚，等. 神农架南坡珍稀植物独花兰的物候、繁殖及分布的群落特征［J］. 生态学报，2003，23（1）：173-179.

王俊峰，王仙. 神农架药用植物资源及其开发利用［J］. 湖北林业科技，1991，91（4）：34-36.

王荷生. 植物区系地理［M］. 北京：科学出版社，1992.

石世贵，潘洪林. 中国神农架蕨类植物概况［J］. 植物科学学报，1997，15（4）：336-340.

葛继稳，吴金清. 神农架生物圈保护区植物多样性及其保护现状的研究［J］. 植物科学学报，1997，15（4）：341-352.

蒋道松，周朴华，陈德懋. 神农架蕨类植物二新种［J］. 湖南农业大学学报：自然科学版，2000，26（2）：88-89.

蒋道松，陈德懋. 神农架蕨类植物科的区系地理分析［J］. 湖南农业大学学报：自然科学版，2000，26（3）：171-177.

谢丹，张成，张梦华，等. 湖北单子叶植物新记录［J］. 西北植物学报，2017，37（4）：815-819.

贺昌锐. 神农架珍稀濒危植物区系的研究［J］. 重庆工商大学学报：自然科学版，1997，14（3）：16-20.

贺昌锐，陈芳清. 神农架种子植物中国特有属的分析［J］. 广西植物，1997，17（4）：317-320.

赵冰，龚梅香，张启翔. 中国神农架蜡梅属一新变种和新变型［J］. 植物研究，2007，27（2）：131-132.

郑重. 神农架维管植物区系初步研究［J］. 植物科学学报，1993，11（2）：137-48.

郑重. 湖北植物大全［M］. 湖北武汉：武汉大学出版社，1993.

中国科学院中国植物志编辑委员会. 中国植物志（第1~80卷）［M］. 北京：科学出版社，1959-2004.

中国科学院植物研究所. 中国经济植物志（上、下册）［M］. 北京：科学出版社，1960.

BARTHOLEMEW B, BOUFFORD D E, CHANG A L, et al. The 1980 Sino-American botanical expedition to western Hubei Province, People's Republic of China [J]. Journal of the Arnold Arboretum, 1983, 64(1): 1-103.

BARTHOLOMEW B, BOUFFORD D E, SPONGBERG S A. *Metasequoia glyptostroboides*: its present status in central China [J]. Journal of the Arnold Arboretum, 1983, 64(1): 105-28.

BOUFFORD D E. The systematics and evolution of Circaea (Onagraceae) [J]. Annals of the Missouri Botanical Garden, 1982, 69(4): 804-994.

DENG T, KIM C, ZHANG D-G, et al. *Zhengyia shennongensis*: a new bulbiliferous genus and species of the nettle family (Urticaceae) from central China exhibiting parallel evolution of the bulbil trait [J]. Taxon, 2013, 62(1): 89-99.

DENG T, ZHANG X-S, KIM C, et al. *Mazus sunhangii* (Mazaceae), a new species discovered in central China appears to be highly endangered [J]. PLoS ONE, 2016, 11(10): e0163581.

GAO Q, YANG Q E. *Aconitum shennongjiaense* (Ranunculaceae), a new species from Hubei, China [J]. Botanical Studies, 2009, 50(2): 251−9.

LI W P, ZHANG Z G. *Aster shennongjiaensis* (Asteraceae), a new species from central China [J]. Botanical Bulletin-Academia Sinica Taipei, 2004, 45(1): 95−9.

WANG Q, GADAGKAR S R, DENG H P, et al. *Impatiens shennongensis* (Balsaminaceae): a new species from Hubei, China [J]. Phytotaxa, 2016, 244(1): 96.

WU Z Y, RAVEN P H, DE-YUAN H. Flora of China (Vol.1−25) [M]. Beijing: Science Press & St. Louis: Missouri Botanical Garden Press, 1994−2013.

XIE Z Q, ZHAO C M, CHEN W L, et al. Altitudinal pattern of plant species diversity in Shennongjia Mountains, central China [J]. Journal of Integrative Plant Biology, 2005, 47(12): 1431−49.

中文名称索引

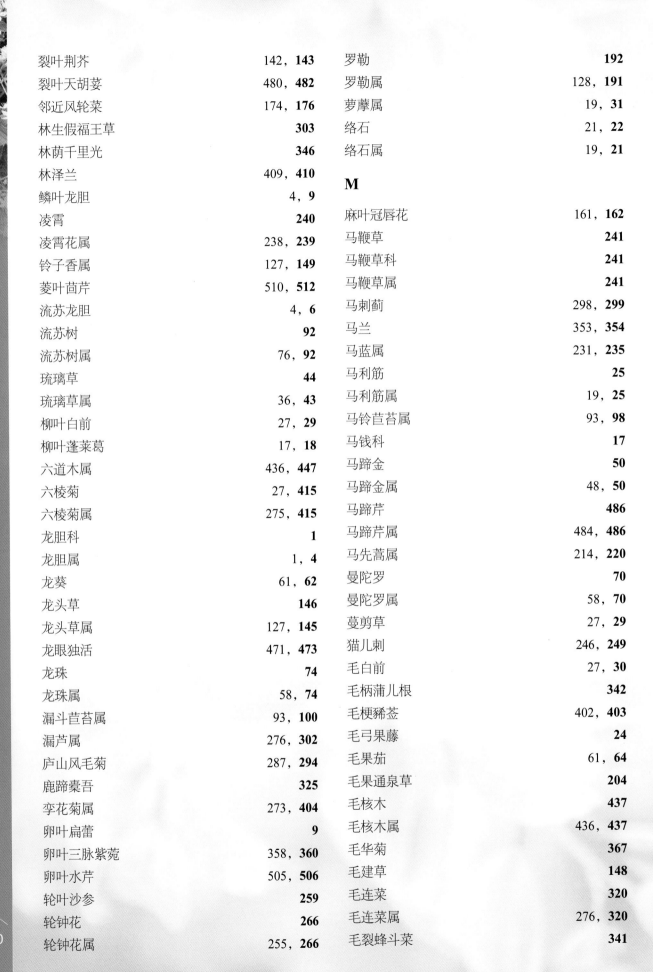

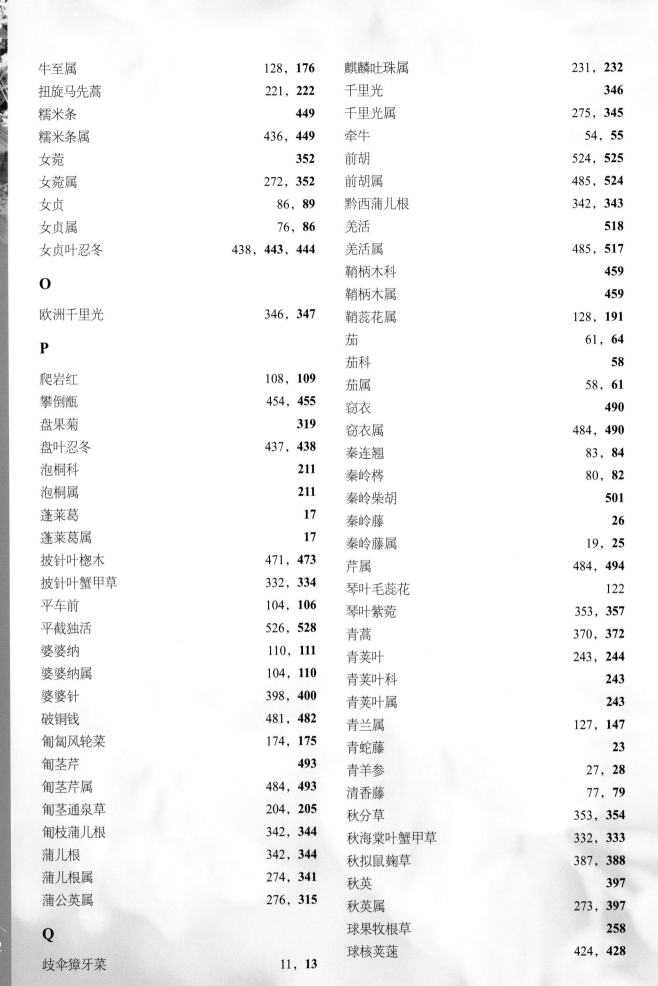

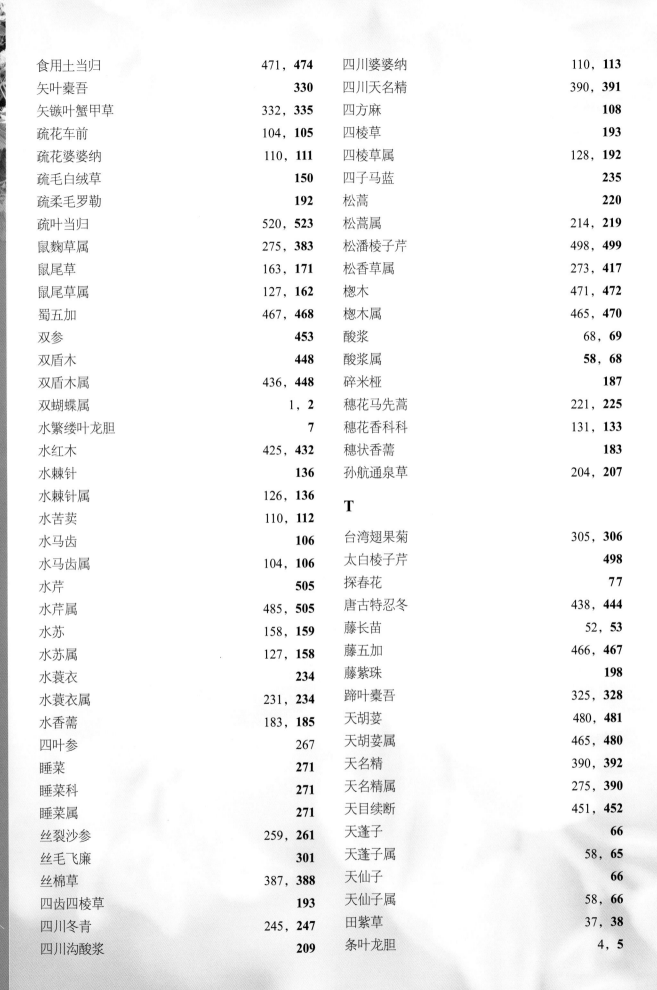

中文名称索引

547

中文名称索引

549

拉丁学名索引

D

拉丁学名索引

555

559

拉丁学名索引

拉丁学名索引

拉丁学名索引

563

拉丁学名索引

后 记

——1980年神农架中美联合考察回忆录

David E. Boufford（美国哈佛大学）著

邓涛，李彦波，乐霁培（中国科学院昆明植物研究所）译

　　本回忆录写于2014年，简要记述了1980年中美合作的湖北神农架森林地区植物考察。那次考察对重建中美科学家的合作及友谊有着重要意义，影响深远至今。考察最终共采集了2085份植物标本，其中有1715份维管植物。在神农架的野外工作完成之后，科考人员又对湖北西部的水杉产地利川县进行了简短的考察。这两次考察是1980年8月15日至11月15日历时3个月的中国之行的一部分，此外还参观了研究所、植物园以及中国的各大高校。

　　1979年秋天，我接到加利福尼亚大学伯克利植物园博物馆馆长Bruce Bartholomew打来的电话，问我是否有兴趣参加1980年夏天的中国植物考察。我非常惊喜，当时立马回复"有"，尽管Bruce提到如果我们拿不到拨款可能要自己支付差旅费用。开展中国植物联合考察的这个计划是中华人民共和国1949年成立以来的第一次，该计划得到了1979年访问美国的中国植物学家代表团的同意，决定由5位美国植物学家参加1980年为期3个月的中国野外调查工作。作为回报，之后有5个中国植物学家有一年的时间访问美国的植物学研究机构。

　　中方植物学家及其他相关人员最终决定，考察主要在湖北西部的神农架森林地区进行，随后对同样在湖北西部的水杉产地利川县做短期的调查。在那个时期，同大多数美国人一样，我对中国的地理了解得很少。这是一个过去31年对美国完全封闭的国家，尽管尼克松总统1972年访问了中国，但这种形势并不会很快发生改变。

　　1977年，当我在日本做博士论文研究露珠草属（柳叶菜科）6个月的时间里，似乎没有可能去访问中国，虽然那里存在该属的大部分物种。我去过最近的地方也就是中国台湾，在那里开展了3周左右的野外考察和标本研究。所以，1979年的电话就像是一个千载难逢的机会，不仅使我可以看到中国野外的植物，同时也可以查阅中国标本馆里的标本，甚至可以在露珠草属整个分布范围内对其物种数做一个更为完整的统计。

　　为了准备我们的旅行，5位参加考察的美国植物学家，分别是加利福尼亚州科学院的Bruce Bartholomew、美国国家植物园的Theodore Dudley、纽约植物园的Thomas Elias、哈佛植物园的Stephen Spongberg和当时在卡内基自然历史博物馆的我，于1980年1月在纽约植物园的卡里植物园会合讨论此次旅行的细节，如我们需要什么装备，如果申请资助不成功我们将怎么办等。我们都同意自己支付差旅费，但是购买物资和装备以及运送它们到中国的费用将难以支付。好在很快我们就获得了资助，因而没有必要使用个人经费支付我们的旅行。需要提及的是同北京植物研究所保持交流考察细节的是美国这边的领队Bruce Bartholomew。同时别忘了那时还是在互联网和电子邮件之前

的时期，中美之间的信件往来最少要3周或者更长的时间。尽管当时电话联系是可行的，但是因为高额的费用我们只在必要时使用。

我们的再一次会面是在8月15的早晨，地点在日本成田国际机场。我之前在日本做过野外研究，其他人于前一天下午到达并在机场附近的酒店过夜。中美之间直达的航班在那个时期是不可能的，需要在东京过夜。Thomas Elias因在一次慢跑中摔倒导致肩膀脱臼，由纽约植物园的Jim Luteyn代替他。登上航班大约3个小时后，我向下看，第一次见到窗外中国东部的田地。

我们的航班到达北京远郊的新国际机场时是正午，没人在那儿等我们。由于美国科学院院士、世界著名的植物学家、《Flora of China》的英文主编Peter Raven将于当天傍晚7点30左右到机场，所以中方认为我们会和他一起乘坐同班飞机到达。依1980年那时的习惯，中国工作人员的午餐时间很长并且会午休，所以当我们打电话给中国科学院植物研究所时并没有人接电话。直到下午3点午休结束时才有人知道我们已经到机场了。中国科学院植物研究所那边立刻派车接我们到友谊宾馆，在我们去神农架第一站——武汉之前都住在那里。

在北京的那几天，我们见到了将要同行的汤彦承（Tang Yen-Chen）和应俊生（Ying Tsun-Shen），加上中国科学院植物所主任汤佩松（Tang Pei-Song）以及标本馆和北京植物园主任俞德浚（Yu Te-Tsun）教授。俞德浚教授的名字对我们来说并不陌生，因为大量的中国西部的植物标本上有他的名字。当其他人去参观北京植物园的时候，我鉴定了标本馆中露珠草属的标本。在北京受到的接待比我们预期的要热情得多。即使在"文化大革命"的艰难时期之后，他们对我们也无比亲切。在过去，和外国人有过接触的人常常会受到怀疑，甚至遭受人身虐待，他们的财产也将会被没收或损毁。然而，他们热情和蔼地欢迎我们，让我们觉得过去31年的封锁仅是一点点的不方便。

在北京几天之后我们去了武汉，到那儿是8月20号的中午。从武汉机场到市中心的路上，除了几辆零星的货车、公交车和吉普车外很少能见到车。这种情况在20世纪80年代中国的所有城市里是很常见的，当时很少有汽车，多是自行车。我们到达位于长江边的胜利宾馆，一人一个房间。进入房间，映入眼帘的街道尽头的景色惊艳了我们。从酒店我们可以看到顺流而下的船只，且看到的船只比我们的视线都高。安置好房间以后，我们马上去欣赏河流。我们爬到堤坝，在顶处看到淹没树木的水线，处于洪水期的河流使得船只快速地顺流而下。尽管水位很高，渔民仍然抛洒他们的网，在河边立着杆子拖着网；其他人则忙着将装满泥沙的竹篮垒到堤坝上，使其更厚、更高。

在岸边我们的好奇心得到满足之后，就回到酒店准备就餐，结果是等待我们的另一个盛宴——那一天恰巧是我的生日，是我在中国的第一个生日，餐后一个巨大的令人惊喜的蛋糕出现在我面前。总而言之，那天是最有趣的一天。最终得知第二天一早就要出发去神农架时，我们激动极了。当我们向西出发，在第一个过夜的停靠点宜昌时我们更加意识到河水的高度。武汉和宜昌间的多条路被洪水冲断了，我们不得不走耗时的弯路，所以到宜昌安顿好房间后天快黑了。

第二天清晨，我们了解到，不仅是长江，还有许多二级支流都处于汛期，我们小心地跨过了堤坝已经被汹涌的河水淹没一部分的其中一条支流。我们队伍的领导孙祥钟（Sun Siang-Chung）教授从武汉和我们一同出发，但是当我们到达活动基地酒壶坪后他就得返回武汉。我们仍然不知道到达目的地还需要多久，但是很明显在泥泞的土路上坐着北京吉普晃来晃去要超过一天的时间。在那个时期，中国的汽车、货车、火车以及包括北京吉普在内的所有交通工具，都是仿制二战前、二战中或二战刚结束时的产品。尽管世界向前发展了，中国的风格仍保持在40年代的样子。我们乘坐的北京吉普看起来就像我们小时候从二战刚刚结束的20世纪40年代杂志照片和电影里看到的一样。

刚开始我们很困惑：为什么当我们经过时，当地人会大小成群地集中在路边。进入小村庄，人聚集得更多。起初，我们认为他们一定是在等待公交车或是从城里运货来的车辆，但是当我们到达兴山县时我们才意识到他们是在看我们——奇怪的外国人！

在兴山县，我们被带到了宾馆过夜，二楼是我们的住处，开门看到的是一尘不染的房间和全新的床上用品。当我们安顿好之后到阳台看看小镇的样子时，我们立刻知道什么是名人。正如我们傍晚看到的一样，在我们视线所及的范围内，大街上挤满了人，都在那儿看我们这些西方人。

第二天早晨，我们吃完早餐后去神农架森林地区。我们到达那里时正好是午餐时间。在未来6周我们的活动基地酒壶坪的水盆里，养着两条娃娃鱼（*Andrias davidianus*）——大型的蝾螈目动物，将作为我们的午餐。我们质疑吃两栖动物的想法，因为大多数都是有毒的，但中方工作人员让我们相信这些都是安全的。我们开始也没有意识到娃娃鱼是珍稀濒危的物种。最终，两条娃娃鱼被宰杀并切块作了我们的午餐。在那次之后，我们不希望以后再吃娃娃鱼了。

午饭后，我们检查在我们之前到达的装备。它们被装在一个板条箱中从美国船运到北京，然后用火车从北京运到武汉，再从武汉用货车运到酒壶坪。我们的货物里有用于处理标本的大帐篷，数个双人帐篷，压制标本的瓦楞纸，绑标本的带子，用来干燥标本的煤油炉，徒步时用的金属框架的背包，从树上采集标本的高枝剪以及挖草本和剪灌丛植物的工具。种子和活体植物也需要收集，种子包和筛子用来清洁种子。其中，最重的物资是成捆的用来夹放蜡叶标本的报纸。新闻报纸在当时是极其敏感的话题，因此为了避免任何麻烦，我们就购买了成包的未印刷报纸。

我们敲掉了两个木制运输箱的底部和顶部，在顶部安装上木制十字架使其与满载的植物标本夹宽度匹配，以将板条箱作为干燥器。我们花了剩下的下午时间来调查酒壶坪周围的植被，并且更多地了解了未来两个月将和我们共事的中方植物学家。

应俊生和汤彦承是5位要和我们在野外共事的植物学家中的两位，在北京就与我们见过面并且同行到武汉。其他的三位，郑重来自武汉植物研究所，贺善安（He Shan-An）是南京植物园的，张敖罗（Zhang Ao-Luo）来自昆明植物研究所，都是和我们在武汉见的面。孙祥钟教授属于武汉植物研究所和武汉大学的，同时也是我们这次考察的领队，同我们一起到酒壶坪，由于他当时的年纪72岁了，身体不适，所以几天之后就返回武汉了。因此，汤彦承成了我们此行的负责人。事实证明小汤也确实是最佳的人选。小汤，虽然他的年纪已经足够称为老汤了，但是因为中国科学院植物研究所的主任汤佩松比小汤要年长，所以只好称他为小汤。作为领导人，他热心、有耐心、学识渊博并且有足够的能力，此外每当提到植物时他就一脸幸福的模样。在一起的三个月里，他慷慨地和我们分享他渊博的学识。

除了这些植物学家之外，同行的还有一大批的政府官员、林业部门工作人员，两个解放军部队派来保护我们安全的护卫，以及一个卫生员和三位翻译。没有事故发生的几周里医生显得有些无聊，但是在我们感冒给我们发放药品时他显得非常高兴。在我们没有注意时他离开了，我们想可能他回武汉去做更多的实际工作了。自从护卫们习惯用他们的枪向偶尔被我们惊起的鸟儿开枪后，大多数时候我们更希望此行没有他们陪同，幸运的是他们从来没有打到过什么。然而，当他们把山羊角树（*Carrierea calycina*）的果枝打下来的时候对我们还是很方便的，因为对这些物种的采集已经超出我们高枝剪的范围了。总而言之，我们的队伍包括司机、植物学家、助手、政府官员、医生、军人以及翻译一共50人左右。

8月25日，在我们来到中国的第十天后开始了第一次植物标本的采集，首先是在酒壶坪附近，随着采样的持续只能到更远的地方采样，因为在活动基地附近有新发现的可能性几乎为零了。我们在野外的第一天非常有趣。我们早晨出发，中午回来午餐。在下午的采集计划并没有讨论的情况下，我们希望午餐之后尽快重新开始采集。当我们整理完上午采集的标本后，走出招待所房间准备开始下午的采集时，却发现没有一个人在院子里，就好像外星人来了并把酒壶坪当地人全部带走了一样。没有助理，没有中国植物学家，除了5位美国人外没有任何人，除了麂子沟流水声外出奇的安静。难道是中国植物学家们午餐后没有告诉我们就都出去了？我们不知道。我们决定敲门看看是否有人在屋里，果然，几声门响后，小汤穿着长内衣出现在门口，这是我们第二次意识到在中国大多数人都有午餐后小憩的习惯！

接下来的几天，我们几乎走遍了神农架。起初走的地方不远，这样晚上我们能返回酒壶坪活动基地，之后走的地方更远，晚上就在帐篷里过夜，从此再也没有午休了，整天工作直到天黑。压制标本，用报纸干燥，在笔记本上记录详细的采集信息（那时并没有电脑），把干燥的标本从标本夹中取出来用绳子捆住放入塑料袋里保持它们的干燥，清洗种子，把活体植物用土壤和苔藓包裹住保证它们在野外调查结束以后还活着运回美国。以上这些成了我们接下来几周的日常工作。

酒壶坪是个很方便的基地，我们来了后，才新建崭新的公共厕所和烧火加热的炉子，这样我们才可以洗澡。热水炉在外面和房间隔开，一条水管从热水炉接出并安置在淋浴洗澡的房间的四周，每隔2m有一个淋浴喷头，我们很快就发现离热水炉最近的喷头水流通畅，而远的哪些几乎没有水流出。然而，不幸的是离热水炉近的地方的水太热，最理想的位置是距离热水炉第四或第五个喷头的位置，这里既有合适的水流又有舒适的温度。

在酒壶坪几乎每天都能洗澡，夜晚伴随着流水、虫鸣入睡是一件何等惬意的事。每天清晨6点，这种寂静就被村里高音喇叭里传出的《义勇军进行曲》打断。音乐响完后就开始了晨训声，接着就是猪被宰杀时发出的尖叫声。尽管酒壶坪村是个小村庄，但是好像这里的人口多到需要每天杀一头猪，特别是我们的队伍到了这边以后。

猪的尖叫声就像是我们每天起床的闹铃。餐厅位于二楼，在我们卧室走廊的尽头，厨房和我们的中国同事的卧室都在一楼。令人奇怪的是，招待所的门每天晚上11点就会被锁上，这是我们中的一人偶然发现的，当他大约在11点外出上完厕所准备回房间时，发现房门全部锁上了，只好猛敲一楼的窗户把人叫醒开门。这样，我们都得依靠管钥匙的人了，没有他我们就不能进出招待所。

整栋楼有一部电话，位于一楼接待室的门口旁，小汤会定期向北京打电话请示汇报。对于我们来说，这个电话就像个古董，每次拨号都需要旋转操作台并且要用很响亮的声音和对方通话。

每天，我们坐着完全模仿二战时期吉普的北京吉普到野外样地，因为这种车不是悬架很差就是没有悬架，这样在泥路上开着就显得很晃。在平均每小时25km的速度下，尽管车辆持续地晃悠和跳跃，但还是显得很快。相比之下，坐面包车去神农架就显得舒服很多，但是面包车在酒壶坪把我们卸下后就送孙教授回武汉了。

比道路颠簸更烦人的是司机不停地按喇叭声。1980年，中国城里最常见的出行方式是自行车，农村里是步行，那时街道上很少有车辆，行人随意走动。鸣笛是为了提醒行人有车辆驶近，但是司机往往频繁且没有必要地按喇叭，行人不予理会并习惯于把喇叭声当成一种噪声。尽管在远离村庄的冷清无人的道路上，司机们还是狂按喇叭，他们显然习惯了每隔几秒去敲打喇叭。幸运的是，在中国乱按喇叭大多是过去的事了。

另一种现已消失的习俗就是吐痰。20世纪80年代的中国随地吐痰是很常见的事，在大街上行走时要小心，有人清理喉咙吐痰时会把痰吐在路过的行人腿上而不是路旁。除了配有浴桶或淋浴设备的高级酒店，普通的酒店在走廊乃至房间里都有痰盂。此外，还有搪瓷盆，通常还会配有热水壶，可以用来洗漱、泡茶，就像搪瓷盆一样，热水壶外面一般都画有花、猫咪或无处不在的大熊猫，有的水盆上还画有一条大鲤鱼或金鱼。

神农架地区都是用柴火做饭，这里有大量的木材并且可以随意获得。厨师很擅长生火，并且使火保持最佳状态来做完美的菜肴。尽管我们在中国的日子里几乎没有人说过肚子饿的话，但是离开家乡那么久让我们有点想念西方的美食了。

当我们在野外看到很多有趣的植物的时候，所有关于美食的想念都消失了。对于我来说，最有趣的是看到了我第一次在美国东南部的阿巴拉契亚山脉看到的植物的不同寻常的近缘种。1980年5月10日，我在美国北乔治亚州采到了南方山荷叶（*Diphylleia cymosa*）（小檗科），6月24在日本山形县采到了灰叶居群（*Diphylleia grayi*），而9月9日在神农架2300~2600m海拔的大龙潭和小龙潭附近的湿润河谷里采到了深裂群居（*Diphylleia sinensis*）。我觉得这是多么不可思议的事，小檗科的一个小属的三种植物尽然有如此广泛的世界分布，从北美的阿巴拉契亚山脉，到日本的中部和北部，再到中国的中部。这些物种是温带植物的幸存者，它们曾经广布于北半球，有趣的是，在寒冷潮湿森林存在的时期，这样的变化每隔几百万年就会发生。山脉在一些地方抬升，另一些地方下沉，在北美和欧亚大陆发生多次冰川的前移和后退，海平面的上升和下降。曾经有丰富降水的地方因为山脉的抬升而变得干燥，动植物迁移、进化甚至灭绝，一些物种的分布范围收缩或扩张。因为没有发现山荷叶属植物的化石记录，所以我们只能想象它们的历史而不能很好地推断。而那些留下化石记录的物种给我们提供了这些物种在今天为何会有这样分布的线索。

山荷叶属植物并不是让我们陷入沉思的唯一的属，我们十分高兴地看到了木通科的一些成员：木通属、猫儿屎属、八月瓜属，特别是我们之前没见过的串果藤属。有趣的是木通科的植物主要分布在中国—日本，除了两个属——*Lardizabala*分布在智利中部和南部，*Boquila*分布在阿根廷、智利，它们竟然会在南美洲，这又该怎样解释这种分布格局呢？

湖北西部和它附近的其他区域是许多古特有属植物的孑遗地，并且还有很多间断分布于世界其他地区的属，特别是美国东南部阿巴拉契亚山脉南部。我们采集的诸如此类分布的有趣的植物包括短毛金线草（*Antenoron neofilifome*）（东亚有2个种，北美东部有1个种），红毛七（*Caulophyllum robustum*）（东亚有1个种，北美东部2有个种），山荷叶属（*Diphylleia*）（如前所述），红茴香（*Illicium henryi*）（美国东南部，墨西哥，印度西部和东亚以及东南亚），金山五味子（*Schisandra glaucescens*）（美国东南部和墨西哥有1个种，东亚和东南亚有25个种），金罂粟（*Stylophorum lasiocarpum*）（东亚有1个种，北美也有1个种），腺萼落新妇（*Astilbe rubra*）（一些种分布在亚洲，美国东南部有1个种），赤壁木（*Decumaria sinensis*）（亚洲1个种，美国东南部1个种），黄水枝（*Tiarella polyphylla*）（东亚1个种，美国东部1个种，美国西部1个种），缺萼枫香树（*Liquidambar acalycina*）（东亚有2个种，美国北部和东部、墨西哥以及美国中部有1个种，西南亚1个种），顶花板凳果（*Pachysandra terminalis*）（东亚2个种，美国东南部1个种），紫茎属（*Stewartia*）（东亚和东南亚约20种，美国东部2种），人参属（*Panax*）（东亚约15种，北美东部2种），日本扁枝越橘（*Vaccinium japonicum*）（分布在美国东南部的*V. erythrocarpon*），透骨草（*Phryma leptostachya* subsp. *asiatica*）（分布在美国东北部的*P. leptostachya* subsp. *leptostachya*），七筋菇（*Clintonia udensis*）（东亚1种，美国东部2种、西部2种）。其他我们没采集但在神农架地区有分布的有米面蓊属（*Buckleya*）（中国3个种，日本1个种，美国东南部1个种），檀梨属（*Pyrularia*）（东亚1个种，美国东部1个种），鹅掌楸属（*Liriondendron*）（东亚1个种，北美1个种）以及其他的一些属。

随着时间的推移，野外调查工作接近尾声，9月下旬变得越来越冷。一天早晨，我们出发到一个新的站点工作时第一次看到了霜，这初霜使我们回想起了相同时间的家乡景色，树上的叶子开始变色，秋天要开始了。同时我们也想到了美国东南部的阿巴拉契亚山脉和神农架地区的相同之处，我们几个讨论了神农架怎么都像我们住过或是去过的美国东部的一些地方。

9月20日那天，我们在离我们基地较远的宋洛公社过的夜，直到有人拿出一包月饼的时候我们才意识到那天是中秋节，这是我们接近6周野外工作中吃到的少数甜食之一。尽管它们可能非常不健康，主要是糖和小块熏火腿压缩在一个薄面皮里，但我们很享受地吃完了。

除了植物，我们对神农架地区的以及中国的村庄和村民们感兴趣。神农架地区的许多村民和威尔逊20世纪90年代来湖北时带来的照片上一样，衣服和生活方式都是一样的，不同的是我们来的时候所有的房子都有了电器，多是由在河边合适位置建立的小发电厂供电的。在威尔逊来的时期，中国的农村在当时是没有电的，甚至到1949年新中国成立以后也很少见。小型发电厂发的电只能供给很少的电灯照明用，像烧水做饭主要还是烧柴。因为多数的房屋都没有烟囱，所以烧柴火产生的烟雾升到一楼的天花板，然后填满二楼再慢慢从屋顶扩散出去。同时，在那个时期，像猪和鸡这样的家畜家禽常流窜在整个镇子或村子里，所以一头母猪带着它的幼崽在城镇的街道上觅食是很常见的事情。我们可以想象这种情况是存在于中世纪的欧洲，但是谁可以想象到在短短30多年的时间中国可以进步成为世界上的现代化国家？

9月末，我们结束了在神农架的野外考察，最后几天都是在为我们的标本、装备以及剩余的物资装箱，用货车载至武汉，然后准备好我们个人的物品到下一个野外考察地——水杉区域的利川县。我们正准备离开时，这里的许多政府人员和林业工作人员又回到基地，他们中的大多数人是在第一周或第二周野外工作的新鲜感退却后陆续离开的。在我们乘车前往宜昌之前，所有人在酒壶坪酒店前摆好造型拍了集体照。在宜昌，我们乘船经过长江三峡到达万县（如今的万州区，时属四川，现划属重庆的一部分了）。在接近6个月的日子里，酒壶坪和神农架森林地区就是我们的家和办公区，这次的野外考察获得了巨大的成功。我们不仅对湖北西部地区的植物区系和植被有了新的认识，而且还认识了许多新朋友和新的共事者，他们中的许多人直到今天我们仍然保持着密切的联系。中国如此丰富的植物多样性令我们大开眼界，尽管如此，可能最重要的还是这次考察开启了中国科学家和西方科学家们进一步合作研究的先例。对于我们中的一些人，这次考察引起了我们对湖北以及中国其他地区植物调查的毕生兴趣。这些友谊与合作始于神农架，现在已经得到了极大的发展，在很多方面我们都受益于第一次的访问。它留给我们对中国同事善良、好客的强烈印象，以及我们之前只能想象的另一部分世界的生动、美好的回忆。关于采集的标本和旅途考察的细节三年后发表在《Journal of Arnold Arbor》期刊的《The 1980 Sino-American botanical expedition to western Hubei Province, People's Republic of China》一文中。

神农架国家公园管理分区图

房 县

竹 山 县

巫 溪 县

巫 山 县

房 县

板仓

东溪
韩家坪

珍珠岭

阴峪河

C3 黄柏阡管护小区
黄柏阡

倒拔营

C4 东溪管护小区

C5 阴峪河管

神农顶管

落水孔

狮子包 小九湖

C1
大九湖管护小区

国公坪

南天门

猴子石

板壁岩

C 神农顶

五号字

大九湖管理区

董家湾
九湖镇 坪堑

C2
坪堑管护小区

云盘岭 谢家湾

高脚岩

大界岭 红岩淌

小界岭

九个包

太子

板桥

C8
板桥管护小区

麻线坪

C9
下谷坪管护

赖

下谷坪

太阳坡

太和山

石柱河

张家湾

图例
- ◉ 乡镇
- - - - 国家公园体制试点区
- — — 国家公园边界
- ▬▬ 林区边界
- ▬▬ 网格管护小区
- ▬▬ 国家公园管理区
- - - 县界
- ▬▬ 国道
- —— 主要公路
- — 河流

0   2.5